Springer-Lehrbuch

Matthias Stieß

Mechanische
Verfahrens-
technik 2

Mit 264 Abbildungen

Springer-Verlag Berlin Heidelberg GmbH

Prof. Dr.-Ing. Matthias Stieß
Georg-Simon-Ohm-Fachhochschule Nürnberg
Fachbereich Verfahrenstechnik
Postfach 210 320
90121 Nürnberg

ISBN 978-3-540-55852-1   ISBN 978-3-662-08599-8 (eBook)
DOI 10.1007/978-3-662-08599-8

CIP-Eintrag beantragt

© Springer-Verlag Berlin Heidelberg 1990,1995, 1997
Ursprünglich erschienen bei Springer-Verlag Berlin Heidelberg New York 1997

Satz: Reproduktionsfertige Vorlage des Autors
SPIN: 11327592   7/3111 Gedruckt auf säurefreiem Papier

Vorwort

Das zweibändige Lehrbuch für Studenten der Verfahrenstechnik und des Chemieingenieurwesens an Fachhochschulen enthält in diesem zweiten Band fünf weitere Teilgebiete der Mechanischen Verfahrenstechnik. Zunächst werden die Partikelabscheidung aus Gasen und das Fest-Flüssig-Trennen als die wichtigsten mechanischen Trennverfahren abgehandelt. Dann folgen die Kornvergrößerung (Agglomerieren) und das Zerkleinern, und ein kleineres Kapitel über die fluidmechanischen Grundlagen zu den Wirbelschichten und zur pneumatischen Förderung schließt den Band ab. In jedem Kapitel sind große Teile den Grundlagen gewidmet, weil sie am ehesten das Bleibende eines Lehrstoffes sind. Dabei können manche Verengungen oder Überschneidungen nicht ganz vermieden werden. Grundlegende Vorgänge wie die Durchströmung poröser Schichten kommen eben sowohl beim Filtrieren wie in Wirbelschichten vor, und die kapillare Bindung von Flüssigkeiten an bzw. in dispersen Stoffen spielt sowohl für die Filterkuchenentfeuchtung wie für die Feuchtagglomeration eine entscheidende Rolle. Dennoch habe ich versucht, die Kapitel wieder so eigenständig wie möglich darzustellen, damit der Benutzer weder auf eine Reihenfolge noch auf Vollständigkeit bei der Erarbeitung des gebotenen Stoffes angewiesen ist. Beispiele und Aufgaben jeweils mit ausführlicher Lösung sollen die Aneignung erleichtern.

Nach der Veröffentlichung des ersten Bandes haben mich von Fachkollegen und Studenten zahlreiche hilfreiche Hinweise erreicht, für die ich sehr dankbar bin. Insbesondere danke ich den Herren Dr.-Ing. Siegfried Bernotat und Prof. Dr.-Ing. Hans Peter Kurz für die kritische Durchsicht einiger Kapitel, sowie Herrn Herbert Winter für seine engagierte Unterstützung während meiner Arbeit an dem Buch.

Lauf a. d. Pegnitz, November 1993 Matthias Stieß

Inhaltsverzeichnis

Inhaltsübersicht Band 1:

7 Partikelabscheidung aus Gasen

7.1 Allgemeines zur Partikelabscheidung

Die Abscheidung eines dispersen Stoffes aus einem Gas wird allgemein auch Staubabscheiden genannt und die Behandlung der zugehörigen technischen Einrichtungen
ist die Entstaubungstechnik. Von diesen Gegenständen wird daher hier im wesentlichen die Rede sein. Ausführliche Darstellungen sind die von Löffler [7.1] und We-
ber/Brocke [7.2].

7.1.1 Ziele des Staubabscheidens

Im Gegensatz zum klassierenden oder sortierenden Trennen handelt es sich hier um
eine Phasentrennung: Die meist feste (manchmal auch flüssige) disperse Phase
(Staub, Nebel, Aerosol) soll möglichst vollständig aus der fluiden Phase, dem Gas,
der Luft entfernt werden. Je nachdem, was als Wertstoff zu betrachten ist, ergeben
sich verschiedene verfahrenstechnische Ziele:
a) *Gewinnung (bzw. Rückgewinnung) des dispersen Wertstoffs.*
   Viele Produkte fallen feindispers als sog. *Nutzstäube* an und müssen nach dem
   Produktionsprozeß - z.B. nach einer Zerkleinerung oder pneumatischen Förderung
   - von der Luft oder einem anderen Trägergas getrennt werden.
   Beispiele für Nutzstäube: Zement, Getreidemehl, Pflanzenschutzmittel, kosmeti-
   sche und pharmazeutische Puder, Farbpigmente.
b) *Reinhaltung der Luft   (Gasreinigung)*
   Hierbei gilt die Luft oder das Gas als Wertstoff, der durch feine Stäube o.ä.
   verunreinigt ist und daher von ihnen befreit werden muß. Wie die nachfolgenden
   Beispiele belegen, steht dabei keineswegs nur der Umweltschutzgedanke im Vordergrund, sondern oft sind arbeitshygienische, sicherheitstechnische, produktions-
   technische und qualitätssichernde Gesichtspunkte wesentlich.
   Beispiele: Raumluft-Reinigung für Arbeits- und Aufenthaltsräume; Abgasreinigung
   nach Produktionsprozessen, wenn das Gas in den Prozeß zurückgeführt wird;
   Vermeiden von Belästigungen und Gefahren (Staubexplosionen), indem Staubaus-

tritt mit der Luft verhindert wird; Gewährleistung "reiner Räume" mit extrem geringen Staubgehalten bei der Produktion sehr empfindlicher Güter (Pharmazeutika, elektronische Miniaturteile, optische Bauelemente) oder in der Medizin (keimfreie Operationsbereiche); Vermeiden von Schädigungen und Ausfällen durch schleißende oder verstopfende Staubpartikeln in schnellaufenden Maschinen (Luftfilter im Kfz.-Motor).

7.1.2 Begriffe und Kennzeichnungen beim Staubabscheiden

Speziell in der Entstaubungstechnik sind einige Begriffe und Definitionen gebräuchlich, die z.T. in Band 1, Abschnitt 6.2 schon allgemein formuliert wurden, und zu denen wir jetzt die Verbindung knüpfen wollen.

Der Staub im staubbeladenen *Rohgas* (Bild 7.1.1) entspricht dem Aufgabegut, auf der Grobgutseite fällt der abgeschiedene Staub an und mit dem *Reinga*s verläßt der evtl. noch vorhandene Reststaub als Feingut den Staubabscheider.

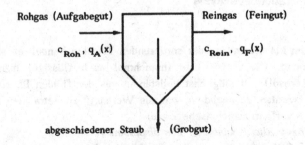

Bild 7.1.1 Begriffe beim Staubabscheider allgemein

Unter *Beladung* μ versteht man bei feststofftragenden Strömungen allgemein den auf den Luft- bzw. Gas-Massenstrom $\dot{m}_L$ bezogenen Feststoff-Massenstrom $\dot{m}_s$

$$\mu = \frac{\dot{m}_s}{\dot{m}_L} = \frac{\dot{m}_s}{\rho_L \cdot \dot{V}_L} \, . \tag{7.1.1}$$

Da meist der Luftvolumenstrom $\dot{V}_L$ angegeben wird, ist die Kenntnis der Luftdichte ρ_L und damit des Luftzustands erforderlich.

Die Konzentration des Staubs in der Luft wird meistens als Staubmasse je Luftvolumeneinheit angegeben und heißt dann *Staubgehalt* c in g/m^3 oder mg/m^3, wobei die Luft im Normzustand zu nehmen ist (*Rohgas-Staubgehalt* c_{Roh} bzw. *Reingas-Staubgehalt* c_{Rein}, s. Bild 7.1.1). In der Reinraumtechnik ist auch die Angabe der im cm^3 vorhandenen Anzahl an Staub- bzw. Aerosolpartikeln üblich (c_{0Roh}, c_{0Rein}).

Die Wirksamkeit einer Entstaubungseinrichtung wird mit Hilfe der Staubgehalte durch den *Gesamt-Abscheidegrad (Gesamt-Entstaubungsgrad)*

$$E = \frac{c_{Roh} - c_{Rein}}{c_{Roh}} = 1 - \frac{c_{Rein}}{c_{Roh}} \equiv g \qquad (7.1.2)$$

ausgedrückt. Er gibt den Massenanteil des Staubs im Rohgas an, der zur Staubseite verwiesen und damit abgeschieden wird, und entspricht dem in Kap. 6.2.1 definierten Grobgut-Mengenanteil g.

Wenn die Partikeln in den Gasströmen *gezählt* werden (Anzahlkonzentrationen $c_{0\,Roh}$ und $c_{0\,Rein}$), kann auch der *anzahlbezogene Abscheidegrad* sinnvoll sein

$$E_0 = \frac{c_{0\,Roh} - c_{0\,Rein}}{c_{0\,Roh}} = 1 - \frac{c_{0\,Rein}}{c_{0\,Roh}} . \qquad (7.1.3)$$

Für viele Anwendungen ist die Kenntnis der Abscheideeigenschaften für einzelne Partikelgrößenfraktionen erforderlich. So sind beispielsweise die Partikeln zwischen etwa 0,5 und 5 µm "lungengängig", werden beim Einatmen also nicht in den oberen Atemwegen abgeschieden. Dann muß man aus den Partikelgrößenverteilungen des Staubs im Rohgas ($q_A(x)$) und im Reingas ($q_F(x)$) den *Fraktionsabscheidegrad* $T(x)$ des Staubabscheiders kennen

$$T(x) = 1 - (1 - E) \cdot \frac{q_F(x)}{q_A(x)} \qquad (7.1.4)$$

(vgl. Gl. 6.2.11). Obwohl viele andere Benennungen üblich sind (z.B. $E(x)$, $\varepsilon(x)$, $\eta(x)$), bezeichnen wir ihn mit $T(x)$, weil er identisch mit dem in Kap. 6.2.1 definierten Trenngrad ist. Er soll natürlich für alle, auch für die kleinsten Partikeln möglichst nahe bei 1 liegen (vgl. Bild 6.2.6). Prinzipiell wäre er auch aus den Partikelgrößenverteilungen von Rohgas-Staub und abgeschiedenem Staub bestimmbar (Gl. 6.2.10). Wegen der im allgemeinen sehr hohen Gesamtabscheidegrade unterscheiden sich diese beiden Verteilungen jedoch nur so wenig, daß die systematischen Unterschiede von den Proben- und Meßfehlern zugedeckt werden.

7.1.3 Abscheidemechanismen

Wie die Klassierung muß jede Staubabscheidung zwei Grundvorgänge realisieren:
- Das Gas und die Partikeln müssen auf verschiedenen Bahnlinien gebracht werden, damit sie getrennt an verschiedenen Stellen des Abscheiders anfallen,
- die Partikeln müssen in irgend einer Weise aufgefangen und festgehalten werden, damit sie (mit oder ohne Auffangmedium) aus dem Abscheider entfernt werden können.

Als Trennmechanismen werden in der Abscheidetechnik folgende Effekte benutzt (Bild 7.1.2):

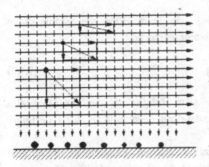

a) Schwerkraftsedimentation

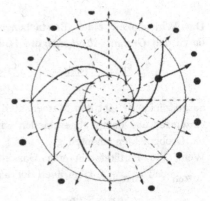

b) Fliehkraft-Abscheidung

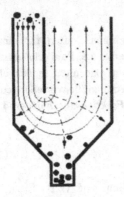

c) Umlenkabscheidung

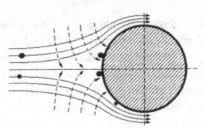

d) Trägheitseffekt

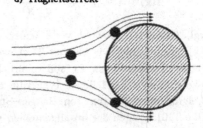

e) Sperr-Effekt.

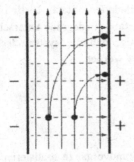

f) Elektrostatische Abscheidung

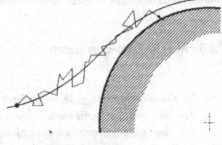

g) Diffusions-Effekt.

Durchgezogene Linien: Strömungsrichtung;   gestrichelte Linien: Richtung der trennenden Felder

Bild 7.1.2 Abscheidemechanismen für Partikeln in Gasen

a) *Schwerkraft-Sedimentation* quer zur Hauptströmung, ganz analog zur Querstrom-Klassierung.

b) *Fliehkraft-Abscheidung* analog zur Spiralwindsichtung. Die Strömung verläuft spiralig von außen nach innen, während die Partikeln durch die Fliehkraft nach außen geschleudert werden.

c) *Umlenkabscheidung* und

d) *Trägheitseffekt*. Die Strömung wird gezielt umgelenkt, und die Partikeln folgen aufgrund ihrer Massenträgheit von den Stromlinien abweichenden Bahnen. Physikalisch sind Umlenk- und Trägheitsabscheidung natürlich ebenfalls auf der Fliehkraft beruhende Effekte. Sie werden in der technischen Praxis aber wegen ihres Vorkommens in sehr verschiedenen Abscheidern unterschieden.

e) *Sperr-Effekt*. Ein Abscheidemedium (z.B. Faser) versperrt den Partikeln bei geeigneten Größenverhältnissen die Möglichkeit, mit dem Gas an ihm vorbeizukommen.

f) *Elektrostatische Abscheidung*. Die Partikeln werden elektrostatisch aufgeladen und in einem elektrischen Feld quer zu den Stromlinien abgelenkt

g) *Diffusions-Effekt*. Sehr kleine Partikeln unterliegen durch die Brown'sche Molekularbewegung stochastisch schwankenden Kleinstbewegungen, die sie in geeignet gestalteten Filtermedien zufällig auf Faser- oder Tröpfchenoberflächen treffen lassen, wo sie dann abgeschieden werden.

Die Effekte a), b), c), d) und f) beruhen auf Feldkräften, deren Richtung (in Bild 7.1.2 gestrichelt gezeichnet) sich von der Strömungsrichtung (in Bild 7.1.2 ausgezogen gezeichnet) unterscheidet.

Die Abscheidung ist aber erst vollständig, wenn der vom Gas getrennte Staub entweder in einen strömungsberuhigten Raum gelangt, aus dem er dann entnommen wird, oder wenn er an der Oberfläche eines staubsammelnden Mediums haftet. Dann wird er entweder zusammen mit diesem Medium oder kontrolliert von dessen Oberfläche entfernt.

7.2 Massenkraftabscheider

In allen Massenkraftabscheidern wirkt auf die Partikeln eine masseproportionale Feldkraft (Schwerkraft, Trägheitskraft, Fliehkraft) quer zur oder gegen die Strömungswiderstandskraft. In Bild 7.1.2 sind das die Mechanismen a), b), c) und d).

7.2.1 Schwerkraftabscheider

Das Gas wird so langsam durch einen Abscheidekanal geführt, daß die Partikeln bis zum Ende des Kanals nach unten aussedimentiert sind. Entsprechend der Strömungsrichtung unterscheidet man *Querstrom-* und *Gegenstromabscheider*.

Der *Querstrom-Schwerkraftabscheider* (Bild 7.2.1) entfernt alle diejenigen Partikeln aus dem Gasstrom, die auf dem horizontalen Weg L aufgrund ihrer Sinkgeschwindigkeit mindestens den vertikalen Weg H zurücklegen (vgl. Querstromklassierung Kap. 6.4.1.2). Damit ergibt sich sofort eine Beziehung zwischen der Apparategröße (L, H), der Betriebsweise (Volumenstrom $\dot{V}$) und der Partikelgröße (Sinkgeschwindigkeit w_f bzw. ihr Äquivalentdurchmesser). Es muß nämlich gelten (vgl. Bild 7.2.1)

$$H/L = w_f/v = w_f \cdot A/\dot{V} \qquad (7.2.1)$$

mit $v = \dot{V}/A$ (A: Kanalquerschnitt); w_f ist hierin die Sinkgeschwindigkeit der kleinsten noch abgeschiedenen Partikeln.

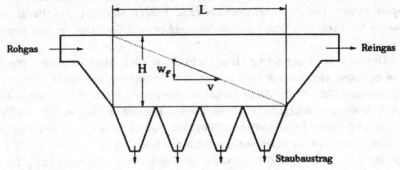

Bild 7.2.1   Querstrom-Schwerkraftabscheider (schematisch)

Der *Gegenstrom-Schwerkraftabscheider* (Bild 7.2.2) arbeitet nach dem in Kap. 6.4.1.1 beschriebenen Prinzip der Sedimentation im aufwärts strömenden Fluid. Die Trennkorngröße x_t (hier: kleinste abgeschiedene Korngröße) ergibt sich nach Gl.(6.4.2) bzw. (6.4.3) mit der zulässigen Vernachlässigung der Gasdichte ρ_L gegenüber der Partikeldichte ρ_P zu

$$x_t = \sqrt{\frac{18 \cdot \eta}{\rho_P \cdot g} \cdot \dot{V}/A} \qquad \text{im Stokesbereich} \qquad (7.2.2)$$

bzw. $\quad x_t = 0{,}33 \cdot \dfrac{\rho_L}{\rho_P} \cdot \dfrac{(\dot{V}/A)^2}{g} \qquad$ im Newtonbereich. $\qquad (7.2.3)$

Der durchströmte Querschnitt A muß daher umso größer sein, je kleiner die abzuscheidenden Teilchen sind.

Die Gleichungen (7.2.1) bis (7.2.3) gehen von starken Vereinfachungen des Strömungsfelds aus, so daß die ermittelten Korngrößen nur Schätzwerte darstellen. Turbulenzen und ungleichförmiges Geschwindigkeitsprofil in den Kanälen führen zu breiten Trennkurven. Dennoch zeigen diese Gleichungen die tendenziell richtigen Zusammenhänge, vor allem, daß Schwerkraftabscheider große Bauvolumina erfordern (vgl. auch Aufgabe 7.1). Deshalb und wegen der nur mäßigen Abscheidung werden sie allenfalls als Vorabscheider für Grobstäube, zur Reinigung oder Grob-Klassierung eingesetzt.

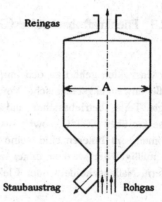

Bild 7.2.2 Gegenstrom-Schwerkraftabscheider   Staubaustrag   Rohgas

7.2.2 Umlenkabscheider

Bei gekrümmten Bahnen erhöht sich die Massenkraft auf die Partikeln. In Richtung des momentanen Krümmungsradius wirkt die Zentrifugalkraft. Sie ist für ein Partikel der Masse m_P nach Gl.(6.4.8) in Kap. 6.4.2 umso größer, je kleiner dieser Radius r und je größer die Umfangsgeschwindigkeit v_φ ist. Der Auftrieb ist hier vernachlässigbar klein.

$$F_z = m_P \cdot \frac{v_\varphi^2}{r} \qquad (7.2.4)$$

Realisiert wird die hohe Geschwindigkeit durch Verengung des Strömungsquerschnitts und die Bahnkrümmung durch möglichst scharfe Umlenkung des Gasstroms (Umlenk- und Trägheitsabscheider) oder durch die Erzeugung einer Drehströmung. Bild 7.2.3 zeigt schematisch Beispiele für Umlenkabscheider. Sie nutzen z.T. außer der Fliehkraft noch die Schwerkraft aus. Im übrigen wird der Umlenkeffekt sehr häufig bei der Einströmung in andere - wirksamere - Abscheidertypen angewendet, um eine Vorabscheidung grober Anteile des Staubs zu erreichen (Filtergehäuse, Naßabscheider, Elektroabscheider).

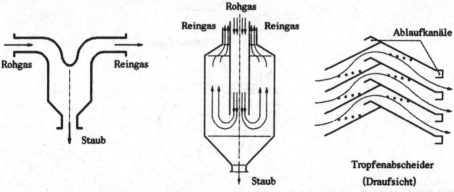

Bild 7.2.3   Umlenkabscheider

7.2.3 Fliehkraftabscheider (Gaszyklon)

Der Gaszyklon gehört zu den am häufigsten eingesetzten Abscheidern, weil er einige große anwendungstechnische Vorzüge aufweist: Er ist einfach im Aufbau, ohne bewegte Teile, betriebssicher und wartungsarm, er eignet sich zur Reinigung heißer Gase bis über 1000 °C, sowie zur Hochdruckentstaubung. Wegen der hochturbulenten Strömung im Inneren sind seine Abscheideleistungen im Feinkornbereich allerdings nur mäßig. Hier wird er daher vorzugsweise als Vorabscheider zur Entlastung von Filtern, Naßabscheidern oder Elektroabscheidern eingesetzt.

7.2.3.1 Aufbau und Funktionsweise

Den Aufbau eines Zyklons mit seinen wichtigsten Maßen und Benennungen zeigt Bild 7.2.4

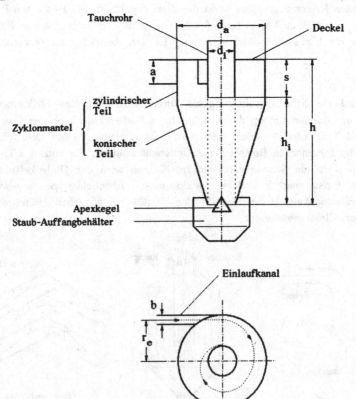

Bild 7.2.4   Zyklon, Maße und Benennungen

Das Rohgas strömt durch den Einlaufkanal tangential in den zylindrischen Teil des Zyklons ein. Die entstehende Drehströmung setzt sich nach unten fort und wird nach ihrer Umkehr im Kern des Zyklons durch das Tauchrohr wieder abgeführt. (Bild 7.2.5). Die Fliehkraft schleudert den im Rohgas enthaltenen Staub nach außen an den zylindrischen Mantelteil, von wo er in spiraligen Strähnen am Konus entlang nach unten in den Staubauffangbehälter rutscht. Feine Partikeln können aber durch die nach innen gerichtete Strömungskomponente in die Kernströmung mitgenommen und mit dem Reingas ausgetragen werden. Das Wiederaufwirbeln von Staub aus dem Staubaffangbehälter soll der gelegentlich eingebaute Apexkegel verhindern.

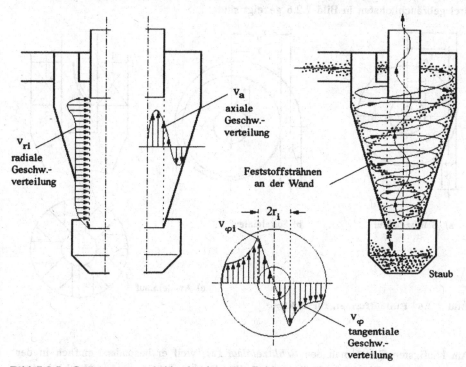

Bild 7.2.5 Strömungen und Abscheidung im Zyklon

Das Abscheidemodell nach Barth/Muschelknautz [7.3], [7.4]
Man stellt sich die Strömung im Zyklon vereinfachend als Potentialwirbelsenke außerhalb des Tauchrohrdurchmessers und als Starrkörperwirbel innerhalb dieses Durchmessers vor. Gemessene mittlere Geschwindigkeitsprofile (s. Bild 7.2.5) sprechen für die Zulässigkeit dieses Modells. Die größte Umfangsgeschwindigkeit tritt danach an der Stelle $r = r_i$ auf ($v_{\varphi i}$); außerdem kann die nach innen gerichtete Radialkomponente v_{ri} auf diesem Radius mit guter Näherung als konstant über die Höhe h_i angesehen werden. Die gedachte Zylindermantelfläche mit dem Durchmesser d_i und der Höhe h_i gilt danach als *Trennfläche*. Die Kräfteverhältnisse auf

dieser Fläche bestimmen die Größe des Trennkorns. Der Einfluß der Konzentration wird durch die *Grenzbeladungshypothese* berücksichtigt: Überschreitet die Beladung einen gewissen Grenzwert, so fällt der darüber hinausgehende Anteil unabhängig von den Korngrößen bereits beim Einlauf aus und gelangt zum Staubbehälter. Nur der restliche Anteil wird den oben genannten Trennbedingungen unterworfen. Diese deterministische Betrachtungsweise kann die wirklichen Verhältnisse mit ihren starken Turbulenzen natürlich nur unvollkommen modellieren. Dennoch erzielen die darauf beruhenden Berechnungsansätze in der Praxis bewährte Ergebnisse.

Zur Erzeugung der Drehströmung gibt es verschiedene Einlaufformen, von denen die drei gebräuchlichsten in Bild 7.2.6 gezeigt sind.

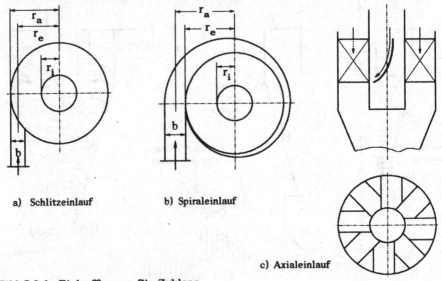

a) Schlitzeinlauf   b) Spiraleinlauf

c) Axialeinlauf

Bild 7.2.6 Einlaufformen für Zyklone

Am häufigsten findet man den *Schlitzeinlauf* (a), weil er besonders einfach in der Herstellung ist. Die Einlaufströmung schnürt die Spiralströmung im Abscheideraum allerdings mehr ein, als der strömungsgünstigere aber aufwendigere *Spiraleinlauf* (b). Besonders raumsparend ist der *Axialeinlauf* (c). Er wird daher in sog. Multizyklonen verwendet, in denen viele kleine Zyklone parallelgeschaltet werden. Er erzeugt aber weniger Drall als der Tangentialeinlauf, und daher ist die Abscheidung schlechter.

Die *Grenzschichtströmungen* spielen im Zyklon eine große Rolle. An der Mantelfläche bremst die Reibung die Umfangsgeschwindigkeit ab. Das hat einen lokalen Druckverlust zur Folge, und es bilden sich dort zusätzliche Wirbel aus. Diese führen einerseits zu der beobachteten Strähnenbildung des Staubs (das ist wegen der möglichen Agglomeratbildung hilfreich für die Abscheidung), andererseits aber können sie Feinstaub auch wieder aufwirbeln und in den Innenraum tragen (das ist ungünstig für die Abscheidung). Am Deckel entsteht durch die Abbremsung eine relativ steil nach innen verlaufende Spiralströmung, die den wandnahen Staub in Richtung Tauchrohr transportiert. Dort kann er nach unten rutschen und, wenn das Tauchrohr nicht lang genug ist, mit dem austretenden Luftstrom ins Reingas gelangen. Daher ist für die Abscheidung eine Mindestlänge des Tauchrohrs unerläßlich.

7.2.3.2 Berechnungsansätze

Von den verschiedenen Ansätzen zur Vorausberechnung von Abscheidung und Druckverlust wird die von Muschelknautz [7.3] auf dem Modell von Barth basierende Methode am häufigsten angewendet und durch Erfahrungswerte fortlaufend weiterentwickelt. Sie wird hier nach [7.1] dargestellt. Zuvor müssen noch einige Bezeichnungen und Kenngrößen bereitgestellt werden.

Definition von Kenngrößen

Der *Zyklontyp* wird zunächst durch folgende Verhältnisse festgelegt:

$$R = \frac{r_a}{r_i} = \frac{d_a}{d_i} \qquad R_e = \frac{r_e}{r_i}$$
$$H_i = \frac{h_i}{r_i} \qquad H = \frac{h}{r_i} \qquad F = \frac{A_e}{A_i} = \frac{a\,b}{\pi\,r_i^2} \quad \Bigg\} \quad (7.2.5)$$

Darin bedeuten außer den in Bild 7.2.4 und Bild 7.2.6 gegebenen Abmessungen A_e den Eintrittsquerschnitt und A_i den Austrittsquerschnitt. Alle diese Kennwerte beziehen sich auf den Tauchrohrradius r_i, er ist die für Auslegung, Abscheidung und Druckverlust entscheidende Größe.

Außerdem charakterisiert den Zyklontyp das Verhältnis zwischen Umfangsgeschwindigkeit auf der Trennfläche $v_{\varphi i}$ und der mittleren Tauchrohr-Austrittsgeschwindigkeit v_i

$$U = \frac{v_{\varphi i}}{v_i} \qquad\qquad\qquad (7.2.6)$$

mit $\qquad v_i = \frac{\dot{V}}{\pi\,r_i^2}$. $\qquad\qquad\qquad (7.2.7)$

Weitere charakteristische Geschwindigkeiten sind die Eintrittsgeschwindigkeit

$$v_e = \frac{\dot{V}}{A_e} = \frac{\dot{V}}{a\,b} \qquad\qquad\qquad (7.2.8)$$

und die mittlere Radialgeschwindigkeit am Innenzylinder

$$v_{ri} = \frac{\dot{V}}{2\,\pi\,r_i\,h_i} . \qquad\qquad\qquad (7.2.9)$$

Für U gilt nach Muschelknautz

$$U = \left(\alpha \cdot \frac{F}{R_e} + \lambda\,H\right)^{-1} . \qquad\qquad\qquad (7.2.10)$$

Darin bedeuten α den *Einlaufbeiwert* und λ den *Wandreibungsbeiwert*. α hängt natürlich von der Form des Einlaufs ab, und verschiedene Autoren geben empirische Formeln zur Berechnung an:

Schlitzeinlauf:
$$\alpha = 1 - 0,36 \cdot F^{0,5} \cdot (b/r_a)^{0,45} \qquad \text{(Kimura)} \qquad (7.2.11)$$

$$\alpha = 1 - (0,54 - 0,153/F) \cdot (b/r_a)^{1/3} \qquad \text{(Spilger)} \qquad (7.2.12)$$

Spiraleinlauf:
$$\alpha = 1 + \sqrt{3} \cdot \pi \lambda r_e / \sqrt{A_e} \qquad \text{(Muschelknautz)} \quad (7.2.13)$$

$$\alpha = 1 + 2,72 \cdot \lambda \cdot \left(1 + \frac{2}{\sqrt{\pi \cdot (b/r_a) \cdot (a/r_a)}}\right) \quad \text{(Spilger)} \qquad (7.2.14)$$

Axialeinlauf:
$\alpha = 0,85 \qquad$ für gerade Schaufeln,

$\alpha = 0,95 \qquad$ für gebogene Schaufeln,

$\alpha = 1,0 \qquad$ für gebogene und für konstanten Drall verwundene Schaufeln.

Der Wandreibungsbeiwert λ_0 der gutfreien Gasströmung wird mit $\lambda_0 = 0,005$ als konstant angenommen und erhöht sich durch die Gutbeladung μ folgendermaßen:

Für $\mu < 1$:
$$\lambda = 0,005 \cdot (1 + 2 \cdot \sqrt{\mu}) \qquad (7.2.15)$$

für $\mu > 1$:
$$\lambda = 0,005 \cdot (1 + 3 \cdot \sqrt{\mu}) \qquad (7.2.16)$$

Berechnung der Trennkorngröße x_t

Das Kräftegleichgewicht zwischen Zentrifugalkraft und Strömungswiderstandskraft auf das Korn an der Trennfläche (Index "i") lautet bei Annahme von Kugelform und zäher Umströmung des Korns (Stokes-Bereich)

$$\rho_P \cdot \frac{\pi}{6} x_t^3 \cdot \frac{v_{\varphi i}^2}{r_i} = 3 \pi \eta x_t v_{ri}.$$

Daraus ergibt sich mit den Gl'n.(7.2.5), (7.2.6) und (7.2.9)

$$x_t = \sqrt{\frac{9\eta}{\rho_P} \cdot \frac{1}{U\sqrt{H_i}} \cdot \sqrt{\frac{\pi r_i^3}{\dot{V}}}}. \qquad (7.2.17)$$

Eine möglichst kleine Trennkorngröße - also eine gute Abscheidung - wird demnach erreicht durch

- langen Abscheideteil des Zyklons (H_i groß, schlanker Zyklon),
- kleinen Tauchrohrdurchmesser $d_i = 2 \cdot r_i$ (kleiner Zyklondurchmesser),
- großes Geschwindigkeitsverhältnis U und
- großen Volumenstrom $\dot{V}$.

- 13 -

Berechnung der Abscheidung

Für das Barth/Muschelknautz-Modell sind die Abscheidegrade nicht berechenbar. Es liegen jedoch für verschiedene Zyklontypen gemessene Trenngradkurven vor (Bild 7.2.7), die z.T. auch durch einfache Näherungsfunktionen beschrieben sind.

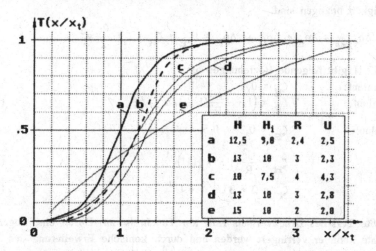

Bild 7.2.7 Gemessene Trenngradkurven für verschiedene Zyklontypen (nach [7.5])

Für tangentialen Einlauf wird allgemein die Kurve d) genommen, für axialen Einlauf die Kurve e). Näherungsfunktionen nach Spilger lauten

$$T(x/x_t) = \left[1 + 2/(x/x_t)^{3,564}\right]^{-1,235} \qquad \text{für Kurve d)} \qquad (7.2.18)$$

$$T(x/x_t) = \left[1 + 9,14/(x/x_t)^{5,3}\right]^{-0,53} \qquad \text{für Kurve e)} \qquad (7.2.19)$$

Für die Grenzbeladung gilt nach Muschelknautz folgende Beziehung:

$$\mu_{Gr} \approx 0,1 \cdot \lambda \cdot \frac{R^2}{R-1} \cdot \sqrt{\alpha F/R_e} \cdot U^{3/2} \cdot H_i \cdot \left(\frac{x_t}{x_{50,3}}\right)^2 \qquad (7.2.20)$$

Für Beladungen unterhalb der Grenzbeladung wird der Gesamtabscheidegrad E nach Gl.(6.2.49) berechnet:

$$E = \int_{x_{min}}^{x_{max}} T(x) \cdot q_A(x) dx \qquad \text{für } \mu < \mu_{Gr}. \qquad (7.2.21)$$

Anderenfalls gilt

$$E = 1 - \frac{\mu_{Gr}}{\mu} + \frac{\mu_{Gr}}{\mu} \cdot \int_{x_{min}}^{x_{max}} T(x) \cdot q_A(x) dx \qquad \text{für } \mu > \mu_{Gr}. \qquad (7.2.22)$$

Berechnung des Druckverlusts

Der Gesamtdruckverlust des Zyklons wird in drei aufeinanderfolgende Teilverluste zerlegt: Einlauf- Hauptströmungs- und Tauchrohr-Druckverlust. Sie werden durch drei dimensionslose Verlustbeiwerte gekennzeichnet, die alle auf die Tauchrohrgeschwindigkeit bezogen sind:

$$\Delta p_{v_{ges}} = \Delta p_E + \Delta p_H + \Delta p_i = (\zeta_E + \zeta_H + \zeta_i) \cdot \frac{\rho_L}{2} v_i^2. \tag{7.2.23}$$

Löffler [7.1] gibt folgende Beziehungen an:

Schlitzeinlauf: $\zeta_E = 0,$

Spiraleinlauf: $\zeta_E = \left(1 + \frac{\pi}{4\,R^2}(1 - 1/\alpha^2)\right)\Big/F,$ $\tag{7.2.24}$

Axialeinlauf: $\zeta_E \approx 0,2 \ldots 0,5,$

$$\zeta_H = \frac{U^2}{R}\left(1 - \lambda H U\right)^{-1}, \tag{7.2.25}$$

$$\zeta_i = 2 + 3\,U^{4/3} + U^2. \tag{7.2.26}$$

Der größte Teil des Druckverlusts fällt am Tauchrohr an. Durch eine abgerundete Unterkante kann er verringert werden und durch konische Erweiterung des Tauchrohrs läßt sich ein Teil der kinetischen Energie als Druck zurückgewinnen.

Auslegungsgang

Mit Hilfe der gegebenen Beziehungen lassen sich zum einen Zyklone auslegen und zum anderen die "Leistungen" von Zyklonen nachrechnen (Tabelle 7.2.1). Dabei kann es sich jedoch nur um Abschätzungen handeln, denn das Modell enthält starke Vereinfachungen und erfaßt zahlreiche Einflüsse gar nicht, die in der Praxis u.U. eine große Rolle spielen können (z.B. Breite der Aufgabegutverteilung; Agglomerationsneigung des Staubs; Zustand, insbesondere Feuchte des Gases; Oberflächenbeschaffenheit der Zyklon-Innenwand; Sorgfalt der Verarbeitung usw.).

Eine sehr ausführliche Darstellung der Berechnung von Zyklonabscheidern findet man auch in [7.7].

Auslegen eines Zyklons für eine bestimmte Entstaubungsaufgabe

1.) Daten zusammenstellen:

Stoffdaten Luft: ρ_L, η_L; Zustand Luft: p, ϑ, φ (Feuchte),

Stoffdaten Staub: ρ_S, ρ_{Sch} (Schüttdichte), $D_A(x)$;

Betriebsdaten: $\dot{V}_L$ $\dot{m}_s$ (oder μ oder c_{Roh}), ggf. zuläss. Δp_{max};

Zyklontyp: R, R_e, H, H_i, F, U, Einlauftyp, evtl. T(x);

(evtl. mehrere Typen zum Vergleich)

2.) Vorbereitende Rechnungen (falls nicht gegeben)

Beladung μ, Strömungsgrößen λ, α, ζ_{ges}.

3.) Berechnung der Tauchrohrgeschwindigkeit v_i

a) falls Δp_{max} gegeben, aus

b) sonst $v_i = (10 \ldots 20)$ m/s wählen

$$v_i = \sqrt{\frac{2 \cdot \Delta p_{max}}{\rho_L \cdot \zeta_{ges}}},$$

(kleinere Werte für haftende und schleißende Stäube).

4.) Zyklonabmaße: Tauchrohrdurchmesser d_i aus

$$d_i = 2\sqrt{\frac{\dot{V}_L}{\pi \cdot v_i}};$$

übrige Abmessungen aus R, R_e, H, H_i, F;

alle Maße runden auf sinnvolle und erhältliche Werte (Prospekte von Herstellerfirmen), danach ggf. Korrektur von v_i vornehmen

5.) Kontrolle bzw. Berechnung des Druckverlustes Δp_V.

6.) Berechnung der Trennkorngröße x_t.

7.) Berechnung der Trenngradkurve T(x), falls $T(x/x_t)$ für den gewählten Zyklontyp vorliegt.

8.) Berechnung der Grenzbeladung μ_{gr}.

9.) Berechnung des Gesamtabscheidegrades E.

Berechnung von Druckverlust und Abscheidung eines gegebenen Zyklons

1.) Daten zusammenstellen:

Stoffdaten Luft: ρ_L, η_L; Zustand Luft: p, ϑ, φ (Feuchte),

Stoffdaten Staub: ρ_S, ρ_{Sch} (Schüttdichte), $D_A(x)$;

Betriebsdaten: $\dot{V}_L$, $\dot{m}_S$ (oder μ oder c_{Roh});

Zyklongeometrie: d_a, d_i, h, h_i, a, b (bzw. Einlaufgeometrie);

2.) Vorbereitende Rechnungen: geometrische Größen: R, R_e, H, H_i, F

Strömungsgrößen: α, λ, U, v_i, ζ_{ges}

3.) Berechnung des Druckverlustes Δp_V.

4.) Berechnung der Trennkorngröße x_t.

5.) Berechnung der Trenngradkurve T(x), falls $T(x/x_t)$ für den gewählten Zyklontyp vorliegt.

6.) Berechnung der Grenzbeladung μ_{gr}.

7.) Berechnung des Gesamtabscheidegrades E.

Tabelle 7.2.1   Rechnungsgänge bei der Zyklonberechnung

Zyklontypen

In der Tabelle 7.2.2 sind einige Bauarttypen mit ihren charakteristischen Kennwerten aufgeführt. Muschelknautz [7.3] hat eine Optimierung nach den beiden Kriterien Druckverlust und Trennkorngröße vorgenommen und sog. *Praktische Optimaltypen* (in der Tabelle mit "PO" gekennzeichnet) ermittelt, eine Übersichtsarbeit von Bohnet [7.6] enthält 8 gebräuchliche Zyklontypen ("1" ... "8" in Tabelle 7.2.2).

Tabelle 7.2.2   Kennwerte einiger Zyklontypen
(nach Muschelknautz [7.3] und Bohnet [7.6])

Typ	R	R_e	H	H_i	F	U	ζ_{ges}	Einlauf
PO-5/3	4		7,5		0,7	4	40	Sch.
PO-5/6	3,2		10		0,7	2,5	20	Sch.
PO-4/0	2,5		15		1,2 *	1,6	10	Sch.
PO-4/3	2,0		15		1,7	1,0	5	Sp.
PO-3/0	1,75		15		2,2	0,7	3,5	Ax.
"1"	2,49	3,73		16,3	1,97	1,17	7,68	Sp.
"2"	2,60	1,95		8,70	1,10	1,72	13,3	Sch.
"3"	2,26	3,08		9,27	1,00	1,96	14,7	Sp.
"4" **	1,58	1,14		5,35	1,25	1,14	6,78	Sch.
"5"	1,67	1,44		14,4	0,852	1,14	7,49	Ax.
"6"	5,0	4,48		18	1,0	1,83	16,0	Sch.
"7"	3,0	2,48		18	1,0	1,47	10,4	Sch.
"8"	3,0	2,48		36	1,0	0,963	7,18	Sch.

* Werte für $\alpha \cdot F$

** Doppelzyklon

Übliche technische Daten zu Größe und Betrieb von Zyklonabscheidern enthält Tabelle 7.2.3 (nach Fritz [7.8]).

Tabelle 7.2.3   Richtwerte für Zyklone

Außendurchmesser:	$200\ mm^{\emptyset}$ .. $6\ m^{\emptyset}$,
Volumenstrom:	10 .. $200\ 000\ m^3/h$,
Tauchrohrgeschwindigkeit:	$v_i = 10$ .. $30\ m/s$
Eintrittsgeschwindigkeit:	$v_e \approx v_i$
Druckverlust:	5 .. $30\ hPa$,
Druckbereich:	$0,1$ .. $100\ bar$,
Temperaturbereich:	bis 1100^0C.

7.3 Filternde Abscheider

Das staubbeladene Gas trifft auf eine durchlässige poröse Schicht, die den Staub zurückhält und das Gas - möglichst ohne Partikelbeladung und mit möglichst geringem Druckverlust - passieren läßt.

Man unterscheidet die Filter zunächst nach der Art des Filtermediums (Faserschichten, Sinterkörper oder lose Schüttungen). Die Filter halten den Staub entweder durch Tiefenfiltration in ihrem Inneren zurück (Speicherfilter), oder auf ihrer Oberfläche, von wo er als Staubfilterkuchen wieder abgereinigt wird (Abreinigungsfilter). Tabelle 7.3.1 gibt eine entsprechende Einteilung mit einigen Beispielen.

Tabelle 7.3.1: Übersicht über filternde Staubabscheider

	Faserfilter	Sinterfilter	Schüttschichtfilter
Speicherfilter	**Grobfilter** **Schwebstoffilter** Wirrfasermatten, Papier- oder Kunstvliese	**Einmal-Kerzenfilter** **Austausch-Filterpatronen** Sinterkeramik oder Sinterkunststoff	**Biofilter** **Schüttschichtfilter** körniges anorganisches oder organisches Material Regenerierung durch mech. Reinigung und Desorption
	ohne Oberflächenbehandlung		
Abreinigungsfilter	**Schlauchfilter** **Taschenfilter** Gewebe, Nadelfilze, Vliese	**Kerzenfilter** **Sinterlamellenfilter** Sinterkeramik oder Sinterkunststoff	
	mit Oberflächenbehandlung Abreinigung durch Vibration, Gegenspülung oder Druckluftstöße		

Generell erreichen filternde Abscheider fast immer so hohe Abscheidegrade (meist > 98%), daß z.B. die Staubgehalte der Reinluft den gesetzlichen Anforderungen (TA-Luft) genügen, und sie daher als Endabscheider eingesetzt werden können. Spezielle Speicherfilter, die sog. Schwebstoffilter, verwendet man in der Reinraumtechnik, um im Extremfall den Staubgehalt auf beispielsweise unter 100 Partikeln $< 0,5\,\mu m$ im m^3 zu senken. Abreinigungsfilter können mit Rohgas-Staubgehalten von mehr als $100\,g/m^3$ beaufschlagt werden, während Speicherfilter nicht mehr als einige mg/m^3 im Rohgas abscheiden sollten, damit die Standzeit nicht zu kurz wird.

7.3.1 Speicherfilter

7.3.1.1 Abscheidung

Abscheidegrad einer Filterschicht

Den Abscheidegrad einer Faserschicht bekommt man aus der Gesamt- bzw. Fraktionsbilanz für den dispersen Stoff (Staub, Tröpfchen) beim Durchströmen der Schicht (Bild 7.3.1). Dabei wird homogener und isotroper Schichtaufbau, sowie stationäre Durchströmung vorausgesetzt.

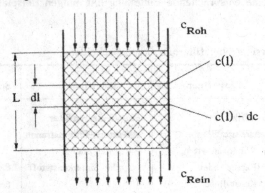

Bild 7.3.1 Zur Ableitung der Abscheidungsgleichung im Filter

Die Abnahme -dc des Staubgehalts in der differentiellen Schichtdicke dl kann proportional gesetzt werden zu
- dem Faserquerschnitt A_F bezogen auf den offenen Teil des Anströmquerschnitts εA (ε: Porosität, A: Anströmquerschnitt, Filterfläche),
- der lokal vorhandenen Staubkonzentration c(l),
- dem an den Einzelfasern hängenbleibenden Gesamtmengenanteil φ, bzw. Mengenanteil $\varphi(x)$ jeder Partikelgröße x,
- der auf die gesamte Schichtdicke L bezogenen differentiellen Schichtdicke dl.

$$-dc = \frac{A_F}{\varepsilon A} \cdot c(l) \cdot \varphi(x) \cdot \frac{dl}{L} \qquad (7.3.1)$$

Das Verhältnis

$$f = A_F / \varepsilon A \qquad (7.3.2)$$

dient zur Charakterisierung der Schicht durch die Fasern und ihren Volumenanteil in ihr. Es ist der wesentliche Filterparameter. Nach einigen einfachen Umformungen kann man ihn auch durch den Faserdurchmesser D_F und die Porosität ε der Schicht ausdrücken:

$$f = \frac{4(1-\varepsilon)}{\pi \varepsilon} \cdot \frac{L}{D_F} \tag{7.3.3}$$

Oft wird auch das Flächengewicht W (in g/m^2) des Filtermittels eingeführt. Mit der Dichte ρ_F des Fasermaterials ist es

$$W = \rho_F (1-\varepsilon) \cdot L \tag{7.3.4}$$

und damit wird der Filterparameter

$$f = \frac{4W}{\pi \varepsilon D_F \rho_F}. \tag{7.3.5}$$

Die Integration der Differentialgleichung (7.3.1) mit Gl. (7.3.2)

$$-\frac{dc}{c(l)} = f \cdot \varphi \cdot \frac{dl}{L}$$

links von c_{Roh} bis c_{Rein} und rechts von $l = 0$ bis $l = L$ ergibt $\ln (c_{Rein}/c_{Roh}) = -f \cdot \varphi$ und daraus folgt für den Gesamtabscheidegrad

$$E = 1 - c_{Rein}/c_{Roh} = 1 - \exp[-f \cdot \varphi], \tag{7.3.6}$$

bzw. für den Fraktionsabscheidegrad bei Betrachtung jeweils nur der Partikelgröße x

$$T(x) = 1 - c_{Rein}(x)/c_{Roh}(x) = 1 - \exp[-f \cdot \varphi(x)]. \tag{7.3.7}$$

Gesamt- und Fraktionsabscheidegrad einer Filterschicht sind unter den genannten Voraussetzungen daher aus den Filtermitteleigenschaften (zusammengefaßt in f) und dem Einzelfaser-Abscheidegrad (φ bzw. $\varphi(x)$) berechenbar.

Einzelfaser-Abscheidegrad

Eine Partikel der Größe x ist an einer Faser dann abgeschieden, wenn sie sowohl auftrifft wie haften bleibt. Bezeichnet man mit $\eta(x)$ die Auftreffwahrscheinlichkeit und mit $h(x)$ die Haftwahrscheinlichkeit, dann gilt für den Abscheidegrad $\varphi(x)$

$$\varphi(x) = \eta(x) \cdot h(x). \tag{7.3.8}$$

Für das Auftreffen der Partikeln auf die Faser sind von den verschiedenen Mechanismen in Bild 7.1.2 folgende von Bedeutung:

Trägheitseffekt (Bild 7.1.2d). Die Partikeln können auf Grund ihrer Trägheit der Strömung um die Faser nicht folgen und gelangen an die Faseroberfläche (η_T). Dieser Effekt ist umso größer, je größer die Partikeln sind (Trägheitskraft $\sim x^3$), je höher die Anströmgeschwindigkeit und je kleiner der Faserdurchmesser ist. Er wird merklich erst für Partikeln > ca. 2µm (Dichte um 2g/cm^3) und für Geschwindigkeiten ab ca. 0,25m/s.

Sperreffekt (Bild 7.1.2.e). Die Partikeln treffen wegen ihrer Größe auf die Fasern. Dieser Effekt greift erst für Verhältnisse von Partikelgröße zu Faserdurchmesser x/D_F größer als ca. 0,1, ist also umso wirksamer je näher die Faserdicke bei der abzuscheidenden Partikelgröße liegt.

Diffusionseffekt (Bild 7.1.2 g). Die Partikeln treffen durch Zufallsbewegungen auf die Faseroberfläche. Die Wahrscheinlichkeit hierfür ist umso höher, je kleiner die Partikeln sind (< ca. 0,5 µm) und je kleiner die Anströmgeschwindigkeit ist (< ca. 0,25 m/s). *Elektrostatische Anziehung* (Bild 7.1.2 f). Sowohl die Fasern, besonders Kunststoff-Fasern, als auch die Partikeln können aufgeladen sein. Je kleiner sie sind, desto wirksamer ist dieser Effekt. Er kann vor allem im Bereich < ca. 5 µm eine Rolle spielen.
Für den Haftanteil h (Haftwahrscheinlichkeit) kann man bei Partikeln < ca. 3 ... 5 µm in der Regel h = 1 setzen, größere Partikeln können von den Fasern wieder abprallen und bei höheren Geschwindigkeiten auch wieder abgeblasen werden (h < 1).
Berechnungsansätze für die einzelnen Auftreffgrade und ihre Kombinationen ([7.1]) erklären die sog. "Abscheidelücke" von Filtern im Bereich zwischen 0,1 und 1 µm (Bild 7.3.2).

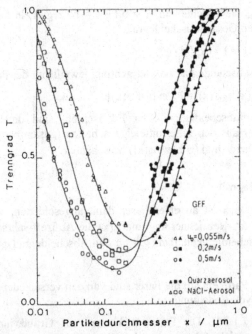

Bild 7.3.2 Abscheidung durch Diffusions- und Trägheitseffekt
Trennkurven eines Speicherfilters [7.1], "Abscheidelücke"

Mit zunehmender Partikelgröße nimmt oberhalb von ca. 0,1 µm die Wirksamkeit der Diffusionsabscheidung stark ab, ohne daß der Trägheitseffekt schon greift. Die Fraktionen im Bereich um 0,5 µm werden daher nur dann abgeschieden, wenn andere Mechanismen, besonders Elektrostatik, zusätzlich wirken.
Man sieht in Bild 7.3.2 auch den charakteristischen Einfluß der Geschwindigkeit: Für die Abscheidung sehr kleiner Partikeln sind kleine, bei größeren Partikeln große Geschwindigkeiten vorteilhaft.

7.3.1.2 Druckverlust

Mit der Staubeinlagerung nimmt der Druckverlust im Filter zu. Berechenbar ist er näherungsweise nur für den Beginn der Filtration, d.h. für das noch unbestaubte Filter. Löffler [7.1] gibt folgende Beziehung an:

$$\frac{\Delta p}{L} = 6{,}37 \cdot \frac{1-\varepsilon}{\varepsilon} \cdot \frac{\eta_L \, v_0}{D_F^2} + 0{,}95 \cdot \frac{1-\varepsilon}{\varepsilon^2} \cdot \frac{\rho_L \, v_0^2}{D_F}.$$ (7.3.9)

Sie gilt für konstanten Faserdurchmesser D_F und für *Faser-Reynoldszahlen* $1 \le Re_F \le 50$, wobei diese definiert ist durch

$$Re_F = \frac{v_0 \, D_F \, \rho_L}{\varepsilon \, \eta_L}.$$ (7.3.10)

7.3.1.3 Anwendungsdaten und Bauformen

Die folgende Tabelle 7.3.2 gibt einen Überblick über Richtwerte zur Anwendung von Speicherfiltern.

Tabelle 7.3.2 Richtwerte für Speicherfilter

Filtermedien:	Matten, Faserfüllungen, Vliese, Nadelfilze
Fasermaterialien:	Glas, Kunststoff, Metall, Mineralwolle, Zellulose, Baumwolle, Wolle
Porositäten:	>90%, oft > 99%
Faserdurchmesser:	5 .. 50 µm, für spezielle Schwebstoff-Filter bis 1 µm
Anströmgeschwindigkeiten:	0,01 .. 3 m/s (10 m/s),
Rohgas-Staubgehalte:	einige mg/m^3,
Reingas-Staubgehalte:	< 1 µg/m^3, bzw. entsprechend den Anforderungen der Reinraumklassen, z.B. Reinraumklasse 3 (höchste Ansprüche): ≤ 100 Partikel (0,5 µm)/m^3 und ≤ 1 Partikel (5 µm)/m^3
Anwendungen:	Raumluft- und Klimatechnik, Reinraumtechnik, Industrieabluft-, Prozeßgas-, Druckluft-Reinigung, Ölnebel-Abscheidung, Nuklear- und Raumfahrttechnik,

Die Bauformen sind entsprechend dem weiten Anwendungsfeld sehr unterschiedlich in Größe und Gestalt. Da die Speicherfilter meist nicht regenerierbar sind, handelt es sich oft um Einsätze in Filtergehäuse, die nach ihrer Sättigung ausgetauscht werden (z.B. Kfz.-Luftfilter, Küchendunst-Abzugshauben, Filterkassetten in Lüftungsanlagen). Beispiele sind in den Bildern 7.3.3 und 7.3.4 zu sehen.

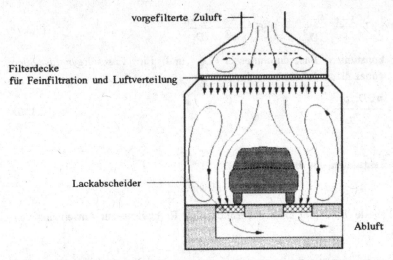

vorgefilterte Zuluft

Filterdecke
für Feinfiltration und Luftverteilung

Lackabscheider

Abluft

Bild 7.3.3 Luftströmung in einer Lackieranlage mit Deckenfilter über dem Gesamtquerschnitt (nach Fa. C. Freudenberg, Weinheim/B.)

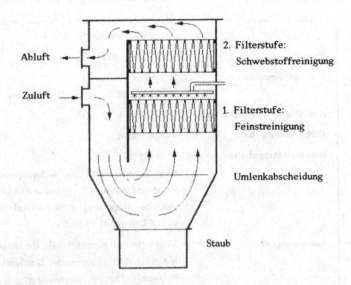

Abluft

Zuluft

2. Filterstufe:
Schwebstoffreinigung

1. Filterstufe:
Feinstreinigung

Umlenkabscheidung

Staub

**Bild 7.3.4 Zweistufige Anlage zur Abluftreinigung
(nach Fa. Anke-Filtertechnik, Velbert)**

7.3.2 Abreinigungsfilter

7.3.2.1 Prinzip und Abscheidung

Auf der Oberfläche des Filtermittels (Filtermediums) sammelt sich der Feststoff als "Staubkuchen" an und wirkt seinerseits wieder als wirksam filternde Schicht. Der Druckverlust steigt mit dem Wachsen der Staubschicht an, und nach Erreichen einer maximalen Druckdifferenz oder in vorbestimmten Zeitabständen erfolgt die Abreinigung. Durch mechanisches Rütteln (ältere Filter), einen Druckstoß und/oder Rückblasen wird der Staubkuchen vom Filtermittel entfernt, und der Vorgang beginnt von neuem.

Bei Filtermedien ohne Oberflächenbeschichtung lagert sich in der *Anfangsphase* feiner Staub im Inneren des Filtermittels ab (Tiefenfiltration). Er kann nicht mehr vollständig abgereinigt werden, die Betriebsweise (Filterflächenbelastung s. u.) muß so sein, daß es nicht zur Verstopfung kommt. Bei der *Staubkuchenbildung* lagert sich zunächst auf dem Filtermittel, dann auf und in der Staubschicht weiterer Feststoff an. Die Eigenschaften des Staubs selbst sind dann maßgeblich für die Abscheidung. Daher läßt sie sich nicht allgemein vorausberechnen.

Für die praktische Auslegung von Abreinigungsfiltern ist die *Filterflächenbelastung* (= Filtrationsgeschwindigkeit) v_F in $m^3/(m^2 min)$ oder $m^3/(m^2 h)$ die maßgebliche Größe. Sie hängt von zahlreichen Einflüssen ab und muß für jede Entstaubungsaufgabe bestimmt werden. Die Berechnung erfolgt dann nach folgender Formel:

$$v_F = v_{FO} \cdot c_1 \cdot c_2 \cdot c_3 \cdot ... \cdot c_n. \hspace{2cm} (7.3.11)$$

Darin ist v_{FO} eine Grundbelastung, die im wesentlichen von der Staubart abhängt, und für die es aufgelistete Richtwerte gibt, z.B. in [7.2] oder in [7.9]. Tabelle 7.3.3 gibt einen kleinen Auszug daraus wieder. Die Faktoren c_i stehen für einzelne Einflüsse und enthalten die Erfahrungen der Fachleute. Sie sind =1 für Normalbedingungen, sind <1 für erschwerende und >1 für erleichternde Bedingungen.

Tabelle 7.3.3 Richtwerte für die Grundbelastung v_{FO} von Abreinigungsfiltern

Staubart	v_{FO} in m/min	Staubart	v_{FO} in m/min
Aktivkohle	2,5 – 2,8	Holzsägemehl (< 1mm)	3,8 – 4,2
Baumwolle	3,0 – 5,0	Milchpulver	1,6 – 2,5
Braunkohle	2,5 – 3,2	Phosphatdünger	1,3 – 3,4
Farbpigmente	2,4 – 2,9	Quarzmehl	2,1 – 2,8
Flugasche	2,7 – 3,0	Zementstaub	2,4 – 3,0

7.3.2.2 Druckverlust

Der Druckverlust ist die zweite wesentliche Betriebsgröße. Sein zeitlicher Verlauf während einiger Filtrationsperioden ist in Bild 7.3.6 gezeigt.

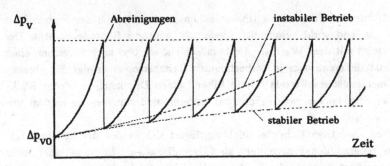

Bild 7.3.6 Prinzipieller zeitlicher Verlauf des Druckverlusts am Abreinigungsfilter

Die Einlagerung von Feinstaub im Filtermittel, bzw. haftende Feinstaubreste auf der Oberfläche bewirken, daß nach dem Abreinigen der niedrige Druckverlust Δp_{v0} des neuen Filtermittels nicht mehr erreicht wird. Der untere Δp_v-Wert muß nach dem anfänglichen Anwachsen einem endlichen und möglichst niedrigen Grenzwert zustreben, damit der Filterbetrieb stabil bleibt. Zu hohe Filtriergeschwindigkeit und/oder ungenügende Abreinigung können zur Verstopfung führen (instabiler Betrieb).

Eine Vorausberechnung des zeitlich mittleren Druckverlusts ist mit einem halbempirischen Näherungsansatz möglich, der auch *"Fundamentalgleichung für Mehrkammerfilter"* genannt wird:

$$\overline{\Delta p_v} = K_1 \cdot \eta_G \cdot \overline{v} + \frac{1}{2} K_2 \cdot \eta_G \cdot t_P \cdot c \cdot \overline{v}^2. \tag{7.3.12}$$

Darin bedeuten

K_1	in m^{-1}	Restwiderstand des Filtertuchs nach der Abreinigung, (nimmt mit höherem Abreinigungsdruck ab)
K_2	in m/g	spezifischer Widerstand des Staubfilterkuchens, (nimmt mit höherer Filtrationsgeschwindigkeit zu)
η_G	in $Pa\,h$	dynamische Zähigkeit des Gases,
t_P	in h	Dauer einer Filtrationsperiode,
$\overline{v}$	in m/h	mittlere Filtrationsgeschwindigkeit,
c	in g/m^3	Rohgas-Staubgehalt.

Der insgesamt abzureinigende Volumenstrom $\dot{V}$ wird auf z Kammern mit je A_K m^2 Filterfläche gelenkt. Damit läßt sich über

$$\bar{v} = \dot{V}/z\,A_K \tag{7.3.13}$$

die Anzahl der erforderlichen Filterkammern berechnen.

Aus Messungen von Klingel für die Filtration eines Kalksteinstaubs mit einer mittleren Korngröße von $x_{50,3}$ = 5 µm auf einem Polyester-Nadelfilz (600 g/m^2) mit $\bar{v}$ = 150 m/h ergeben sich für K_1 Werte zwischen ca. $6 \cdot 10^8$ m^{-1} und ca. $4 \cdot 10^9$ m^{-1} (abhängig vom Abreinigungsdruck) und für K_2 Werte zwischen ca. $4 \cdot 10^6$ m/g und ca. 10^7 m/g.

Beispiel 7.1: Abreinigungsfilter

a) Welcher mittlere Druckverlust ist bei der Filtration von Kalksteinstaub auf PE-Nadelfilz mit $\bar{v}$ = 90 m/h (= 1,5 m/min) und einem Rohgas-Staubgehalt von c_{Roh} = 1,5 g/m^3 zu erwarten, wenn noch folgende Werte gelten: $K_1 = 4 \cdot 10^9$ m^{-1}; $K_2 = 10^7$ m/g; $\eta_G = 1,8 \cdot 10^{-5}$ Pa s = $5 \cdot 10^{-9}$ Pa h; t_P = 6 h.

b) Auf welche Gasgeschwindigkeit muß reduziert werden, wenn das Rohgas mit einem doppelt so hohen Staubgehalt, nämlich 3 g/m^3 anfällt, und der Druckverlust gleichbleiben soll?

Lösung:

a)
$$\overline{\Delta p_V} = 4 \cdot 10^9 \cdot 5 \cdot 10^{-9} \cdot 90 \text{ Pa} + \tfrac{1}{2} \cdot 10^7 \cdot 5 \cdot 10^{-9} \cdot 6 \cdot 1,5 \cdot 90^2 \text{ Pa}$$
$$\qquad\qquad 1,8 \cdot 10^3 \text{ Pa} \qquad + \qquad\qquad 1,82 \cdot 10^3 \text{ Pa}$$
$$= 3,62 \cdot 10^3 \text{ Pa} = 36,2 \text{ hPa}.$$

b) Gl.(7.3.17) nach $\bar{v}$ aufgelöst ergibt die quadratische Gleichung

$$\bar{v}^2 + \frac{2 K_1}{K_2\, t_P\, c} \cdot \bar{v} - \frac{2\,\overline{\Delta p_V}}{K_2\, \eta_G\, t_P\, c} = 0$$

mit der Lösung

$$\bar{v} = \left[\left(\frac{K_1}{K_2\, t_P\, c} \right)^2 + \frac{2\,\overline{\Delta p_V}}{K_2\, \eta_G\, t_P\, c} \right]^{1/2} - \left(\frac{K_1}{K_2\, t_P\, c} \right).$$

Einsetzen der Zahlenwerte führt zu $\bar{v}$ = 70,2 m/h; es ist also eine Reduzierung um ca. 22% erforderlich, mit anderen Worten: Es können nur noch ca. 78% des bei 1,5 g/m^3 möglichen Luftvolumenstroms entstaubt werden.

7.3.2.3 Bauarten von Abreinigungsfiltern

Man unterscheidet die Abreinigungsfilter, deren Filtermittel aus Faserstoffen besteht, nach der Form ihrer Filterelemente in *Schlauchfilter* und *Taschenfilter* (Bild 7.3.7).

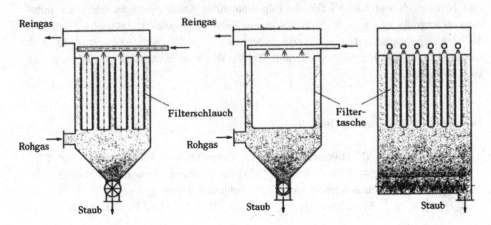

Bild 7.3.7 Schlauch- und Taschenfilter

Ein Filter besteht meist aus zahlreichen parallel beaufschlagten Elementen (Schläuchen oder Taschen). Bei größeren Einheiten ist das Filtergehäuse wegen der Abreinigung oft in Kammern unterteilt. Schlauchfilter können außen (meistens der Fall) oder innen beaufschlagt sein, Taschenfilter werden immer von außen bestaubt. Damit bei außen beaufschlagten Filtern das Filtertuch nicht zusammenfällt, brauchen diese Elemente einen Stützkorb.

Abreinigung
Die Art der Abreinigung und Rückspülung ist ein weiteres Unterscheidungsmerkmal.
Rütteln. Das Filtertuch wird über eine Mechanik oder elektromagnetisch in Vibrationen versetzt und schüttelt den Staubkuchen ab.
Gegenstromabreinigung. Von der Reingasseite her wird Luft durch das Filtertuch geblasen, entweder lokal durch Ringdüsen bei innenbeaufschlagtem Filterschlauch, oder über die ganze Filterfläche (Rückspülen).
Diese beiden Abreinigungsarten erfordern einige Zeit, und erfolgen am einzelnen Filterelement oder kammerweise. Die in Betrieb befindliche Filterfläche (Netto-Filterfläche) ist daher um den gerade abreinigenden Teil kleiner als die installierte aBrutto-Filterfläche.

Druckstoßabreinigung. Ein sehr kurzer Druckstoß wird aus einem Überdruckbehälter in eine Filterschlauch-Reihe oder eine Tasche gegeben, die Luft expandiert, bläht das Tuch schlagartig auf und schleudert den Kuchen dadurch ab (Bild 7.3.8). Da die Druckstöße nur Zehntelsekunden dauern, kann die Abreinigung während des Filterbetriebs stattfinden.

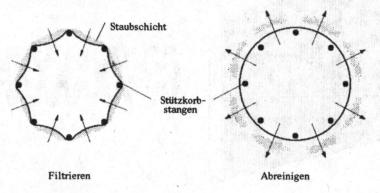

Bild 7.3.8 Druckstoßabreinigung eines Schlauchfilters

Sinterfilter haben einen porösen Grundkörper aus gesinterten Partikeln (Kunststoff, Keramik oder Metall), der starr ist und beim Filter- oder Abreinigungsvorgang keine weitere Stütze benötigt (eigensteif). Er kann in beliebigen Formen gesintert werden. Meist haben solche Filter eine spezielle Oberflächenbeschichtung, so daß sie nur als Oberflächenfilter wirken. Dann ist die Abreinigung durch Druckstoß und/oder Rückspülen üblich. Wenn der Grundkörper allein zur Filtration verwendet wird, wirkt er sowohl als Tiefen- wie als Oberflächenfilter und muß nach seiner Staubsättigung ersetzt oder gereinigt werden.

Für kleinere Volumenströme (z.B. Reinigung der Druckluft, Sterilfiltration) sind zylindrische Kerzenfilter - auch in "plissierter" Form zur Oberflächenvergrößerung - geeignet. Größere Volumenströme, wie sie bei der Entstaubung in Produktionsanlagen und -hallen vorkommen, werden z.B. mit Sinterlamellenfiltern gereinigt (Bild 7.3.9). Das poröse, gesinterte Filterelement hat die Form einer festen lamellierten Tasche (Profil in Bild 7.3.9 b), deren Oberfläche mit einer Schicht aus feinstem PTFE-Pulver einerseits das Eindringen von Staub gänzlich verhindert (reine Oberflächenfiltration), und andererseits durch die sehr geringe Haftung des Staubkuchens seinen leichten Abwurf ermöglicht.

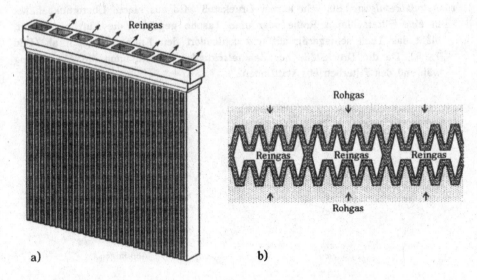

Bild 7.3.9   Sinterlamellenfilter (Fa. Herding, Amberg) a) Filterelement, b) Profil

Übliche technische Daten von Abreinigungsfiltern enthält Tabelle 7.3.4.

Tabelle 7.3.4   Richtwerte für Abreinigungsfilter

Filtermedien	textile Gewebe, Nadelfilze, Vliese; Sinterkörper aus kugeligen Partikeln
Fasermaterialien	Baumwolle, Wolle, Kunststoffe, Glas, Metall
Sintermaterialien	Kunststoffe, Keramik, Metall
Schlauchlängen	< 1 m .. 3 m (selten bis 5 m)
Filterelementlängen	0,2 m .. 1,5 m
Schlauchdurchmesser	100 .. 300 mm$^\emptyset$ (üblich 120 .. 150 mm$^\emptyset$)
Filterfläche/F.-element	0,5 .. ca. 6 m^2
Gesamt-Filterflächen	1 .. mehrere 1000 m^2
Anströmgeschwindigkeiten	< 1 .. 10 m/min (üblich 1 .. 2 m/min)
mittlere Druckverluste	10 .. 50 hPa
Rohgas-Staubgehalte	bis ca. 100 g/m^3
Reingas-Staubgehalte	einige mg/m^3 (End-Reinigung)
Anwendungen	allg. Industrie-Entstaubung (Baustoffind., Metallbearbeitung, chemische, keramische Lebensmittel-Industrie ..)

7.3.3 Schüttschichtfilter

Das Filtermedium bei diesen Filtern bilden Schüttungen aus Körnern, die vom beladenen Gas durchströmt werden. Sie halten den Staub überwiegend im Inneren zurück (Tiefenfiltration). Bei hohen Rohgas-Staubgehalten und/oder langen Filtrationsperioden kann sich auf ihrer Oberfläche eine durchgehende Staubschicht bilden, die
ihrerseits die Abscheidung zusätzlich verbessert.
Gegenüber Faserfiltern haben Schüttschichtfilter folgende Vorteile: Es können
hochtemperaturbeständige und verschleißunempfindliche Filtermaterialien eingesetzt
werden (Quarz, Kalkstein, Basalt). Gleichzeitig mit der Partikelabscheidung lassen
sich Gas-Feststoff-Reaktionen durchführen (Sorption von Schadgasen). Dadurch wird
die Entstaubung und Reinigung von heißen Gasen (Rauchgase, Hüttenabgase) möglich. Sie sind unempfindlich gegenüber feuchten und klebrigen Stäuben, sowie gegen
Taupunktsunterschreitungen beim Filtrieren. Nachteilig sind der geringere Abscheidegrad und die Gefahr des Durchbruchs bei vollem Filter, sowie die z.T. aufwendige Abreinigung oder Entsorgung des beladenen Filtermaterials.

7.3.3.1 Abscheidung

Die Mechanismen, mit denen die Partikeln im Filter zurückgehalten werden, entsprechen denen bei Speicherfiltern mit Fasern: *Trägheitseffekt* und *Sperreffekt* bei der
Umströmung der Körner des Filtermittels für Partikeln oberhalb von ca. 1 μm, *Diffusionseffekt* für Partikeln, die deutlich kleiner als 1 μm sind. Sind Partikeln oder
Schichtmaterial elektrostatisch aufgeladen, trägt auch dieser Effekt zur Abscheidung
bei. Wie bei den Faserfiltern tritt auch hier ein Abscheideminimum auf (vgl. Bild
7.3.2), es ist jedoch zu größeren Partikeln hin verschoben (um 1 μm). Unterschiede
gegenüber den Faserfiltern kommen vor allem von den wesentlich größeren Durchmessern und anderen Formen und Oberflächen der abscheidenden Körner (0,1 mm ...
ca. 5 mm), sowie durch die kleineren Porositäten der Schüttungen ($\varepsilon \approx 0,4$). Die effektiven Strömungsgeschwindigkeiten in den Poren sind wesentlich größer als die Anströmgeschwindigkeit des Filters, und sie haben eine breite Verteilung. Dadurch ver-
schieben sich die Anteile der einzelnen Abscheideeffekte gegenüber der Faserabscheidung und außerdem wird ein Abblasen bereits abgeschiedener Partikeln eher möglich.
Eine Berechnung des Fraktionsabscheidegrads T(x) erfolgt entsprechend der in Abschnitt 7.3.1 gegebenen Ableitung nach

$$T(x) = 1 - \exp\left(-1,5 \cdot \frac{1-\varepsilon}{\varepsilon} \cdot \frac{L}{d_K} \cdot \varphi(x)\right), \tag{7.3.14}$$

worin L die Schichthöhe, d_K die Korngröße der Schichtpartikeln und $\varphi(x)$ der Ein-
zelkorn-Abscheidegrad dieser Partikeln ist. Für $\varphi(x)$ gibt es bisher nur wenige und

nur für Spezialfälle geltende Ansätze [7.1], so daß eine generelle Vorausberechnung noch nicht möglich ist.

7.3.3.2 Druckverlust

Der Druckverlust in der unbestaubten Schicht kann nach den in Abschnitt 4.3.2 gegebenen Gleichungen berechnet werden. Die üblichen Werte für Porosität ε, mittlere Korngrößen $\overline{x}$ (streng: Sauterdurchmesser) und Anströmgeschwindigkeiten $\overline{w}$ ergeben Partikel-Reynoldszahlen >10, so daß sich die Anwendung der *Ergun'schen Gleichung* (s. Abschnitt 8.2.2, Gl.(8.2.32)) empfiehlt:

$$\frac{\Delta p}{L} = 150 \cdot \frac{(1-\varepsilon)^2}{\varepsilon^3} \cdot \frac{\eta \cdot \overline{w}}{\overline{x}^2} + 1,75 \cdot \frac{(1-\varepsilon)}{\varepsilon^3} \cdot \frac{\rho \overline{w}^2}{\overline{x}} \tag{7.3.15}$$

Für die mittlere Geschwindigkeit ist darin der auf die Schüttungsoberfläche A_s bezogene Volumenstrom zu setzen

$$\overline{w} = \dot{V}/A_s . \tag{7.3.16}$$

Mit zunehmender Staubbeladung vergrößert sich der Druckverlust, weil die Poren enger werden und die reibende Oberfläche in der Schicht sich verändert. Selbst eine zu Beginn homogene Filterschicht wird dadurch inhomogen.

7.3.3.3 Bauarten von Schüttschichtfiltern

Einfachere Bauarten haben horizontal auf Sieben liegende Filterschichten, die beim Filtern von oben durchströmt werden, und durch Rütteln und Rückspülen oder durch Fluidisieren (Aufwirbeln) gereinigt werden. Sie müssen periodisch betrieben werden, und daher schaltet man bei größeren Einheiten mehrere Filter parallel. So kann abwechselnd jeweils ein Filter abgereinigt werden, während die anderen arbeiten. Bild 7.3.9 zeigt als Beispiel das CS-Filter der Fa. Lurgi.

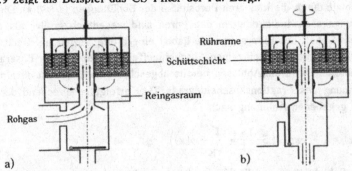

Bild 7.3.9   Schüttschichtfilter (CS-Filter, Fa. Lurgi)   a) Betriebsphase,
b) Abreinigungsphase

Kontinuierlich können solche Schüttschichtfilter betrieben werden, bei denen das beladene Schichtmaterial aus der Filterzone abgezogen und durch frisches ersetzt wird. Die Abreinigung erfolgt dann separat. Als Beispiel hierfür ist in Bild 7.3.10 das Gegenstrom-Schüttschichtfilter der Fa. Lufttechnik Bayreuth Rüskamp GmbH. gezeigt.

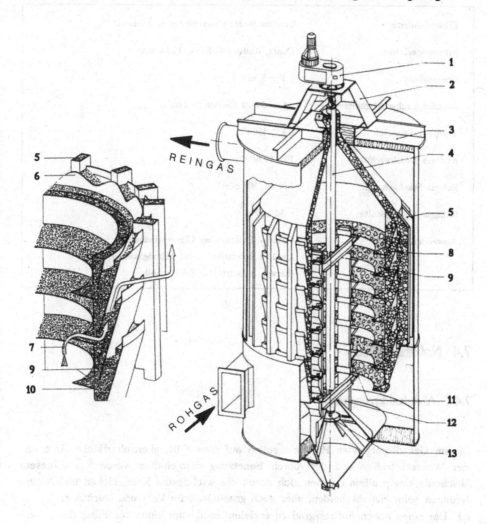

1 Antriebseinheit, 2 Lagerbrücke, 3 Filterdeckel, 4 Rohrwelle, 5 Primär-Fallrohr,
6 Wellenringe, 7 Gasstrom, 8 Filtermaterial, 9 Schüttschicht, 10 Ringetagen,
11 Abräumer, 12 Sekundärfallrohr, 13 Lagerung der Rohrwelle.

Bild 7.3.10 Gegenstrom-Schüttschichtfilter (GS-Filter, Fa. Lufttechnik Bayreuth
Rüskamp GmbH., Bayreuth)

Einige technische Daten von Schüttschichtfiltern enthält Tabelle 7.3.5

Tabelle 7.3.5 Richtwerte für Schüttschichtfilter

Filterelemente:	Schüttschichten aus körnigem Material
Filtermaterialien:	Quarz, Kalkstein, Sand, Koks u.a.
Korngrößen:	0,3 _ 5 mm
Anströmgeschwindigkeiten:	0,5 _ 5 m/s (üblich < 1 m/s)
Temperaturbereich:	bis > 1000°C
mittlere Druckverluste:	10 _ 50 hPa
Rohgas-Staubgehalte:	bis ca. 100 g/m^3
Reingas-Staubgehalte:	< 50 mg/m^3
Anwendungen:	Heißgas-Entstaubung (Zementindustrie); kombin. Entstaubung und Schadgasabsorption (keram. Industrie); Kerntechnik

7.4 Naßabscheider

7.4.1 Abscheidevorgang

Die im Gas dispergierten Partikeln sollen auf eine Flüssigkeitsoberfläche (fast immer Wasser) treffen und dort durch Benetzung festgehalten werden. Aus diesem Abscheideprinzip allein ergeben sich schon die wichtigsten Kennzeichen und Anforderungen beim Naßabscheiden, aber auch grundsätzliche Vor- und Nachteile:

1.) Um einen hohen Auftreffgrad zu erzielen, muß zum einen die Flüssigkeitsoberfläche groß sein und zum anderen müssen Gas und Flüssigkeit mit hoher Relativgeschwindigkeit gegeneinander bewegt werden. Beides läßt sich in hochturbulenten Strömungsfeldern erreichen. Das Auftreffen beruht dann überwiegend auf dem *Trägheitseffekt* (s. Abschnitt 7.1.3). Solche Strömungen sind aber auch mit einem hohen Druckverlust verbunden.

2.) Zur Abscheidung ist das Haften der Partikeln an der Flüssigkeitsoberfläche durch *Benetzung* erforderlich. Meist ist dies jedoch kein Problem.

3.) Große Flüssigkeitsoberflächen zusammen mit hohen Strömungsgeschwindigkeiten begünstigen auch *Wärme- und Stoffaustausch* zwischen Gas- und Flüssigkeitsphase. Daher werden Naßabscheider häufig zur Konditionierung (Kühlen und Befeuchten) oder zur Gaswäsche benutzt (Sorption von Fremdgasen, z.B. CO, SO_2, NO_x aus der Luft).

4.) Nasse Gasreinigung bedeutet gleichzeitig eine Beladung der Flüssigkeit mit den Stoffen, die aus dem Gas entfernt werden. Aus dem Abluftproblem wird ein *Abwasserproblem*. Daher wird man sie nur dort einsetzen, wo die abwasserseitige Weiterbehandlung beherrscht wird.

Im Prinzip gibt es drei Realisierungsmöglichkeiten für eine große Flüssigkeitsoberfläche (Bild 7.4.1):

   a) Dispergieren des Gases in der Flüssigkeit (Bläschen erzeugen),

   b) Berieseln von Füllkörpern,

   c) Dispergieren der Flüssigkeit (Zerstäuben, Tröpfchen erzeugen).

Möglichkeit a) kommt wegen der geringen erreichbaren Gasdurchsätze und nur kleinen Relativgeschwindigkeiten im Inneren der Bläschen für die Partikelabscheidung weniger in Betracht. Sie kann ein erwünschter Nebeneffekt sein, aber es gibt keine Staubabscheider nach diesem Prinzip. Möglichkeit b) wird in sog. Waschtürmen realisiert, deren Hauptzweck meist die Entfernung von Schadgasen zusammen mit einer Konditionierung ist. Am wirksamsten für die Partikelabscheidung ist das Zerstäuben der Flüssigkeit, und hierfür gibt es eine ganze Reihe verschiedener Abscheidertypen. Allerdings bedingt die Zerstäubung eine nachfolgende Abscheidung der mit Staub beladenen Tropfen, so daß diese Typen immer aus einer Kombination von Zerstäuber/Staubabscheider und Tropfenabscheider bestehen.

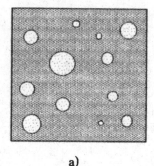
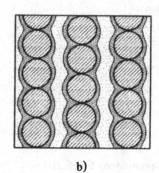
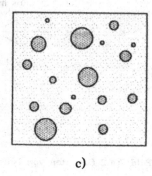

      a)   b)   c)

Bild 7.4.1   Erzeugung großer Flüssigkeitsoberflächen

        a) Gasdispergieren (Bläschen)

        b) Berieseln von Füllkörpern

        c) Zerstäuben der Flüssigkeit (Tröpfchen)

7.4.2 Naßabscheidertypen

Die grundsätzlichen Möglichkeiten zur Erzeugung großer Flüssigkeitsoberflächen werden in den folgenden Typen von Naßabscheidern (nach Holzer [7.10]) realisiert. Die Bilder 7.4.2 und 7.4.3 zeigen die wichtigsten Bauarten.

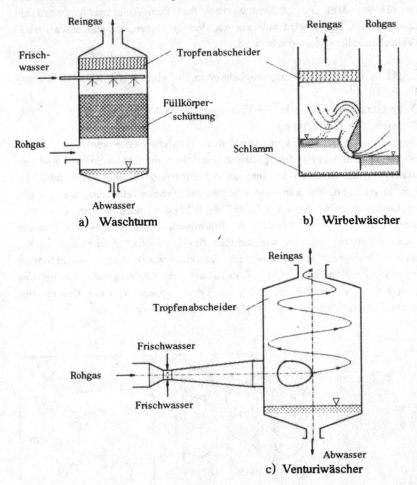

a) Waschturm   b) Wirbelwäscher

c) Venturiwäscher

Bild 7.4.2 Bauarten von Naßabscheidern (nach Holzer [7.10])

In *Waschtürmen* (Bild 7.4.2a)) rieselt die Flüssigkeit über Füllkörper herab, oder die Türme sind leer und die versprühte Flüssigkeit fällt als Tropfen nach unten. Jedenfalls ist die Relativgeschwindigkeit zwischen Flüssigkeit und dem im Gegen-, Gleich- oder Kreuzstrom geführten Gas durch das Mitreißen der Flüssigkeit begrenzt. Die Kontaktzeit ist jedoch länger als bei den übrigen Wäschern, so daß Diffusionsvorgänge (Stoffaustausch) begünstigt sind.

Bei *Wirbelwäschern* (Bild 7.4.2 b)) und im *Venturiwäscher* (Bild 7.4.2c)) passiert das Gas eine Verengung, wo es seine höchste Geschwindigkeit erreicht. An dieser Stelle wird das Wasser mitgerissen (Wirbelwäscher) bzw. eingespritzt (Venturi) und in kleine Tröpfchen zerteilt. Beide Typen nutzen also unmittelbar den Energievorrat des Gasstroms aus und sind wegen dieser Funktionsweise empfindlich gegen Schwankungen des Gasvolumenstroms, wenn nicht regelnde Gegenmaßnahmen getroffen werden.

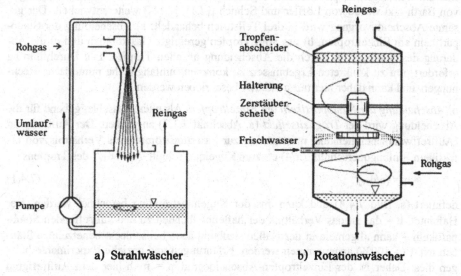

a) Strahlwäscher b) Rotationswäscher

Bild 7.4.3 Weitere Bauarten von Naßabscheidern (nach Holzer [7.10])

Tröpfchenerzeugung mit Fremdenergie haben Strahlwäscher und Rotationswäscher. Der *Strahlwäscher* (Bild 7.4.3 a)) arbeitet nach dem Prinzip der Wasserstrahlpumpe: Ein mit hohem Vordruck (mehrere bar) beschleunigter Wasserstrahl tritt in der Kehle eines Venturirohrs aus seiner Düse aus und saugt das Rohgas aus dem umgebenden Ringraum an. Die hohen Geschwindigkeiten (Wasser bis 35 m/s, Gas von 0 bis 20 m/s) bewirken den Zerfall des Wasserstrahls und intensive Vermischung. Durch das Ansaugen des Rohgases tritt gasseitig kein Druckverlust, evtl. sogar etwas Druckgewinn auf. Dafür ist der auf den Gasvolumenstrom bezogene Wasserverbrauch allerdings ziemlich hoch.

Im *Rotationswäscher* (Bild 7.4.3 b)) erfolgt die Zerstäubung des Wassers durch schnell drehende Scheiben. Wegen der getrennt einstellbaren Betriebsgrößen Wassermengenstrom und Drehzahl, die beide die Tropfengrößenverteilung beeinflussen, sind Rotationswäscher in breiten Bereichen des Gasdurchsatzes und der Staubbeladung einsetzbar.

7.4.3 Berechnungsansätze

Weil die Tropfenabscheidung - speziell die im Venturi- und im Rotationsabscheider - technisch am wirksamsten ist, beschränken sich die Berechnungsansätze hierauf. Es gibt empirisch gefundene und auf physikalischen Modellvorstellungen beruhende Ansätze sowohl für die Abscheidung wie für den Druckverlust.

Das Barth/Löffler/Schuch-Modell

Das am weitestgehend physikalisch begründete Modell beruht auf Grundvorstellungen von Barth und wurde von Löffler und Schuch ([7.1], [7.11]) weiterentwickelt. Der gesamte Abscheidevorgang wird in drei Teilstufen behandelt: a) Abscheidung der Staubpartikeln am Einzeltropfen, b) das vom Tropfen gereinigte Gasvolumen und c) die Änderung des Staubgehalts durch die Abscheidung an allen Tropfen. Die Durchführung erfordert, um zu konkreten Ergebnissen zu kommen, umfangreiche numerische Rechnungen, und kann daher hier nur qualitativ beschrieben werden.

a) Abscheidung der Staubpartikeln am Einzeltropfen. Als allein ausschlaggebend für die Abscheidung wird der *Trägheitseffekt* (s. Abschnitt 7.1.3) angesehen. Der Auftreffgrad (Auftreffwahrscheinlichkeit) η ist analog zur Faserumströmung als Verhältnis von effektivem Einfangquerschnitt $(\pi/4) \cdot e^2$ zum Kugelquerschnitt $(\pi/4) \cdot d_{Tr}^2$ des Tropfens

$$\eta = (e/d_{Tr})^2 \qquad (7.4.1)$$

definiert (s. Bild 7.4.4) und kann aus der Kugelumströmung berechnet werden. Der Haftanteil h – das ist das Verhältnis der haftenbleibenden zu den auftreffenden Staubpartikeln – kann allgemein in der Naßentstaubung auch bei schlecht benetzenden Stäuben mit 1 (= 100%) angenommen werden. Erfahrungen und gezielte Experimente belegen dies. Daher ist der Einzeltropfen-Abscheidegrad $\varphi = \eta \cdot h$ hier dem Auftreffgrad gleich. Die Schuch'schen Berechnungen ergeben

$$\eta = \left(\frac{\Psi}{\Psi + \Psi_0}\right)^\beta . \qquad (7.4.2)$$

worin Ψ der *Trägheitsparameter* (auch *Stokes-Zahl*) nach folgender Definition ist:

$$\Psi = \frac{\rho_P \cdot v_{rel} \cdot x_P^2}{18\eta_L \cdot d_{Tr}} . \qquad (7.4.3)$$

Er ist ein Maß für die Beweglichkeit der Staubpartikeln gegenüber den Tropfen. Kleine Werte ($\psi < 1$) bedeuten, daß die Abbremsstrecke der Partikeln von der Anfangsgeschwindigkeit v_{rel} auf die Geschwindigkeit $v_{rel} = 0$ kleiner als die Tropfengröße ist. Damit wird die Mitnahme des Teilchens mit der Strömung um den Tropfen herum mit kleiner werdender Partikelgröße wahrscheinlicher, die Abscheidung also schlechter. Die beiden empirischen "Konstanten" Ψ_0 und β hängen noch von der

Tropfen-Reynoldszahl

$$Re_{Tr} = \frac{v_{rel} \cdot d_{Tr} \cdot \rho_f}{\eta_f} \tag{7.4.4}$$

ab, z.B. ist für $Re_{Tr} < 1$: $\Psi_0 = 0,65$ und $\beta = 3,7$ (weitere Werte in [7.1]). Bei den Stoffwerten ist zu beachten, daß η_L die dynamische Viskosität der Luft und ρ_f bzw. η_f die Dichte bzw. dynamische Viskosität der Flüssigkeit sind

b) *Das vom Tropfen gereinigte Gasvolumen.* Multipliziert man den effektiven Einfangquerschnitt eines Tropfens mit dem Weg, den er im Abscheider durchmißt, dann erhält man das von ihm gereinigte Gasvolumen. Indem man es noch auf das Tropfenvolumen bezieht, definiert man das *spezifische Reinigungsvolumen* m des Tropfens. Es ist für Tropfenbahnen abhängig von Tropfendurchmesser, Partikelgröße und Geschwindigkeit berechenbar. Dabei zeigt sich, daß es für jede Partikelgröße einen optimalen Tropfendurchmesser gibt, bei dem das spezifische Reinigungsvolumen ein Maximum hat. Das zeigt, daß die Tropfengrößenverteilung auf die Staubkorngrößenverteilung abgestimmt sein sollte.

c) *Änderung des Staubgehalts.* Das insgesamt von der eingespritzten Flüssigkeit abgereinigte Gasvolumen hängt von der Flüssigkeitsmenge ab, die je Einheit des Gasvolumenstroms eingespritzt wird. Man bezeichnet das Volumenstromverhältnis

$$b = \dot{V}_f / \dot{V}_L \tag{7.4.5}$$

auch als *Wasser/Luft-Verhältnis.* Das gereinigte Gasvolumen im Verhältnis zum vorhandenen Gasvolumen wird durch die Größe $(m \cdot b)$ beschrieben. Zur Berechnung der Gesamtabreinigung setzt man die Abnahme des Staubgehalts $-dc$ proportional zum vorhandenen Staubgehalt c und zur Zunahme des abgereinigten Gasvolumenanteils $d(m \cdot b)$ an und erhält wie bei der Faserabscheidung

$$- dc = c \cdot d(m \cdot b). \tag{7.4.6}$$

Die Integration vom Rohgas-Staubgehalt c_{Roh} bis zum Reingas-Staubgehalt c_{Rein} führt über

$$c_{Rein} = c_{Roh} \cdot exp(-m \cdot b) \tag{7.4.7}$$

auf den Gesamtabscheidegrad

$$E = 1 - c_{Rein} / c_{Roh} = 1 - exp(-m \cdot b). \tag{7.4.8}$$

Für den Fraktionsabscheidegrad werden die gleichen Überlegungen für jede Partikelgröße x_P und jede Tropfengröße d_{Tr} angestellt, und die jeweiligen Abscheidungen als voneinander unabhängige Einzelvorgänge betrachtet und additiv zusammengesetzt. Es ergibt sich ein mittlerer Trenngrad

$$\overline{T}(x_P) = 1 - exp(-\overline{m}(x_P) \cdot b), \tag{7.4.9}$$

worin $\bar{m}(x_P)$ das über die Tropfengröße gemittelte spezifische Reinigungsvolumen für die Staubpartikelgröße x_P bedeutet. Sowohl m in Gl.(7.4.8) wie auch $\bar{m}(x_P)$ in Gl.(7.4.9) lassen sich nur numerisch berechnen.

Das Calvert-Modell

Ebenso wie beim oben beschriebenen Modell werden auch hier Einzeltropfenabscheidung durch Trägheitseffekt und Integration der Einzeleffekte behandelt. Für die mittlere Tropfengröße, sowie für die Tropfenumströmung und die Beschleunigung der Tropfen in der Venturikehle werden konkrete Vereinfachungen und experimentell bestimmte Anpassungsgrößen eingeführt und in Zusammenhang mit dem Druckverlust gebracht. Dadurch gelingt es, einen Zusammenhang zwischen dem Fraktionsabscheidegrad $T(x_P)$ und dem Druckverlust Δp herzustellen. Er lautet für den Venturiwäscher

$$T(x_P) = 1 - \exp\left(-7{,}415 \cdot 10^{-4} \cdot f'^2 \cdot \frac{\rho_P \cdot x_P^2}{\eta^2} \cdot \Delta p\right). \qquad (7.4.10)$$

Die Anpassungsgröße f' steht für das Verhältnis von anfänglicher Relativgeschwindigkeit und Gasgeschwindigkeit und nimmt Werte zwischen 0,25 und 0,5 an. Auf der sicheren Seite ist man an der unteren Grenze. Für den Druckverlust verwendet Calvert den einfachen Ansatz

$$\Delta p = 1{,}7 \cdot b \cdot \frac{\rho_f}{2} \cdot v^2 \qquad (7.4.11)$$

mit dem Wasser/Luftverhältnis b nach Gl.(7.4.5). Bemerkenswert am Ergebnis der Rechnungen nach diesem Modell ist, daß es keine Tropfengröße mehr enthält. Die Trenngradkurven $T(x_P)$ nach Gl.(7.4.10) ergeben bei konstantem Druckverlust Δp im RRSB-Netz ("Körnungsnetz" zur Darstellung von Partikelgrößenverteilungen, s. Abschnitt 2.4.3) Geraden mit der Gleichmäßigkeitszahl n = 2. Sie sind umso weiter nach links verschoben, zeigen also umso bessere Abscheidung an, je größer der Druckverlust ist.

7.4.4 Empirische Bewertung

In einer umfangreichen Untersuchung [7.10] hat Holzer 28 verschiedene Naßabscheider hinsichtlich ihres spezifischen Energiebedarfs in kWh/1000 m³ und ihrer Abscheide"leistung" - gemeint als Median-Trennkorngröße x_T bei Aufgabe eines sehr feinen Sillitin-Staubs - miteinander verglichen und in ein Diagramm eingetragen (Bild 7.4.5). Günstig ist ein Naßwäscher demnach, wenn er in diesem Diagramm möglichst weit links und unten erscheint. Offenbar gibt es auch eine Grenzlinie, die von praktisch ausgeführten Naßabscheidern nicht unterschritten wird.

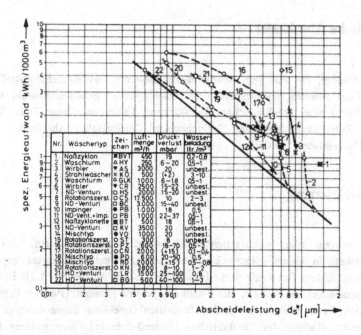

The table embedded in the figure:

Nr.	Wäschertyp	Zeichen	Luft-menge m³/h	Druck-verlust mbar	Wasser-beladung ltr./m³
1	Naßzyklon	BV	450	19	0,2-0,8
2	Waschturm	HY	250	6-20	0,5-1
3	Wirbler	AS	3000	20	unbest.
4	Strahlwäscher	KÖ	500	(+2)	3-10
5	Waschturm	GLK	1000	6-18	0,5-1
6	Wirbler	CR	2500	15-22	unbest.
7	ND-Venturi	HS	3000	15-20	unbest.
8	Rotationszerst.	CS	17.500	10	2-3
9	ND-Venturi	BC	3.000	15-40	unbest.
10	Impinger	PB	1.000	18	0,5
11	ND-Vent.+Imp.	PB	1000	22-37	0,5-1
12	Naßzyklonette	BT	500	18	0,5-1
13	ND-Venturi	KV	3500	20	unbest.
14	Mischtyp	VO	1000	20	unbest.
15	Rotationszerst.	ST	300	8	unbest.
16	Rotationszerst.	PZ	600	18-70	0,5-1
17	Rotationszerst.	CN	2000	(+15)	0,1-0,4
18	Mischtyp	PD	600	20-50	0,5
19	Mischtyp	RD	2600	(+15)	0,3-0,8
20	Rotationszerst.	KN	2800	8-10	1-2
21	HD-Venturi	LR	15.00	25-100	0,8
22	HD-Venturi	BG	500	40-100	1-3

Abscheideleistung d_5^* [µm] →

Bild 7.4.4 Spezifischer Energiebedarf von Naßabscheidern abhängig
von der Trenngrenze (nach Holzer [7.10])

Zusammenfassende technische Daten für Naßabscheider enthält die folgende Tabelle, z.T. nach Holzer [7.10].

Tabelle 7.9 Richtwerte für Naßabscheider

		Waschturm	Wirbel-wäscher	Venturi-wäscher	Strahl-wäscher	Rotations-wäscher
Relativgeschw.	m/s	ca. 1	8 _ 20	40 _ 150	10 _ 25	25 _ 70
Trennkorngrößen *)	µm	0,7 _ 1,5	0,6 _ 0,9	0,05 _ 0,5	0,8 _ 0,9	0,1 _ 0,5
Abscheidegrad	%	um 40%	um 70%	> 95%	um 60%	> 80%
spez. Wasserbedarf	l/m³	0,05 _ 5	unbest.	0,5 _ 5	5 _ 20	1 _ 3
Druckverlust	hPa	2 _ 25	15 _ 30	30 _ 200	–	4 _ 10
spez. Energiebedarf kWh/1000m³		0,2 _ 1,5	1 _ 2	1,5 _ 6	1,2 _ 3	2 _ 6
Anwendungen		Chem. Industrie, Kraftwerke, Stahlerzeugung, Lebensmittelindustrie, keramische Industrie u.v.a., oft verbunden mit Gaswäsche				

*) 50%-Wert der Trenngradkurve

7.5 Elektrische Abscheider

Die Staubabscheider, die mit dem Abscheidemechanismus der Anziehungskraft im elektrischen Feld arbeiten, werden oft noch "Elektrofilter" genannt, obwohl keine Filtration im Sinne einer mechanischen Oberflächen-, Querstrom- oder Tiefenfiltration vorliegt. Zutreffender sind die Bezeichnungen "elektrischer Abscheider" und "elektrische Gasreinigung" (EGR).

7.5.1 Abscheidevorgang

Das Funktionsprinzip aller elektrischen Staubabscheider beruht darauf, daß auf geladene Partikeln in einem elektrischen Feld eine zur entgegengesetzt gepolten Elektrode hin gerichtete Feldkraft wirkt (vgl. Bild 7.1.2 in Abschnitt 7.1.3). In kleineren Raumluftabscheidern werden die Partikeln positiv geladen (Penney-Prinzip), weil dabei kein Ozon entsteht, in großen Industrieabscheidern dagegen sorgt man für eine Negativaufladung der Staubteilchen (Cotrell-Prinzip). Wegen ihrer technisch und wirtschaftlich größeren Bedeutung wollen wir zunächst nur diese letztgenannte Art betrachten.

Die - geerdete - positive Elektrode heißt *Niederschlagselektrode (NE)*, weil sich auf ihr die abzuscheidenden Partikeln niederschlagen sollen. Sie besteht entweder aus einer *Röhre* oder aus parallel angeordneten ebenen *Platten*. Die negativ geladene *Sprühelektrode (SE)* ist als dünner Draht parallel zu den Niederschlagsoberflächen gespannt (s. Bild 7.5.1).

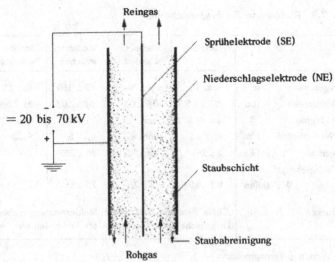

Bild 7.5.1 Prinzip des elektrischen Abscheiders

Zwischen den Niederschlagselektroden strömt das staubbeladene Rohgas ein, die
Partikeln werden auf ihrem Weg durch die Röhren oder *Gassen* aufgeladen, bewe-
gen sich zur Niederschlagselektrode hin, werden dort festgehalten und bilden eine
Staubschicht. Von Zeit zu Zeit wird diese Staubschicht abgereinigt.
Eine vereinfachte Darstellung des elektrischen Abscheidevorgangs ist in Bild 7.5.2
zu sehen.

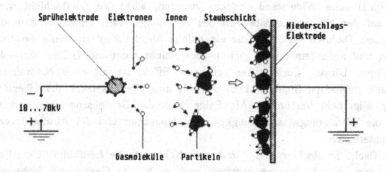

Bild 7.5.2 Abscheidevorgang der elektrischen Staubabscheidung (vereinfacht)

Im einzelnen spielen sich - stark vereinfacht - etwa folgende Vorgänge ab: Die
Ladungserzeugung erfolgt an der Sprühelektrode, wo an möglichst vielen scharfen
Kanten oder Spitzen (kleine Krümmungsradien) so hohe elektrische Feldstärken
herrschen, daß einerseits Elektronen austreten können und andererseits die Gasmo-
leküle durch beschleunigte Elektronen ionisiert werden. Diese sog. *Stoßionisation*
löst eine Elektronenlawine aus, die im Nahbereich der hohen Feldstärken um die
Sprühelektrode eine selbständige *Korona-Entladung* aufrechterhält (aktive Zone, ne-
gative Korona). Die Ionen lagern sich an den Staubpartikeln an, die dadurch negativ
aufgeladen werden und im elektrischen Feld zur Niederschlagselektrode wandern.
Dies geschieht im sog. passiven Bereich (Transportzone), in dem eine relativ große
Raumladung herrscht. Dieser Transport quer zur Strömungsrichtung des Gases
bestimmt die Auslegung und Betriebsweise des Elektroabscheiders ("Wanderungsge-
schwindigkeit" s.u.).
Man nennt die Spannung, bei der die Entladung einsetzt, *Korona-Einsatzspannung*.
Sie steigt u.a. mit dem Krümmungsradius der Sprühelektrode und mit zunehmender
Luftdichte an, und ist die Untergrenze des Arbeitsbereichs. Als Obergrenze gilt die
Durchschlagsspannung. Der Betrieb des Elektroabscheiders sollte möglichst nahe
unterhalb der Durchschlagsspannung sein, weil dann die Abscheidung am besten ist.
Der Spannungsbereich liegt zwischen ca. 10 und ca. 80 kV, die Ströme reichen von
nahezu 0 bis ca. 10 mA.
Auf der NE bildet der Staub eine mehrere mm dicke Schicht, deren technologisch
wichtigste Eigenschaft ihr *spezifischer elektrischer Widerstand* ρ in $\Omega \cdot$ cm ist. Er

bestimmt nämlich, wie schnell die Entladung vor sich geht, wie fest die Staubschicht an der NE haftet und wie gut oder schlecht sie sich daher abreinigen läßt. Günstige Werte für ρ liegen etwa zwischen $10^4 \, \Omega\,cm$ und $10^{11} \, \Omega\,cm$. Ist der Widerstand zu klein, die Staubschicht also zu gut leitend, dann werden die Ladungen zu schnell abgegeben, die Haftung der Schicht an der NE ist schlecht, und es besteht die Gefahr, daß die Partikeln umgeladen werden und in die Wanderungszone zurückspringen, oder daß die Luftströmung den Staub wieder aufwirbelt und mitnimmt. Ist der spezifische Widerstand dagegen zu groß, wirkt die Staubschicht wie ein Isolator auf der NE. Der größte Teil des Spannungsabfalls findet dann in dieser Schicht statt. Dadurch bleibt für die eigentliche Abscheidung zu wenig Spannungsdifferenz, und außerdem erhöht sich in der Staubschicht die Gefahr von lokalen Überschlägen. Dieser *"Rücksprühen"* genannte Effekt ist mit einer Neutralisierung der negativ geladenen Staubpartikeln und mit einer Herabsetzung der Überschlagspannung allgemein verbunden. Als Folge muß die Betriebsspannung verkleinert werden, die Wanderungsgeschwindigkeit wird langsamer und der Abscheidevorgang verschlechtert sich.

Der spezifische Staubwiderstand - bzw. sein Kehrwert, die Leitfähigkeit - ist außer von der Staubart und -zusammensetzung auch noch vom Gaszustand, insbesondere von Temperatur und Feuchte abhängig. Bild 7.5.3 zeigt exemplarisch die Zusammenhänge für Zementstaub. Bei den niedrigeren Temperaturen wird der Widerstand von auf der Oberfläche der Staubpartikeln adsorbierten Wassermolekülen (oder anderen Gasen) bestimmt *(Oberflächenwiderstand)*. Er nimmt mit zunehmender Feuchtigkeit ab und mit zunehmender Temperatur zu. Bei Temperaturen oberhalb des Widerstandsmaximums spielt wegen der Desorption der Oberflächenschichten

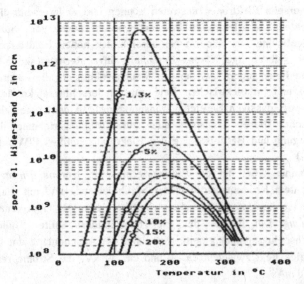

Bild 7.5.3 Spezifischer Widerstand von Zementstaub in Abhängigkeit vom Wassergehalt und von der Temperatur (nach [7.12])

eher der *Durchgangswiderstand* des Staubmaterials eine Rolle, und der ist für die meisten Materialien bei steigender Temperatur abnehmend. Aus dieser Darstellung läßt sich auch entnehmen, daß mit einer sog. *Konditionierung* des Zementstaubs in einem Verdampfungskühler, d.h mit der gezielten Einstellung von Temperatur und Feuchte der spezifische Widerstand in den für die Staubabscheidung günstigen Wertebereich gebracht werden kann.

7.5.2 Abscheidertypen

Es gibt zwei konstruktive Grundformen der Elektroabscheider: *Rohr-Elektroabscheider* und *Platten-Elektroabscheider*. Außerdem unterscheidet man zwischen *Naßabscheidung* und *Trockenabscheidung*.

Der Rohr-Elektroabscheider (Bild 7.5.4) wird vertikal i.d.R. von unten nach oben durchströmt, im Zentrum hängt der mit einem Gewicht belastete Sprühdraht. Wegen des axialsymmetrischen Feldes sind die Trennbedingungen gleichmäßiger als beim Platten-Abscheider. Allerdings ist die Trockenabreinigung schwierig, deswegen ist die Naßabreinigung durch Bedüsen der Rohrinnenseite üblich. Diese Bauform eignet sich also vor allem für die Abscheidung von flüssigen Partikeln (z.B. Säurenebeln) oder wenn durch Kühlung der Rohre Kondensation ausgenutzt werden kann. Die Gasmengen sind relativ gering, bei größeren Durchsätzen werden Bündel von parallel betriebenen Röhren eingesetzt. Waben- oder Teilringquerschnitt anstelle von Kreisquerschnitt vermeidet ungenutzten Totraum und verbessert das Verhältnis von Niederschlagsfläche zu Bauvolumen. Die Rohre haben 200 ... 300 mm Durchmesser und sind 2 ... 5 m lang.

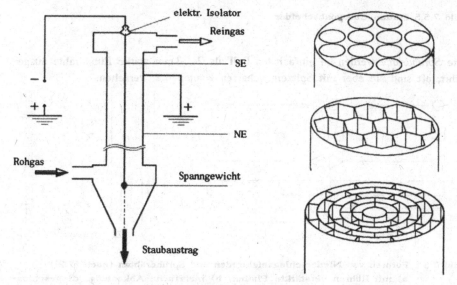

Bild 7.5.4 Rohr-Elektroabscheider mit NE-Formen

Platten-Elektroabscheider (Bild 7.5.5) finden sehr viel häufiger Verwendung als Rohr-Elektroabscheider. Sie werden in aller Regel horizontal durchströmt. Die Sprühdrähte zwischen den Niederschlagselektroden sind vertikal in Rahmen aufgespannt. Von Zeit zu Zeit werden die Niederschlagselektroden durch Klopfen abgereinigt. Dabei fällt der Staub im Abscheiderraum nach unten, so daß die Reinigung kurzfristig gestört ist und auch die Sprühdrähte mit Staub belegt werden können. Sie müssen dann ebenfalls durch Schütteln oder Klopfen (an den Rahmen) gereinigt werden.

Die *Niederschlagselektroden* sind im einfachsten Fall ebene Platten aus z.B. Stahlblech. Bei den z.T. sehr großen Abmessungen der Platten (Plattenabscheider werden mit Höhen über 13 m und Längen bis 20 m ausgeführt) müssen sie zur Versteifung profiliert ausgeführt werden. Denn wegen der Funktion des Abscheiders (Gleichmäßigkeit der Strömung und des elektrischen Feldes) sind konstante Gassen- und SE/NE-Abstände wichtig. Günstige Gassenweiten liegen bei 300 ... 350 mm. Profilierungen können daneben auch dazu dienen, gezielt Totzonen der Strömung zu erzeugen, so daß bereits abgeschiedener Staub nicht so leicht wieder aufgewirbelt werden kann.

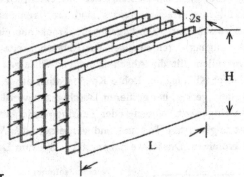

Bild 7.5.5 Platten-Elektroabscheider

Die *Sprühdrähte* werden im einfachsten Fall als 2 ... 3 mm starke Runddrähte ausgeführt, oft sind sie aber mit Spitzen, scharfen Kanten u.ä. versehen.

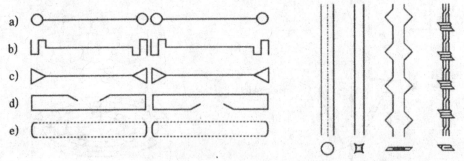

Bild 7.5.6 Formen von Niederschlagselektroden und Sprühdrähten (nach [7.2])
     a) mit Röhren verstärkte Platten, b) mehrfache Abkantung, c) geschlossene Abkantung, d) C-Elektrode (Lurgi), e) gelochte Kastenelektrode

Bei allen Bauarten ist eine möglichst gleichmäßige Strömungsgeschwindigkeit von unter 2 m/s in den Abscheideräumen erforderlich. Die Zuführung des Rohgases aus Rohrleitungen mit > 15 m/s muß daher in aller Regel über eine besondere Verteilungseinrichtung erfolgen. Bei Plattenabscheidern kann das z.B. mit einer *Jalousie* erreicht werden (Bild 7.5.7). Sie hat zusätzlich noch die Funktion eines Vorabscheiders nach dem Umlenkprinzip.

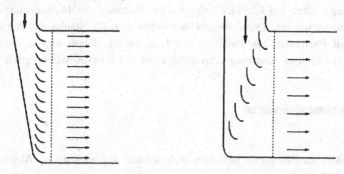

Bild 7.5.7 Beispiele für srömugslenkende Einbauten (Jalousie) zur Rohgasverteilung im Platten-Elektroabscheider

Die abgeschiedene Staubmenge und damit auch die Dicke der Staubschicht auf der NE nehmen in Strömungsrichtung ab (theoretisch nach einer e-Funktion, vgl. die folgende Ableitung zu Gl.(7.5.2)). Dadurch sind sowohl die optimale Betriebsspannung wie auch die nötigen Abreinigungsintervalle im vorderen Bereich anders als weiter hinten. Größere Abscheider werden daher in 2 ... 5 Zonen eingeteilt mit jeweils eigener Spannungsversorgung und Abreinigung, so daß eine optimale Anpassung der Betriebsgrößen möglich ist.

Zur Reinigung sehr kleiner Volumenströme (einige $1000 \, \text{m}^3/\text{h}$ bis ca. $60.000 \, \text{m}^3/\text{h}$) in der Raumlufttechnik werden Elektroabscheider nach dem *Penney-Prinzip* (Bild 7.5.8) eingesetzt.

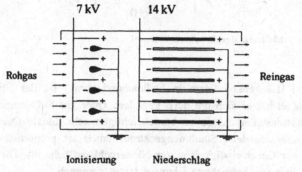

Bild 7.5.8 Penney-Prinzip für Raumluft-Elektroabscheider

- 46 -

Es unterscheidet sich in einigen Punkten vom bisher behandelten Cotrell-Prinzip. Ionisation und Abscheidung finden zweistufig in hintereinander angeordneten Zonen statt, die jeweils mit anderer Spannung versehen werden. Die Polung ist umgekehrt, es wird eine sog. *positive Korona* um die auf + liegende Sprühelektrode erzeugt. Dabei ist der elektrische Überschlag schon bei sehr viel niedrigerem Spannungsniveau möglich, so daß die Ionisation bei ca. 12 ... 14 kV und die Abscheidung auf den Niederschlagsplatten bei 6 ... 7 kV erfolgt. Die Abstände der Niederschlagselektroden betragen nur einige cm. Diese Abscheider sollen sich für Stäube und Aerosole (auch flüssige) mit Partikelgrößen zwischen < 0,1 μm bis ca. 40 μm eignen, und erreichen besonders bei kleinen Anströmgeschwindigkeiten (< 1 m/s) Abscheidegrade über 90%.

7.5.3 Berechnungsansätze

Die folgenden Ausführungen beziehen sich wieder auf elektrische Abscheider nach dem Cotrell-Prinzip.

Wenn wir davon ausgehen, daß längs des Strömungsweges der Staubluft durch die Röhren oder Gassen eines Elektroabscheiders an den Seitenwänden (= Niederschlagselektroden) eine der örtlichen Staubkonzentration proportionale Staubmenge abgeschieden wird, kommen wir zu einem Zusammenhang zwischen Abscheidegrad, Volumenstrom und Größe des Abscheiders, der zuerst von Deutsch 1922 abgeleitet wurde und nach ihm benannt ist. Wir betrachten dazu ein Längenelement in einem durchströmten Kanal, der als Rohr oder als Gasse gedacht werden kann (Bild 7.5.9).

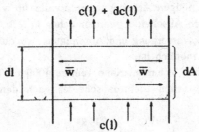

Bild 7.5.9 Zur Ableitung der Deutsch-Formel

An der Stelle l (Längenkoordinate in Strömungsrichtung) ist der Staubgehalt $c(l)$, nach der Länge dl hat er sich um $dc(l)$ geändert. Quer zur Strömungsrichtung sollen keine Konzentrationsunterschiede zu berücksichtigen sein (ideale Quervermischung). Der längs dl abgeschiedene Staubmengenstrom $d\dot m(l)$ ist proportional zu $c(l)$ und "wandert" mit der Geschwindigkeit w zur Niederschlagsfläche dA. Die Massenbilanz für den Staub über das betrachtete Element lautet demnach

$$\dot{V}_L \cdot c(l) \quad - \quad \dot{V}_L \cdot \big(c(l) + dc(l)\big) \quad = c(l) \cdot w \cdot dA$$

(einströmende - ausströmende) Masse = abgeschiedene Masse

$$-\dot{V}_L \cdot dc(l) = c(l) \cdot \overline{w} \cdot dA \tag{7.5.1}$$

In der Regel wird Gl.(7.5.1) als Definitionsgleichung für die mittlere Transportgröße $\overline{w}$ aufgefaßt *(Wanderungsgeschwindigkeit, "w-Wert")*. Jetzt setzen wir vereinfachend voraus, daß w unabhängig von der Lauflänge l ist, also auch unabhängig von A. Dann können wir von der Rohgas- bis zur Reingas-Konzentration über die gesamte Niederschlagsfläche A integrieren

$$-\int_{c_{Roh}}^{c_{Rein}} \frac{dc(l)}{c(l)} = \frac{\overline{w}}{\dot{V}_L} \cdot \int_0^A dA$$

$$\ln \frac{c_{Rein}}{c_{Roh}} = -\frac{\overline{w}}{\dot{V}_L} \cdot A$$

und erhalten mit Gl.(7.1.2) für den Gesamtabscheidegrad

$$E = 1 - \frac{c_{Rein}}{c_{Roh}} = 1 - \exp\Big(-\frac{\overline{w}}{\dot{V}_L} \cdot A\Big). \tag{7.5.2}$$

Dies ist die bekannte *Deutsch-Formel* zur Auslegung von Elektro-Abscheidern in ihrer allgemeinen Fassung. Darin ist noch angenommen, daß für alle Staubpartikelgrößen x der gleiche mittlere w-Wert gilt.

Kennt man die von der Partikelgröße abhängigen w-Werte w(x), dann kann mit der analogen Formel der Fraktionsabscheidegrad berechnet werden:

$$T(x) = 1 - \exp\Big(-\frac{w(x)}{\dot{V}_L} \cdot A\Big). \tag{7.5.3}$$

Den Quotienten $A/\dot{V}_L$ mit der Einheit $m^2/(m^3/s)$ bezeichnet man auch als *spezifische Niederschlagsfläche*. Für die beiden Abscheidertypen Rohr- und Plattenabscheider können wir Gl.(7.5.2) jeweils noch speziell fassen. Nach Bild 7.5.4 bzw. Bild 7.5.5 gilt mit der mittleren Strömungsgeschwindigkeit v_L der Luft

für *Rohrabscheider* mit z parallel durchströmten Rohren des Durchmessers 2R und der Länge L:

$A = z \cdot 2\pi R \cdot L$ und $\dot{V}_L = z \cdot \pi R^2 \cdot v_L$ und damit

$$E = 1 - \exp\Big(-\frac{2L}{R} \cdot \frac{w}{v_L}\Big), \tag{7.5.4}$$

und für *Plattenabscheider* mit z parallel durchströmten Gassen des gegenseitigen Abstands 2s, der Länge L und der Höhe H:

$A = 2 \cdot z \cdot L \cdot H$ und $\dot{V}_L = z \cdot 2s \cdot H \cdot v_L$ und damit

$$E = 1 - \exp\Big(-\frac{L}{s} \cdot \frac{w}{v_L}\Big). \tag{7.5.5}$$

Mit diesen Formeln kann z.B. bei bekanntem w-Wert und gefordertem Abscheidegrad E die für einen abzureinigenden Luftvolumenstrom $\dot{V}_L$ die erforderliche Niederschlagsfläche A berechnet werden. Die beträchtlichen Vereinfachungen, die in
der Deutsch-Formel stecken, machen es jedoch notwendig, daß in der Praxis w-
Werte aus Messungen an ausgeführten Anlagen zurückgerechnet werden, um mit
ihrer Hilfe dann ähnliche Neuanlagen auslegen zu können. Für Maßstabsvergrößerungen (Scale-up) sind aber auch solche Werte nicht immer zuverlässig genug, so
daß man versucht hat, verbesserte Fassungen der Deutsch-Formel mit weiteren
Anpassungsgrößen zu entwickeln. Ein Beispiel hierfür wurde von Maartmann angegeben:

$$E = 1 - \exp\left(- \left[\frac{w_k}{\dot{V}_L} \cdot A\right]^k \right). \tag{7.5.6}$$

Der Exponent k nimmt - staubabhängig - Werte zwischen 0,4 und 0,7 an, bei
Steinkohlefeuerungen z.B. gilt k $\approx$ 0,5. Der Wert w_k soll in dieser erweiterten
Deutsch-Formel eher konstant sein, als $\bar{w}$ in Gl.(7.5.2), so daß sich Gl.(7.5.6) auch
besser zur Hochrechnung eignet. Riehle und Löffler [7.13] haben gezeigt, daß eine
scale-up-invariante Darstellung des Fraktionsabscheidegrades Gl.(7.5.3) unter Einbeziehung charakteristischer elektrischer Größen möglich ist.

In der folgenden Tabelle sind technische Daten elektrischer Abscheider aufgeführt.

Tabelle 7.10 Richtwerte für elektrische Abscheider (Plattenabscheider)

Baugrößen	> 20 m Länge, 37 m Breite, bis 14 m Höhe
Gassenabstand	200 ... 500 mm (meist 300 ... 350 mm)
Sprühdrahtabstand	200 ... 500 mm
Volumenströme	> 100.000 ... 3.000.000 m^3/h
spez. Niederschlagsfläche	60 ... 200 m^2/(m^3/s) $\approx$ 0,02 ... 0,1 m^2/(m^3/h)
Temperaturbereich	bis 450 ^{0}C
Strömungsgeschwindigkeit	0,5 ... 4 m/s
Abscheidegrad	> 90%, meist > 99%
Rohgas-Staubgehalt	bis 100 g/m^3 (günstig: 3 ... 30 g/m^3)
Reingas-Staubgehalt	> 20 mg/m^3
Druckverlust	0,3 ... 4 hPa
spez. Energiebedarf	0,05 ... 2 kWh/1000 m^3

7.6 Aufgaben zu Kapitel 7

Aufgabe 7.1 *Schwerkraftabscheider*

a) Welchen Durchmesser D muß ein Schwerkraft-Staubabscheider nach Bild 7.2.2 haben, wenn er bei 20.000 m³/h Luftvolumenstrom theoretisch alle Partikeln ≥ 20 μm Korngröße (Sinkgeschwindigkeits-Äquivalentdurchmesser) abscheiden soll? Stoffwerte: ρ_S = 2.500 kg/m³; ρ_L = 1,2 kg/m³; η_L = 1,8 · 10⁻⁵ Pa s.

b) Welchen Wert nimmt die Reynoldszahl für die Strömungsform in der Trennzone des Apparats an, und welche Bedeutung hat diese Strömungsform für die Abscheidung?

c) Welchen Wert hat die Reynoldszahl, die die Partikelumströmung charakterisiert, und was bedeutet sie hier?

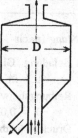

Bild 7.6.1 Gegenstrom-Schwerkraftabscheider

Lösung: a) Mit der Vermutung, daß die Partikeln mit der geforderten Trennkorngröße im Stokesbereich absinken (Überprüfung unter c)), läßt sich aus Gl.(7.2.2) der Querschnitt A und mit A = $(\pi/4)D^2$ der gesuchte Durchmesser berechnen:

$$D = \sqrt{\frac{4\,\dot{V}\cdot 18\,\eta}{\pi\cdot\rho_S\cdot g}}\cdot\frac{1}{x_t} = \sqrt{\frac{4\cdot 20000\cdot 18\cdot 1,8\cdot 10^{-5}}{3600\cdot\pi\cdot 2500\cdot 9,81}}\cdot\frac{1}{20\cdot 10^{-6}}\ \text{m}$$

$$D = 15,3\,\text{m}.$$

b) $$Re_D = \frac{v\cdot D\cdot\rho_L}{\eta} = \frac{4\cdot\dot{V}\cdot\rho_L}{\pi\cdot D\cdot\eta} = \frac{4\cdot 20.000\cdot 1,2}{\pi\cdot 3600\cdot 15,3\cdot 1,8\cdot 10^{-5}} = 3,08\cdot 10^4.$$

Die Durchströmung des Apparats ist turbulent, d.h. die Abscheidung wird durch zufällige Schwankungsbewegungen bestimmt, und die Trennung unscharf machen.

c) $$Re_P = \frac{w_f\cdot x\cdot\rho_L}{\eta}\quad (\text{mit } w_f = v)\ \rightarrow\ Re_P = Re_D\cdot\frac{x}{D} = 4,0\cdot 10^{-2}.$$

Wegen Re_P < 0,25 ist die Partikelumströmung zäh (Stokesbereich) und die Anwendung der Gl.(7.2.2) berechtigt.

Aufgabe 7.2: *Zyklonauslegung*

Für folgende Entstaubungsaufgabe ist ein Zyklon zu dimensionieren, wobei die Durchmesser und Höhen sinnvoll auf 10 mm auf- oder abgerundet werden sollen.

Rohgas-Volumenstrom: $\qquad$ $8.000 \, m^3/h$,

Dichte der Luft (40 °C): $\qquad$ $1,09 \, kg/m^3$,

dyn. Zähigkeit der Luft (40 °C): $\qquad$ $1,91 \cdot 10^{-5} \, Pa\,s$,

Staubmassenstrom: $\qquad$ $13,5 \, g/m^3$,

Feststoffdichte des Staubs: $\qquad$ $1800 \, kg/m^3$.

Für den Zyklontyp gelten folgende Vorgaben:

R = 2,26; R_e = 3,08; H_i = 9,27;   H = 12,0;   F = 1,0;   U = 1,96;

Spiraleinlauf mit α = 1;   abgerundetes Tauchrohr.

Der Druckverlust darf 12 hPa nicht überschreiten, und die theoretische Trennkorngröße sollte unter 15 µm liegen!

Lösung (nach Tabelle 7.2.1):

Beladung Gl.(7.1.1):

$$\mu = \dot{m}_s/(\rho_L \cdot \dot{V}_L) = c_{Roh}/\rho_L = 13,5 \cdot 10^{-3}/1,09 = 0,0124$$

Reibungsbeiwert Gl.(7.2.15):

$$\lambda = 0,005(1 + 2\sqrt{\mu}\,) = 0,005 \cdot 1,223 = 0,0061$$

Druckverlustbeiwerte Gl'n.(7.2.23) ... (7.2.26):

$$\zeta_i = 2 + 3U^{4/3} + U^2 = 2 + 3 \cdot 1,96^{4/3} + 1,96^2 = 13,2$$

$$\zeta_H = U^2/R \cdot \left(1 - \lambda\,H\,U\right)^{-1} = 1,96^2/2,26 \cdot \left(1 - 0,0061 \cdot 12 \cdot 1,96\right)^{-1} = 2,0$$

$$\zeta_E = 1/F \text{ (wegen } \alpha = 1) = 1$$

$$\zeta_{ges} = 16,2$$

Aus Δp_{max} = 12 hPa = $1,2 \cdot 10^3$ Pa ergibt sich die Tauchrohrgeschwindigkeit

$$v_i = \sqrt{\frac{2 \cdot \Delta p_{max}}{\rho_L \cdot \zeta_{ges}}} = \sqrt{\frac{2 \cdot 1.200}{1,09 \cdot 16,2}} \, m/s = 11,7 \, m/s,$$

$$d_i = 2 \cdot \sqrt{\dot{V}_L/(\pi \cdot v_i)} = 2 \cdot \sqrt{8.000/(3600 \cdot \pi \cdot 11,7)} = 0,493 \, m\,.$$

Sinnvoll ist hier, den Tauchrohrdurchmesser aufzurunden, denn sonst würde die Tauchrohrgeschwindigkeit größer und mit ihrem Quadrat der Druckverlust ansteigen. Der soll aber 12 hPa nicht übersteigen.

Damit ergeben sich folgende Auslegungsdaten:

d_i = 500 mm;

$d_a = R \cdot d_i$ = 1.130 mm;

$r_e = R_e \cdot d_i/2$ = 770 mm;

$h_i = H_i \cdot d_i/2$ = 2.320 mm;

$h = H \cdot d_i/2$ = 3.000 mm.

Der tatsächliche Druckverlust ergibt sich mit dem gerundeten Tauchrohrdurchmesser aus der tatsächlichen Tauchrohrgeschwindigkeit

$$v_i = \dot{V}/(\pi \cdot d_i/2) = 11{,}3\,\text{m/s}$$

zu $\quad \Delta p_V = \zeta_{ges} \cdot \rho_L v_i^2/2 = 16{,}2 \cdot 1{,}09 \cdot 11{,}3^2/2\ \text{Pa} = 11{,}3\,\text{hPa}.$

Die theoretische Trennkorngröße nach Gl.(7.2.17) ist

$$x_t = \sqrt{\frac{9\,\eta}{\rho_P}} \cdot \frac{1}{U\sqrt{H_i}} \cdot \sqrt{\pi\, r_i^3/\dot{V}} =$$

$$= \sqrt{\frac{9 \cdot 1{,}91 \cdot 10^{-5}}{1.800}} \cdot \frac{1}{1{,}96\sqrt{9{,}27}} \cdot \sqrt{\pi \cdot 0{,}25^3/(8.000/3600)}\ \text{m} = 7{,}7\,\mu\text{m}.$$

Aufgabe 7.3: *Zyklon-Vergleich*

Ein Luftvolumenstrom von 26.000 m³/h soll mit Zyklonen entstaubt werden. Es stehen zwei Alternativen zur Wahl:

I   **Ein Zyklon** Typ PO 5/3 nach Muschelknautz mit
       R = 4,0;   H = 7,5;   H$_i$ = 4,5;   F = 0,8;   U = 4,0; ζ_{ges} = 40.

II   **Zwei** (parallel geschaltete) **Zyklone** Typ 5/6 nach Muschelknautz mit
       R = 3,2;   H = 10;   H$_i$ = 7,0;   F = 0,8;   U = 2,5; ζ_{ges} = 20.

In beiden Fällen sollen v_i = 16 m/s Tauchrohrgeschwindigkeit eingehalten werden.
Die beiden Alternativen sind zu vergleichen und zu bewerten hinsichtlich *Trenngrenze, Druckverlust* und *Bauvolumen*. Als Bauvolumen soll der den Zyklon bzw. die beiden Zyklone umgebende Quader genommen werden.

Lösung:
Für den Vergleich werden hier sinnvollerweise die Verhältnisse x_{tI}/x_{tII}, $\Delta p_I/\Delta p_{II}$ und V_{BI}/V_{BII} gebildet.

Aus Gl.(7.2.17) ergibt sich bei gleichbleibenden Stoffwerten zunächst

$$\frac{x_{tI}}{x_{tII}} = \frac{U_{II}}{U_I} \cdot \sqrt{\frac{H_{iII}}{H_{iI}}} \cdot \sqrt{\left(\frac{r_{iI}}{r_{iII}}\right)^3 \cdot \frac{\dot{V}_{II}}{\dot{V}_I}}\ .$$

Mit $\dot{V} = \pi \cdot r_i^2 \cdot v_i$, sowie v_i = const. und $\dot{V}_{II}/\dot{V}_I = 1/2$ folgt daraus

$$\frac{r_{iI}}{r_{iII}} = \sqrt{2} \quad \text{und}$$

$$\frac{x_{tI}}{x_{tII}} = \frac{U_{II}}{U_I} \cdot \sqrt{\frac{r_{iI}}{r_{iII}} \cdot \frac{H_{iII}}{H_{iI}}} = \frac{2{,}5}{4} \cdot \sqrt{\sqrt{2} \cdot \frac{7{,}0}{4{,}5}} = 0{,}927\ .$$

Das Verhältnis der Druckverluste ist wegen v_i = const. gleich dem Verhältnis der Verlustbeiwerte

$$\frac{\Delta p_I}{\Delta p_{II}} = \frac{\zeta_{ges\,I}}{\zeta_{ges\,II}} = 2.$$

Das Bauvolumen eines Zyklons ist $V_B = r_a^2 \cdot h = R^2 \cdot H \cdot r_i^3$, so daß das Verhältnis der Bauvolumina

$$\frac{V_{BI}}{V_{BII}} = \frac{\left(R^2 \cdot H \cdot r_i^3\right)_I}{2 \cdot \left(R^2 \cdot H \cdot r_i^3\right)_{II}} = \frac{4,0^2 \cdot 7,5}{2 \cdot 3,2^2 \cdot 10} \cdot 2^{3/2} = 1,657$$

wird. Die Alternative I (*ein* Zyklon) ist demnach um ca. 66% voluminöser, als die Alternative II, der Druckverlust ist sogar doppelt so hoch und die Trennkorngröße nur wenig kleiner (ca. 7 %), so daß nach diesen drei Kriterien die Entstaubung mit den zwei Zyklonen besser ist.

Aufgabe 7.4 *Naßabscheider (Venturi)*

Mit einem Venturi-Naßabscheider soll folgende Trenngradfunktion erreicht werden:

$$T(x) = 1 - \exp\left(- (x/0,8)^2\right) \quad \text{mit x in } \mu m.$$

Stoffdaten: $\rho_P = 2000\,kg/m^3$; $\rho_s = 1000\,kg/m^3$; $\rho_L = 1,2\,kg/m^3$; $\eta_L = 1,8 \cdot 10^{-5}\,Pas$.

a) Berechnen Sie den nach dem Calvert-Modell auftretenden Druckverlust Δp.
b) Zeichnen Sie ein Diagramm, aus dem die erforderlichen Luftgeschwindigkeiten in der Venturikehle für Wasser/Luft-Verhältnisse zwischen $0,5\,l/m^3$ und $5\,l/m^3$ hervorgehen.

Lösung:

a) Die geforderte Trenngradkurve ist eine RRSB-Funktion mit dem Lageparameter
$x' = 0,8\,\mu m = 8 \cdot 10^{-7}\,m$.
Der Vergleich zwischen der geforderten Trenngradkurve und Gl.(7.4.10)

$$T(x) = 1 - \exp\left(- (x/x')^2\right) = 1 - \exp\left(- 7,415 \cdot 10^{-4} \cdot f'^2 \cdot \frac{\rho_P \cdot x^2}{\eta^2} \cdot \Delta p\right)$$

ergibt $\quad \Delta p = \dfrac{1}{7,415 \cdot 10^{-4}} \cdot \dfrac{\eta^2}{f'^2\,\rho_P} \cdot \dfrac{1}{x'^2} = \dfrac{1}{7,415 \cdot 10^{-4}} \cdot \dfrac{(1,8 \cdot 10^{-5})^2}{0,25^2 \cdot 2000} \dfrac{1}{(8 \cdot 10^{-7})^2}$

$$\Delta p = 5462\,Pa = 54,6\,hPa.$$

b) Aus Gl.(7.4.11) erhält man folgende Beziehung für den gesuchten Zusammenhang

$$v^2 = \frac{2}{1,7} \cdot \frac{\Delta p}{\rho_f} \cdot \frac{1}{b} = \frac{2 \cdot 5462}{1,7 \cdot 1000} \cdot \frac{1}{b} = 6,426 / b \quad \text{bzw.} \quad v = 2,535 / \sqrt{b}.$$

Diese Funktion wird sinnvollerweise in einem doppeltlogarithmischen Netz als Gerade mit der Steigung $-1/2$ eingetragen. Man braucht dann nur *einen* Zahlenwert zu berechnen. Es ergibt sich z.B. für $b = 1,5\,l\,Wasser/m^3\,Luft = 1,5 \cdot 10^{-3}$: $v = 65,5\,m/s$. Das Diagramm ist in Bild 7.6.2 gezeigt.

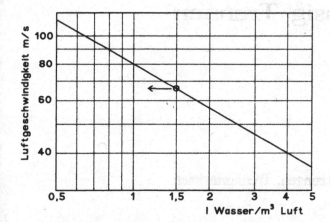

Bild 7.6.2 Erforderliche Luftgeschwindigkeiten in der Venturikehle abhängig vom Wasser/Luft-Verhältnis (Aufgabe 7.4)

Aufgabe 7.5 *Platten-Elektroabscheider*

Ein Platten-Elektroabscheider reinigt 250.000 m^3/h Abgas von dem Rohgas-Staubgehalt 25 g/m^3 auf 75 mg/m^3 Reingas-Staubgehalt. Der Abscheider hat 5.000 m^2 Niederschlagsfläche und einen Gassenabstand von 2s = 300 mm.

Man berechne a) den Gesamtabscheidegrad,

b) die erreichte effektive Wanderungsgeschwindigkeit (w-Wert),

c) das Bauvolumen des Abscheideteils,

d) die erforderliche Vergrößerung der Niederschlagsfläche, wenn im Reingas nur noch 25 mg/m^3 enthalten sein dürfen (gleicher w-Wert).

Lösung:

a) Nach Gl.(7.1.2) ist der Gesamtabscheidegrad

$$E = 1 - \frac{c_{Rein}}{c_{Roh}} = 1 - 75/25.000 = 0,997 = 99,7\%$$

b) Aus der Ableitung der Deutsch-Formel Gl.(7.5.2) verwenden wir

$$\ln \frac{c_{Rein}}{c_{Roh}} = - \frac{\overline{w}}{\dot{V}_L} \cdot A \quad \text{und bekommen} \tag{*}$$

$$\overline{w} = \frac{\dot{V}_L}{A} \cdot \ln \frac{c_{Rein}}{c_{Roh}} = \frac{250.000}{3.600 \cdot 5.000} \cdot \ln \frac{25.000}{75} \text{ m/s} = 0,0807 \text{ m/s} = 8,07 \text{ cm/s}$$

c) Das Bauvolumen ist unmittelbar aus dem Bild 7.5.5 abzulesen:

$$V_B = A \cdot s = 5.000 \cdot 0,15 \text{ m}^3 = 750 \text{ m}^3.$$

d) In der Deutsch-Formel (*) ändert sich außer c_{Rein} nichts, also folgt sofort

$$A_{d)}/A_{a)} = \ln(25.000/25) \big/ \ln(25.000/75) = 1,189,$$

d.h. die Fläche muß um ca. 19% auf 5950 m^2 vergrößert werden.

---

8 Fest-Flüssig-Trennen

8.1 Begriffe und Zielsetzungen, Trennprinzipien

Unter Fest-Flüssig-Trennung wird allgemein eine möglichst vollständige Phasentrennung zwischen dispersem Feststoff und Flüssigkeit im Sinne einer Abscheidung verstanden. Für das Zweiphasensystem sind verschiedene Bezeichnungen üblich: *Suspension*, *Trübe*, *Aufschlämmung* und bei höherer Feststoffkonzentration auch *Schlamm*. Je nach der verfahrenstechnischen Zielsetzung spricht man vom *Klären*, *Entwässern* oder *Entfeuchten*, *Eindicken* und *Auspressen*.

Klären meint die Gewinnung der reinen Flüssigkeit, die abgeschiedenen Feststoffe werden als Nebenprodukte oder Abfall, die Flüssigkeit als Hauptprodukt oder Wertstoff angesehen. Beispiele gibt es bei der Trinkwasseraufbereitung, in der Getränkeherstellung (Wein, Bier, Obstsäfte), bei der Reinigung verschmutzter Hydrauliköle, Treibstoffe usw.

Beim *Entwässern* bzw. *Entfeuchten* steht die Gewinnung des Feststoffs mit möglichst geringem Flüssigkeitsgehalt als Ziel im Vordergrund. Hier gilt in der Regel die Flüssigkeit - die trotz des Begriffs "Entwässern" selbstverständlich nicht nur Wasser sein kann - als der wertlose bzw. unerwünschte Anteil, der zu entfernen ist. Beispiele findet man in der Naßaufbereitung von Metallerzen und Wertmineralien (z.B. Flußspat, Kaolin, Quarz), bei der Gewinnung von Fällungsprodukten (z.B. Farbstoffe) in der chemischen Industrie oder von feinkörnigen Kunststoff-Polymerisaten aus der Emulsions- oder Suspensions-Polymerisation.

Eindicken bedeutet die Anreicherung des Feststoffs in einer Suspension durch Flüssigkeitsentzug. Es ist oft ein Zwischenschritt beim Klären (z.B. Abwasser) oder beim Entwässern (Schlammbehandlung).

Das *Auspressen* von flüssigkeitshaltigen porösen Stoffen hat eine Verringerung des Restflüssigkeitsgehalts in diesen Stoffen zum Ziel. Filterkuchen, Klärschlämme, Textilien, Obst- und Fruchtmaischen sind Beispiele dafür.

Eine einfache Übersicht über die physikalischen Trennprinzipien beim Fest-Flüssig-Trennen vermitteln Tabelle 8.1 (nach [8.1]) und die Bilder 8.1.1 bis 8.1.3. Grundsätzliche Unterschiede bestehen zwischen dem *Sedimentieren*, dem *Filtrieren* und dem *Auspressen*.

Tabelle 8.1 Physikalische Prinzipien der Fest-Flüssig-Trennung (nach [8.1])

Vorgang	Kräfte-Erzeugung	Beispiele
Sedimentieren	Schwerkraftfeld Magnetfeld *Fliehkraftfeld*	Absetzbecken Sortierverfahren Absetz-Zentrifugen
Filtrieren	Schwerkraftfeld Überdruck Unterdruck *Fliehkraftfeld*	Bunkerentwässerung Druckfilter Saugfilter Filter-Zentrifugen
Auspressen	Schwerkraftfeld Überdruck im Fluid Zwangsverformung *Fliehkraftfeld*	Kuchen- bzw. Schlamm- kompression

Weil die Behandlung des Zentrifugierens in diesem Buch getrennt von den übrigen Fest-Flüssig-Trennverfahren erfolgt, sind in Tabelle 8.1 die Kräfteerzeugungen durch das Fliehkraftfeld etwas abgesetzt.

Beim *Sedimentieren* (Bild 8.1.1) wirkt eine Feldkraft (Massenkraft) auf den Feststoff in einer Richtung, die nicht mit der Bewegungsrichtung (wenn vorhanden) der Flüssigkeit übereinstimmt. Dadurch wird der Transport und die Anreicherung der beiden Phasen an verschiedenen Stellen des Trennapparats möglich. Daß in manchen Fällen das Schwerkraftfeld, in anderen Fällen das Fliehkraftfeld oder - selten - ein Magnetfeld benutzt wird, macht für den verfahrenstechnischen Grundvorgang prinzipiell keinen Unterschied. Die Größe der wirkenden Kräfte und die Ausführungsformen der entsprechenden Apparate und Maschinen sind freilich sehr unterschiedlich.

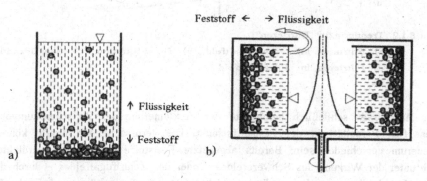

Bild 8.1.1 Trennprinzip "Sedimentieren"
a) Absetzen im Schwerkraftfeld, b) Absetzen im Fliehkraftfeld

Beim *Filtrieren* (Bild 8.1.2) wird der Feststoff mit Hilfe eines Filtermittels (z.B. Sieb, Tuch, Schüttung) aus der strömenden Suspension zurückgehalten. Das Filtermittel soll also für die Flüssigkeit möglichst durchlässig, für den Feststoff undurchlässig sein. Der Druckunterschied, der für die Durchströmung des Filtermittels und der zurückgehaltenen Feststoffschicht erforderlich ist, kann nun wieder auf verschiedene Weise erzeugt werden: Durch die Schwerkraft (geodätischer Höhenunterschied, Bild 8.1.2 a), durch Überdruck auf der Suspensionsseite (Druckfilter, Bild 8.1.2 b), durch Unterdruck auf der Filtratseite (Saugfilter, Bild 8.1.2 c) oder durch Zentrifugieren (Fliehkraftfeld, Bild 8.1.2 d). Am Trennprinzip ändert das nichts, allerdings an den technischen Ausführungen der Apparate und Maschinen.

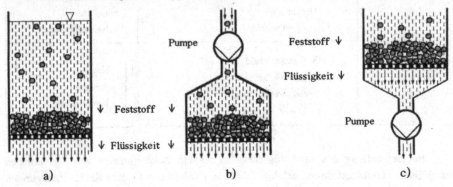

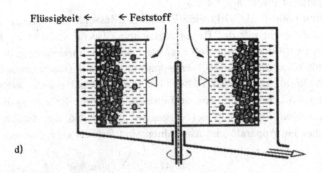

Bild 8.1.2 Trennprinzip "Filtrieren"

  a) Filtrieren im Schwerkraftfeld, b) Druckfiltration, c) Saugfiltration,
  d) Filtrieren im Fliehkraftfeld

Das *Auspressen* schließlich beruht auf der Verkleinerung des Zwischenraumvolumens (der Porosität) in der Feststoffschicht. Die verursachenden Kräfte können wiederum verschieden sein: Bereits abgesetzte Feststoffe (Sedimente) verdichten sich unter der Wirkung des Schwerefeldes - oder des Zentrifugalfeldes - durch die Last der darüberstehenden Sedimentschicht weiter und verdrängen dadurch die Zwischenraumflüssigkeit.

Zwangsweise Volumenverringerung durch äußere Kräfte erfolgt in Pressen (Kolben-pressen, Bild 8.1.3 a) oder zwischen Walzen (Bandpressen, Bild 8.1.3 b). Auch durch Vibrationen, also Schwingungsbeschleunigungen, können Porositätsverringerungen erzeugt werden.

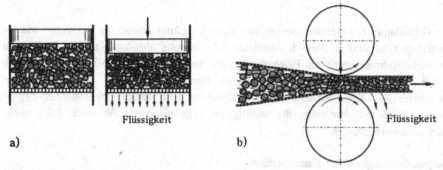

a)   Flüssigkeit   b)   Flüssigkeit

Bild 8.1.3 Trennprinzip "Auspressen"
a) Auspressen mit Kolben und Zylinder,
b) Auspressen zwischen Walzen und perforierten Bändern

Bei praktischen Trennungen kommen die Vorgänge in der Regel nicht so separiert vor, wie sie hier nach ihren physikalischen Ursachen aufgeführt sind. So ist z.B. beim Filtrieren immer eine Sedimentation überlagert, sie spielt allerdings nicht im-mer eine zu berücksichtigende Rolle. Und beim Zentrifugieren ist der Vorgang, den man - z.B. in der Wäscheschleuder - als "Trockenschleudern" kennt, eine Kombi-nation aus Filtrieren und Auspressen.

Für das Sedimentieren als technisches Trennverfahren sind neben der bereits be-kannten Größe "Sinkgeschwindigkeit" (s. Abschnitt 2.2.2) noch das Absinken bei höheren Feststoffkonzentrationen und das Absetzverhalten geflockter Suspensionen von Bedeutung. Als Grundlagen zum Filtrieren und Entfeuchten sind vor allem die Durchströmung poröser Schichten und die Flüssigkeitsbindung in porösen Schichten wichtig. Daher werden diese - im übrigen auf manch anderen Gebieten der Verfah-renstechnik ebenfalls brauchbaren - fluidmechanischen Grundlagen im folgenden Abschnitt bereitgestellt.

8.2 Fluidmechanische Grundlagen

8.2.1 Absetzgeschwindigkeit

Die Grundlagen des Sedimentierens von Einzelpartikeln sowohl im Schwere- wie im Zentrifugalfeld sind in Band 1, Abschnitt 2.2.2 bereits abgehandelt. Dort haben wir die Sinkgeschwindigkeit als Feinheitsmerkmal und in Abschnitt 3.3 ihre Anwendung in der Partikelgrößenanalyse kennengelernt. Für die Behandlung der Sedimentation als technisches Trennverfahren bedarf es jedoch noch einiger theoretischer Ergänzungen. Zunächst aber seien die wichtigsten Ergebnisse aus Abschnitt 2.2.2 nochmals zusammengestellt.

Sinkgeschwindigkeit der Einzelpartikel

Der allgemeine Zusammenhang zwischen der Sinkgeschwindigkeit w_f einer Kugel im Schwerefeld und ihrem Durchmesser d ist (vgl. Gl.(2.2.20))

$$w_f^2 = \frac{4}{3} \cdot \frac{(\rho_P - \rho_f)}{\rho_f} \cdot \frac{g \cdot d}{c_w(Re_d)} \tag{8.2.1}$$

$$\text{mit} \quad Re_d = \frac{w_f \cdot d \cdot \rho_f}{\eta} \quad \text{Gl.(2.2.21)}. \tag{8.2.2}$$

Darin sind ρ_P die Partikeldichte, ρ_f die Dichte und η die dynamische Zähigkeit der Flüssigkeit. Für die dimensionslose Widerstandsfunktion $c_w(Re_d)$ gibt es in verschiedenen Strömungsbereichen Näherungsfunktionen. Speziell gilt
im *Stokes-Bereich* (Re_d < ca. 0,25) $c_w = 24/Re_d$ (Gl. (2.2.22))

$$w_{fSt} = \frac{(\rho_P - \rho_f)}{18\,\eta} \cdot g \cdot d^2 \tag{8.2.3}$$

und im *Newton-Bereich* ($2 \cdot 10^3 \leq Re_d \leq 2 \cdot 10^5$) $c_w \approx 0,44$ (Gl.(2.2.23))

$$w_{fN} = 1,74 \cdot \sqrt{\frac{(\rho_P - \rho_f)}{\rho_f} \cdot g \cdot d} . \tag{8.2.4}$$

Im *Übergangsbereich* ($0,25 \leq Re_d \leq 2 \cdot 10^3$) ist der Zusammenhang Gl.(8.2.1) nicht explizit, und man muß z.B. Approximationsmethoden anwenden.
Das Absetzen im *Zentrifugalfeld* ist im Prinzip ein instationärer Vorgang, der bei zäher Umströmung der Partikeln (Kugeln), d.h. im Stokes-Bereich, mit guter Näherung durch die Differentialgleichung Gl.(2.2.29)

$$w_{fz}(r) = \frac{dr}{dt} = \frac{(\rho_P - \rho_f) \cdot d^2 \cdot \omega^2}{18\,\eta} \cdot r \tag{8.2.5}$$

beschrieben wird, worin ω die konstant vorausgesetzte Winkelgeschwindigkeit der Zentrifuge darstellt.

Sinkgeschwindigkeit bei höherer Partikelkonzentration

Das Bisherige gilt unter der Voraussetzung völlig unbeeinflußten Absinkens des Einzelteilchens. Weder die Nähe einer Wandung noch Nachbarpartikeln stören den Vorgang. Jedes Partikel nimmt aber beim Absinken einen nahen Umgebungsbereich an Flüssigkeit mit sich nach unten, und es verdrängt seitlich ein gewisses Volumen. Mit steigender Partikelkonzentration nimmt der abwärts transportierte Volumenstrom zu, und es muß aus Kontinuitätsgründen einen gleichgroßen Aufwärtsstrom in den Zwischenräumen geben. Außerdem beeinflussen sich die in der Umgebung der Partikeln zur Seite bewegten Flüssigkeitselemente gegenseitig durch einen verstärkten Impulsaustausch. Dies führt insgesamt zu einer Behinderung des Absinkens. Die sog. *Schwarmsinkgeschwindigkeit* w_s wird mit zunehmender Partikelkonzentration kleiner als die der Einzelpartikeln. Es ist aus dem Gesagten auch verständlich, daß die *Volumen*-Konzentration c_V die relevante Einflußgröße ist. Für Konzentrationen unterhalb von ca. 0,2 Vol% (bei Messungen) bzw. ca. 1 Vol% (bei technischen Trennungen) spielen die genannten Effekte praktisch keine Rolle. Der bekannteste Ansatz zur empirischen Beschreibung der behinderten Sedimentation ist die *Richardson-Zaki-Gleichung*

$$\frac{w_s}{w_{fo}} = (1 - c_V)^{\alpha(Re_0)}. \tag{8.2.6}$$

Re_0 ist die mit der unbeeinflußten Sinkgeschwindigkeit w_{fo} gebildete Partikel-Reynoldszahl. Gl.(8.2.6) ist anwendbar bis zu Konzentrationen von ca. 30 Vol%. Richardson und Zaki [8.2] stellten im Stokesbereich ($Re_0 \leq 0,25$) für den Exponenten $\alpha = 4,65$ fest, mit wachsender Re-Zahl nimmt die Funktion $\alpha(Re_0)$ ab, bis sie oberhalb von $Re_0 \approx 500$ den konstanten Wert $\alpha = 2,4$ erreicht (s. Bild 8.2.1). Die Anwendung dieser Beziehung setzt eine Suspension ohne Flockung voraus (s. hierzu den folgenden Abschnitt).

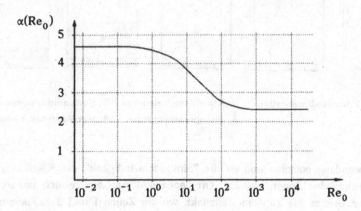

Bild 8.2.1 Exponent der Richardson-Zaki-Gleichung

Absinken von geflockten Suspensionen

Sehr feinkörnige Feststoffe und solche, deren Dichte nur sehr wenig verschieden von der Flüssigkeitsdichte ist, sinken im Schwerefeld nur sehr langsam ab. Man versucht daher, solche Stoffe zu "flocken", d.h. sie durch physiko-chemische Bindungen derart aneinander haften zu machen, daß sie als größere Gebilde, eben Flocken, gemeinsam mit höherer Geschwindigkeit absinken. Aber auch bei Gleichkorn bzw. bei sehr engen Partikelgrößenverteilungen kann es wegen der geringen Sinkgeschwindigkeitsunterschiede vorkommen, daß sich mehrere oder viele Partikeln zusammenlagern und gemeinsam schneller absinken, als es die Einzelteilchen täten.

Weil weder die Größe, noch die Dichte dieser Flocken vorherbestimmbar sind, weil sie sich gegenseitig beeinflussen, und weil sie selbst sowohl umströmte als auch durchströmte Systeme darstellen, ist das Absinken geflockter Suspensionen nicht vorausberechenbar. Vielmehr muß man Absetzversuche in senkrechten Zylindergefäßen machen. Was man dabei häufig feststellt, ist die sog. *Zonensedimentation* (Bild 8.2.2):

Ausgehend von einer gleichmäßig durchmischten Suspension bildet sich nach einer Weile von oben nach unten zunehmend eine Zone mit klarer Flüssigkeit (1), die relativ scharf von der darunter befindlichen Suspension (2) abgegrenzt bleibt. Am Boden des Gefäßes komprimiert sich der abgesetzte Feststoff zu einer stärker werdenden Schlammschicht (3), auch *Dickschlamm* genannt. Eventuell ist auch noch eine Zone mit weiter verdichtetem Sediment (4) zu beobachten.

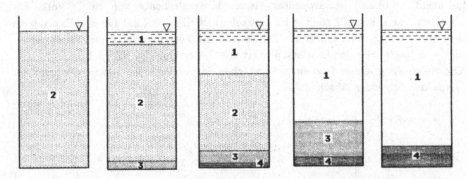

Bild 8.2.2 Zonensedimentation 1 Klarflüssigkeitszone 2 Sedimentationszone
3 Kompressionszone 4 Verdichtetes Sediment

Für die Anwendung entscheidend ist die "Sinkgeschwindigkeit" der Klarflüssigkeitsgrenze zwischen den Zonen 1 und 2. Oft beobachtet man ein zeitlich lineares Absinken dieser Grenze bis zu dem Zeitpunkt, wo die Zonen 1 und 3 zusammenkommen. Dann ist der *Kompressionspunkt* Ko erreicht (Bild 8.2.3), und das weitere Absetzen erfolgt deutlich langsamer.

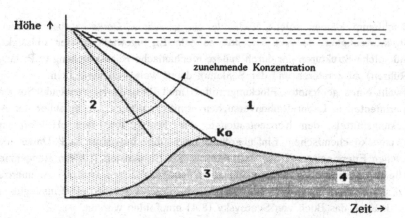

Bild 8.2.3 Zeitlicher Verlauf der Zonensedimentation (Absetzkurve)
Ko: Kompressionspunkt, Zonen 1 ... 4 wie in Bild 8.2.2

Der Verlauf der Absetzkurven ist bei der Zonensedimentation vor allem von der Konzentration abhängig. Bei kleinen Konzentrationen ist die Absetzgeschwindigkeit höher und der Kompressionspunkt wird früher und in geringeren Bodenabständen erreicht, als bei großen Konzentrationen.

Absetzkurven für verschiedene Konzentrationen liefern wichtige Informationen über das Stoffverhalten der Suspensionen und bilden die Grundlage für die Auslegung von Absetzbecken.

Flockungsmechanismen

Wie bereits in Band 1, Abschnitt 2.5.2, kurz ausgeführt ist, beruht die Flockung auf der Überwindung einer Potentialschwelle, die aufgrund der - meist negativen - elektrischen Aufladung der Partikeln in Konkurrenz zur van-der-Waals'schen Anziehung besteht. Vor allem durch die Herabsetzung des pH-Werts kann die gegenseitige Abstoßung der Partikeln vermindert werden *(Destabilisierung)*. Aber auch der Zusatz anorganischer Chemikalien wie z.B. Eisen-III-Chlorid oder Aluminiumsulfat verändert die Ionenstärke der die Partikeln umgebenden Flüssigkeit und setzt so das *Zeta-Potential*, ein Maß für die elektrisch abstoßende Wirkung ihrer gleichnamigen Aufladungen in der Ionenumgebung, herab. Damit wird die gegenseitige Annäherung und die Agglomeration möglich. In der englischsprachigen Literatur (z.B. bei Purchas [8.3]) wird dieser Mechanismus in Unterscheidung zum folgenden häufig mit *"coagulation"* bezeichnet.

Ein anderer, sehr häufig verwendeter Flockungsmechanismus, (engl. *"flocculation"*), beruht auf der Zugabe von polymeren Flockungsmitteln. Das sind langkettige, hochmolekulare Kohlenwasserstoffe mit hoher Ladungsdichte auf der Oberfläche, so daß sie die feinverteilten kleinen Partikeln binden und zu großen Flockenverbänden (mm-Größe) vereinigen. Neben natürlichen Zusätzen dieser Art wie z.B. Stärke sind vor allem anionische und kationische Polyelektrolyte (z.B. Polyacrylamide) im Einsatz.

Im Dickschlamm können solche Verbände ein gelartiges Gerüst aufbauen. Wenn seine Strukturfestigkeit so groß ist, daß es sein Eigengewicht in der Flüssigkeit trägt, sind solche Strukturen nur durch äußere mechanische Beanspruchung (z.B. langsames Rühren) zu zerstören und der Schlamm damit weiter zu verdichten.

Die Auswahl eines geeigneten Flockungsmittels muß für jede zu trennende Suspension experimentell in Labor-Reihenversuchen ermittelt werden, wobei außer der Art des Flockungsmittels, den Konzentrationen, der Temperatur, dem pH-Wert und anderen physiko-chemischen Einflußgrößen auch die Intensität und Dauer des mechanischen Energieeintrags zur Vermischung der Suspension mit den Reagenzien eine große Rolle spielt und daher geeignet in den technischen Maßstab zu übertragen ist. Es gibt eine umfangreiche Literatur zu diesem Thema, als Einstieg kann außer [8.3] auch das Buch von Svarovsky [8.4] empfohlen werden.

8.2.2 Durchströmung von porösen Schichten

Die Durchströmung poröser Schichten ist nicht nur in der Verfahrenstechnik ein immer wiederkehrender Grundvorgang. Denken wir nur an das Einsickern von Regenwasser in den Boden oder an die Grundwasserströmungen, an die filternde (!) Nahrungsaufnahme vieler Meerestiere oder an das schützend vor Mund und Nase gehaltene Taschentuch. In verfahrenstechnischen Reaktoren werden Fest- und Fließbetten von Flüssigkeiten und von Gasen durchströmt, in der thermischen Verfahrenstechnik sind es Füllkörperkolonnen ebenso wie zu trocknende poröse Faser- oder Pulverschichten. Hier besprechen wir von all den vielfältigen verfahrenstechnischen Problemen, die bei den genannten Beispielen auftreten können, nur den fluidmechanischen Teil: Wie ist der Zusammenhang zwischen dem energetischen Aufwand für die Durchströmung (Druckunterschied), dem erzielten Ergebnis (Volumenstrom bzw. Durchströmungsgeschwindigkeit) und relevanten Eigenschaften der Schicht und des Fluids. Diesen Zusammenhang nennen wir *Durchströmungsgleichung*.

Zunächst wiederholen wir die geometrische Kennzeichnung der Schicht. Den Hohlraumvolumenanteil beschreibt die *Porosität* ε (Gl.(2.6.1) aus Kap. 2.6.1)

$$\varepsilon = V_H/V = 1 - V_s/V, \qquad (8.2.7)$$

und der *Feststoffvolumenanteil* (Raumerfüllung des Feststoffs) nach Gl.(2.6.2) ist

$$c_V = V_s/V = 1 - \varepsilon, \qquad (8.2.8)$$

worin V das Gesamtvolumen, V_H das Hohlraumvolumen und V_s das Feststoffvolumen bedeuten.

Der *hydraulische Durchmesser* d_h als mittlere Porengröße steht mit der volumenbezogenen spezifischen Oberfläche S_V bzw. der zugehörigen mittleren Partikelgröße, dem Sauterdurchmesser d_{32} in folgendem Zusammenhang:

$$d_h = 4 \cdot \frac{\varepsilon}{1 - \varepsilon} \cdot \frac{1}{S_V} \qquad (8.2.9)$$

$$\text{bzw} \qquad d_h = \frac{2}{3} \cdot \frac{\varepsilon}{1 - \varepsilon} \cdot d_{32} . \qquad (8.2.10)$$

Darin bedeuten

S_V die volumenbezogene spezifische Oberfläche der Partikeln in der Schicht,

d_{32} den Sauter-Durchmesser der die Schicht bildenden Partikeln ($d_{32} = 6/S_V$).

8.2.2.1 Dimensionsanalytischer Ansatz für die Durchströmungsgleichung

Vorgang und Einflußgrößen (Bild 8.2.4)

Eine homogene und isotrope poröse Schicht der Länge L und des konstanten Querschnitts A wird stationär und isotherm von einem inkompressiblen Newton'schen Fluid durchströmt. Die Partikeln in der Schicht und damit auch die Porenweiten sind sehr viel kleiner als die Abmessungen L und $\sqrt{A}$ der Schicht, so daß Einströmungs- und Wandeinflüsse keine Rolle spielen. Die Einflüsse des Schichtaufbaus (Partikelform und Oberflächenrauhigkeit, Packungsstruktur, Korngrößen- und Porengrößenverteilung) sollen ebenfalls unberücksichtigt bleiben. Im Sinne der Dimensionsanalyse bedeutet dies, daß sich hinsichtlich dieser Parameter alle betrachteten Schichten gleichen.

Eine Durchströmungsgleichung gibt wie gesagt den Zusammenhang zwischen der charakteristischen Durchströmungsgeschwindigkeit w, dem Druckunterschied Δp, den Fluideigenschaften ρ und η und der Schichtgeometrie an. Die äußere Geometrie der

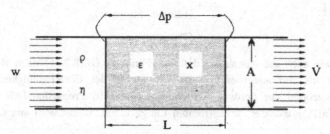

Bild 8.2.4   Durchströmung einer porösen Schicht

Schicht wird durch die durchströmte Länge L, die innere Geometrie durch die Porosität ε und eine für die Poren charakteristische Länge x berücksichtigt[1].

---

[1] Nach Molerus [8.5] sind *drei* geometrische Parameter zur Charakterisierung der inneren Geometrie homogener poröser Schichten notwendig und ausreichend.

Die Wahl der charakteristischen Geschwindigkeit w und der charakteristischen Länge x ist im Prinzip frei. Man kann etwa aus den beiden Größen Volumenstrom $\dot{V}$ und durchströmter Querschnitt A entweder die *Leerrohrgeschwindigkeit*

$$\bar{w} = \frac{\dot{V}}{A} \tag{8.2.11}$$

oder die *effektive mittlere Geschwindigkeit* in der Schicht

$$w^* = \frac{\bar{w}}{\varepsilon} = \frac{\dot{V}}{\varepsilon \cdot A} \tag{8.2.12}$$

als Durchströmungsgeschwindigkeit w bilden. Für die charakteristische Länge x bieten sich eine - zunächst noch nicht näher definierte - mittlere Partikelgröße $\bar{x}$ (oft auch mit d_p bezeichnet) bzw. der Sauterdurchmesser d_{32} oder die Porenweite d_h an. Die sog. *Relevanzliste* aller dimensionsbehafteten Einflußgrößen enthält hier also 7 Größen: Δp, w, x, L, ρ, η, ε. Nach den Regeln der Dimensionsanalyse kann der Zusammenhang

$$f(\Delta p, \ w, \ x, \ L, \ \rho, \ \eta, \ \varepsilon) = 0 \tag{8.2.13}$$

zwischen diesen *sieben* dimensionsbehafteten Größen - dimensionslos gemacht - auch als eine Funktion von nur *vier* Größen geschrieben werden:

$$F(\Pi_1, \ \Pi_2, \ \Pi_3, \Pi_4) = 0. \tag{8.2.14}$$

Ein sinnvoller vollständiger Satz solcher dimensionsloser Kennzahlen lautet

$$\Pi_1 \equiv \frac{\Delta p}{\rho w^2} = Eu \qquad \text{(Euler-Zahl)}, \tag{8.2.15}$$

$$\Pi_2 \equiv \frac{w \cdot x \cdot \rho}{\eta} = Re \qquad \text{(Reynolds-Zahl)}, \tag{8.2.16}$$

$$\Pi_3 \equiv \frac{L}{x} \qquad \text{(Längen-Simplex)}, \tag{8.2.17}$$

$$\Pi_4 \equiv \varepsilon \qquad \text{(Porosität)}. \tag{8.2.18}$$

Jetzt treffen wir noch die Annahme, daß die Funktion Gl.(8.2.14) nach der Eulerzahl auflösbar ist, und außerdem führen wir wegen der Gleichmäßigkeit (Homogenität und Isotropie) der porösen Schicht die plausible Proportionalität zwischen dem Druckabfall Δp und der durchströmten Länge L ein. Damit wird aus Gl.(8.2.14)

$$Eu = \frac{L}{d} \cdot f(Re, \ \varepsilon). \tag{8.2.19}$$

Für die erwähnten Voraussetzungen ist dies der allgemeine dimensionsanalytische Ansatz für alle Durchströmungsgleichungen. Die Funktion f(Re, ε) entspricht einer Widerstandsfunktion ganz analog zum *Rohrreibungsbeiwert* λ(Re, k/d) bei der Durchströmung rauher Rohre (Rauhigkeitsmaß k, Rohrdurchmesser d) oder zum *Widerstandsbeiwert* c_w(Re) bei der Umströmung von Partikeln (vgl. Band 1, Abschnitt 2.2.2.1). Auch die *Newton-Zahl* Ne in der Rührtechnik (s. Abschnitt 5.4.3) ist eine solche Widerstandszahl. Sie muß aus Messungen gewonnen werden und hat bei doppeltlogarithmischer Auftragung den in Bild 8.2.5 gezeigten prinzipiellen Verlauf.

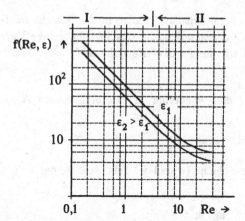

Bild 8.2.5 Widerstandsfunktion für die Durchströmung

Wir unterscheiden wie bei der Umströmung einen Bereich I der zähen Durchströmung für kleine Reynoldszahlen von einem Übergangsbereich (Bereich II) mit zäh-turbulenter Durchströmung bei höheren Re-Werten. Durchströmungsvorgänge, die so hochturbulent sind, daß der Einfluß der Fluidzähigkeit vernachlässigbar und die Eulerzahl unabhängig von der Reynoldszahl wird, sind in der Verfahrenstechnik praktisch ohne Bedeutung, so daß wir hier keinen Bereich III betrachten.

8.2.2.2 Empirische Durchströmungsgleichungen

Zähe Durchströmung[1] (Bereich I)

Zähe Durchströmung liegt vor, wenn der Durchströmungswiderstand praktisch nur auf Reibungskräften beruht. Das ist für kleine Porenweiten (x klein), für langsame Geschwindigkeiten (w klein) und/oder für große Zähigkeiten (η groß) der Fluide der Fall, zusammengefaßt also für kleine Reynoldszahlen. In diesem Bereich spielt von den Stoffeigenschaften nur die dynamische Viskosität η eine Rolle, nicht jedoch die Dichte ρ des Fluids. Wie bei den anderen Widerstandsfunktionen auch, gilt hier die umgekehrte Proportionalität der Widerstandsfunktion zur Re-Zahl

$$f(Re, \varepsilon) = \frac{const.(\varepsilon)}{Re} , \qquad (8.2.20)$$

wobei zu beachten ist, daß die "Konstante" von ε abhängen muß. In diesem Bereich haben zwei Gleichungen praktische Bedeutung erlangt, die aus dem allgemeinen dimensionsanalytischen Ansatz hergeleitet werden können.

---

[1] Von "laminarer", d.h. von "Schichten"strömung zu sprechen, erscheint angesichts der vielfach gewundenen, umgelenkten, vereinigten und verzweigten, erweiterten und verengten Strömungskanäle in den meisten realen porösen Schichten nicht gerechtfertigt.

Darcy-Gleichung. Als charakteristische Länge in der Schicht wählen wir eine mittlere Partikelgröße $\overline{x}$, als charakteristische Geschwindigkeit die Leerrohrgeschwindigkeit $\overline{w} = \dot{V}/A$. Setzen wir die *Partikel-Reynoldszahl*

$$Re_p = \frac{\overline{w}\,\overline{x}\,\rho}{\eta} \tag{8.2.21}$$

in Gl.(8.2.20) ein und dies wiederum in den allgemeinen Ansatz Gl.(8.2.19), so erhalten wir

$$\frac{\Delta p}{L} = \frac{const.(\varepsilon)}{\overline{x}^{\,2}} \cdot \eta \cdot \overline{w} \,. \tag{8.2.22}$$

Die Eigenschaften der Schicht (ε und $\overline{x}$) faßt man in der sog. *Durchlässigkeit* B zusammen

$$B \equiv \frac{\overline{x}^{\,2}}{const.(\varepsilon)} \quad \text{in} \quad m^2 \,. \tag{8.2.23}$$

Sie ist eine die Porenquerschnitte charakterisierende Konstante für die jeweilige Schicht und muß empirisch ermittelt werden. Damit vereinfacht sich Gl.(8.2.22) zur *Darcy-Gleichung*, die als Druckabfall-Gleichung geschrieben so lautet

$$\frac{\Delta p}{L} = \frac{\eta \cdot \overline{w}}{B} \,, \tag{8.2.24}$$

bzw. für die mittlere Durchströmungsgeschwindigkeit $\overline{w}$ geschrieben

$$\overline{w} = \dot{V}/A = \frac{B}{\eta} \cdot \frac{\Delta p}{L} \,. \tag{8.2.25}$$

Ihr Gültigkeitsbereich erstreckt sich auf kleine Reynolds-Zahlen nach der Definition von Gl.(8.2.21): $Re_p \leq$ ca. 3. Zu beachten sind außerdem die starke Abhängigkeit der Durchlässigkeit B von der Partikelgröße ($B \sim \overline{x}^2$), der unbekannte Einfluß von ε, sowie die - übrigens für alle zähen Strömungen zutreffende - Proportionalität des Druckabfalls zur Geschwindigkeit und zur dynamischen Viskosität: $\Delta p/L \sim \eta \cdot \overline{w}$.

Carman-Kozeny-Gleichung. Sie beschreibt ebenfalls die zähe Durchströmung, vermittelt aber etwas detailliertere Angaben zum Einfluß der Porosität ε auf das Durchströmungsverhalten. Man kann sie aus dem allgemeinen Ansatz Gl.(8.2.19) gewinnen, wenn man einerseits für die charakteristische Geschwindigkeit die effektive mittlere Geschwindigkeit (Gl.(8.2.6))

$$w \equiv w^* = \overline{w}/\varepsilon = \dot{V}/(\varepsilon \cdot A), \tag{8.2.26}$$

also den auf den im Innern der Schicht tatsächlich freien Querschnitt ($\varepsilon \cdot A$) bezogenen Volumenstrom, und andererseits für die charakteristische Länge x den hydraulischen Durchmesser d_h der Poren setzt (Gl.(8.2.9) bzw. (8.2.10))

$$x \equiv d_h = \frac{4\varepsilon}{1-\varepsilon} \cdot \frac{1}{S_V} = \frac{2}{3} \cdot \frac{\varepsilon}{1-\varepsilon} \cdot d_{32} \,. \tag{8.2.27}$$

Mit diesen Größen wird zunächst die Reynolds-Zahl zu

$$Re_h = \frac{w^* d_h \rho}{\eta} = \frac{2}{3 \cdot (1 - \varepsilon)} \cdot \frac{\overline{w} d_{32} \rho}{\eta} \qquad (8.2.28)$$

und dann die Widerstandsfunktion entsprechend Gl.(8.2.20) zu

$$f(Re_h, \varepsilon) = \frac{const.(\varepsilon)}{Re_h} = \frac{3 \cdot (1 - \varepsilon) \cdot const.(\varepsilon)}{2} \cdot \frac{\eta}{\overline{w} d_{32} \rho}.$$

Damit ergeben sich für die Durchströmungsgleichung die Schreibweisen

$$\frac{\Delta p}{L} = k(\varepsilon) \cdot \frac{(1 - \varepsilon)^2}{\varepsilon^3} \cdot S_V^2 \cdot \eta \cdot \overline{w} \qquad (8.2.29)$$

bzw.
$$\overline{w} = \frac{1}{k(\varepsilon)} \cdot \frac{\varepsilon^3}{(1 - \varepsilon)^2} \cdot \frac{1}{S_V^2} \cdot \frac{1}{\eta} \cdot \frac{\Delta p}{L} . \qquad (8.2.30)$$

Dies ist die *Carman-Kozeny-Gleichung*. Sie gleicht im Aufbau der Darcy-Gleichung Gl.(8.2.24)) bzw (8.2.25), weist die gleichen Abhängigkeiten zwischen Druckabfall und Teilchengröße ($\Delta p/L \sim S_V^{-2}$ mit $S_V \sim 1/d_{32}$) bzw. $\Delta p/L \sim \eta \cdot \overline{w}$ auf und gibt zusätzlich die Möglichkeit, wenigstens näherungsweise den ε-Einfluß zu beschreiben. Messungen haben nämlich im interessierenden Bereich $0,3 \le \varepsilon \le 0,65$ nur eine schwache Abhängigkeit $k(\varepsilon)$ ergeben, so daß im allgemeinen $k(\varepsilon) = const. \approx 4$ gesetzt wird. Bei Bedarf muß für eine vorliegende Schicht oder eine Probe davon eine Kalibrierungsmessung zur Bestimmung der "Kozeny-Konstanten" $k(\varepsilon)$ durchgeführt werden. Auf der Carman-Kozeny-Gleichung beruht auch die Messung der spezifischen Oberfläche eines Pulvers mit dem Durchströmungsverfahren (s. Band 1, Abschnitt 3.5.2).

Zäh-turbulente Durchströmung

Der allgemein übliche Ansatz zur Berücksichtigung eines turbulenten Anteils am Gesamtwiderstand der Schicht besteht in der Addition eines "turbulenten" Druckabfallgliedes $(\Delta p/L)_t = K_t \cdot (1/x) \cdot \rho w^2$ zu dem "laminaren" Glied. Mit $x = d_h$ nach Gl.(8.2.27) und $w = w^*$ nach Gl.(8.2.26) wird

$$\left(\frac{\Delta p}{L} \right)_t = K_t \frac{(1 - \varepsilon)}{\varepsilon^3} \cdot \rho \overline{w}^2 \cdot S_V.$$

Insgesamt ist dann die Summe aus diesem "turbulenten" und einem "zähen" Anteil entsprechend Gl.(8.2.29)

$$\frac{\Delta p}{L} = K_l \frac{(1 - \varepsilon)^2}{\varepsilon^3} \cdot \eta \overline{w} \cdot S_V^2 + K_t \frac{(1 - \varepsilon)}{\varepsilon^3} \cdot \rho \overline{w}^2 \cdot S_V. \qquad (8.2.31)$$

Die Konstanten K_l und K_t sind Anpassungsgrößen an experimentelle Ergebnisse.

Ergun-Gleichung. Für Schüttungen aus gebrochenem Mahlgut (Koks, Erz, Steine) mit relativ engen Korngrößenverteilungen erhielt Ergun

$$\frac{\Delta p}{L} = 150 \cdot \frac{(1-\varepsilon)^2}{\varepsilon^3} \frac{\eta \, \overline{w}}{d_{32}^2} + 1,75 \cdot \frac{(1-\varepsilon)}{\varepsilon^3} \cdot \frac{\rho \, \overline{w}^2}{d_{32}} . \qquad (8.2.32)$$

Die Ergun-Gleichung gilt gut im Reynoldszahlenbereich $3 \leq Re_p \leq 10^4$. Bei breiten Verteilungen muß nach Brauer [8.6] die ganze rechte Seite der Gleichung mit $(\varepsilon_M/\varepsilon)^{0,75}$ multipliziert werden. Darin sind ε_M die Porosität eines monodispersen Gutes gleicher Kornform und ε die tatsächliche Porosität bei breiter Korngrößen- verteilung. Im allgemeinen ist $\varepsilon < \varepsilon_M$, so daß der Korrekturfaktor $(\varepsilon_M/\varepsilon)^{0,75} > 1$ ist.

Die zutreffende Berechnung des Druckabfalls in einer Schicht mit Hilfe der Ergun- Gleichung setzt voraus, daß die geometrischen Eigenschaften der Schicht (ε und d_{32}) möglichst genau bekannt sind, weil die Abhängigkeit von ihnen relativ stark ist. Die Porosität ε läßt sich bei bekannter Feststoffdichte ρ_s aus der Masse m_s des eingefüllten Feststoffs und dem Volumen V der Schicht berechnen:

$$\varepsilon = 1 - \frac{m_s}{\rho_s V} \qquad (8.2.34)$$

Für d_{32} wird bei körnigen Schichten aus Sand u.ä. im allgemeinen eine aus der Siebung genommene mittlere Korngröße angegeben. Sie liefert jedoch oft nicht be- friedigende Vorausberechnungen für den Druckabfall. Mit der Ergun-Gleichung kann nun aus der relativ einfachen Messung des Druckabfalls an Modellschichten mit dem Originalmaterial die für die Durchströmung relevante Korngröße ermittelt werden, indem die Ergun-Gleichung Gl.(8.2.32) nach der Partikelgröße d_{32} aufge- löst wird.

$$d_{32} = 0,875 \cdot \frac{(1-\varepsilon)}{\varepsilon^3} \cdot \frac{\rho \, \overline{w}^2}{\Delta p} \cdot L \cdot \left\{ 1 + \sqrt{1 + 196 \cdot \varepsilon^3 \cdot \frac{\nu}{\overline{w}} \cdot \frac{\Delta p}{\rho \, \overline{w}^2} \cdot \frac{1}{L}} \right\} \qquad (8.2.35)$$

Darin ist noch die kinematische Zähigkeit $\nu = \eta/\rho$ verwendet worden.

Dimensionslose Darstellung

Alle empirischen Durchströmungsgleichungen lassen sich in der Form der Gl.(8.2.19) darstellen, wenn die Widerstandsfunktionen $f(Re, \varepsilon)$ entsprechend konkretisiert sind. Das Ergebnis dieser Darstellungen lautet dann zusammengefaßt

$$\frac{\Delta p}{\rho \, \overline{w}^2} = \frac{L}{x} \cdot f(Re_p, \varepsilon) \qquad \text{mit} \qquad Re_p = \frac{\overline{w} \cdot x \cdot \rho}{\eta},$$

und im einzelnen für die drei behandelten Gleichungen

Darcy-Gleichung:

$$f(Re_p, \varepsilon) = const.(\varepsilon) \cdot Re_p^{-1}$$

$$Eu = \frac{L}{x} \cdot \frac{const.(\varepsilon)}{Re_p} \qquad (8.2.36)$$

Carman-Kozeny-Gleichung:

$$f(Re_P, \varepsilon) = \frac{36 \cdot k(\varepsilon) \cdot (1-\varepsilon)^2}{\varepsilon^3} \cdot Re_P^{-1} \approx 150 \cdot \frac{(1-\varepsilon)^2}{\varepsilon^3} \cdot Re_P^{-1}$$

(Faktor 150 aus $k(\varepsilon) \approx 4,2$)

$$Eu = \frac{L}{d_{32}} \cdot 150 \cdot \frac{(1-\varepsilon)^2}{\varepsilon^3} \cdot Re_P^{-1} \qquad\qquad (8.2.37)$$

Ergun-Gleichung:

$$f(Re_P, \varepsilon) = 150 \cdot \frac{(1-\varepsilon)^2}{\varepsilon^3} \cdot Re_P^{-1} + 1,75 \cdot \frac{1-\varepsilon}{\varepsilon^3}$$

$$Eu = \frac{L}{d_{32}} \cdot \left\{ 150 \cdot \frac{(1-\varepsilon)^2}{\varepsilon^3} \cdot Re_P^{-1} + 1,75 \cdot \frac{1-\varepsilon}{\varepsilon^3} \right\} \qquad (8.2.38)$$

Beispiel 8.2.1: Durchströmung und Durchlässigkeit

a) Welche Druckdifferenz ist erforderlich, damit durch eine 1 cm dicke und 1 m² große Filterschicht aus sehr kleinen Partikeln (d_{32} = 5μm), die eine Porosität von 50%
hat, gerade 1 Liter/s Wasser von ca. 20°C strömt? Die dynamische Zähigkeit von
Wasser bei dieser Temperatur ist 0,001 Pas, die Dichte 10^3 kg/m³.

b) Welche Durchlässigkeit B in m² hat diese Schicht?

Lösung:

a) Zur Überprüfung der Reynoldszahlen berechnen wir zunächst die Durchströmungsgeschwindigkeit

$$\overline{w} = \dot{V}/A = 10^{-3} \text{ m/s}$$

und bilden dann nach Gl.(8.2.16) mit $x \equiv d_{32}$ und $w \equiv \overline{w}$ die Partikel-Reynoldszahl

$$Re_P = \overline{w} \cdot d_{32} \cdot \rho / \eta = 5 \cdot 10^{-3}$$

bzw. nach Gl.(8.2.28)

$$Re_h = \frac{2}{3 \cdot (1-\varepsilon)} \cdot Re_P = 6,7 \cdot 10^{-3}.$$

Beide sind wesentlich kleiner als 3, es handelt sich um zähe Durchströmung, und
wir können die Druckdifferenz aus der Carman-Kozeny-Gleichung (8.2.29)

$$\Delta p = L \cdot k(\varepsilon) \cdot \frac{(1-\varepsilon)^2}{\varepsilon^3} \cdot S_V^2 \cdot \eta \cdot \overline{w}$$

mit dem Zusammenhang $S_V = 6/d_{32}$ zwischen spezifischer Oberfläche und Partikelgröße berechnen.

$$\Delta p = 36 \cdot L \cdot k(\epsilon) \cdot \frac{(1-\epsilon)^2}{\epsilon^3} \cdot \frac{\eta \cdot \overline{w}}{d_{32}^2}.$$

Setzen wir die gegebenen Zahlenwerte und $k(\epsilon) = 4$ ein, dann erhalten wir

$$\Delta p = 1,2 \cdot 10^5 \text{ Pa} = 1,2 \text{ bar}.$$

b) Die Durchlässigkeit folgt entweder aus der Darcy-Gleichung Gl.(8.2.24) sofort mit dem berechneten Δp-Wert

$$B = \frac{\eta \cdot \overline{w}}{\Delta p} \cdot L = 8,7 \cdot 10^{-14} \text{ m}^2,$$

oder - und das ist aufschlußreicher - durch Vergleich mit der Carman-Kozeny - Gleichung (mit selbstverständlich demselben Ergebnis)

$$B = \frac{d_{32}^2}{36 \cdot k(\epsilon)} \cdot \frac{\epsilon^3}{(1-\epsilon)^2} = 8,7 \cdot 10^{-14} \text{ m}^2.$$

Zur Beurteilung dieser etwas unanschaulich kleinen Zahl bilden wir die Durchlässigkeit noch mit dem hydraulischen Porendurchmesser nach Gl.(8.2.27) und stellen mit konstant angenommenem $k(\epsilon) \approx 4$

$$B = \frac{\epsilon \cdot d_h^2}{16 \cdot k(\epsilon)} \approx \epsilon \cdot (d_h / 8)^2$$

fest. Sie ist also einem mittleren Porenquerschnitt und - abgesehen von der geringen ϵ-Abhängigkeit von $k(\epsilon)$ - der Porosität proportional. Im Zusammenhang mit der Kuchenfiltration werden wir auf diese Größe noch zurückkommen.

8.2.3 Flüssigkeitsbindung in porösen Schichten

Poröse Schichten, deren Hohlräume mehr oder weniger mit Flüssigkeit gefüllt sind, kommen sowohl in der Natur - und damit bei Rohstoffen für die Verfahrenstechnik -, wie auch in verfahrenstechnischen Stoffsystemen und Prozessen häufig vor. Beispiele sind feuchte Böden und poröse Gesteine, pflanzliche und tierische Rohstoffe der Lebensmittel- und Pharma-, der chemischen und holzverarbeitenden Industrie, Filterschichten vom Gewebe bis zu Sandschüttungen Sedimentschichten, Filterkuchen, Schlämme, feuchte oder anzufeuchtende Agglomerate (Lebensmittel als Instantprodukte) u.s.w. Sie sind durch einen meist hohen Feststoffanteil und durch die Tatsache gekennzeichnet, daß im Hohlraum sowohl die flüssige wie die gasförmige Phase enthalten sein können.

Das Ziel der Fest-Flüssig-Trennverfahren für diese Systeme besteht darin, den Flüssigkeitsanteil so weit wie möglich zu verringern. Dazu müssen außer der Kennzeichnung des Flüssigkeitsanteils die physikalischen Bedingungen bekannt sein, unter denen die Flüssigkeit im Inneren der porösen Stoffe festgehalten wird. Denn die Trennung mit mechanischen Mitteln erfolgt - wie immer in der mechanischen Verfahrenstechnik - durch die gezielte Anwendung von trennenden Kräften in Konkurrenz zu den vereinigenden, bindenden Kräften.

8.2.3.1 Kennzeichnungen des Flüssigkeitsinhalts

Bei der Kennzeichnung des Flüssigkeitsinhalts poröser Schichten müssen wir geometrische, genauer: volumenbezogene, von massebezogenen Kennwerten unterscheiden. Die erstgenannten setzen Volumina zueinander in Beziehung und sind daher stoffunabhängig, bei den anderen werden Massen bzw. Gewichte miteinander verglichen, und damit ist der Stoffwert "Dichte" einbezogen.

Volumenbezogene Kennwerte
Der *Sättigungsgrad* S gibt an, welcher Anteil des zur Verfügung stehenden Hohlraumvolumens mit Flüssigkeit erfüllt ist. Bezeichnen wir mit V_f das Flüssigkeitsvolumen, lautet die Definition

$$S = \frac{V_f}{V_H} . \qquad (8.2.39)$$

Der Wertebereich von S ist demnach $0 \leq S \leq 1$. Die absolut trockene Schicht hat den Sättigungsgrad 0, die vollständig mit Flüssigkeit erfüllte Schicht den Sättigungsgrad 1. Schichten mit überstehender Flüssigkeit, die also mehr Flüssigkeit enthalten als ihr Hohlraum ausmacht, schließen wir aus. Der mit der Gasphase ausgefüllte Volumenanteil ist 1 - S. Zur Bestimmung des Sättigungsgrads ist die Kenntnis von ε und V erforderlich

$$S = \frac{V_f}{\varepsilon \cdot V} . \qquad (8.2.40)$$

Da S eine normierte Größe ist, eignet sie sich besonders für Vergleiche an unterschiedlichen porösen Systemen, allerdings nur, wenn deren Porosität sich nicht - z.B. durch Auspressen - ändert. Bei veränderlicher Porosität empfiehlt sich die Verwendung des *Flüssigkeitsgehalts* X_V, der das Flüssigkeitsvolumen auf das Feststoffvolumen bezieht:

$$X_V = \frac{V_f}{V_s} . \qquad (8.2.41)$$

Massebezogene Kennwerte

Als *Restfeuchte* werden die Verhältnisse von Flüssigkeits- zu trockener Feststoffmasse

$$X_m = \frac{m_f}{m_s} \qquad (8.2.42)$$

oder von Flüssigkeits- zu feuchter Gesamtmasse

$$X_{ges} = \frac{m_f}{m_f + m_s} . \qquad (8.2.43)$$

bezeichnet. Man muß hierbei stets die Bezugsmasse angeben und beachten. Durch Wägungen sind sie zwar relativ einfach zu bestimmen, ihre Zahlenwerte sind wegen ihrer Stoffabhängigkeit für Stoffe mit unterschiedlichen Dichten im Vergleich zu den volumetrischen Kennwerten jedoch wenig aussagekräftig (vgl. nachfolgendes Beispiel). Manchmal ist auch die Angabe des *Trockensubstanzgehalts* sinnvoll. Man versteht darunter den Feststoffmasseanteil im feuchten Filterkuchen, also das Komplement zu X_{ges}

$$TS = \frac{m_s}{m_f + m_s} = 1 - X_{ges}. \qquad (8.2.44)$$

In Tabelle 8.2 sind die Umrechnungsformeln der verschiedenen Kennwerte für den Flüssigkeitsinhalt zusammengestellt. Die praktische Bestimmung von ε, S und X_V erfolgt über Massebestimmungen, so daß man *zuerst* die Kennwerte X_{ges} und X_m erhält. Zur Berechnung der Volumina müssen dann die Stoffdichten bekannt sein.

Tabelle 8.2 Umrechnungen von Kennwerten für den Flüssigkeitsinhalt (nach [8.7]) (Umrahmt sind die Definitionsgleichungen)

$S = \dfrac{V_f}{V_H}$	$= \dfrac{1-\varepsilon}{\varepsilon} \cdot X_V$	$= \dfrac{\rho_s}{\rho_f} \cdot \dfrac{1-\varepsilon}{\varepsilon} \cdot X_m$	$= \dfrac{\rho_s}{\rho_f} \dfrac{1-\varepsilon}{\varepsilon} \dfrac{X_{ges}}{1-X_{ges}}$	$= \dfrac{\rho_s}{\rho_f} \dfrac{1-\varepsilon}{\varepsilon} \dfrac{1-TS}{TS}$
$X_V = \dfrac{\varepsilon}{1-\varepsilon} \cdot S$	$= \dfrac{V_f}{V_s}$	$= \dfrac{\rho_s}{\rho_f} \cdot X_m$	$= \dfrac{\rho_s}{\rho_f} \dfrac{X_{ges}}{1-X_{ges}}$	$= \dfrac{\rho_s}{\rho_f} \dfrac{1-TS}{TS}$
$X_m = \dfrac{\rho_f}{\rho_s} \dfrac{\varepsilon}{1-\varepsilon} \cdot S$	$= \dfrac{\rho_f}{\rho_s} \cdot X_V$	$= \dfrac{m_f}{m_s}$	$= \dfrac{X_{ges}}{1-X_{ges}}$	$= \dfrac{1-TS}{TS}$
$X_{ges} = \left(1 + \dfrac{\rho_s}{\rho_f} \dfrac{1-\varepsilon}{\varepsilon \cdot S}\right)^{-1}$	$= \left(1 + \dfrac{\rho_s}{\rho_f} \cdot X_V^{-1}\right)^{-1}$	$= \dfrac{X_m}{1+X_m}$	$= \dfrac{m_f}{m_f + m_s}$	$= 1 - TS$
$TS = \left(1 + \dfrac{\rho_f}{\rho_s} \dfrac{\varepsilon \cdot S}{1-\varepsilon}\right)^{-1}$	$= \left(1 + \dfrac{\rho_f}{\rho_s} \cdot X_V\right)^{-1}$	$= \dfrac{1}{1+X_m}$	$= 1 - X_{ges}$	$= \dfrac{m_s}{m_f + m_s}$

Beispiel 8.2.2: Kennzeichnung des Flüssigkeitsinhalts

Ein Filterkuchenausschnitt mit 20 mm Dicke und einer Fläche von 250 mm × 250 mm wiegt feucht 1,788 kg und nach dem Trocknen 1,040 kg. Die Feststoffdichte ist 2600 kg/m³ (z.B. Feldspat), die Flüssigkeitsdichte 1000 kg/m³ (Wasser). Gesucht sind die Porosität ε des Filterkuchens, die Flüssigkeitsgehalte S, X_V, X_m und X_{ges} und der Trockensubstanzgehalt TS.

Porosität: Nach Gl.(8.2.7) ist $\varepsilon = 1 - V_s/V$.

$$V_s = m_s/\rho_s = 1,040/2600 \, m^3 = 4,00 \cdot 10^{-4} \, m^3,$$

$$V = 20 \cdot 250 \cdot 250 \, mm^3 = 1,25 \cdot 10^6 \, mm^3 = 1,25 \cdot 10^{-3} \, m^3,$$

$$\varepsilon = 1 - 0,4/1,25 = 1 - 0,32 = 0,68 = 68\%.$$

Flüssigkeitsgehalte:

$$X_m = m_f/m_s = (1,788 - 1,040)/1,040 \qquad\qquad = 0,719$$

$$X_{ges} = m_f/(m_s + m_f) = (1,788 - 1,040)/1,788 \qquad = 0,418$$

$$X_V = (\rho_s/\rho_f) \cdot X_m = 2,6 \cdot 0,719 \qquad\qquad = 1,870$$

$$S = \frac{1-\varepsilon}{\varepsilon} \cdot X_V = (0,32/0,68) \cdot 1,870 \qquad = 0,880$$

Trockensubstanzgehalt:

$$TS = m_s/(m_f + m_s) = 1 - X_{ges} = 1040/1,788 \qquad = 0,582$$

Wir erhalten also sehr unterschiedliche Zahlenwerte zur Kennzeichnung ein und desselben Sachverhalts. Zur evtl. besseren Bewertung könnten wir sie normieren, indem wir sie auf ihre Werte bei vollständiger Sättigung S = 1 beziehen. Aus der Tabelle 8.2, erste Spalte, ist damit unmittelbar ablesbar, daß die normierten Werte für X_V und X_m dann identisch mit S sind. Lediglich für X_{ges} ergibt sich

$$X_{ges}^* = \frac{X_{ges}}{X_{ges,max}} = \frac{1 + \dfrac{\rho_s}{\rho_f} \cdot \dfrac{1-\varepsilon}{\varepsilon}}{1 + \dfrac{\rho_s}{\rho_f} \cdot \dfrac{1-\varepsilon}{\varepsilon \cdot S}} = \frac{2,224}{2,390} = 0,930,$$

eine Zahl, deren Anschaulichkeit und Aussagefähigkeit auch nicht besser ist. Den Trockensubstanzgehalt auf denjenigen im Zustand vollständiger Sättigung zu beziehen, erscheint nicht sinnvoll.

8.2.3.2 Benetzung, Kapillarität und Flüssigkeitsbindung

Benetzung

Geben wir einen Tropfen Flüssigkeit auf eine Glasplatte, dann bildet der Rand des Tropfens eine Grenzlinie zwischen den drei Phasen "fest/flüssig/gasartig". Je nach der Beschaffenheit der Flüssigkeit und der Feststoffoberfläche beobachten wir einen flachen, sich ausbreitenden, *benetzenden* Tropfen (z.B. Öl) oder einen zusammengezogenen, fast kugeligen, *nicht benetzenden* Tropfen (z.B. Quecksilber) (Bild 8.2.6 a). Ganz ähnlich ist es bei einer senkrecht in die Flüssigkeit gehaltenen Wand (Bild 8.2.6 b). Die benetzende Flüssigkeit breitet sich an der Wand nach oben aus, während die nicht-benetzende weniger Wandfläche zu berühren bestrebt ist.

Lassen wir einen Tropfen von der schief gehaltenen Glasplatte herunterrinnen, oder bewegen die senkrechte Wand auf und ab, dann erscheint die Vorderseite weniger benetzend als die Rückseite der ablaufenden Flüssigkeit. Man charakterisiert die Benetzung durch den *Randwinkel* δ nach folgender Einteilung:

$\delta = 0$: vollständige Benetzung; $\delta \le 90°$: Teil-Benetzung; $\delta \ge 90°$: Nichtbenetzung.

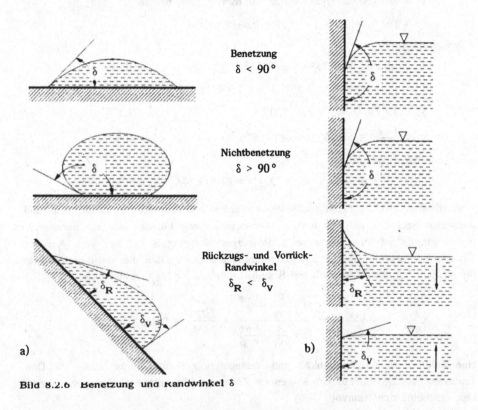

Benetzung
$\delta < 90°$

Nichtbenetzung
$\delta > 90°$

Rückzugs- und Vorrück-Randwinkel
$\delta_R < \delta_V$

a)   b)

Bild 8.2.6 Benetzung und Randwinkel δ

An Ecken und Kanten ist der Randwinkel unbestimmt, wie wir uns anhand von Bild 8.2.7 leicht veranschaulichen können; und daher kommt es, daß er offenbar nicht nur von der Stoffpaarung sondern auch noch von der Oberflächenbeschaffenheit des Feststoffs und den Bewegungsrichtungen abhängt. Wie der ablaufende Tropfen zeigt, müssen wir daher zwischen dem *Vorrück-Randwinkel* δ_V und dem *Rückzugs-Randwinkel* δ_R unterscheiden.

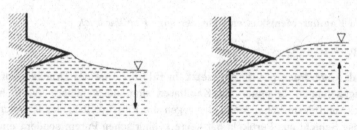

Bild 8.2.7 Unbestimmter Randwinkel an Kanten

Das Vorrücken entspricht der Befeuchtung, der Rückzug der Entfeuchtung. Die Unterschiede zwischen δ_V und δ_R bewirken die sog. *Randwinkelhysterese* bei aufeinanderfolgendem Ent- und Befeuchten. Eine Vorausberechnung von Randwinkeln ist für reale Stoffe nicht möglich. Man kann sie in geometrisch einfachen Fällen messen, bei Schüttungen und Packungen aus Partikeln mit unregelmäßigen Formen und Oberflächen sind nur die makroskopischen Folgen der Benetzung für Messungen zugänglich, nicht jedoch die Randwinkel.

Kapillarität

In einer senkrechten zylindrischen Kapillare mit dem Innendurchmesser d steigt eine benetzende Flüssigkeit von der Dichte ρ aufgrund der Oberflächenspannung γ um die kapillare Steighöhe h_k gegenüber der umgebenden Flüssigkeit an (Bild 8.2.8).

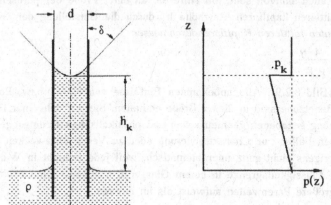

Bild 8.2.8 Kapillare Steighöhe und kapillarer Unterdruck in einer Zylinderpore

Sie ergibt sich aus dem Kräftegleichgewicht zwischen dem Gewicht der Flüssigkeitssäule und der Vertikalkomponente der Randkraft zu

$$h_k = \frac{4 \cdot \gamma \cdot \cos \delta}{\rho \cdot g \cdot d}.$$

$$(8.2.45)$$

Unter dem Kapillar-Meniskus entsteht der sog. *Kapillardruck* p_k

$$p_k = \rho \cdot g \cdot h_k = \frac{4 \cdot \gamma \cdot \cos \delta}{d} . \tag{8.2.46}$$

Er wird als Unterdruck positiv angesetzt. In Bild 8.2.8 ist der Druckverlauf über der Höhe eingezeichnet. Je enger die Kapillaren sind, desto höhere Werte hat dieser Unterdruck, und desto höher steigt deswegen die Flüssigkeit in der Kapillare an.

Eine poröse Schicht aus Partikeln hat keine zylindrischen Poren, sondern ein Geflecht aus engeren und weiteren, miteinander verbundenen Porenräumen und -kanälen. Wir können daher in erster Näherung anstelle des Zylinderkapillarendurchmessers in Gl. (8.2.45) den *mittleren hydraulischen Porendurchmesser* d_h nach Gl.(8.2.27) einsetzen und zur Anpassung an die Realität noch einen Korrekturfaktor α, der in der Nähe von 1 liegt. Dann erhalten wir

$$h_k = \alpha \cdot \frac{4 \cdot \gamma \cdot \cos \delta}{\rho \cdot g \cdot d_h} = \alpha \cdot \frac{\gamma \cdot \cos \delta}{\rho \cdot g} \cdot \frac{1 - \varepsilon}{\varepsilon} \cdot S_V$$

$$= 6 \alpha \cdot \frac{\gamma \cdot \cos \delta}{\rho \cdot g} \cdot \frac{1 - \varepsilon}{\varepsilon} \cdot \frac{1}{d_{32}} \tag{8.2.47}$$

Damit wird im wesentlichen der Porositätseinfluß auf die kapillare Steighöhe beschrieben. Messungen haben für den Vorfaktor 6α ergeben:

$6\alpha = 6$ für Kugeln,

$6\alpha = 6,5$ bis 8 für unregelmäßig geformte Partikeln.

Wenn man den schwer zu ermittelnden Randwinkel δ und die Porosität ε nicht kennt, kann es auch sinnvoll sein, mit Hilfe der an einer Probe der porösen Schicht gemessenen mittleren kapillaren Steighöhe $\bar{h}_k$ durch die Umstellung der Gl.(8.2.45) einen *äquivalenten mittleren Kapillarendurchmesser*

$$\bar{d}_k = \frac{4 \cdot \gamma}{\rho \cdot g \, \bar{h}_k} \tag{8.2.48}$$

zu definieren (Bild 8.2.9). Alle unbekannten Einflüsse von Korn- bzw. Porenform, Porosität und Benetzung sind in dieser Größe enthalten. Sie gilt daher nur für die in der Meßanordnung gegebenen geometrischen und physikalischen Bedingungen, reicht aber in manchen Fällen zur Charakterisierung oder zu Vergleichszwecken aus. Die Messung ist übrigens nicht ganz unproblematisch, weil jede Schicht in Wandnähe - nur dort ist die Flüssigkeitsgrenze in einem Glasgefäß sichtbar - eine etwas höhere Porosität und größere Porenweiten aufweist als im Inneren.

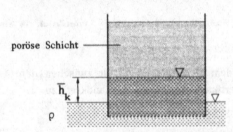

poröse Schicht

$\bar{h}_k$

ρ

Bild 8.2.9 Zur Definition des äquivalenten mittleren Porendurchmessers

Flüssigkeitsbindung und Sättigungsgradbereiche

Flüssigkeit kann im Hohlraum zwischen Feststoffpartikeln verschieden gebunden sein:

Haftflüssigkeit: Hierbei handelt es sich um sehr dünne adsorbierte oder kondensierte Flüssigkeitsschichten auf der Feststoffoberfläche. Sie haften relativ fest, sind daher nicht frei beweglich und mechanisch nicht zu entfernen. Ihr Volumenanteil ist sehr klein ($X_v \ll 1\%$) (Bild 8.2.10 a)).

Zwickel- und Brückenflüssigkeit: Zwickelflüssigkeit sammelt sich zunächst durch Kapillarkondensation an den Kontaktstellen zwischen den Partikeln und bildet dort Flüssigkeitsbrücken. Bei höheren Flüssigkeitsanteilen können auch an Nahstellen isolierte Flüssigkeitsbrücken auftreten (dort sind sich die Partikeln zwar nahe, haben jedoch keinen Kontakt). Man spricht vom "Brückenbereich" des Sättigungsgrades, solange die Flüssigkeitsbrücken keine hydraulische Verbindung zueinander haben. Ihr Anteil kann dabei bis zu ca. 30% des Hohlraumvolumens ausmachen. Sie sind - abhängig von Oberflächenspannung und Zähigkeit - frei beweglich und daher im Prinzip mechanisch abtrennbar. Allerdings nimmt die Kapillarbindung in Zwickeln mit kleiner werdender Spaltweite ($\hat{=}$ Krümmungsradius der Oberfläche) stark zu, so daß die mechanische Beeinflußbarkeit Grenzen hat. Poröse Schichten in diesem Sättigungsgradbereich sind luftdurchlässig (Bild 8.2.10 b)).

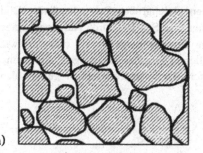 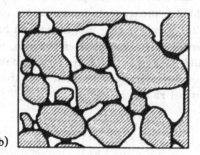

a)   b)

Bild 8.2.10 Sättigungsgradbereiche poröser Schichten (schematisch)
           a) Adsorptionsschichten,   b) Zwickel- und Brückenbereich

Kapillarflüssigkeit (Übergangsbereich): Sie füllt den Hohlraum zwischen den Teilchen in zusammenhängenden Bereichen (Flüssigkeitsinseln) aus. Der Sättigungsgrad reicht von ca. 30% bis ca. 80%. Wie bei den Brücken ist sie frei beweglich und in den erwähnten Grenzen mechanisch entfernbar. In Kanälen sind solche Schichten ebenfalls durchströmbar (Bild 8.2.11 a)).

Kapillarflüssigkeit (Sättigungsbereich): Bildet die Flüssigkeit im Schichtinneren eine zusammenhängende Masse, evtl. mit einigen Luftinseln (Sättigungsgrad > ca. 80%), dann ist sie nicht mehr von Luft durchströmbar (Bild 8.2.11 b)).

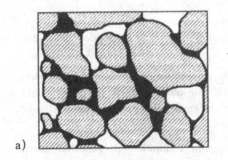 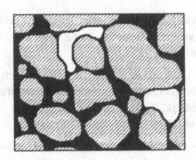

a)   b)

Bild 8.2.11   Sättigungsgradbereiche poröser Schichten (schematisch)
a) Übergangsbereich, b) Sättigungsbereich

Innenflüssigkeit: Wenn die Partikeln innere Poren haben, so kann auch darin Flüssigkeit kapillar gebunden sein. Wegen der im allgemeinen sehr kleinen Abmessungen dieser Poren ist die kapillare Bindung dieser Flüssigkeitsanteile so stark, daß sie mechanisch nur durch Auspressen zu überwinden ist. Das setzt jedoch voraus, daß die Partikeln deformierbar, und daß die Poren nach außen offen bzw. zu öffnen sind.

Ent- und Befeuchten, Kapillardruckkurve

Ein Modellporensystem, das aus lauter parallelen gleichgroßen Poren bestünde (Bild 8.2.12a), könnte man - ausgehend vom Sättigungsgrad S = 1 - durch Aufgeben eines Gegendrucks Δp von oben entfeuchten, und die Entfeuchtungs"kurve" sähe aus wie in Bild 8.2.12 b). Sie wäre im Idealfall - Gleichgewichtseinstellungen und keine Randwinkelunterschiede - auch beim Befeuchten durch Druckabsenken gültig, also reversibel zu durchlaufen.

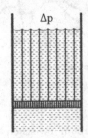 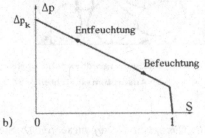

a)   b)

Bild 8.2.12 Modellporensystem paralleler, gleicher Poren mit Entfeuchtungs- und Befeuchtungskurve

In einem realen Porensystem sind die Verhältnisse anders: Die Oberfläche hat verschieden große Zugänge, die sich zu größeren und kleineren Hohlräumen erweitern, die wiederum durch enge oder weite Öffnungen (Porenhälse) untereinander verbunden sind, und auch die Partikeln haben unterschiedliche Größen und Oberflächenbeschaffenheit. Daher hat ein solches System eine *Kapillardruckverteilung*. Ein sehr anschauliches ebenes Modell für die Entfeuchtung einer Partikelschicht stammt von Schubert [8.7] (Bild 8.2.13). Die Poren entsprechen im Modell den zwischen quadratisch angeordneten Kreisen liegenden Zwischenräumen, die engeren Porenhälse haben verschiedene Weiten, die im Modell durch Zufallszahlen zwischen 1 (engster Porenhals) und 10 (weitester Porenhals) symbolisiert sind.

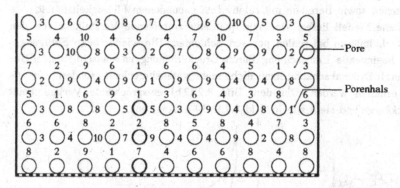

Bild 8.2.13   Ebenes Modell einer Zufallsverteilung von Porenhalsweiten (nach [8.7])

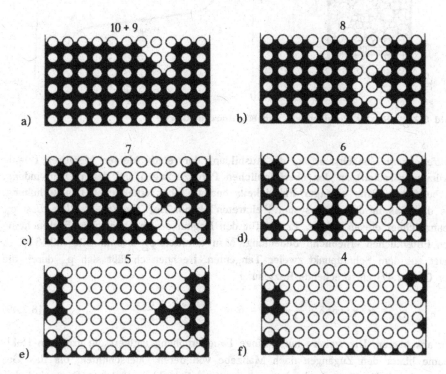

Bild 8.2.14   Schrittweise Entfeuchtung des ebenen Porenmodells von Bild 8.2.13

Die bei S = 1 beginnende Entfeuchtung durch einen Überdruck oberhalb der Schicht entleert zuerst die Poren mit den weitesten Zugängen (Ziffern 10 und 9). Mit steigendem Druck werden nacheinander die Poren mit den Zugangsweiten 8, 7, 6 usf. entleert (Bild 8.2.14 a)...f)). Deutlich wird hierbei vor allem, daß es keinen horizontalen, gleichmäßig absinkenden Flüssigkeitsspiegel gibt, sondern daß abhängig von der zufälligen örtlichen Verteilung der Porenzugänge relativ früh durchgehende Kanäle entstehen sowie Bereiche mit relativ fest gebundenem Flüssigkeitsinhalt.

Auch das ebene Modell liefert eine nur qualitativ zutreffende Vorstellung von den wirklichen Verhältnissen bei realen porösen Schichten. Die wieder beim Sättigungsgrad S = 1 beginnende Entfeuchtung durch Druckerhöhung und anschließende Befeuchtung durch Druckabsenkung kann nicht mehr vorausberechnet, sondern nur aus Messungen erhalten werden. Der dem Bild 8.2.12 b) entsprechende Verlauf heißt *Kapillardruckkurve* und sieht wie in Bild 8.2.15 b) gezeigt aus.

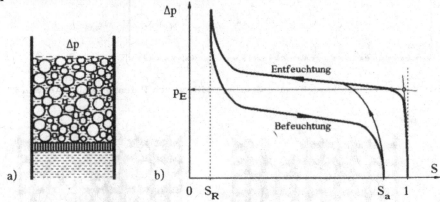

Bild 8.2.15 Reales Porensystem und Kapillardruckkurve

Entfeuchtung. Zunächst erfolgt die Ausbildung der relativ kleinen Menisken (kleine Krümmungsradien) an den oberflächlichen Porenzugängen und deren Überwindung, verbunden mit nur geringer Flüssigkeitsabnahme aber erheblicher Druckerhöhung, bis das Gas in das Porensystem "eintreten" kann. Der *Eintritts-Kapillardruck* p_E kennzeichnet diesen Schritt. Er hat für den Beginn der mechanischen Entfeuchtung von Filterkuchen erhebliche Bedeutung. Man ermittelt p_E wie in Bild 8.2.15 b) gezeigt aus dem Schnittpunkt zweier Tangenten. Rechnerisch läßt sich p_E durch die der Gl.(8.2.47) entsprechende Beziehung

$$p_E = \alpha \cdot \gamma \cdot \cos \delta \cdot \frac{1-\epsilon}{\epsilon} \cdot S_V = 6 \cdot \alpha \cdot \frac{\gamma \cdot \cos \delta}{d_{32}} \cdot \frac{1-\epsilon}{\epsilon} \qquad (8.2.49)$$

gut abschätzen. Die weitere nur geringe Druckerhöhung entleert die größeren Hohlräume hinter den Zugängen nach Maßgabe von deren Querschnitten, bis das Gas durchgehende Kanäle gefunden hat und die ganze Schicht durchströmt. Dann sind aber noch Flüssigkeitsinseln und kapillar in Zwickeln sowie an der Partikeloberfläche gebundene Haftflüssigkeit vorhanden, so daß ein gewisser *Restsättigungsgrad* S_R verbleibt, der auch bei erheblicher Drucksteigerung nicht zu unterschreiten ist. Ein Teil davon kann auf mechanischem Wege mit Hilfe von Massenkräften (Zentrifugieren oder Vibrieren) noch ausgetrieben werden, aber einige Prozent bleiben dennoch, die nur durch thermische Trocknung zu entfernen sind.

Befeuchtung. Läßt man mit dem Druck Δp über der Probe wieder nach, erhält man den Befeuchtungszweig der Kapillardruckkurve. Er liegt unter dem Entfeuchtungszweig, weil viele Poren, die sich nach oben hin erweitern, durch Kapillarwirkung bei der Befeuchtung nicht oder nur zum Teil gefüllt werden können. Außerdem ist das Benetzungsverhalten beim Befeuchten anders als beim Entfeuchten (Randwinkelhysterese). Es bleiben auch bei völliger Zurücknahme des Druckes gasgefüllte Hohlräume übrig, der Sättigungsgrad endet bei $S_a < 1$. Eine anschließende erneute Entfeuchtung verläuft so, daß sie in die ursprüngliche Entfeuchtungskurve einmündet.

Der Verlauf der Kapillardruckkurve mit seiner Hysterese hat prinzipielle Bedeutung nicht nur beim Be- und Entfeuchten von porösen Körpern, Partikeln und Schichten, sondern auch für den Agglomerationsprozeß und für die Festigkeit von Agglomeraten, die durch kapillare Kräfte zusammengehalten werden (s. Kapitel 9).

Im Rahmen der Fest-Flüssig-Trennung gibt die Kapillardruckkurve vor allem bei der Entfeuchtung von Filterschichten wichtige Aufschlüsse. So muß unterhalb von $S = 1$ die gesamte zur Entfeuchtung aufzuwendende Druckdifferenz immer um mindestens p_k größer sein, als sie für die reine Durchströmung erforderlich wäre

$$\Delta p = \Delta p_{Durchstr.} + p_k. \qquad (8.2.50)$$

Oder mit anderen Worten: Für die tatsächliche Entfeuchtung des Filterkuchens ist lediglich die Differenz aus aufgewendetem minus Kapillardruck wirksam. Daran liegt es, daß Filterkuchen aus sehr kleinen Partikeln (mittlere Partikelgrößen unterhalb von etwa $5\,\mu m$) durch Vakuum ($\Delta p < 1\,bar$) nicht mehr entwässert werden können, wie das folgende Beispiel zeigt.

Beispiel 8.2.3: Eintrittskapillardruck und Entfeuchtung

Welchen Eintrittskapillardruck hat eine Filterkuchenschicht aus unregelmäßigen Partikeln mit einer mittleren Größe von $d_{32} = 5\,\mu m$ (s. Beispiel 8.2.1)?

Der Filterkuchen ist mit Wasser gesättigt. Seine Porosität beträgt $\varepsilon = 0,5$, für die Oberflächenspannung des Wassers samt Randwinkeleinfluß gilt $\gamma \cdot \cos\delta = 7 \cdot 10^{-2}\,N/m$, und außerdem setzen wir $6\alpha = 8$.

Lösung:

Aus Gl.(8.2.49) ergibt sich der Eintrittskapillardruck zu

$$p_E = 6\alpha \cdot \frac{\gamma \cdot \cos\delta}{d_{32}} \cdot \frac{1-\varepsilon}{\varepsilon} = 8 \cdot \frac{7 \cdot 10^{-2}}{5 \cdot 10^{-6}} \cdot \frac{0,5}{0,5}\ Pa = 1,12 \cdot 10^5\,Pa = 1,12\ bar.$$

In Beispiel 8.2.1 (Abschnitt 8.2.2) haben wir berechnet, daß ein Druckunterschied von 1,2 bar durch eine solche Filterkuchenschicht $1\,Liter/(m^2\,s)$ Wasser strömen läßt.

Aus diesen beiden Ergebnissen können wir für die Vakuumfiltration folgenden
Schluß ziehen: Weil Druckdifferenzen von mehr als ca. 0,8 bar in Vakuumfiltern
kaum zu realisieren sind - übliche Werte liegen zwischen 0,5 und 0,7 bar -, ist
zwar die Vakuumfiltration (Durchströmung) durch eine solche Filterschicht im Prinzip möglich, eine nachfolgende Entwässerung des gesättigten Filterkuchens durch
"Trockensaugen" jedoch nicht mehr.

8.2.4 Schwer- und Fliehkraftentwässerung von porösen Schichten

8.2.4.1 Durchströmung im Schwerefeld

Wir betrachten eine homogene und isotrope poröse Schicht in einem Behälter, der
über die Schichtoberfläche hinaus mit Flüssigkeit gefüllt ist (Bild 8.2.16) und unter
der Wirkung der Schwerkraft zäh, d.h. im Bereich I von Bild 8.2.5, durchströmt
wird. Die Schicht ist durch ihren Querschnitt A, die Höhe L und ihre Durchlässigkeit B gekennzeichnet. Die Durchströmungseigenschaften der darunterliegenden
Stützschicht (Filtermittel) sollen zunächst vernachlässigt werden.

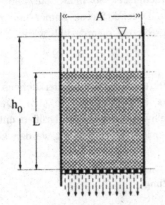
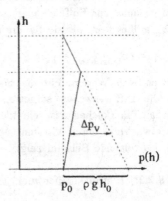

Bild 8.2.16 Zur Schwerkraftentwässerung

Konstanter Flüssigkeitsüberstand

Bei stationärer Strömung mit konstantem Flüssigkeitsüberstand h_0 = const. bekommen wir aus der Darcy-Gleichung Gl.(8.2.25) mit dem treibenden Druckgefälle

$$\Delta p = \rho g h_0 \qquad (8.2.51)$$

den konstanten Volumenstrom

$$\dot{V} = A \cdot \frac{B}{\eta} \cdot \frac{\rho g h_0}{L} = \text{const.} \qquad (8.2.52)$$

Abnehmender Flüssigkeitsüberstand

Lassen wir das Leerlaufen des Behälters zu, dann müssen wir die zeitliche Änderung der Füllhöhe berücksichtigen. Wir vernachlässigen allerdings die zugehörige Beschleunigung, gleichbedeutend mit der Vernachlässigung der Trägheitskräfte. Daher schreiben wir für den Volumenstrom

$$\dot{V}(t) = A \cdot \frac{dh}{dt} \qquad (8.2.53)$$

und für den Druckunterschied

$$\Delta p(t) = \rho\, g\, h(t). \qquad (8.2.54)$$

Wenn wir durch ein Minuszeichen noch berücksichtigen, daß die Höhe h mit der Zeit t abnimmt, lautet die Darcy-Gleichung in differentieller Form

$$-\frac{dh}{dt} = \frac{B}{\eta} \cdot \frac{\rho\, g}{L}\, h(t). \qquad (8.2.55)$$

Trennung der Variablen und Integration von $h = h_A$ bei $t = 0$ bis $h(t)$ ergibt für das zeitliche Absinken des Flüssigkeitsspiegels

$$h(t) = h_A \cdot \exp\left(-\frac{B}{\eta} \cdot \frac{\rho\, g}{L}\, t\right) \qquad (8.2.56)$$

und für den Volumenstrom nach Gl.(8.2.53) mit Gl.(8.2.55)

$$\dot{V}(t) = A \cdot \frac{B}{\eta} \cdot \frac{\rho\, g\, h_A}{L} \cdot \exp\left(-\frac{B}{\eta} \cdot \frac{\rho\, g}{L}\, t\right)$$

$$= \frac{A \cdot h_A}{t_s^*} \cdot \exp\left(-\frac{t}{t_s^*}\right), \qquad (8.2.57)$$

worin noch die folgende Abkürzung benutzt ist

$$t_s^* = \frac{\eta}{B} \cdot \frac{L}{\rho\, g\, h_A}. \qquad (8.2.58)$$

Die Zeit t_s, bis der Flüssigkeitsspiegel die Schichtoberfläche erreicht hat (*Absenk-* oder *Filtrationsperiode*), ist nach Gl.(8.2.56) mit $h(t) = L$

$$t_s = t_s^* \cdot \ln\frac{h_A}{L}. \qquad (8.2.59)$$

Dann beginnt die Entfeuchtung der Schicht mit der Bildung der oberflächlichen Menisken. Die treibende Druckdifferenz wird um den Eintrittskapillardruck p_E vermindert, ohne daß eine nennenswerte Flüssigkeitsmenge austritt. Bild 8.2.17 zeigt den Druckverlauf zu diesem Zeitpunkt.

Die weitere Entfeuchtung folgt dann den durch die Kapillarität und die Porengeometrie bestimmten Vorgängen. Wenn man - bei genügend großem Schichtquerschnitt A - von einer mittleren Höhe $\bar{h}$ des Flüssigkeitsspiegels im Inneren ausgeht, dann kann dieser höchstens bis zur kapillaren Steighöhe $\bar{h}_k$ absinken (Bild 8.2.18, vergleiche auch Bild 8.2.9). Ist die kapillare Steighöhe größer als die Schichthöhe, kann die Schicht durch reine Schwerkraftwirkung gar nicht entfeuchtet werden.

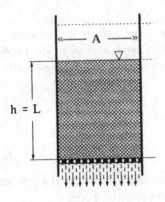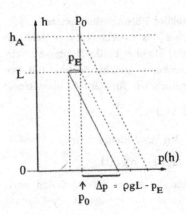

Bild 8.2.17 Beginn der Schichtentfeuchtung

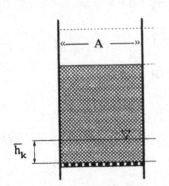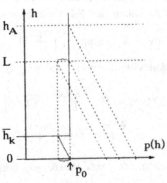

Bild 8.2.18 Kapillare Steighöhe in einer entfeuchteten Schicht

Dann muß der Druck unter der Schicht erniedrigt oder über der Schicht erhöht werden. Gängige Möglichkeiten sind das Absaugen von der Unterseite oder das Durchblasen von der Oberseite. Wie die Porenmodell-Entfeuchtung in Bild 8.2.14 gezeigt hat, führt das sehr bald zu durchgehenden Kanälen für den Gasstrom und läßt größere Flüssigkeitsbereiche inselartig bestehen, die durch Gasdruckunterschiede nicht mehr bewegt werden können.

Wenn die Poren des Filtermittels unter der zu entfeuchtenden porösen Schicht sehr klein sind gegenüber denen der Schicht, dann hat es u.U. einen so großen Eintrittskapillardruck, daß auch bei Überdruckentfeuchtung kein Gas hindurchtreten kann. Diesen für die Filtration vorteilhaften Effekt nutzt man bei der *gasdurchsatzlosen Filtration* aus. Dann müssen natürlich die Durchströmungseigenschaften dieses Filtermittels in die Berechnungen einbezogen werden (s. Abschnitt 8.4 Filtrieren).

Beispiel 8.2.4: Schwerkraftentwässerung

Man schätze die Korngrößen ab, die eine Schwerkraftentwässerung sinnvoll erscheinen lassen.

Da eine Partikelschicht im Schwerkraftfeld nur bis zur kapillaren Steighöhe entwässert werden kann, sollte diese wesentlich kleiner als die Höhe der Schicht sein. Aus Gl.(8.2.47) bekommen wir mit

$6\,\alpha = 8;$ $\varepsilon = 0,4;$ $\gamma \cdot \cos\delta = 0,07\,N/m$ und $\rho \cdot g \approx 10^4\,kg/(m^2\,s)$

$$h_k = 6\,\alpha \cdot \frac{\gamma \cdot \cos\delta}{\rho \cdot g} \cdot \frac{1-\varepsilon}{\varepsilon} \cdot \frac{1}{d_{32}} \approx \frac{8,4 \cdot 10^{-5}}{d_{32}} \quad (h_k\ und\ d_{32}\ in\ m)$$

und daraus die Werte der folgenden Tabelle, aus denen ersichtlich ist, daß nur Schichten mit Korngrößen im cm-Bereich für eine Schwerkraftentwässerung taugen.

d_{32}/m	$10^{-6}\,(=1\,\mu m)$	$10^{-4}\,(=100\,\mu m)$	$10^{-2}\,(=1\,cm)$
$h_k \approx$	84 m	84 cm	8,4 mm

8.2.4.2 Durchströmung im Fliehkraftfeld

Konstanter Flüssigkeitsüberstand

Eine sehr wirksame Methode zur Entfeuchtung von porösen Schichten ist das *Zentrifugieren*. Wir betrachten einen zylindrischen Rotor mit durchlässigem Mantel, in dessen Innerem sich die poröse Schicht befindet (Bild 8.2.19). Er dreht sich mit konstanter Drehzahl n bzw. Winkelgeschwindigkeit $\omega = 2\pi n$. Wie im Schwerefeld soll zunächst wieder ein gleichbleibender Flüssigkeitsüberstand mit der Oberfläche auf dem Radius r_0 vorausgesetzt werden. Die Schichtoberfläche ist bei r_S und die Unterseite der Schicht entspricht dem Innenradius des Zentrifugenrotors bei r_z. Für die Durchströmungseigenschaften der Schicht gelten die oben getroffenen Voraussetzungen.

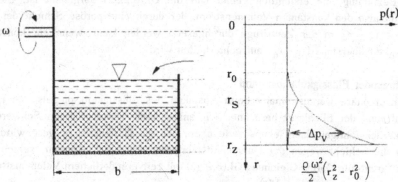

Bild 8.2.19 Schichtdurchströmung in der Zentrifuge

Die treibende Druckdifferenz bekommen wir aus der statischen Grundgleichung

$$\frac{dp}{dr} = \rho\, r\, \omega^2 \tag{8.2.60}$$

durch Integrieren von $p = p_0$ bei $r = r_0$ bis $p(r)$ zu

$$\Delta p(r) = p(r) - p_0 = \frac{\rho\, \omega^2}{2} \left(r^2 - r_0^2 \right). \tag{8.2.61}$$

Die stationäre Durchströmung der Schicht ($\dot{V}$ = const) ergibt sich aus der Darcy-Gleichung, die wir hier differentiell ansetzen müssen, weil sich Durchströmungsquerschnitt und Geschwindigkeit mit dem Radius ändern

$$\frac{d}{dr}\, \Delta p_V(r) = \frac{\eta}{B} \cdot \frac{\dot{V}}{2\pi r\, b}\,. \tag{8.2.62}$$

Die Integration von $\Delta p_V = 0$ bei $r = r_S$ bis $\Delta p_V = \Delta p(r_z)$ (vgl. Bild 8.2.19)

$$\int\limits_0^{\Delta p(r_z)} d\Delta p_V(r) = \frac{\eta}{B} \cdot \frac{\dot{V}}{2\pi\, b} \cdot \int\limits_{r_S}^{r_z} r^{-1} dr$$

liefert für den Volumenstrom

$$\dot{V} = \frac{B}{\eta} \cdot \frac{\rho\, \omega^2}{2} \cdot 2\pi b \cdot \frac{r_z^2 - r_0^2}{\ln(r_z/r_S)}\,. \tag{8.2.63}$$

Wenn wir hierin noch die Vereinfachung

$$\ln(r_z/r_S) = 2 \cdot \frac{r_z - r_S}{r_z + r_S} = \frac{r_z - r_S}{r_{ms}} \tag{8.2.64}$$

verwenden und etwas umstellen, bekommen wir

$$\dot{V} = \underbrace{2\pi r_{ms}\, b}_{A_{ms}} \cdot \frac{B}{\eta} \cdot \underbrace{\frac{\rho\, \omega^2}{2}\left(r_z^2 - r_0^2 \right)}_{\Delta p(r_z)} \cdot \underbrace{\frac{1}{r_z - r_S}}_{\dfrac{1}{L}}\,, \tag{8.2.65}$$

$$\dot{V} = A_{ms} \cdot \frac{B}{\eta} \cdot \Delta p(r_z) \cdot \frac{1}{L}$$

eine Beziehung, die ersichtlich genau wie die Gl.(8.2.52) aufgebaut ist. Sie beschreibt also den konstanten Volumenstrom, der durch eine poröse Schicht der Dikke $L = r_z - r_S$ in der Zentrifuge durchgesetzt werden kann, wenn ein konstanter Flüssigkeitsüberstand $(r_S - r_0)$ aufrechterhalten wird.

Abnehmender Flüssigkeitsüberstand

Die instationäre Durchströmung beim Absinken des Flüssigkeitsspiegels von r_0 auf r_S aufgrund der Fliehkraft berechnen wir analog zum Vorgehen beim Schwerefeld. Wir berücksichtigen dabei ebenso wie oben, daß die Durchströmungsgeschwindigkeit durch die Schicht wegen der Querschnittsvergrößerung $\sim r^{-1}$ abnimmt, setzen aber die differentielle Darcy-Gleichung Gl.(8.2.62) mit zeitveränderlichem Volumenstrom an

$$\frac{d}{dr}\, \Delta p_V(r) = \frac{\eta}{B} \cdot \frac{\dot{V}(t)}{2\pi r\, b}\,. \tag{8.2.66}$$

Zu einem festen Zeitpunkt t ist auf jedem Radius r der Volumenstrom gleich, er ist also beschreibbar durch die Spiegel"absenkung" dr_0/dt

$$\dot{V}(t) = 2\pi b \cdot r_0 \cdot \frac{dr_0}{dt} \, . \tag{8.2.67}$$

Gl.(8.2.66) können wir jetzt genau wie oben von $\Delta p_V = 0$ bei $r = r_S$ bis $\Delta p_V = \Delta p(r_Z)$ integrieren und bekommen mit $\dot{V}(t)$ nach Gl.(8.2.67)

$$r_0(t) \cdot \frac{dr_0}{dt} + \frac{B}{\eta} \cdot \frac{\rho \, \omega^2}{2} \cdot \frac{1}{\ln(r_Z/r_S)} \cdot r_0^2(t) = \frac{B}{\eta} \cdot \frac{\rho \, \omega^2}{2} \cdot \frac{r_Z^2}{\ln(r_Z/r_S)} \, , \tag{8.2.68}$$

eine Differentialgleichung für die zeitliche Zunahme des Spiegelradius' $r_0(t)$. Die Lösung dieser Bernoulli'schen Differentialgleichung lautet

$$r_0^2(t) = r_Z^2 - \left(r_Z^2 - r_A^2 \right) \cdot \exp\!\left(-\frac{B}{\eta} \cdot \frac{\rho \, \omega^2}{\ln(r_Z/r_S)} \cdot t \right) \tag{8.2.69}$$

Mit r_A ist der Anfangswert von r_0 bezeichnet: $r_0(t=0) = r_A$. Wir können jetzt analog zur Gl.(8.2.58) noch die Abkürzung

$$t_z^* = \frac{\eta}{B} \cdot \frac{\ln(r_Z/r_S)}{\rho \, \omega^2} \tag{8.2.70}$$

einführen und bekommen

$$r_0(t) = \sqrt{r_Z^2 - \left(r_Z^2 - r_A^2 \right) \cdot \exp\!\left(-\frac{t}{t_z^*} \right)} \, . \tag{8.2.71}$$

Damit läßt sich auch die Zeit t_S berechnen, die es dauert, bis der Flüssigkeitsspiegel von r_A aus die Schichtoberfläche r_S erreicht (Absenkperiode):

$$t_S = t_z^* \cdot \ln\left(\frac{r_Z^2 - r_A^2}{r_Z^2 - r_S^2} \right) . \tag{8.2.72}$$

Den zeitlich abnehmenden Volumenstrom für diesen Fall können wir aus der Differentialgleichung Gl.(8.2.68) mit Gl.n (8.2.67) und (8.2.70) bestimmen zu

$$\dot{V}(t) = \frac{\pi b}{t_z^*} \cdot \left(r_Z^2 - r_A^2 \right) \cdot \exp\left(-\frac{t}{t_z^*} \right) \tag{8.2.73}$$

oder - wieder ausgeschrieben, um mit der entsprechenden Gl.(8.2.57) für das Schwerefeld vergleichen zu können -

$$\dot{V}(t) = 2\pi b \underbrace{\frac{r_Z + r_A}{2}}_{} \cdot \frac{B}{\eta} \cdot \underbrace{\frac{\rho \, g \, (r_Z - r_A)}{(r_Z - r_S)}}_{} \cdot \underbrace{\frac{r_Z \, \omega^2}{g}}_{} \cdot \underbrace{\frac{(r_Z + r_S)/2}{r_Z}}_{\approx 1} \cdot \exp\left(-\frac{t}{t_z^*} \right)$$

$$\dot{V}(t) = A_m \cdot \frac{B}{\eta} \cdot \frac{\rho \, g \, h_{Az}}{L_z} \cdot z \cdot \exp\left(-\frac{t}{t_z^*} \right) . \tag{8.2.74}$$

Durch Verwenden der Vereinfachung Gl.(8.2.64) haben wir darin Ausdrücke für die Schichthöhe in der Zentrifuge $L_z = r_z - r_S$ und die gesamte anfängliche Flüssigkeitshöhe $h_{Az} = r_z - r_A$, und durch Erweitern noch die Schleuderzahl z eingeführt. Nachdem der Flüssigkeitsspiegel die Schichtoberfläche erreicht hat, muß - wie im Schwerefeld - zunächst der Eintrittskapillardruck überwunden werden, bevor eine weitere Entfeuchtung erfolgen kann. Und mit Hilfe des Zentrifugalfeldes ist sie ebenfalls nur bis zur kapillaren Steighöhe möglich. Allerdings ist diese im Zentrifugalfeld um den Faktor $1/z$ kleiner als sie nach Gl.(8.2.47) für's Schwerefeld berechnet wird

$$h_{kz} = \alpha \cdot \frac{4 \cdot \gamma \cdot \cos \delta}{\rho \cdot r \omega^2 \cdot d_h} = 6 \, \alpha \cdot \frac{\gamma \cdot \cos \delta}{\rho \cdot g} \cdot \frac{1 - \varepsilon}{\varepsilon} \cdot \frac{1}{d_{32}} \cdot \frac{g}{r \omega^2} = h_k \cdot \frac{1}{z} \, . \qquad (8.2.75)$$

Im weiteren Verlauf gilt qualitativ dasselbe wie für die Entfeuchtung im Schwerefeld. Es interessiert dann die zeitliche Abnahme des Sättigungsgrades S(t).

Beispiel 8.2.5: Absenkperiode und kapillare Steighöhe bei der Fliehkraftentwässerung

In einer Schälzentrifuge (s. Abschnitt 8.5.2.2) sind 5 cm Schichtdicke des Filterkuchens von 5 cm Flüssigkeitsstand überlagert. Die Zentrifuge hat den Trommeldurchmesser $D = 2 r_z = 1.000$ mm und läuft mit $n = 1200 \, min^{-1}$. Die Durchlässigkeit der Filterschicht beträgt $B = 9 \cdot 10^{-14} \, m^2$, die Flüssigkeit ist Wasser mit den Stoffwerten $\rho = 10^3 \, kg/m^3$ und $\eta = 10^{-3} \, Pas$. Der Kuchen besteht aus Partikeln mit $d_{32} = 5 \, \mu m$ und hat 50% Porosität (vgl. Beispiel 8.2.1).
a) Wie lange dauert die Absenkung des Flüssigkeitsspiegels auf die Schichtoberfläche?
b) Bis auf welche mittlere kapillare Steighöhe h_{kz} kann das Wasser in dem Filterkuchen bei $1200 \, min^{-1}$ ausgeschleudert werden?

Lösung:
a) Gl.(8.2.70) liefert zunächst

$$t_z^* = \frac{\eta}{B} \cdot \frac{\ln(r_z/r_S)}{\rho \omega^2} = \frac{10^{-3}}{9 \cdot 10^{-14}} \cdot \frac{\ln(0,5/0,45)}{10^3 \cdot 4\pi^2 \cdot 20^2} \, s = 74,1 \, s \, ,$$

und Gl.(8.2.72) damit und mit $r_z = 0,50$ m, $r_A = 0,40$ m, $r_S = 0,45$ m

$$t_S = t_z^* \cdot \ln \left(\frac{r_z^2 - r_A^2}{r_z^2 - r_S^2} \right) = 74,1 \, s \cdot \ln \frac{0,5^2 - 0,4^2}{0,5^2 - 0,45^2} = 47,4 \, s.$$

b) Zunächst wird die Schleuderzahl mit $\omega = 2 \pi n = 2 \pi \cdot (1200/60) \, s^{-1} = 125,7 \, s^{-1}$

$$z = \frac{r_z \omega^2}{g} = \frac{0,5 \cdot 125,7^2}{9,81} = 805$$

und nach Gl.(8.2.75) $\quad h_{kz} = 6 \, \alpha \cdot \frac{\gamma \cdot \cos \delta}{\rho \cdot g} \cdot \frac{1 - \varepsilon}{\varepsilon} \cdot \frac{1}{d_{32}} \cdot \frac{g}{r \omega^2}$

$$h_{kz} = 8 \cdot \frac{0,07}{10^3 \cdot 9,81} \cdot \frac{0,5}{0,5} \cdot \frac{1}{5 \cdot 10^{-6}} \cdot \frac{1}{805} \, m = 11,42 \, m \cdot \frac{1}{805} \approx 1,4 \, cm.$$

8.3 Sedimentieren

8.3.1 Absetzbecken, Berechnungsansätze zur Auslegung

Die hier behandelten Apparate heißen je nach ihrer Hauptaufgabe *Klärbecken* (auch *Klärer*) oder *Eindicker*, bewirken aber immer beides, Klären und Eindicken. Die für den Klärvorgang vor allem maßgebende Produkteigenschaft ist die Absetzgeschwindigkeit der Klarflüssigkeitsgrenze, während für das Eindicken die Struktureigenschaften des Schlammes in der Kompressionszone ausschlaggebend sind.

Meist werden Absetzbecken kontinuierlich und stationär durchströmt. Es gibt Längs- oder Rechteckbecken und Rundbecken (Bil 8.3.1). Längsbecken werden an einer Schmalseite, Rundbecken zentral beschickt. Daher werden Längs- und große Rundbecken (mit Durchmesser/Tiefe-Verhältnissen von bis zu 10 : 1) im wesentlichen horizontal durchströmt, die vertikale Geschwindigkeitskomponente kann vernachlässigt werden (Bild 8.3.1 a) und b)). In kleinen und tiefen Rundbecken (Durchmesser/Tiefe ca. 1 : 1 bis 1 : 4) ist dagegen die vertikale Geschwindigkeitskomponente vorherrschend und die horizontale vernachlässigbar (Bild 8.3.1 c)).

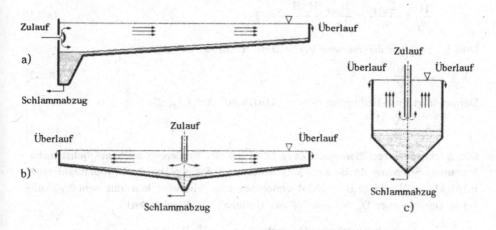

Bild 8.3.1 Grundformen und Durchströmung der Absetzbecken
a) Längsbecken, b) großes und c) kleines Rundbecken

Längsbecken

Wir betrachten - wie in Bild 8.3.2 gezeigt - ein horizontal durchströmtes quaderförmiges Volumen mit den Abmaßen Länge L_{eff}, Breite B und Tiefe H als effektiven Trennraum, vernachlässigen also die Bodenneigung sowie die Einlauf- und Auslaufbereiche. Als Trennbedingung fordern wir, daß der Feststoff während der Zeit,

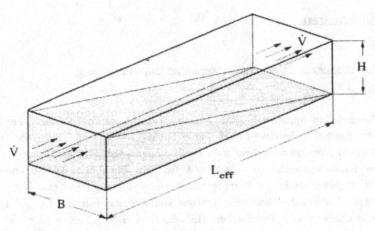

Bild 8.3.2 Klärvolumen eines Längsbeckens

in der die Klarflüssigkeitsgrenze um die Höhe H absinkt, horizontal die Strecke L_{eff} zurückgelegt hat. Mit der Absetzgeschwindigkeit w_f der Klarflüssigkeitsgrenze und der mittleren Horizontalgeschwindigkeit $v_h = \dot{V}/(H \cdot B)$ lautet diese Bedingung

$$\frac{H}{w_f} = \frac{L_{eff}}{v_h} = \frac{L_{eff} \cdot H \cdot B}{\dot{V}} = \bar{t} \tag{8.3.1}$$

Dies ist zugleich die mittlere Verweilzeit $\bar{t}$ im Absetzvolumen

$$\bar{t} = \frac{V}{\dot{V}} \tag{8.3.2}$$

Daraus folgt eine Bedingung für die *Klärfläche* $A = L_{eff} \cdot B$

$$A = \frac{\dot{V}}{w_f} \tag{8.3.3}$$

Die *Beckentiefe* resultiert nach Zogg [8.8] aus der Forderung nach möglichst turbulenzarmer Strömung im Becken. Das bedeutet, daß die relevante Reynoldszahl möglichst kleine Werte (z.B. < 2000) annehmen soll. Sie wird hier mit dem hydraulischen Durchmesser D_h für das "offene Gerinne" (= Längsbecken)

$$D_h = 4 \cdot \frac{\text{durchströmter Querschnitt}}{\text{benetzter Umfang}} = 4 \cdot \frac{H \cdot B}{2H + B} \tag{8.3.4}$$

und mit der mittleren Horizontalgeschwindigkeit

$$v_h = \frac{\dot{V}}{H \cdot B} \tag{8.3.5}$$

gebildet und lautet demnach

$$Re_L = \frac{v_h \cdot D_h \cdot \rho_f}{\eta} = \frac{4 \cdot \dot{V} \cdot \rho_f}{(2H + B) \cdot \eta} . \tag{8.3.6}$$

Aus der Vorgabe einer minimalen Re_L-Zahl ergibt sich dann für die Beckentiefe

$$H \geq \frac{4 \cdot \dot{V} \cdot \rho_f}{Re_{Lmin} \cdot (2 + B/H) \cdot \eta} \qquad (8.3.7)$$

Die *Beckenbreite* B wird in der Regel 2 bis 4 mal so groß wie die Tiefe ausgeführt

$$B = (2 \dots 4) \cdot H. \qquad (8.3.8)$$

Die *effektive Länge* erhält man dann aus Klärfläche A und Breite zu B

$$L_{eff} = \frac{A}{B} = \frac{\dot{V}}{B \cdot w_f} \qquad (8.3.9)$$

Für Einlauf- und Auslaufzone gibt man jeweils noch ca. 10% Zuschlag auf die Länge, und damit wird die Gesamtlänge

$$L = 1,2 \cdot L_{eff} . \qquad (8.3.10)$$

Daß man bei dieser Auslegungsmethode noch weitere Kriterien verwenden muß, um die Abmaße eines Klärbeckens festzulegen, zeigt das folgende Beispiel.

Beispiel 8.3.1: Auslegung eines Längsbeckens

Für einen zu klärenden Volumenstrom von $50 \, m^3/h$ Wasser ist ein Längsbecken auszulegen mit folgenden Vorgaben: Absetzgeschwindigkeit $w_f = 1 \, m/h$; B/H = 3; $\rho_f = 10^3 \, kg/m^3$; $\eta = 10^{-3} \, Pas$. Als Becken-Reynoldszahlen sollen $Re_L = 2000$; 6000; 10 000 gewählt werden. Außerdem bestimme man die mittlere Horizontalgeschwindigkeit und die mittlere Verweilzeit im Becken.

Lösung:
Zunächst ergibt sich die Klärfläche aus Gl.(8.3.3) zu $A = \dot{V}/w_f = 50 \, m^2$.
Für die Tiefe H des Beckens bekommen wir nach Gl.(8.3.7)

$$H \geq \frac{4 \cdot \dot{V} \cdot \rho_f}{Re_{Lmin} \cdot (2 + B/H) \cdot \eta} = \frac{4 \cdot 50 \cdot 10^3}{3600 \cdot (2 + 3) \cdot 0,001} \cdot \frac{1}{Re_{Lmin}} \, m$$

$$H \geq \frac{1,11 \cdot 10^4}{Re_{Lmin}} \, m$$

Damit sowie mit der Vorgabe $B = 3 \cdot H$ und den Gl.n(8.3.9) und (8.3.10) ergeben sich die folgenden Beckenabmaße und Betriebswerte für die drei Re-Zahlen

Re_{Lmin}	=	2000	6000	10 000
H/m	=	5,56	1,85	1,11
B/m	=	16,7	5,56	3,33
L_{eff}/m	=	3,0	9,0	15,0
L/m	=	3,6	10,8	18
$v_h/m/h$	=	0,540	4,86	13,5
$\bar{\tau}/h$	=	6,67	2,22	1,33

Die Re-Zahl 2000 führt hier zu einem unsinnigen Ergebnis, nur die Werte ab der Re-Zahl 6000 erscheinen vernünftig. Höhere Re-Zahlen bedeuten allerdings wegen des immer kleiner werdenden und daher schneller durchströmten Beckenquerschnitts mehr Turbulenz und sind daher unvorteilhaft. Reduzieren lassen sich die Re-Zahlen in mehreren parallel beaufschlagten und daher langsam durchströmten Becken (eine ziemlich aufwendige Lösung) oder mit Lamellenklärern (s. später).

Rundbecken

Wir bekommen den Zusammenhang zwischen Größe, Betriebsweise (Durchsatz) und relevantem Stoffverhalten (Absetzgeschwindigkeit) aus Bilanzen, die wir uns anhand des vertikal durchströmten Rundbeckens in Bild 8.3.3 klarmachen. Dort sind die Verhältnisse einer Zonensedimentation entsprechend Bild 8.2.2 eingezeichnet.

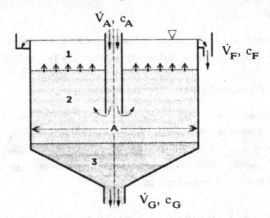

Bild 8.3.3 Rundbecken zum kontinuierlichen Klären und Eindicken

Mit dem konstanten Zulauf-Volumenstrom $\dot{V}_A$ und den ablaufenden Volumenströmen $\dot{V}_F$ für den Überlauf (Klarlauf) und den Schlamm $\dot{V}_G$ lautet zunächst die Gesamtbilanz

$$\dot{V}_A = \dot{V}_F + \dot{V}_G \, . \tag{8.3.11}$$

Für den Feststoff läßt sich mit den Feststoffkonzentrationen c_A, c_F und c_G (beispielsweise in kg/m^3 oder - wie gebräuchlich - in g/l) als Bilanz schreiben

$$\dot{V}_A \cdot c_A = \dot{V}_F \cdot c_F + \dot{V}_G \cdot c_G \, . \tag{8.3.12}$$

Damit die Klarflüssigkeitsgrenze im Becken in gleicher Höhe bleibt, muß die Geschwindigkeit des aufwärts gerichteten Volumenstroms $\dot{V}_F$ gerade gleich der abwärts gerichteten Geschwindigkeit der Klarflüssigkeitsgrenze sein. Diese Geschwindigkeit setzt sich bei kontinuierlichem Abzug von Dickschlamm (Zone 3) zusammen aus der für den Querschnitt A gültigen Abwärtsgeschwindigkeit v_G

$$v_G = \dot{V}_G / A \tag{8.3.13}$$

und der Absetz- bzw. Sinkgeschwindigkeit des Feststoffs w_f. Für polydisperse Suspensionen, bei denen keine klare Grenze zwischen den Zonen 1 und 2 auftritt, muß für w_f die Sinkgeschwindigkeit derjenigen Partikeln eingesetzt werden, die das Trennkorn bilden sollen. Nur kleinere Partikeln sind dann im Überlauf vorhanden. Formal heißt diese Bedingung

$$\dot{V}_F/A = v_G + w_f . \tag{8.3.14}$$

A ist darin die *Klärfläche*. Man nennt den auf die Klärfläche bezogenen Klarflüssigkeitsvolumenstrom *Oberflächenbeschickung*, *Klärflächenbelastung* oder *Oberflächenbelastung* u_A,

$$\dot{V}_F/A = u_A, \tag{8.3.15}$$

so daß die Bedingung Gl.(8.3.14) auch

$$u_A = v_G + w_f \tag{8.3.16}$$

lautet. Übliche Werte für u_A liegen im Bereich von $1\,\text{m/h}$ (ca. $0,3\,\text{mm/s}$). Das entspricht sehr kleinen Absetzgeschwindigkeiten, und es verwundert daher nicht, daß für die Klärung großer Volumenströme auch große Klärflächen erforderlich sind.

Aus den Bilanzen Gl.(8.3.11) und (8.3.12) kann man für die Berechnung der Klärfläche abhängig von den gegebenen bzw. geforderten Volumenströmen bzw. Konzentrationen folgende Beziehungen ableiten:

Für $c_F \neq 0$, wenn u_A, c_A, c_F, c_G und $\dot{V}_G$ gegeben sind:

$$A = \frac{\dot{V}_G}{u_A} \cdot \frac{c_G/c_A - 1}{1 - c_F/c_A} . \tag{8.3.17}$$

Für $c_F \neq 0$, wenn u_A, c_A, c_F, c_G und $\dot{V}_A$ gegeben sind:

$$A = \frac{\dot{V}_A}{u_A} \cdot \frac{1 - c_A/c_G}{1 - c_F/c_G} . \tag{8.3.18}$$

Für den Spezialfall des feststofffreien Überlaufs ($c_F = 0$) ergeben sich daraus

$$A = \frac{\dot{V}_G}{u_A} \cdot \left(c_G/c_A - 1\right) \tag{8.3.19}$$

und

$$A = \frac{\dot{V}_A}{u_A} \cdot \left(1 - c_A/c_G\right). \tag{8.3.20}$$

Wenn ein bestimmter Feststoffdurchsatz erzielt werden soll, interessiert besonders der auf den Querschnitt A bezogene Feststoffmassenstrom $\dot{m}_s$ nach unten

$$\frac{\dot{m}_s}{A} = c_G \cdot v_G . \tag{8.3.21}$$

Die vorgestellten Gleichungen stellen die einfachste Betrachtungsweise für Sedimentations-Trennverfahren dar. Sie erlauben eine erste Abschätzung für die erforderliche Klärfläche. Weitergehende aus der Absetzkurve ableitbare Berechnungsmöglichkeiten findet man z.B. in [8.4], [8.9] und [8.10].

Beispiel 8.3.2: Berechnung eines Rundbeckens

$500 \, \text{m}^3/\text{h}$ mit $36 \, \text{g}/\text{l}$ zulaufende geflockte Suspension sollen in einem Rundbecken auf $250 \, \text{g}/\text{l}$ im Schlammabzug eingedickt werden. Der Überlauf soll keinen Feststoff enthalten. Für die Oberflächenbelastung sind $1,2 \, \text{m}/\text{h}$ anzusetzen.

Hieraus lassen sich berechnen

a) die erforderliche Klärfläche A,
b) die Volumenströme $\dot{V}_F$ für den Überlauf und $\dot{V}_G$ für den Schlammabzug,
c) die Geschwindigkeiten v_G und w_f in der Trennzone sowie
d) der querschnittsbezogene Feststoffmassenstrom $\dot{m}_s/A$

Lösung:

Zu a) Nach Gl.(8.3.20) ergibt sich

$$A = \frac{\dot{V}_A}{u_A} \cdot \left(1 - c_A/c_G\right) = \frac{500 \, \text{m}^3/\text{h}}{1,2 \, \text{m}/\text{h}} \cdot \left(1 - 36/250\right) = 357 \, \text{m}^2.$$

Eine Ausführung als Rundeindicker ergäbe mit diesem Wert einen Durchmesser von

$$D = \left(4 \cdot A/\pi\right)^{1/2} = 21,3 \, \text{m},$$

man würde jedoch auf die Fläche 20 ... 30 % Sicherheitszuschlag geben und etwa ein Becken mit 24 m Durchmesser ausführen. Die folgenden Berechnungen sind ohne Berücksichtigung dieses Zuschlags fortgeführt.

Zu b) Der Überlaufvolumenstrom ergibt sich aus Gl.(8.3.15) zu

$$\dot{V}_F = u_A \cdot A = 1,2 \cdot 357 \, \text{m}^3/\text{h} = 428 \, \text{m}^3/\text{h}.$$

Damit verbleiben entsprechend der Volumenstrombilanz für den Schlammabzug

$$\dot{V}_G = \dot{V}_A - \dot{V}_F = (500 - 428) \, \text{m}^3/\text{h} = 72 \, \text{m}^3/\text{h}.$$

Zu c) Nach Gl.(8.3.13) ist

$$v_G = \dot{V}_G/A = 72/357 \, \text{m}/\text{h} = 0,202 \, \text{m}/\text{h},$$

so daß die Absetzgeschwindigkeit im ruhenden Wasser

$$w_f = u_A - v_G = (1,2 - 0,202) \, \text{m}/\text{h} \approx 1,0 \, \text{m}/\text{h}$$

betragen muß. Diesen Wert sollte man aus Absetzversuchen in Standzylindern entsprechend Abschnitt 8.2.1 bekommen haben.

Zu d) Mit der Gl.(8.3.21) bekommen wir aus

$$\frac{\dot{m}_s}{A} = c_G \cdot v_G = 250 \, \text{kg}/\text{m}^3 \cdot 0,202 \, \text{m}/\text{h} = 50,5 \, \frac{\text{kg}}{\text{m}^2 \text{h}}.$$

Die insgesamt ausgetragene Feststoffmasse läßt sich wegen des feststofffreien Überlaufs aus der dadurch vereinfachten Feststoffbilanz Gl.(8.3.12) berechnen

$$\dot{m}_s = \dot{V}_A \cdot c_A = \dot{V}_G \cdot c_G = 500 \, \text{m}^3/\text{h} \cdot 36 \, \text{kg}/\text{m}^3 = 72 \, \text{m}^3/\text{h} \cdot 250 \, \text{kg}/\text{m}^3$$
$$= 18.000 \, \text{kg}/\text{h}.$$

8.3.2 Bauarten von Eindickern und Klärern

Absetzbecken werden insbesondere zur Industrie- oder kommunalen Abwasserreinigung verwendet. Die Bilder 8.3.4 und 8.3.5 zeigen vereinfacht je ein Beispiel für ein Rundbecken und ein Längs- oder Rechteckbecken.

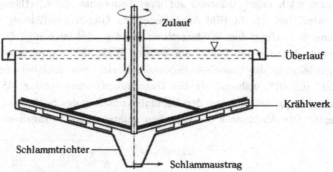

Bild 8.3.4 Rundbecken, Rundeindicker

Die Durchmesser von Rundbecken reichen von einigen Metern bis zu 200 m. Zum Schlammräumen auf dem nach innen geneigten Boden sowie zur Verbesserung der Schlammeindickung dient ein sich langsam drehendes sog. *Krählwerk*. Dessen Antrieb erfolgt bei Durchmessern bis ca. 30 m zentral, darüber läuft am Beckenrand ein Antriebswagen um, der über eine Brücke mit der Welle verbunden ist. Das Verhältnis von Durchmesser zu Tiefe ist bei kleinen Becken (bis ca. 15 m$^{\emptyset}$) meist kleiner als 1, bei mittleren Beckengrößen (15 ... 30 m$^{\emptyset}$) 3:1 bis 4:1 und bei großen Becken (> 30 m$^{\emptyset}$) bis zu 10:1.

Rechteckbecken (Bild 8.3.5) weisen gegenüber Rundbecken den Vorteil der besseren Flächennutzung auf, wenn mehrere Becken erforderlich sind. Für eine möglichst gleichmäßige und flockenschonende Verteilung gibt es speziell gestaltete Einlaufkonstruktionen. Auf dem leicht geneigten Boden sorgt ein Schlammräumer für den schonenden Transport zum Schlammtrichter. Die Beckenbreiten reichen von ca. 2 ... 20 m, die Längen sind das etwa 3- bis 5-fache der Breite. Allgemein rechnet man mit Aufenthaltsdauern von bis zu 2 h im Becken.

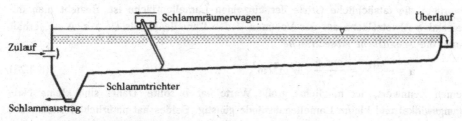

Bild 8.3.5 Rechteckbecken (Längsbecken)

Zur Vermeidung großer Flächen in einer Ebene bietet sich die Anordnung mehrerer kleinerer Flächen übereinander an, deren Zwischenräume parallel durchströmt werden. Das reduziert den Durchströmungsquerschnitt und die Geschwindigkeit und daher die Re-Zahl. Damit der in den Zwischenräumen abgesunkene Feststoff ausgetragen werden kann, sind die Flächen geneigt. Man nennt diese Absetzapparate *Schrägklärer* oder *Lamellenklärer.* Auf der Oberseite der Lamellen sammelt sich der Feststoff an und rutscht nach unten, während auf ihrer Unterseite die Klarflüssigkeit nach oben geführt wird. Bei der in Bild 8.3.6 gezeigten Gleichstromführung von Zulauf und Schlammabzug erfolgt dies in Steigrohren. Häufig wird auch eine Gegenstromführung angewendet, bei der der Zulauf am unteren Ende des Lamellenpakets erfolgt. Die Neigungswinkel φ der Lamellen gegen die Horizontale sind bei Gleichstromführung meist 30° bis 40°, während sie bei Gegenstromführung größer (45° bis 55°) sein müssen, abhängig natürlich von den Gleiteigenschaften des Schlamms auf dem Lamellenmaterial. Die Abstände s der Lamellen untereinander betragen um ca. 5 cm.

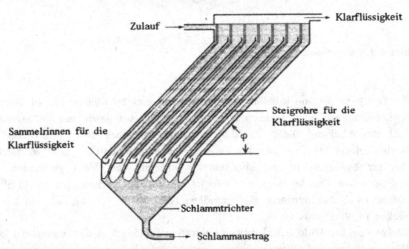

Bild 8.3.6   Schrägklärer (Lamellenklärer), Gleichstromführung (nach [8.10])

Die wirksame Klärfläche A_{eff} errechnet sich aus der Anzahl z der Lamellen und ihrer Vertikalprojektion $A \cdot \cos \varphi$

$$A_{eff} = z \cdot A \cdot \cos \varphi, \qquad (8.3.22)$$

worin A die tatsächliche Größe der einzelnen Lamellenfläche ist. Bezieht man die effektive Absetzfläche auf das Volumen V des Lamellenpakets ($V = z \cdot A \cdot s$), erhält man die *spezifische Absetzfläche*

$$a = \frac{A_{eff}}{V} = \frac{\cos \varphi}{s} \quad \text{in } m^2/m^3, \qquad (8.3.23)$$

einen Kennwert, der möglichst große Werte haben sollte. Daher sind kleine Neigungswinkel und kleine Lamellenabstände günstig. Beides hat natürlich Grenzen, der Winkel φ durch das nötige Abrutschen des Schlamms, der Abstand s dadurch, daß eine Verwirbelung und Vermischung zwischen den Lamellen nicht sein darf.

8.4 Filtrieren

8.4.1 Arten der Filtration

Wie bereits in Abschnitt 8.1 gesagt, wird beim Filtrieren der disperse Feststoff mit Hilfe eines Filtermittels aus einer Strömung zurückgehalten, während die Flüssigkeit das Filtermittel und meist auch die Feststoffschicht durchströmt. Wir unterscheiden nach der Art, wie der Feststoff zurückgehalten wird, drei verschiedene Arten von Filtration: *Kuchenbildende Filtration* (kurz: *Kuchenfiltration*), *Tiefenfiltration* und *Querstromfiltration.*

Kuchenbildende Filtration (Bild 8.4.1 a)) in reiner Form liegt dann vor, wenn der Feststoff auf der Oberfläche der vorhandenen Schicht einen wachsenden Filterkuchen bildet, ohne ins Innere der Schicht einzudringen. Man spricht daher auch von *Oberflächenfiltration.* Die Schicht besteht also zu Beginn allein aus dem Filtermittel (Sieb, Filtertuch, Filterpapier), dann aber zusätzlich aus dem bereits gebildeten Kuchen. Kennzeichnend ist, daß die Porenweite der Schicht kleiner ist, als die Partikelgröße des Feststoffs. Der Weg für die Feststoffpartikeln ist versperrt.

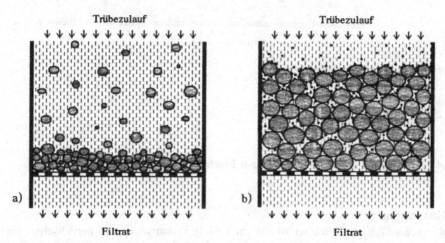

Bild 8.4.1 Filtrationsarten a) Kuchenbildende Filtration, b) Tiefenfiltration

Tiefenfiltration (Bild 8.4.1b)) findet in einer meist relativ dicken Filtermittelschicht aus größeren Körnern oder auch Fasern statt. Die Feststoffpartikeln sind viel kleiner als die Poren des Filtermittels, und so dringt der Feststoff ins Innere der Schicht ein, wird zur Oberfläche der Filtermittelkörner transportiert und bleibt dort haften. Hier sind es physikalisch-chemische Mechanismen, die das Festhalten der Partikeln bewirken. Bei der praktischen Kuchenfiltration findet sehr oft zugleich auch eine

Tiefenfiltration statt, weil die kleineren Partikeln aus der Suspension ins Innere des Filterkuchens und sogar des Filtermittels eindringen.

Bei beiden vorstehenden Arten wird der Feststoff mit Hilfe des Filtermittels fixiert und muß von ihm wieder getrennt oder zusammen mit ihm entsorgt werden. Das geschieht entweder in regelmäßigen Zeitabschnitten oder, wenn ein *Abbruchkriterium* für die Filtration erfüllt ist (z.B. maximaler Durchströmungs-Druckverlust, maximale Kuchenhöhe, Sättigungsbeladung erreicht).

Bei der *Querstromfiltration* (Bild 8.4.2) findet die Strömung auf der Suspensionsseite parallel zum Filtermittel statt. Die Flüssigkeit kann quer dazu durch das Filtermittel dringen, während der Feststoff gößtenteils mit der Strömung fortgetragen wird. Auf eine sich am Filtermittel evtl. bildende Feststoffschicht (Filterkuchen) wirken Strömungs-Scherkräfte, die diese Schicht dünn halten oder sogar ganz verhindern. In Strömungsrichtung wird dadurch lediglich eine Aufkonzentrierung des Feststoffs in der Suspension erreicht.

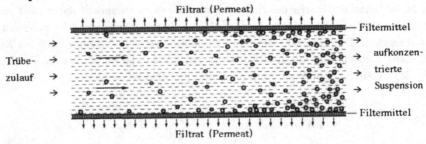

Bild 8.4.2 Querstromfiltration

8.4.2 Kuchenfiltration

8.4.2.1 Vorgang, diskontinuierliche und kontinuierliche Filtration

Filtervorgang

Die kuchenbildende Filtration ist ein im Prinzip instationärer und periodischer Vorgang: Auf dem Filtermittel sammelt sich eine zeitlich anwachsende Schicht des Feststoffs, der Filterkuchen, an. Dadurch wird die zu durchströmende Schicht insgesamt dicker und der Durchströmungswiderstand (Druckverlust) steigt, bzw. der durchgesetzte Volumenstrom wird kleiner. Nach dem Erreichen eines Abbruchkriteriums wird der Filtervorgang unterbrochen, der Filterapparat ggf. geöffnet, der Filterkuchen gewaschen und entwässert, schließlich entfernt. Nach dem vielleicht erforderlichen Reinigen des Filtermittels und dem Schließen des Apparats kann der Vorgang erneut beginnen. Diesen Ablauf kann man sowohl *diskontinuierlich* als auch *kontinuierlich* durchführen.

Diskontinuierliche Filtration

Als Beispiel für einen diskontinuierlichen Filtrationsprozeß dient die Filtration in der Drucknutsche, wie sie schematisch in Bild 8.4.3 gezeigt ist.

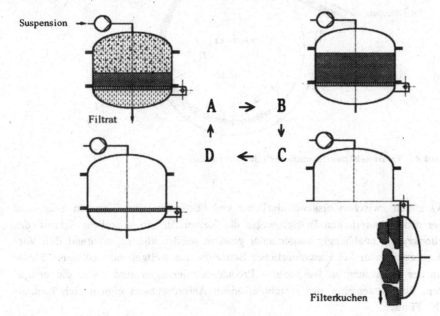

Bild 8.4.3   Drucknutsche (diskontinuierliche Filtration)

Die Suspension wird mit einer Pumpe durch die Filternutsche gedrückt, es bildet sich der Filterkuchen, und das Filtrat läuft ab (A). Wenn der Kuchenraum gefüllt, oder wenn eine maximale Druckdifferenz erreicht ist, wird der Filtervorgang beendet (B), der Kuchen kann gewaschen und entwässert werden, schließlich wird die Nutsche entleert (C). Nach dem Reinigen und Schließen (D) beginnt der Zyklus wieder von vorn (A).

Kontinuierliche Filtration

Ein typisches Beispiel für ein kontinuierlich arbeitendes Filter ist das Vakuum-Trommelfilter, dessen Funktion in Bild 8.4.4 gezeigt ist. Die gleichen Vorgänge (A bis D) laufen hier an einer rotierenden Trommel ab, deren Mantelfläche wir uns zunächst perforiert denken können. Sie ist mit dem Filtertuch bespannt und taucht teilweise in die Suspension ein. Von innen wird das Filtrat abgesaugt (Unterdruck, Vakuum), der Filterkuchen wächst außen auf der Trommel in Drehrichtung an (A). Mit dem Auftauchen aus der Suspension ist die Filtrationsphase beendet (B). Es folgt eine Zone, in der Waschen und Entfeuchten möglich ist, danach wird der Kuchen abgenommen (C). Bei D steht das evtl. gereinigte Filtertuch für den nächsten Zyklus (= Umdrehung) wieder zur Verfügung. Die Suspension wird kontinuierlich zugeführt, und sowohl Filtrat wie Filterkuchen werden laufend entnommen.

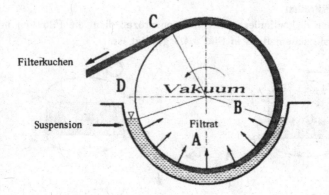

Bild 8.4.4   Trommelfilter (kontinuierliche Filtration)

Ein Vergleich zwischen diskontinuierlicher und kontinuierlicher Filtration zeigt, daß bei der diskontinuierlichen Betriebsweise die Zeiten für die einzelnen Schritte des Filtrationszyklus unabhängig voneinander gewählt werden können, während ihre Verhältnisse zueinander bei kontinuierlicher Betriebsweise weitgehend festliegen. Flexibler in der Anpassung an wechselnde Produktanforderungen sind daher die erstgenannten, für Massengüter mit gleichbleibenden Anforderungen eignen sich kontinuierliche Filter.

8.4.2.2 Die Filtergleichung

Der Zusammenhang zwischen Filtratvolumenstrom, Kuchendicke, Filterfläche, Druckdifferenz und spezifischen Durchströmungs-Eigenschaften der Schicht wird durch die sog. *Filtergleichung* beschrieben. Zu ihrer Ableitung betrachten wir eine Anordnung wie in Bild 8.4.5 und vereinbaren die folgenden vereinfachenden Voraussetzungen:

a) Die Zusammensetzung der Suspension (Konzentrationen c_m bzw. c_v) bleibt zeitlich und örtlich konstant.

$$c_m = \frac{m_s(t)}{V_s(t) + V(t)} = \text{const.} \qquad c_v = \frac{V_s(t)}{V_s(t) + V(t)} = \text{const.} \qquad (8.4.1)$$

b) Kein Feststoff gelangt ins Filtrat, der Feststoff wird durch reine Oberflächenfiltration auf dem Filtermittel bzw. auf der bereits anfiltrierten Schicht angelagert.

c) Der Filterkuchen weist eine homogene und isotrope Struktur auf und ist inkompressibel ($\varepsilon = \text{const.}$), Sedimentation spielt keine Rolle.

d) Sowohl Filtermittel wie Filterkuchen werden zäh durchströmt..

Zur Beschreibung der Durchströmung teilen wir den Gesamtdruckverlust in die zwei hintereinander liegenden Druckverluste des Kuchens (K) und des Filtermittels (F) auf

$$\Delta p = \Delta p_K + \Delta p_{FM} \qquad (8.4.2)$$

und verwenden nach der Voraussetzung d) die Darcy-Gleichung Gl.(8.2.24) mit Gl. (8.2.11). Für das Filtermittel[1] mit der Dicke s und der Durchlässigkeit B_F ergibt sich

$$\Delta p_{FM} = \frac{s}{B_{FM}} \cdot \eta \cdot \frac{\dot{V}}{A} . \qquad (8.4.3)$$

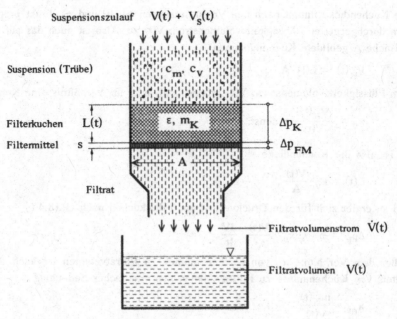

Bild 8.4.5 Zur Ableitung der Filtergleichung

Die Größe s/B_{FM}, die ja nur Schichtparameter des Filtermittels enthält, faßt man zum *Filtermittelwiderstand* β zusammen

$$\beta \equiv \frac{s}{B_{FM}} \qquad \text{in m}^{-1}, \qquad (8.4.4)$$

so daß sich der Druckverlust am Filtermittel so darstellt:

$$\Delta p_{FM} = \eta \cdot \beta \, \frac{1}{A} \cdot \frac{dV}{dt} . \qquad (8.4.5)$$

Der entsprechende Ansatz für den Filterkuchen mit der zeitlich veränderlichen Kuchendicke L(t) und der Kuchendurchlässigkeit B_K lautet

$$\Delta p_K = \frac{L(t)}{B_K} \cdot \eta \cdot \frac{\dot{V}}{A} . \qquad (8.4.6)$$

---

[1] Mit Filtermittel wird hier ausschließlich die unterste zurückhaltende Schicht (Sieb, Tuch, Papier) im Unterschied zum Filterkuchen verstanden. Natürlich wirkt auch dieser, indem er Feststoff zurückhält, als "Filtermittel". Das ist aber hier nicht gemeint.

Hier trennen wir sinnvollerweise die zeitlich unabhängigen Schichteigenschaften, die in der Durchlässigkeit B_K enthalten sind, von der mit der Zeit zunehmenden Kuchendicke $L(t)$. Anstelle der Durchlässigkeit B_K ist in der Filtertechnik ihr Reziprokwert, der *spezifische Filterkuchenwiderstand* α_V, gebräuchlich

$$\alpha_V = 1/B_K \quad \text{in } m^{-2}. \tag{8.4.7}$$

Die Kuchendicke nimmt nach den Voraussetzungen a), b) und c) direkt proportional zum durchgesetzten Flüssigkeitsvolumenstrom $V(t)$ zu. Also ist auch das auf der Filterfläche A gebildete Kuchenvolumen

$$V_K(t) = L(t) \cdot A \tag{8.4.8}$$

dem Flüssigkeitsvolumenstrom $V(t)$ proportional, oder ihr Verhältnis eine Konstante:

$$x_V = \frac{V_K(t)}{V(t)} = \text{const.} \tag{8.4.9}$$

Es ist also die Kuchendicke

$$L(t) = x_V \cdot \frac{V(t)}{A}, \tag{8.4.10}$$

und so ergibt sich für den Druckverlust am Filterkuchen nach Gl.(8.4.6)

$$\Delta p_K = \eta \cdot \alpha_V x_V \cdot \frac{V(t)}{A^2} \cdot \frac{dV}{dt}. \tag{8.4.11}$$

Außer dem Verhältnis x_V von Kuchenvolumen zu Filtratvolumen ist auch das Verhältnis von Kuchenmasse zu Filtratvolumen von praktischer Bedeutung

$$x_m = \frac{m_K(t)}{V(t)} \quad \text{in } kg/m^3. \tag{8.4.12}$$

Da $m_K(t)$ die trockene Feststoffmasse im Filterkuchen bedeutet, hängt sie mit dem Kuchenvolumen über die Kuchendichte

$$\rho_K = (1 - \varepsilon) \cdot \rho_s \tag{8.4.13}$$

(ε: Kuchenporosität, ρ_s: Feststoffdichte) folgendermaßen zusammen

$$m_K(t) = \rho_K \cdot V_K(t),$$

und so können wir auch eine Beziehung zwischen x_m und x_V herstellen

$$x_m = \rho_K \cdot x_V. \tag{8.4.14}$$

Setzen wir x_V hieraus in Gl.(8.4.11) ein, erhalten wir für den Druckverlust am Filterkuchen

$$\Delta p_K = \eta \cdot \frac{\alpha_V}{\rho_K} \cdot x_m \frac{V(t)}{A^2} \cdot \frac{dV}{dt}. \tag{8.4.15}$$

Hierin kürzen wir jetzt noch den auf die Dichte ρ_K des (trocken gedachten) Filterkuchens *bezogenen spezifischen Filterkuchenwiderstand* mit α_m ab

$$\alpha_m = \frac{\alpha_V}{\rho_K} = \frac{\alpha_V}{\rho_S(1-\varepsilon)} \tag{8.4.16}$$

und erhalten mit

$$\Delta p_K = \eta \cdot \alpha_m \kappa_m \cdot \frac{V(t)}{A^2} \cdot \frac{dV}{dt} \tag{8.4.17}$$

eine Beziehung genau wie Gl.(8.4.11) mit $\alpha_m \kappa_m$ anstelle von $\alpha_V \kappa_V$. Den gesamten Druckverlust bei der Kuchenfiltration nach Gl.(8.4.2) können wir daher zusammenfassend aus den Gleichungen (8.4.5), (8.4.11) bzw. (8.4.17) so schreiben:

$$\Delta p(t) = \frac{\eta}{A} \cdot \left\{ \frac{\alpha\kappa}{A} \cdot V(t) + \beta \right\} \cdot \frac{dV}{dt} \quad \text{mit} \quad \alpha\kappa = \alpha_V \kappa_V = \alpha_m \kappa_m. \tag{8.4.18}$$

Dies ist die gesuchte *Filtergleichung*, eine Differentialgleichung für das Filtratvolumen $V(t)$ abhängig von der Betriebsgröße "Druckunterschied $\Delta p(t)$", der Filterfläche A, dem Flüssigkeitsstoffwert η und den spezifischen Schichtgrößen, den sog. *Filterkonstanten* α κ (bzw. α_V, α_m, κ_V und κ_m) und β. Die Filtergleichung hat - selbstverständlich - den gleichen Aufbau wie die Darcy-Gleichung Gl.(8.2.24): $\Delta p(t) = \frac{\eta}{A} \cdot \left\{ \frac{L}{B} \right\} \cdot \frac{dV}{dt}$. In der geschweiften Klammer steht der Durchströmungswiderstand als Kehrwert der auf die durchströmte Länge bezogenen Durchlässigkeit B. Er setzt sich additiv aus einem konstant vorausgesetzten Anteil β für das Filtermittel und einem zeitveränderlichen Anteil für den Kuchen zusammen.

Anschaulich ist $\kappa_V V(t)/A$ das flächenbezogene Kuchenvolumen (oder die Kuchenhöhe), so daß α_V den hierauf bezogenen Kuchenwiderstand bedeutet. Ganz analog ist $\kappa_m V(t)/A$ die flächenbezogene Kuchenmasse, daher bedeutet α_m den auf diese Masse bezogenen Kuchenwiderstand. Solange die Voraussetzungen a) bis c) gelten, kann der spezifische Widerstandswert α in beiden Formen (α_V oder α_m) als konstant betrachtet werden. Er ist charakteristisch für die Durchströmbarkeit und enthält alle dafür relevanten Eigenschaften des Kuchens, ohne daß sie im einzelnen bekannt sein müssen. Da praktisch jeder Filterkuchen verschieden vom anderen ausfällt, muß α in der Regel aus Messungen bestimmt werden (s. Abschnitt 8.4.2.4).

Es läßt sich leicht verifizieren, daß die Verhältnisse x_V und x_m durch die entsprechenden Suspensions-Konzentrationen c_V bzw. c_m und durch die Porosität ε des Filterkuchens sowie die Feststoffdichte ρ_s ausdrückbar sind. Die Beziehungen lauten

$$\kappa_V = \frac{c_V}{1 - \varepsilon - c_V} = \frac{c_m}{(1-\varepsilon)\rho_S - c_m} \quad \text{und} \tag{8.4.19}$$

$$\kappa_m = \frac{\rho_S(1-\varepsilon) \cdot c_V}{1 - \varepsilon - c_V} = \frac{\rho_S(1-\varepsilon) \cdot c_m}{\rho_S(1-\varepsilon) - c_m}. \tag{8.4.20}$$

Ihre praktische Bestimmung sollte aber wegen der größeren Zuverlässigkeit möglichst unmittelbar die Definitionsgleichungen Gl.(8.4.9) und Gl.(8.4.12) zugrundelegen.

Kuchenbildungsgeschwindigkeit

Von großem praktischem Interesse ist auch die Geschwindigkeit, mit der die Kuchenhöhe auf der Filterfläche anwächst. Sie ergibt sich aus Gl.(8.4.10) nach kurzer Umrechnung unter Verwendung der Filtergleichung zu

$$v_K(t) = \frac{dL}{dt} = \frac{x_v}{A} \cdot \frac{dV}{dt} = \frac{x_v}{\eta} \cdot \frac{\Delta p(t)}{\alpha_v \cdot L(t) + \beta}. \tag{8.4.21}$$

Wenn der zeitliche Druckverlauf $\Delta p(t)$ der Filtration bekannt ist (z.B. Δp = const.), läßt sich diese Differentialgleichung für $L(t)$ geschlossen oder numerisch lösen.

8.4.2.3 Betriebsweisen von Filtern und Lösungen der Filtergleichung

Betriebsweisen

Im Sinne der Anlagentechnik ist ein Filterapparat ein "Verbraucher" an einer Arbeitsmaschine, z.B. einer Pumpe. Man unterscheidet drei Betriebsweisen von Filtern:

(1) Δp = const. Der Betrieb bei konstantem Druckunterschied zwischen Suspensions- und Filtratseite ist der häufigste. Er wird realisiert z.B. durch gleichbleibenden filtratseitigen Unterdruck (Saug- oder Vakuum-Filtration) oder durch einen mit Druckpolster (Windkessel) konstant gehaltenen Überdruck in der Suspensionszuleitung. Auch die Schwerkraftfiltration bei gleichbleibendem Flüssigkeitsüberstand gehört dazu.

(2) $\dot{V}$ = const. Konstanter Filtratdurchsatz - und damit praktisch auch konstanter Suspensionsdurchsatz - läßt sich im Prinzip mit Verdrängerpumpen (z.B. Exzenter-Schneckenpumpen, Kolbenpumpen) erreichen, obwohl sie je nach Bauart oft periodische Schwankungen der Fördermenge aufweisen.

(3) $\Delta p(t)$ = f($\dot{V}(t)$). Beide Betriebsgrößen ändern sich geregelt oder ungeregelt im Laufe der Zeit, z.B. indem sich der Betriebspunkt im Kennfeld einer Kreiselpumpe längs der Kennlinie für eine konstante Pumpendrehzahl verschiebt.

In Bild 8.4.6 sind diese drei Betriebsweisen im Kennfeld Δp = f($\dot{V}$) aufgetragen.

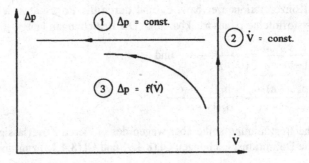

Bild 8.4.6 Betriebsweisen von Filtern

Für die Betriebsweisen 1 und 2 sind einfache analytische Lösungen der Filtergleichung möglich, für 3 nur in den Fällen, für die auch einfache Funktionen $\Delta p = f(\dot{V})$ gegeben sind.

Lösungen der Filtergleichung

① $\Delta p = const.$

Durch Trennung der Variablen erhalten wir eine einfach zu integrierende Form der Filtergleichung (8.4.18)

$$dt = \frac{1}{\Delta p} \cdot \left[\frac{\eta \alpha x}{A^2} \cdot V(t) + \frac{\eta \beta}{A} \right] \cdot dV. \tag{8.4.22}$$

Wir integrieren links von $t = 0$ bis zu einer beliebigen Zeit t und rechts von dem Anfangs-Filtratvolumen $V = 0$ bis $V(t)$ und erhalten

$$t = \frac{\eta \alpha x}{2 A^2 \Delta p} \cdot V^2(t) + \frac{\eta \beta}{A \Delta p} \cdot V(t) \tag{8.4.23}$$

bzw. nach Auflösung der quadratischen Gleichung für $V(t)$

$$V(t) = \sqrt{\left(\frac{\beta A}{\alpha x} \right)^2 + \frac{2 A^2 \Delta p}{\eta \alpha x} t} - \frac{\beta A}{\alpha x}. \tag{8.4.24}$$

Den Funktionsverlauf $V(t)$, der die sich im Laufe der Zeit ansammelnde Filtratmenge angibt, nennt man allgemein *Filterkurve*. Die spezielle Filterkurve Gl.(8.4.24) ist in Bild 8.4.7 dargestellt.

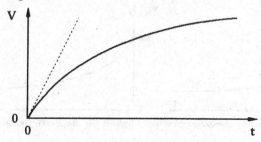

Bild 8.4.7   Filterkurve für die Betriebsweise Δp = const.

Zu Beginn der Filtration ($t = 0$) fließt der Volumenstrom

$$\left(\frac{dV}{dt} \right)_{t=0} = \frac{\Delta p A}{\eta \beta}, \tag{8.4.25}$$

der - weil ja noch kein Kuchen gebildet sein kann - allein durch den Filtermittelwiderstand β bestimmt wird. Bei langen Filtrierdauern ($t \to \infty$) treten die Glieder in der Gl.(8.4.24), die β enthalten, zurück, und es verbleibt

$$V(t) = \sqrt{\frac{2 A^2 \Delta p}{\eta \alpha x} t}. \tag{8.4.26}$$

Die Filtration wird nur noch durch den Filterkuchenwiderstand geprägt. Die Filtratmenge nimmt laufend zu, allerdings immer schwächer: $V(t) \sim \sqrt{t}$. Oft ist der Filtermittelwiderstand β gegenüber dem Kuchenwiderstand sehr bald zu vernachlässigen, und dann kann anstelle von Gl.(8.4.24) überhaupt Gl.(8.4.26) verwendet werden. Die *Filtrationsgeschwindigkeit*, die durch $v_F = \dot{V}/A$ definiert wird, können wir für den Fall Δp = const. aus der Filtergleichung Gl.(8.4.18) mit Gl.(8.4.24) bestimmen

$$v_F(t) = \dot{V}/A = \frac{\Delta p}{\sqrt{(\eta\beta)^2 + (2\,\Delta p\,\eta\,\alpha\,\varkappa)\cdot t}} \qquad (8.4.27)$$

Die *Kuchenbildungsgeschwindigkeit* ist wegen der Voraussetzungen $v_K = \varkappa_V \cdot v_F$

$$v_K(t) = \frac{\varkappa_V \cdot \Delta p}{\sqrt{(\eta\beta)^2 + (2\,\Delta p\,\eta\,\alpha\,\varkappa)\cdot t}}\ . \qquad (8.4.28)$$

Beide nehmen also in gleicher Weise mit der Zeit ab (Bild 8.4.8), beginnend bei den Werten $v_{Fo} = \Delta p/(\eta\beta)$ bzw. $v_{Ko} = \varkappa_V \cdot \Delta p/(\eta\beta)$, die sich mit $t = 0$ aus der reinen Filtermitteldurchströmung ergeben.

Aus der Gl.(8.4.10) für die Kuchendicke und Gl.(8.4.24) für das Filtratvolumen bekommen wir den Zusammenhang $L(t)$ zwischen Kuchendicke und Filtrierzeit zu

$$L(t) = \sqrt{\left(\frac{\beta}{\alpha_V}\right)^2 + \frac{2\,\varkappa_V\,\Delta p}{\eta\,\alpha_V}\cdot t} \;-\; \frac{\beta}{\alpha_V}\ . \qquad (8.4.29)$$

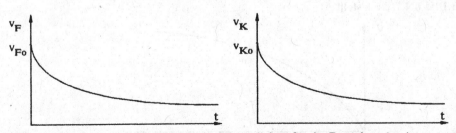

Bild 8.4.8 Filtrier- und Kuchenbildungsgeschwindigkeit für die Betriebsweise Δp = const.

② $\dot{V}$ = const.

Aus der Vorgabe konstanten Volumenstroms - bei leerem Filtratbehälter zu Beginn ($V(t=0) = 0$) - folgt sofort die Filterkurve als Nullpunktsgerade (Bild 8.4.9 a))

$$V(t) = \dot{V}\cdot t. \qquad (8.4.30)$$

gleichbedeutend auch mit konstanter Filtrationsgeschwindigkeit

$$v_F = \dot{V}/A = \text{const.} \qquad (8.4.31)$$

Durch Einsetzen in die Filtergleichung Gl.(8.4.18) erweist sich der zeitliche Druckverlauf ebenfalls als Gerade (Bild 8.4.9 b))

$$\Delta p(t) = \eta\,\alpha\,\varkappa \left(\frac{\dot{V}}{A}\right)^2\cdot t + \eta\,\beta\,\frac{\dot{V}}{A}\ . \qquad (8.4.32)$$

Hierbei ist allerdings noch ein Achsabschnitt bei t = 0 vorhanden, der den Durchströmungsdruckverlust Δp_{FM} für das Filtermittel darstellt (vgl. Darcy-Gleichung Gl.(8.4.5))

$$\Delta p_{FM} = \eta \beta \cdot \frac{\dot{V}}{A} . \tag{8.4.33}$$

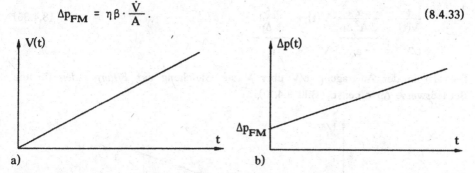

Bild 8.4.9 a) Filterkurve und b) Druckverlauf für die Betriebsweise $\dot{V}$ = const.

8.4.2.4 Bestimmung der Filterkonstanten aus Filterversuchen

Wir können mit Hilfe der im vorigen Abschnitt gebrachten Gleichungen einen Filtrationsvorgang konkret nur dann berechnen, wenn die Filterkonstanten α bzw. $\alpha \varkappa$ und β bekannt sind. Aus primären Eigenschaften des Filtermittels und des Kuchens (Partikelgrößen und -formen, Porositäten und Porengrößenverteilungen) sind sie in der Praxis nicht vorausberechenbar, so daß man auf Versuche mit dem Originalmaterial (Suspension und Filtermittel) angewiesen ist. Als Versuchs-Filterapparate genügen dabei - zumindest für orientierende Versuche - relativ kleine Ausführungen mit 100 cm^2 bis ca. 0,1 m^2 (evtl. 0,5 m^2) Filterfläche. Wichtig ist, daß die Betriebsbedingungen (Anströmung, Druck, Absaugung, Temperatur, Filtermittel usw.) möglichst genau den zu erwartenden oder einzustellenden Bedingungen entsprechen. Die wichtigsten Informationen über das Filtrationsverhalten der Suspension liefert die Filterkurve V(t) mit den weiteren Betriebsbedingungen als Parameter (z.B. Δp = const. oder zeitlicher Druckverlauf $\Delta p(t)$).

Unabhängig von der jeweiligen Betriebsweise des Filters können die Verhältnisse $\varkappa_V$ und $\varkappa_m$ entsprechend den Definitionen Gl.(8.4.9) und Gl.(8.4.12) aus Messungen der Kuchendicke L_F, der (trockenen) Kuchenmasse m_{KF} und des Filtratvolumens V_F am Ende der Filtrationszeit t_F erhalten werden

$$\varkappa_V = \frac{A \cdot L_F}{V_F} , \tag{8.4.34}$$

$$\varkappa_m = \frac{m_{KF}}{V_F} . \tag{8.4.35}$$

Die Lösungen der Filtergleichung bieten nun abhängig von der Betriebsweise jeweils spezielle Möglichkeiten zur einfachen Bestimmung der Filterkonstanten aus der gemessenen Filterkurve V(t).

(1) $\Delta p = \text{const}$

Wir dividieren die Gl.(8.4.23) durch V(t) und erhalten

$$\frac{t}{V(t)} = \frac{\eta\,\alpha\,\varkappa}{2\,A^2\,\Delta p} \cdot V(t) + \frac{\eta\,\beta}{A\,\Delta p} \cdot \qquad (8.4.36)$$

$$t/V = a_1 \cdot V + a_0$$

Dies ist in der Auftragung t/V über V die Gleichung der *Filtergeraden* für die Betriebsweise $\Delta p = \text{const.}$ (Bild 8.4.10).

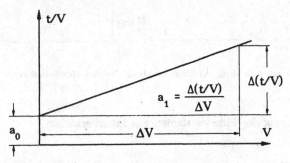

Bild 8.4.10 Filtergerade für die Betriebsweise $\Delta p = \text{const.}$

Aus ihrem Achsenabschnitt a_0 bei $t = 0$ kann der Filtermittelwiderstand berechnet werden und aus ihrer Steigung a_1 die Kombination $\alpha\,\varkappa$.

$$\beta = a_0 \cdot \frac{A\,\Delta p}{\eta}, \qquad (8.4.37)$$

$$\alpha\,\varkappa = a_1 \cdot \frac{2\,A^2\,\Delta p}{\eta}\, \qquad (8.4.38)$$

Falls die Zähigkeit η der Flüssigkeit nicht bekannt sein sollte, wird sie auf die linke Seite genommen, und man erhält die kombinierten Filtrationseigenschaften des Stoffsystems $\eta\,\beta$ bzw. $\eta\,\alpha\,\varkappa$. Sie tauchen immer in dieser Kombination auf, und daher ist ihre Auftrennung zwar für den gedanklichen Durchblick sehr hilfreich, für die Praxis der Versuchsauswertung genügt jedoch auch der Kombinationswert.

Man kann übrigens nicht schließen, daß es sich um einen inkompressiblen Kuchen handelt, wenn die Meßwertpaare V und t, in dieser Form aufgetragen, eine Gerade ergeben (s. Abschnitt 8.4.2.6 Kompressibler Filterkuchen). Vielmehr sind dann die daraus ermittelten Filterkonstanten Mittelwerte über die Versuchsdauer und die erzielte Kuchendicke.

(2) $\dot{V} = \text{const.}$

Die Auftragung des Druckverlaufs über der Zeit in Bild 8.4.9 b) entsprechend der Gl.(8.4.32) stellt eine direkt auswertbare Form zur Bestimmung der Filterkonstanten nach der gleichen Methode wie oben dar (Bild 8.4.11).

$$\Delta p(t) = \underbrace{\eta\,\alpha\,x\,\left(\frac{\dot{V}}{A}\right)^2} \cdot t + \underbrace{\eta\,\beta\,\frac{\dot{V}}{A}}. \qquad\qquad (8.4.39)$$

$$\Delta p \;=\; \qquad b_1 \qquad \cdot t + \qquad b_0$$

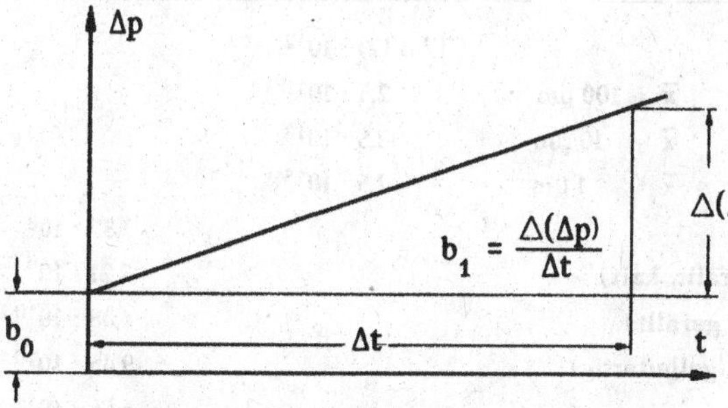

Bild 8.4.11 Filtergerade für die Betriebsweise $\dot{V}$ = const.

Gl.(8.4.39) ist ebenfalls eine *Filtergerade*, diesmal für die Betriebsweise $\dot{V}$ = const., aus deren Achsenabschnitt bei t = 0 der Filtermittelwiderstand β, und aus deren Steigung die Kombination $\alpha\,x$ bestimmt werden können

$$\beta = b_0 \cdot \frac{A}{\eta\,\dot{V}}, \qquad\qquad (8.4.40)$$

$$\alpha\,x = b_1 \cdot \frac{1}{\eta}\left(\frac{A}{\dot{V}}\right)^2. \qquad\qquad (8.4.41)$$

Hinsichtlich der Zähigkeit η gilt das oben Gesagte auch hier.

Bei beiden Betriebsweisen liefern die jeweiligen Filtergeraden nur die Kombination $\alpha\,x$. Den eigentlichen spezifischen Filterkuchenwiderstand, entweder in der Form α_V von Gl.(8.4.7) oder als α_m nach Gl.(8.4.16) bekommt man wegen $\alpha\,x = \alpha_V\,x_V = \alpha_m\,x_m$ mit den Verhältnissen x_V bzw. x_m (Gl.'n(8.4.34) bzw. (8.4.35)) aus

$$\alpha_V = \frac{\alpha\,x}{x_V} = \frac{V_F}{A \cdot L_F} \cdot \alpha\,x\,, \qquad\qquad (8.4.42)$$

$$\alpha_m = \frac{\alpha\,x}{x_m} = \frac{V_F}{m_{KF}} \cdot \alpha\,x\,. \qquad\qquad (8.4.43)$$

Die Zahlenwerte für den Filtermittelwiderstand β und die Filterkuchenwiderstände α_V und α_m sind - wenn sie im internationalen Einheitensystem angegeben werden - unanschaulich groß. Wir haben das schon im Beispiel 8.2.1 aus Abschnitt 8.2.2 kennengelernt, wo sich die Durchlässigkeit $B = 1/\alpha_V$ einer Filterschicht mit 5 µm mittlerer Korngröße zu $B = 8{,}7 \cdot 10^{-14}\,\text{m}^2$, entsprechend $\alpha_V = 1{,}2 \cdot 10^{13}\,\text{m}^{-2}$ ergab.
Die folgenden Tabellen geben einige wenige Anhaltswerte (nach [8.11] und [8.12]).
Die α_m- Werte sind zugleich $\overline{\alpha}_{m0}$-Werte für kompressible Filterkuchen und n ist der für die Kompressibilität stehende Exponent der Druckabhängigkeit entsprechend Gl.(8.4.75) in Abschnitt 8.4.2.6.

Tabelle 8.3 Richtwerte für spezifische Filterkuchenwiderstände α_v bzw. α_m (nach [8.11] und [8.12]).

Stoff	α_v in m^{-2}	α_m in m/kg	n
Kohleschlamm	$(7 \ldots 12) \cdot 10^{12}$		
Gemische ($\varepsilon = 0,3$) $\bar{x} = 100\ \mu m$	$2,5 \cdot 10^{11}$		
$\bar{x} = 10\ \mu m$	$2,5 \cdot 10^{13}$		
$\bar{x} = 1\ \mu m$	$2,5 \cdot 10^{15}$		
Holzkohle		$3,87 \cdot 10^8$	0,45
Zinksulfid (ZnS, gefällt, kalt)		$2,21 \cdot 10^9$	0,80
Kalkstein ($CaCO_3$, gefällt)		$4,08 \cdot 10^{10}$	0,14
Aluminiumhydroxid (gallertartig)		$9,49 \cdot 10^{10}$	0,45
Ton		$6,56 \cdot 10^{11}$	0,17
Titandioxid (TiO_2, pH 7,8)		$7,32 \cdot 10^9$	0,34
Titandioxid (TiO_2, pH 3,45)		$8,09 \cdot 10^{12}$	0,067
thixotroper Schlamm		$1,47 \cdot 10^{14}$	-

Tabelle 8.4 Richtwerte für Filtermittelwiderstände (nach [8.11])

Filtermittel	β in m^{-1}
Polyamid (Leinwandgewebe)	$7 \cdot 10^8 \ldots 5 \cdot 10^9$
Filterpapiere	$7,6 \cdot 10^9 \ldots 5 \cdot 10^{11}$
Nadelfilze	$5 \cdot 10^6 \ldots 7 \cdot 10^8$
Keramikfilter	$1,6 \cdot 10^8 \ldots 1 \cdot 10^9$

Die spezifischen Filterkuchenwiderstände können als Maße für die Filtrierbarkeit einer Suspension bzw. eines Schlammes gelten. Eine grobe Qualifizierung ist die folgende (nach [8.13]):

$$\alpha_v < 10^{12}\ m^{-2}: \qquad \text{sehr gut filtrierbar,}$$
$$10^{12} < \alpha_v < 10^{13}\ m^{-2}: \qquad \text{gut filtrierbar}$$
$$10^{13} < \alpha_v < 10^{14}\ m^{-2}: \qquad \text{mäßig filtrierbar,}$$
$$\alpha_v > 10^{14}\ m^{-2}: \qquad \text{schlecht filtrierbar.}$$

Eine Umrechnung von α_v-Werten in α_m-Werte setzt nach Gl.(8.4.16) die Kenntnis der Dichte ρ_K des (trockenen) Kuchens voraus. Für die meisten Feststoffe liegt sie zwischen ca. $100\ kg/m^3$ und $1000\ kg/m^3$. Bild 8.4.12 zeigt für diesen Bereich eine einfache Darstellung des Wertefeldes dieser drei Größen, in dem auch ungefähre Wertebereiche für einige weitere Stoffe (oben), sowie die Filtrierbarkeit nach dem Kriterium "Widerstand" angegeben ist (unten).

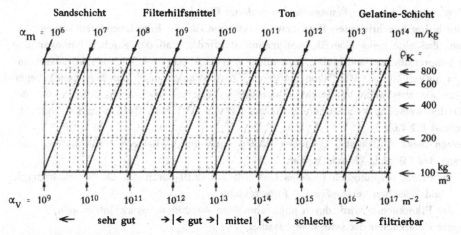

Bild 8.4.12 Wertebereiche der spezifischen Filterkuchenwiderstände α_V und α_m und Richtwerte zur Bewertung der Filtrierbarkeit

Über den Vergleich zwischen den Durchströmungsgleichungen von Darcy Gl.(8.2.24) und Carman-Kozeny Gl.(8.2.29) besteht ein Zusammenhang zwischen dem spezifischen Kuchenwiderstand $\alpha_V = 1/B_K$ und anderen für die Schicht charakteristischen Größen (ε, S_V bzw. d_{32})

$$\alpha_V = k(\varepsilon) \cdot \frac{(1-\varepsilon)^2}{\varepsilon^3} \cdot S_V^2 \tag{8.4.44}$$

Mit der Beziehung Gl.(8.2.27) zwischen Sauterdurchmesser d_{32}, hydraulischem Durchmesser d_h und spezifischer Oberfläche S_V sowie mit $k(\varepsilon) \approx 4$ ergibt sich daraus

$$\alpha_V = 36 \cdot k(\varepsilon) \cdot \frac{(1-\varepsilon)^2}{\varepsilon^3} \cdot \frac{1}{d_{32}^2} \approx 144 \cdot \frac{(1-\varepsilon)^2}{\varepsilon^3} \cdot \frac{1}{d_{32}^2} \tag{8.4.45}$$

bzw. $$\alpha_V = \frac{16 \cdot k(\varepsilon)}{\varepsilon} \cdot \frac{1}{d_h^2} \approx \frac{1}{\varepsilon} \cdot \left(\frac{8}{d_h}\right)^2. \tag{8.4.46}$$

Durch diese Abschätzungen können wir uns die unanschaulich großen Zahlenwerte für den Durchströmungswiderstand des Filterkuchens etwas verständlicher machen: Er ist umgekehrt proportional zum Porenquerschnitt ($\sim d_h^2$), der - in m^2 ausgedrückt - natürlich sehr kleine Werte hat ($1\,\mu m^2 = 10^{-12}\,m^2$). Daß der Durchströmungswiderstand bei großer Porosität klein ist und umgekehrt, erscheint ohnehin plausibel. Diese Formeln sind zwar kaum geeignet, um Filterwiderstände vorauszuberechnen. Dazu enthalten sie einerseits zu viele Vereinfachungen und unbekannte Einflüsse, andererseits sind Größen enthalten (ε und d_{32}), deren Messung viel aufwendiger ist, als die direkte Bestimmung von α_V. Dennoch zeigen sie qualitativ die starken Einflüsse der Porosität und der charakteristischen Porengröße im Inneren der Schicht auf (s. auch das Beispiel 8.2.1 in Abschnitt 8.2.2.2).

Bestimmung der Filterkonstanten bei anderen Filterkurven

Die bisher beschriebenen Bestimmungsmethoden für die Filterkonstanten setzen voraus, daß eine reine Oberflächenfiltration stattfindet, daß der Kuchen homogen und inkompressibel ist und bleibt, kurz alles, was in Abschnitt 8.3.2.2 als Voraussetzungen aufgeführt ist. Man kann *mittlere Filterkonstanten* nach der hier angegebenen Methode aber auch bei leicht kompressiblen Kuchen bestimmen, solange bei der Betriebsweise Δp = const. die Auftragung t/V = $f(V)$ eine Gerade ergibt (vgl. Abschnitt 8.2.4.6).

Wenn diese Auftragung - wie es häufig vorkommt - keine Gerade liefert, dann kann das folgende Gründe haben:

- Im Filtrat ursprünglich gelöstes Gas tritt aus (z.B. durch die Druckerniedrigung), und Bläschen verstopfen die Filterschicht,
- der Filterkuchen wird durch ungleichmäßige Anströmung stark inhomogen,
- der Filterkuchen ist sehr kompressibel,
- die Suspension entmischt sich z.B. durch Sedimentation, oder aus anderem Grund ist der Suspensionszulauf von veränderter Konzentration.
- andere Filtrationsmodelle als die beschriebene Kuchenfiltration treffen zu.

Für letztgenannte kann man aus gemessenen Filterkurven ebenfalls Filterkonstanten bestimmen. Die Methode ist die gleiche: Man versucht, durch geeignete Umformung aus der Filterkurven-Gleichung eine Gerade darzustellen, und bestimmt aus Ordinatenabschnitt und Steigung die Filterkonstanten. Eine ausführliche Darstellung hiervon, auch der geeigneten mathematischen Methoden, findet man in [8.9].

Beispiel 8.4.1: Bestimmung und Bewertung von Filterkonstanten

Eine wässrige Suspension bei der Aufbereitung eines Staubs aus einem Elektroabscheider soll filtriert werden. Es ist zunächst die Filtrierbarkeit orientierend zu prüfen. In einem Laborversuch mit einer Vakuumfiltration bei Δp = 0,25 bar (const.) werden auf einer Filterfläche von A = 143 cm^2 die in der folgenden Tabelle in den oberen beiden Zeilen gegebenen Zeiten t zu den jeweils an einer Markierung abgelesenen Filtratvolumina V gemessen (Filterkurve). Am Ende des Versuchs ist ein Filterkuchen mit der Dicke L_E = 2,5 mm entstanden. Als Stoffwert für das Filtrat genügt die Zähigkeit η, sie wird mit η = $1,0 \cdot 10^{-3}$ Pas zugrundegelegt. Das gewählte Filterpapier gewährleistet die Klarheit des Filtrats nach Augenschein.

V/cm^3	100	150	200	250	300	350	400	450
t/s	100	206	330	495	690	1005	1255	1650
$t/V \; / \; \dfrac{s}{cm^3}$	1,0	1,37	1,65	1,98	2,30	2,87	3,14	3,67

In der letzten Zeile ist bereits die Auswertung entsprechend der Gl.(8.4.36) vorgenommen worden. Schon die Betrachtung der Versuchsdaten läßt Rückschlüsse auf die Filtrierbarkeit zu. Denn wenn nach fast einer halben Stunde Filtrieren (1650s = 27,5 min) auf einem handtellergroßen Filterpapier erst ein knapper halber Liter (450 ml) Filtrat und nur eine 2,5 mm dicke Filterkuchenschicht erzielt ist, dann kann man vermuten, daß es sich trotz der nur geringen Druckdifferenz von 0,25 bar um eine ziemlich schwer zu filtrierende Suspension handelt. Es könnte aber auch ein Filtermittel mit zu hohem Widerstand gewählt worden sein.

Die Auftragung von t/V über V in Bild 8.4.13 zeigt, daß eine Gerade gut durch die Meßpunkte gelegt werden kann. D.h. die Voraussetzungen für die Auswertung nach dem Modell der reinen Kuchenfiltration sind zumindest für diese Versuchsbedingungen, insbesondere für den gewählten Druck, gegeben.

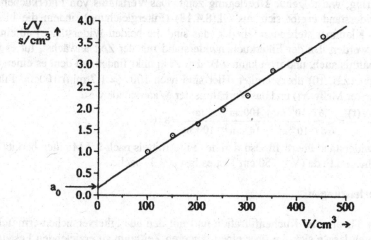

Bild 8.4.13 Filtergerade zum Beispiel 8.4.1

Den Achsabschnitt a_0 und die Steigung a_1 kann man zwar auch aus dieser Auftragung ablesen, die Werte lassen sich aber zuverlässiger mit der linearen Regression auf dem Taschenrechner ermitteln. Es ergeben sich

$$a_0 = 0,184 \text{ s/cm}^3 \quad \text{und} \quad a_1 = 7,505 \cdot 10^{-3} \text{ s/cm}^6.$$

Mit den Gleichungen (8.4.37) und (8.4.38) können jetzt β und $\alpha\kappa$ berechnet werden:

$$\beta = a_0 \cdot \frac{A \cdot \Delta p}{\eta} = 0,184 \, \frac{s}{cm^3} \cdot \frac{10^6 cm^3}{m^3} \cdot \frac{143 \cdot 10^{-4} m^2 \cdot 0,25 \cdot 10^5 Pa}{10^{-3} Pas}$$

$$\beta = 6,57 \cdot 10^{10} \text{ m}^{-1}.$$

$$\alpha\kappa = a_1 \cdot \frac{2A^2 \cdot \Delta p}{\eta} = 7,505 \cdot 10^{-3} \, \frac{s}{cm^6} \cdot \frac{10^{12} cm^6}{m^6} \cdot \frac{2 \cdot (143 \cdot 10^{-4} m^2)^2 \cdot 0,25 \cdot 10^5 Pa}{10^{-3} Pas}$$

$$\alpha\kappa = 7,67 \cdot 10^{13} \text{ m}^{-2}.$$

Die Kuchendicke L_F und das Filtratvolumen V_F am Ende des Versuchs nach 1650s verhelfen zu dem Verhältnis κ_V nach Gl.(8.4.34)

$$\kappa_V = \frac{A \cdot L_F}{V_F} = 143 cm^2 \cdot 0,25 cm / 450 cm^3 = 0,07944 .$$

Damit ist jetzt der spezifische Filterkuchenwiderstand zu berechnen (Gl.(8.4.42))

$$\alpha_V = \frac{\alpha \kappa}{\kappa_V} = 7,67 \cdot 10^{13} m^{-2} / 0,07944 = 9,66 \cdot 10^{14} m^{-2} .$$

Die Suspension ist also nachgewiesen schwer filtrierbar, wie ein Blick auf Bild 8.4.12 bestätigt. Der Filtermittelwiderstand liegt im üblichen Bereich für Papiere, sein Einfluß ist relativ gering, wie folgende Überlegung zeigt. Das Verhältnis von Filterkuchen zu Filtermittelwiderstand ergibt sich aus Gl.(8.4.18) (Filtergleichung), indem die in der geschweiften Klammer stehenden Glieder (das sind die beiden Widerstände) aufeinander bezogen werden. Da der Filterkuchenwiderstand mit der Zeit anwächst, tut es das besagte Verhältnis auch, und man kann z.B. den Zeitpunkt finden, zu dem es einen bestimmten Wert (z.B. 10) überschreitet. Hier sind nach 100s ($\approx$ 1,7 min) 100cm^3 Filtrat angefallen (erster Meßwert) und das Verhältnis der Widerstände wird

$$\frac{\alpha \kappa}{\beta} \cdot \frac{V(t)}{A} = \frac{7,67 \cdot 10^{13} m^2}{6,57 \cdot 10^{10} m^{-1}} \cdot \frac{100 cm^3}{143 cm^2} \cdot \frac{1m}{100 cm} = 8,16 .$$

Der Kuchenwiderstand übertrifft also den des Filtermittels nach 1,7 Minuten bereits um das ca. 8-fache, am Ende (V = 450 cm^3) ist es fast das 37-fache.

8.4.2.5 Filterleistungen

Mit Hilfe der Theorie der Kuchenfiltration und mit den aus Filterversuchen ermittelten Filterkonstanten lassen sich die über einen längeren Zeitraum zu erzielenden Feststoff- bzw. Filtratmengen abhängig von Druckdifferenz, Filterfläche und Filtrierdauer berechnen. Längerer Zeitraum meint z.B. eine oder mehr Stunden bei kontinuierlichem bzw. mehrere Filterperioden bei diskontinuierlichem Betrieb. Umgekehrt kann man aber auch die erforderliche Druckdifferenz, Filterfläche und Filtrierdauer berechnen, wenn bestimmte Feststoff- oder Flüssigkeitsdurchsätze gefordert sind. Basis ist in jedem Fall die gemessene Filterkurve V(t) für die betreffende Betriebsweise zusammen mit der zugehörigen Lösung der Filtergleichung.

Wir bezeichnen mit *Filtratleistung* q_F das auf die Filterfläche A und die Periodendauer t_P bezogene Filtratvolumen $V(t_P)$, das sich während dieser Zeit angesammelt hat

$$q_F = \frac{V(t_P)}{A \cdot t_P} \tag{8.4.47}$$

und mit *Filterkuchenleistung* q_K die (trockene) Feststoffmasse auf der Fläche A in der Zeit t_P

$$q_K = \frac{m_K(t_P)}{A \cdot t_P} . \tag{8.4.48}$$

Die Dauer t_P einer Filtrationsperiode besteht aus Filtrierdauer t_F und Totzeit t_T

$$t_P = t_F + t_T. \qquad (8.4.49)$$

Die *Filtrierzeit* t_F wird von Kriterien bestimmt, die vor allem in der Konstruktion und Betriebsweise der Filterapparate begründet sind. Bei diskontinuierlich betriebenen Filtern (Beispiel Drucknutsche Bild 8.4.3) gibt es vor allem zwei *Abbruchkriterien*

    a) der Kuchenraum ist gefüllt (V_{Kmax}),
    b) die maximale Druckdifferenz ist erreicht (Δp_{max}).

Bei kontinuierlichen Filtern (Beispiel Trommelfilter Bild 8.4.4) ergibt sich die Filtrierdauer aus der Eintauchtiefe der Trommel in die Suspension und der Drehzahl.

Die *Totzeit* t_T enthält alle Vorgänge, die *nicht* Filtrieren sind: Das eventuelle Waschen des Kuchens, das Entwässern, Trockensaugen oder -blasen, die Kuchenentnahme, das Abreinigen des Tuchs sowie das Öffnen und Schließen des Apparats bei diskontinuierlichen Filtern. Daraus folgt, daß die Feststoffmasse im Filterkuchen zum Zeitpunkt t_P genau so groß ist, wie zum Zeitpunkt t_F (s. auch Bild 8.4.14)

$$m_K(t_P) = m_K(t_F). \qquad (8.4.50\,a)$$

Für das Filtratvolumen setzen wir auch keine Zunahme nach der Filtrierzeit voraus

$$V(t_P) = V(t_F) \qquad (8.4.50\,b)$$

und vernachlässigen damit die dem Kuchen durch Trockensaugen noch entzogene Flüssigkeit. Die Waschflüssigkeit rechnen wir ebenfalls nicht zum Filtrat.

Für die Filterfläche A wird sinnvollerweise die gesamte installierte Filterfläche genommen, auch wenn sie - wie bei kontinuierlichen Filterapparaten - nur bereichsweise filtriert.

Zwischen Filtrat- und Filterkuchenleistung besteht wegen der Voraussetzungen a) bis c) und nach der Definition von x_m Gl.(8.4.12) die direkte Proportionalität

$$q_K = x_m \cdot q_F. \qquad (8.4.51)$$

Deswegen genügt es, im folgenden nur die Filtratleistung q_F zu betrachten.

Diskontinuierliche Filtration

(1) Δp = const.

Für die Betriebsweise Δp = const. sieht die Filterkurve V(t) über mehrere gleiche Filtrationsperioden wie in Bild 8.4.14 aus. Die Filtratleistung (bei konstant vorausgesetzter Filterfläche A) wird darin durch die Steigung der gestrichelt gezeichneten Geraden dargestellt. Nehmen wir eine der Perioden heraus (Bild 8.4.15), dann können wir sehen, daß die Steigung dieser Geraden - also die Filtratleistung - einen maximalen Wert bei einem ganz bestimmten Verhältnis von Filtrierdauer zu Totzeit hat. Graphisch bekommt man die optimale Filtrierdauer sehr einfach, indem man von dem Punkt A (s. Bild 8.4.15) eine Tangente an die Filterkurve legt und die zum Berührpunkt gehörende Filtrierdauer t_{Fopt} abliest. Jede andere Filtrierzeit ergäbe bei gleicher Totzeit eine kleinere Filtratleistung. Rechnerisch läßt sich zeigen, daß unter den Voraussetzungen der Kuchenfiltration gerade $t_{Fopt} = t_T$ ist. Das graphische Verfahren ist jedoch auch für andere Verläufe von Filterkurven gültig, vorausgesetzt, V steigt unterproportional mit der Zeit an.

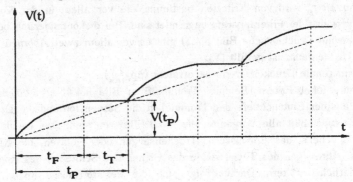

Bild 8.4.14 Filtrationsverlauf bei diskontinuierlichem Betrieb und Δp = const.

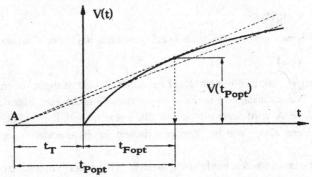

Bild 8.4.15 Graphische Bestimmung der optimalen Filtrierzeit für Δp = const.

Damit ergibt sich als Filtratleistung, wenn wir den Filtermittelwiderstand β vernachlässigen, mit Gl.(8.4.26) im allgemeinen Fall

$$q_F = \frac{V(t_F)}{A \cdot t_P} = \sqrt{\frac{2\Delta p}{\eta \alpha \varkappa}} \cdot \frac{\sqrt{t_F}}{t_P} \tag{8.4.52}$$

und mit $t_{Fopt} = t_T$ und dadurch $t_{Popt} = 2 t_T$ im Fall der Voraussetzungen a) bis c)

$$q_{Fopt} = \sqrt{\frac{\Delta p}{\eta \alpha \varkappa}} \cdot \frac{1}{\sqrt{2 t_T}} . \tag{8.4.53}$$

Danach sind die Filterleistungen umso höher, je kürzer die Filterperioden dauern. Das wird aus Bild 8.4.14 sofort anschaulich, denn zu Beginn ist der Anstieg der Filterkurve am größten, es wird je Zeiteinheit am meisten Filtrat und Feststoff durchgesetzt. Für die Praxis hat das allerdings wenig Bedeutung, zum einen, weil es meist die oben genannten Abbruchkriterien sind, die die Filterzeiten bestimmen, und zum anderen verlaufen Filterkurven oft nur schwach gekrümmt, so daß auch eine weit über $t_{F\,opt}$ hinausreichende Filtrierzeit sich nur wenig auf die Verringerung der Filtratleistung auswirkt. Man nähert sich der Betriebsweise $\dot{V}$ = const.

② $\dot{V}$ = const

Die Filtratleistung bei konstantem Volumenstrom und diskontinuierlichem Betrieb weist, wie die Auftragung der Filterkurve über mehrere Perioden (Bild 8.4.16) zeigt, ein Optimum der Filtrierdauer nicht auf. Die Filterleistungen sind umso größer, je größer das Verhältnis von Filterzeit zu Totzeit ist. Da die letztere in der Regel durch verfahrenstechnische Erfordernisse festliegt, und für t_F die Abbruchkriterien gelten, werden die Filterleistungen hierdurch bestimmt.

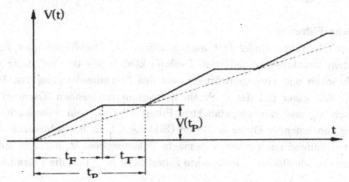

Bild 8.4.16 Filtrationsverlauf bei diskontinuierlichem Betrieb und $\dot{V}$ = const.

Für das Abbruchkriterium $V_{K\,max}$ ergibt sich das Ende der Filtrierphase nach der Zeit

$$t_F = \frac{V_F}{\dot{V}} = \frac{V_{K\,max}}{x_V \cdot \dot{V}}, \tag{8.4.54}$$

und die Filterleistungen werden

$$q_F = \frac{V_{K\,max}}{x_V \cdot A \cdot t_P} \tag{8.4.55}$$

und

$$q_K = \frac{x_m}{x_V} \cdot \frac{V_{K\,max}}{A \cdot t_P} = (1 - \varepsilon) \cdot \rho_s \cdot \frac{V_{K\,max}}{A \cdot t_P}. \tag{8.4.56}$$

Für das Abbruchkriterium Δp_{max} greifen wir auf die Lösung der Filtergleichung Gl.(8.4.32) zurück, vernachlässigen den Filtermittelwiderstand β und erhalten mit $\Delta p_{max} = \Delta p(t_F)$ zunächst die Filtrierzeit

$$t_F = \frac{\Delta p_{max}}{\eta \, \alpha \, x} \cdot \left(\frac{A}{\dot{V}}\right)^2. \tag{8.4.57}$$

Zur Berechnung der Filterleistungen benutzen wir noch $\dot{V}$ = V/t = V_F/t_F sowie $t_P = t_F + t_T$ und bekommen nach einigen Rechenschritten

$$q_F = \frac{V_F}{A \cdot t_P} = \sqrt{\frac{\Delta p_{max}}{\eta \, \alpha \, x} \cdot \frac{1}{\sqrt{t_F} \cdot (1 + t_T/t_F)}} \qquad (8.4.58)$$

und

$$q_K = \sqrt{\frac{\Delta p_{max} \cdot x_m}{\eta \, \alpha_m} \cdot \frac{1}{\sqrt{t_F} \cdot (1 + t_T/t_F)}} \, . \qquad (8.4.59)$$

Je kürzer die Totzeit im Verhältnis zur Filtrierdauer ist, desto mehr nähern sich diese Leistungen ihrem theoretischen Maximalwert (für $t_T = 0$) an.
Charakteristisch sind in allen Fällen die nur mit der Wurzel aus der Druckdifferenz steigenden Durchsätze.

Kontinuierliche Filtration

Kontinuierliche Filtration findet fast ausschließlich auf Drehfiltern oder Bandfiltern bei konstantem Druckunterschied statt. Deshalb können wir uns auf diese Betriebsweise beschränken und vergegenwärtigen uns den Filtrationsvorgang von Bild 8.4.4 noch einmal: Auf einer mit der Drehzahl n langsam rotierenden Trommel wird im Winkelbereich φ_F auf der eingetauchten Filterfläche A_F ein Filterkuchen mit in Drehrichtung zunehmender Dicke anfiltriert (Bild 8.4.17). Er hat schließlich die Dicke L_F. Der dabei laufend nach innen abgesaugte Volumenstrom $\dot{V}$, bezogen auf die gesamte Trommelmantelfläche (= installierte Filterfläche A_{ges}) ist die Filtratleistung q_F.

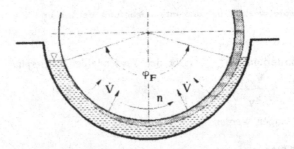

Bild 8.4.17 Zur Ableitung der Filtratleistung bei Drehfiltern

Hier interessiert der stationär als Filterkuchen abgeworfene Feststoffmassenstrom

$$\dot{m}_K = \rho_S (1 - \varepsilon) \cdot L_F \cdot A_{ges} \cdot n = \frac{m_{KF}}{t_P} \, . \qquad (8.4.60)$$

Darin sind m_{KF} die nach der Eintauchzeit t_F anfiltrierte Feststoffmasse und t_P die Zeit für eine Umdrehung. Mit der Definition von x_m nach Gl.(8.4.12) und mit Gl.(8.4.26) schreiben wir

$$m_{KF} = x_m \cdot V(t_F) = x_m \cdot A \cdot \sqrt{\frac{2 \Delta p}{\eta \, \alpha \, x}} \cdot \sqrt{t_F} \qquad (8.4.61)$$

Den in der Regel geringen Flüssigkeitsanteil vom Trockensaugen lassen wir dabei unberücksichtigt und setzen außerdem vereinfachend voraus, daß der Filtermittel-widerstand β vernachlässigt werden kann. Jetzt verwenden wir noch die Umrech-nungen in die Trommeldrehzahl n

$$t_P = 1/n \,, \tag{8.4.62}$$

$$t_F = \frac{\varphi_F^{\,\circ}}{360^\circ} \cdot \frac{1}{n} \,, \tag{8.4.63}$$

worin $\varphi_F^{\,\circ}/360^\circ$ den - begrenzt - einstellbaren *Kuchenbildungswinkel* bedeutet. Ein-setzen in Gl.(8.4.61) und (8.4.60) ergibt für den Feststoffmassenstrom

$$\dot{m}_K = A_{ges} \cdot \sqrt{\frac{2\,\Delta p}{\eta\,\alpha_m} x_m} \cdot \sqrt{\varphi_F^{\,\circ}/360^\circ} \cdot \sqrt{n} \tag{8.4.64}$$

bzw. für die Filterkuchenleistung

$$q_K = \sqrt{\frac{2\,\Delta p}{\eta\,\alpha_m} x_m} \cdot \sqrt{\varphi_F^{\,\circ}/360^\circ} \cdot \sqrt{n} \tag{8.4.65}$$

und für die Filtratleistung mit $q_F = q_K/x_m$

$$q_F = \sqrt{\frac{2\,\Delta p}{\eta\,\alpha\,x}} \cdot \sqrt{\varphi_F^{\,\circ}/360^\circ} \cdot \sqrt{n} \,. \tag{8.4.66}$$

Die erzielte Kuchendicke L_F erhalten wir z.B. aus der Definition von x_v durch Er-weitern mit der Periodendauer

$$L_F = x_v \cdot \frac{V(t_F)}{A_{ges}} \cdot \frac{t_P}{t_P} = x_v \cdot \frac{q_F}{n} \,, \tag{8.4.67}$$

so daß sich

$$L_F = x_v \cdot \sqrt{\frac{2\,\Delta p}{\eta\,\alpha\,x}} \cdot \sqrt{\varphi_F^{\,\circ}/360^\circ} \cdot \frac{1}{\sqrt{n}} \,. \tag{8.4.68}$$

ergibt. Wichtig daran sind wieder die $\sqrt{}$-Abhängigkeiten: Eine Verdoppelung der Druckdifferenz bringt nur eine 1,4-fache Durchsatzerhöhung, und auch nur dann, wenn der Kuchen nicht komprimiert wird und deswegen der spezifische Kuchenwi-derstand α sich nicht erhöht. Auch die Vergrößerung des Kuchenbildungswinkels sowie die Erhöhung der Drehzahl bewirken nur relativ geringe Verbesserungen, zumal sie ohnehin nur in engen Grenzen variiert werden können. Die Drehzahl beispielsweise muß immer so klein bleiben, daß während der Eintauchdauer t_F ein abnehmbarer Kuchen auf dem Filtertuch entsteht (mindestens einige mm Kuchen-dicke). Und die beim Austauchen erzielte Kuchendicke wird mit zunehmender Drehzahl kleiner, wie wir aus Gl.(8.4.68) ersehen können.
Die Gleichungen (8.4.65), (8.4.66) und (8.4.68) können bei vorgegebenen Leistungen bzw. erforderlicher Kuchendicke auch zur Bestimmung der Drehzahl n der Filter-trommel verwendet werden.

$$n = \frac{\eta \cdot \alpha_m}{2 \, \Delta p \, x_m} \cdot \frac{1}{\varphi_F^\circ / 360^\circ} \cdot q_K^2 \qquad\qquad (8.4.69)$$

$$n = \frac{\eta \, \alpha \, x}{2 \, \Delta p} \cdot \frac{1}{\varphi_F^\circ / 360^\circ} \cdot q_F^2 \qquad\qquad (8.4.70)$$

$$n = \frac{2 \, \Delta p}{\eta \, \alpha \, x} \cdot \frac{\varphi_F^\circ}{360^\circ} \cdot \left(\frac{x_v}{L_F} \right)^2 . \qquad\qquad (8.4.71)$$

Beispiel 8.4.2:   Vakuum-Trommelfilter

Aus einer wässrigen Suspension sollen auf einem Vakuum-Trommelfilter stationär 2,8 t/h Feststoff (Trockenmasse) gewonnen werden. Die Kuchendicke bei der Abnahme soll 1,5 cm betragen. Man berechne die richtige Drehzahl und die gesamte erforderliche Filterfläche des Filters für folgende Daten:

Stoffwerte: Feststoff: $\rho_s = 2700 \, kg/m^3$;

Wasser: $\rho_f = 1000 \, kg/m^3$; $\eta = 0,001 \, Pas$;

Suspension: $c_m = 300 \, g/l = 300 \, kg/m^3$;

Kuchenporosität: $\varepsilon = 0,5$;

Kuchenwiderstand: $\alpha_m = 7,9 \cdot 10^9 \, m/kg$;

Filter: Kuchenbildungswinkel: $\varphi_F = 126^\circ$;

Druckdifferenz: $\Delta p = 0,6 \, bar = const.$

Lösung:

Zur Drehzahlberechnung verwenden wir Gl.(8.4.71), brauchen dafür aber noch x_v und $\alpha \, x$. Aus den Gleichungen (8.4.19) und (8.4.20) erhalten wir zunächst x_v und x_m

$$x_v = \frac{c_m}{(\rho_s - c_m) \cdot (1 - \varepsilon)} = \frac{300}{(2700 - 300) \cdot 0,5} = 0,25 ,$$

$$x_m = \rho_s \cdot \frac{c_m}{\rho_s - c_m} = 2700 \, kg/m^3 \cdot \frac{300}{2700 - 300} = 337,5 \, kg/m^3 .$$

Anschaulich bedeuten diese Zahlen: Das Kuchenvolumen ist ein Viertel des Filtratvolumens ($x_v = 0,25$); je m^3 Filtratvolumen werden 337,5 kg Feststoff auf dem Filter abgeschieden ($x_m = 337,5 \, kg/m^3$). Damit können wir jetzt $\alpha \, x$ berechnen

$$\alpha x = \alpha_m \cdot x_m = 7,9 \cdot 10^9 \, m/kg \cdot 337,5 \, kg/m^3 = 2,666 \cdot 10^{12} \, m^{-2} .$$

Der Kuchenbildungswinkel macht den Anteil $\varphi_F^\circ / 360^\circ = 126/360 = 0,35$ des ganzen Kreises aus, d.h. 35% der installierten Filterfläche sind eingetaucht und 35% einer vollen Umdrehungsdauer dienen dem Filtrationsvorgang.

Die gesuchte Drehzahl wird

$$n = \frac{2\,\Delta p}{\eta\,\alpha\,\varkappa} \cdot \frac{\varphi_F^\circ}{360^\circ} \cdot \left(\frac{\varkappa_V}{L_F}\right)^2 = \frac{2 \cdot 0{,}6 \cdot 10^5 \cdot 0{,}35}{0{,}001 \cdot 2{,}666 \cdot 10^{12}} \cdot \left(\frac{0{,}25}{0{,}015}\right)^2 \, s^{-1} = 4{,}38 \cdot 10^{-3}\, s^{-1}$$

$$n = 0{,}263\,min^{-1}.$$

Eine Umdrehung dauert t_P = 3,81 min, die reine Filtrierzeit ist t_F = 0,35 $\cdot$ t_P = 1,33 min. Mit dieser Drehzahl können wir beispielsweise nach Gl.(8.4.60) die erforderliche Gesamtfläche bestimmen

$$A_{ges} = \frac{\dot{m}_K}{(1-\varepsilon)\,\rho_s \cdot n \cdot L_F} = \frac{2800/3600}{0{,}5 \cdot 2700 \cdot 4{,}38 \cdot 10^{-3} \cdot 0{,}015}\, m^2 = 8{,}77\, m^2.$$

Bei einer Breite der Trommelbespannung von B = 2,0 m ergibt das einen Durchmesser von D = $A_{ges}/(\pi \cdot B)$ = 8,77/($\pi \cdot 2$) m = 1,40 m.
Beide Ergebnisse sind übrigens stark von der Porosität ε des Filterkuchens abhängig. Wäre z.B. ε = 0,6 (anstelle von 0,5) gegeben, dann lauteten sie bei sonst gleichen Vorgaben: n = 0,41 min^{-1} und A_{ges} = 7,02 m^2.
Auch wenn α_m für verschiedene ε-Werte nicht gleich sein kann, weist diese Überlegung doch auf die Notwendigkeit der sorgfältigen und möglichst den Betriebsbedingungen entsprechenden Bestimmung der Filterkonstanten und der Porosität hin.
Der Filtratanfall läßt sich mit Gl.(8.4.67) nachrechnen

$$q_F = \frac{L_F \cdot n}{\varkappa_V} = \frac{0{,}015\,m \cdot 4{,}38 \cdot 10^{-3}\, s^{-1}}{0{,}25} = 2{,}63 \cdot 10^{-4}\, m/s = 0{,}946\,\frac{m^3}{m^2\,h},$$

das sind bei 8,77 m^2 Filterfläche stündlich 8,3 m^3 Filtrat, übereinstimmend mit der direkten Bestimmung aus $\varkappa_m = \dot{m}_K/\dot{V}_F$

$$\dot{V}_F = \frac{\dot{m}_K}{\varkappa_m} = \frac{2800}{337{,}5}\,\frac{m^3}{h} = 8{,}30\, m^3/h.$$

8.4.2.6 Kompressibler Filterkuchen

Die in Wirklichkeit wohl am wenigsten zutreffende Voraussetzung bei der bisherigen Behandlung der Kuchenfiltration ist die Inkompressibilität des Filterkuchens. Nur starre und grobe Partikeln mit relativ enger Größenverteilung sowie einige spezielle Stoffe wie Kieselgur, Perlite und dergleichen bilden auch bei höheren Belastungen (Druckdifferenzen) fast inkompressible Filterkuchen.
Die Kompressibilität können wir durch die lokale Abhängigkeit der Porosität $\varepsilon(z)$ vom lokalen Druck $p(z)$ im Filterkuchen ausdrücken. Für einen bestimmten Feststoff mit seinen die Kompressibilität bestimmenden Stoffeigenschaften ist diese lokale Porosität einerseits vom Ort z und andererseits von der Druckdifferenz Δp_K abhängig

$$\epsilon(z) = \epsilon\left(\frac{z}{L_K}; \Delta p_K\right).$$

(8.4.72)

Ihr über die ganz Kuchendicke L_K genommener Mittelwert $\overline{\epsilon}$ ist dann nur noch von Δp_K, aber nicht mehr von der Kuchendicke abhängig

$$\overline{\epsilon} = \overline{\epsilon}(\Delta p_K).$$

(8.4.73)

Wenn wir nach der Anfangsphase des Filtrierens den Widerstand des Filtermittels gegenüber dem des Kuchens vernachlässigen können, stimmt Δp_K mit Δp überein, und die mittlere Porosität $\overline{\epsilon}$ ist nur von Δp abhängig: $\overline{\epsilon}(\Delta p)$.

Die gleichen Überlegungen gelten hinsichtlich des spezifischen Kuchenwiderstandes α_V. Auch für ihn kann ein Mittelwert über die Kuchendicke $\overline{\alpha}_V$ unabhängig von der Kuchendicke gefunden werden, der nur noch von Δp abhängt ([8.14]).

Man bezeichnet Filterkuchen, für die

$$\left.\begin{array}{l}\overline{\epsilon} = \overline{\epsilon}(\Delta p) \\[2mm] \overline{\alpha}_V = \overline{\alpha}_V(\Delta p)\end{array}\right\} \quad \text{unabhängig von } L_K$$

(8.4.74)

zutrifft, als *Filterkuchen mit ähnlicher Kuchenstruktur*. Für sie gelten bei der Betriebsweise $\Delta p = \text{const.}$ die für inkompressible Kuchen abgeleiteten Beziehungen mit $\alpha_V = \overline{\alpha}_V$, sobald der Filtermittelwiderstand β vernachlässigt werden kann.

$\dot{V} = \text{const.}$

Bei dieser Betriebsweise ändert sich der Druck während des Filtrationsprozesses, und so müssen zur Integration der Filtergleichung die Abhängigkeiten $\epsilon = \epsilon(\Delta p)$ und $\alpha_V = f(\Delta p)$ gegeben sein. Sie werden in der Praxis der Filtertechnik zusammengefaßt im massebezogenen mittleren Filterkuchenwiderstand $\overline{\alpha}_m$ (vgl. Gl.(8.4.16) und können nur aus Messungen am Originalmaterial gewonnen werden. In vielen untersuchten Fällen gelingt ihre Darstellung durch einen Potenzansatz der Form

$$\overline{\alpha}_m = \overline{\alpha}_{m0} \cdot \left(\frac{\Delta p}{\Delta p_0}\right)^n \qquad \text{mit } n > 0,$$

(8.4.75)

worin Δp_0 nur der Dimensionsrichtigkeit halber steht (z.B. $\Delta p_0 = 1\,\text{bar}$, oder $\Delta p_0 = 10^5\,\text{Pa}$). Je größer der Exponent n ist, desto kompressibler ist der Kuchen, Inkompressibilität heißt $n = 0$.

Zur Bestimmung der Filtrierzeit und der Filtratleistung benutzen wir - wieder unter Vernachlässigung des Filtermittelwiderstandes β - die Gl.(8.4.17) mit $\Delta p_K = \Delta p(t)$ und erhalten zunächst

$$\Delta p(t) = \eta\, \overline{\alpha}_m\, x_m \cdot \left(\frac{\dot{V}}{A}\right)^2 \cdot t.$$

Setzen wir jetzt die Druckabhängigkeit des Kuchenwiderstands Gl.(8.4.75) ein, wird daraus

$$\left(\Delta p(t)\right)^{1-n} = \frac{\eta\, \overline{\alpha}_{m0}\, x_m}{\Delta p_0^n} \cdot \left(\frac{\dot{V}}{A}\right)^2 \cdot t.$$

(8.4.76)

Bei der Bestimmung der Filtratleistung müssen wir wieder nach den Abbruchkriterien der Filtrationsphase unterscheiden:

a) Der Kuchenraum ist gefüllt (V_{Kmax}) und

b) der maximal mögliche Druck ist erreicht (Δp_{max}).

Für a) ergeben sich keine Unterschiede zum inkompressiblen Filterkuchen. Die Gleichungen (8.4.54) bis (8.4.56) behalten ihre Gültigkeit.

Für b) bekommen wir aus Gl.(8.4.76) mit $\Delta p(t_F) = \Delta p_{max}$ die Filtrierdauer t_F zu

$$t_F = \frac{\Delta p_{max}^{1-n} \cdot \Delta p_0^n}{\eta \, \overline{\alpha}_{mo} \, x_m} \cdot \left(\frac{A}{\dot{V}}\right)^2 \tag{8.4.77}$$

und die Filterleistung zu

$$q_F = \sqrt{\frac{\Delta p_{max}^{1-n} \cdot \Delta p_0^n}{\eta \, \overline{\alpha}_{mo} \, x_m}} \cdot \frac{1}{\sqrt{t_F} \cdot (1 + t_T/t_F)} \tag{8.4.78}$$

bzw.

$$q_K = \sqrt{\frac{\Delta p_{max}^{1-n} \cdot \Delta p_0^n \, x_m}{\eta \, \overline{\alpha}_{mo}}} \cdot \frac{1}{\sqrt{t_F} \cdot (1 + t_T/t_F)}. \tag{8.4.79}$$

Im Vergleich zum inkompressiblen Verhalten (Gl.n(8.4.57) bis (8.4.59)) besteht hier also eine - wegen $n > 0$ - noch schwächere Abhängigkeit der Filterleistung vom Druckunterschied.

8.4.2.7 Scale-up-Regeln für Filterapparate

Filterversuche werden an Labor- oder Technikumsfiltern gemacht und sollen Informationen für die Auslegung und den Betrieb von großen Filterapparaten liefern. Aus den in den vorigen Abschnitten stehenden Gleichungen lassen sich in einfacher Weise Regeln für die Hochrechnung von Filtervorgängen ableiten. Wir bezeichnen alles, was sich auf den Versuch bezieht, mit dem Index "M" (für Modell), und alles, was die Großausführung betrifft, mit "H" (für Hauptausführung). Außerdem legen wir einige Voraussetzungen fest, die in der Modell- wie in der Hauptausführung zutreffen sollen:

- Gleiches Produkt, d.h. gleiche Stoffwerte (η, ρ_f, ρ_s),
- zeitlich und örtlich konstante Trübezusammensetzung (c_v, c_m, x_v, x_m),
- Kuchenaufbau und -struktur gleich (α_v, α_m),
- Vernachlässigung des Filtermittelwiderstands β gegenüber dem Kuchenwiderstand.

Die drei ersten Voraussetzungen bedeuten, daß für die Hochrechnung gilt

$$(\eta \, \alpha \, x)_H = (\eta \, \alpha \, x)_M. \tag{8.4.80}$$

Außer diesen Voraussetzungen, deren Erfüllung nicht nur die Rechnung (unwesentlich) vereinfacht, sondern vor allem die Aussagesicherheit der Hochrechnung erhöht, müssen für das Scale-up noch *Übertragungskriterien* festgelegt werden. Das sind verfahrenstechnische Kennwerte oder physikalische Größen, die bei der Hochrechnung konstant bleiben. Für die Filtration kommen als Übertragungskriterien in Frage

A: $(\Delta p_{max})_H = (\Delta p_{max})_M$

Gleiche maximale Druckdifferenz ist in allen den Fällen eine sinnvolle Bedingung, bei denen zu vermuten ist, daß die Kompressibilität des Filterkuchens eine Rolle spielt, m.a.W.: Man macht die Versuche bei dem Druck, der auch in der Hauptausführung vorgesehen ist.

B: $(\dot{V}/A)_H = (\dot{V}/A)_M$

Diese Bedingung bedeutet gleiche Filtriergeschwindigkeit und ist sinnvoll bei Entmischungserscheinungen durch Sedimentation, also z.B. beim Filtrieren relativ grobdisperser Suspensionen entgegen oder quer zur Schwerkraftrichtung.

C: $(L_F)_H = (L_F)_M$

Gleiche Kuchenhöhe ist eine Forderung, die für Modellversuche zur kontinuierlichen Filtration geeignet ist.

Aus den Lösungen der Filtergleichung können wir jetzt für die beiden Betriebsweisen $\Delta p = $ const. und $\dot{V} = $ const. einfache Verhältnisse bilden, die eine Hochrechnung in dem Rahmen erlauben, der durch die Voraussetzungen abgegrenzt ist.

(1) **$\Delta p = $ const.**

Die wegen $\beta = 0$ vereinfachte Lösung der Filtergleichung Gl.(8.4.26) ergibt z.B.

$$\frac{t_H}{t_M} = \left(\frac{V_H}{V_M}\right)^2 \cdot \left(\frac{A_M}{A_H}\right)^2 \cdot \frac{\Delta p_M}{\Delta p_H} \tag{8.4.81}$$

Mit $V = m_K/x_m$ und mit $V/A = L/x_V$ (x_m, $x_V = $ const.) erhalten wir daraus die Schreibweisen mit den Kuchenmassen

$$\frac{t_H}{t_M} = \left(\frac{m_{KH}}{m_{KM}}\right)^2 \cdot \left(\frac{A_M}{A_H}\right)^2 \cdot \frac{\Delta p_M}{\Delta p_H} \tag{8.4.82}$$

und mit den Kuchendicken

$$\frac{t_H}{t_M} = \left(\frac{L_H}{L_M}\right)^2 \cdot \frac{\Delta p_M}{\Delta p_H}. \tag{8.4.83}$$

Für die Übertragungskriterien A und C lassen sich daraus leicht Filtrierzeiten, Filterflächen oder Filterleistungen von Hauptausführungen berechnen, wenn entsprechende Versuchswerte vorliegen (s. nachfolgendes Beispiel 8.4.3).

(2) $\dot{V}$ = const.

Bei dieser Betriebsweise können wir von Gl.(8.4.54) ausgehen, wenn das Abbruch-kriterium "maximales Kuchenvolumen" lautet, und bekommen

$$\frac{t_H}{t_M} = \frac{V_{Kmax,H}}{V_{Kmax,M}} \cdot \frac{\dot{V}_M}{\dot{V}_H}. \tag{8.4.84}$$

Für das Abbruchkriterium "maximaler Druckunterschied" liefert Gl.(8.4.57)

$$\frac{t_H}{t_M} = \frac{\Delta p_{max,H}}{\Delta p_{max,M}} \cdot \left(\frac{A_H}{A_M}\right)^2 \cdot \left(\frac{\dot{V}_M}{\dot{V}_H}\right)^2. \tag{8.4.85}$$

Wenn wir jetzt noch t = V/$\dot{V}$ einführen, können wir die Filterzeiten auch durch die dann durchgesetzten Filtratvolumina ersetzen und bekommen

$$\frac{V_H}{V_M} = \frac{\Delta p_{max,H}}{\Delta p_{max,M}} \cdot \left(\frac{A_H}{A_M}\right)^2 \cdot \frac{\dot{V}_M}{\dot{V}_H}. \tag{8.4.86}$$

Weitere Beziehungen dieser Art lassen sich auf die gleiche Weise leicht herleiten.

Beispiel 8.4.3: Scale-up von Filtern

Auf einer Labordrucknutsche mit einer Filterfläche von A_M = 113 cm^2 wurde bei der Filtration einer wässrigen Trübe unter Δp_M = 2,5 bar konstant gehaltenem Druck nach t_M = 15 min. Filtrierzeit eine Kuchendicke von 25 mm festgestellt, außerdem fielen insgesamt 3,5 l Filtrat an. Das gleiche Produkt soll bei der gleichen Betriebs-weise und ebenfalls 2,5 bar Druckdifferenz auf einer Filterfläche von 0,8 m^2 filtriert werden. Der Filtermittelwiderstand sei vernachlässigbar.
a) Wie lange dauert es, bis 400 l Filtrat erreicht sind?
b) Welche Kuchendicke entsteht dabei?
c) Ist das Produkt leicht, mittel oder schwer filtrierbar?

Lösung:
a) Gl.(8.4.81) liefert mit $\Delta p_H = \Delta p_M$

$$t_H = t_M \cdot \left(\frac{V_H}{V_M}\right)^2 \cdot \left(\frac{A_M}{A_H}\right)^2 = 15 \text{ min} \cdot \left(\frac{400}{3,5}\right)^2 \cdot \left(\frac{113 \cdot 10^{-4}}{0,8}\right)^2 = 39,1 \text{ min}$$

b) Aus Gl.(8.4.83) erhält man sofort

$$L_H = L_M \cdot \sqrt{t_H/t_M} = 2,5 \text{ cm} \cdot \sqrt{39,1/15} = 4,04 \text{ cm}.$$

c) In der Gl.(8.4.26) sind für die Laborfiltration alle Größen zur Berechnung von zunächst $\eta \alpha \varkappa$ gegeben. Lösen wir hiernach auf, ergibt sich

$$\eta \alpha \varkappa = 2A_M^2 \Delta p_M t_M / V_M^2 =$$

$$= 2 \cdot \left((113 \cdot 10^{-4})^2 \text{ m}^4\right) \cdot \left(2,5 \cdot 10^5 \text{ Pa}\right) \cdot \left(15 \cdot 60 \text{ s}\right) / \left(3,5 \cdot 10^{-3} \text{ m}^3\right)^2$$

$$= 4,69 \cdot 10^9 \text{ Pa s m}^{-2}.$$

Setzen wir noch für das Filtrat die Zähigkeit von Wasser ein ($\eta = 10^{-3}$ Pas), dann bekommen wir

$$\alpha \varkappa = 4,69 \cdot 10^{12} \, m^{-2}.$$

Mit dem Verhältnis von Kuchenvolumen (= Kuchendicke × Filterfläche) zu Filtratvolumen

$$\varkappa_V = L_{FM} \cdot A_M/V_M = 2,5 \, cm \cdot 113 \, cm^2/3500 \, cm^3 = 8,07 \cdot 10^{-2}$$

können wir jetzt den spezifischen Filterkuchenwiderstand finden

$$\alpha_V = \alpha \varkappa/\varkappa_V = 4,69 \cdot 10^9 \, m^{-2}/ \, 8,07 \cdot 10^{-2} = 5,81 \cdot 10^{13} \, m^{-2}.$$

Diese Trübe ist demnach noch als mittelschwer filtrierbar zu bezeichnen (vgl. Bild 8.4.12).

8.4.3 Bauarten von Filtern für kuchenbildende Filtration

8.4.3.1 Übersicht und allgemeine Gesichtspunkte

Eine einfache und sinnvolle Übersicht über die Filterapparate zur kuchenbildenden Filtration gewinnt man durch die Einteilung nach zwei Kriterien:
1.) Nach der Art der zur Trennung angewandten Kräfte bzw. Druckerzeugung:
　　Schwerkraft, Unterdruck auf der Filtratseite (Vakuum), Überdruck auf der Suspensionsseite, beides zugleich und Auspressen des Filterkuchens. (Ausgenommen ist hier die Zentrifugalkraft, denn die Zentrifugen werden in diesem Buch gesondert dargestellt)
2.) Nach der Betriebsweise: "kontinuierlich" oder "diskontinuierlich".
Dabei entsteht die Übersicht in Tabelle 8.5 mit jeweils einigen Beispielen für typische Apparate.

Wir können allein aufgrund der Art, wie die erforderliche Druckdifferenz zum Filtrieren erzeugt wird, einige grundsätzliche Überlegungen zu den Filtertypen anstellen, die Hinweise auf Einsatzmöglichkeiten sowie Vor- und Nachteile ergeben.

Schwerkraftfiltration. Sie ist mit dem geringsten Energieeinsatz zu bewerkstelligen, verfügt allerdings auch über nur geringe Druckdifferenzen in der Größenordnung von einigen Zehntel bar ($\hat{=}$ einige m WS), so daß der Einsatz auf sehr leicht filtrierbare Suspensionen beschränkt bleibt mit Korngrößen im mm- bis cm-Bereich, z.B. Naßabsieben auf Entwässerungssieben. Umfangreicher als bei der Kuchenfiltration wird die Schwerkraftfiltration bei den Tiefenfiltern verwendet (s. Abschnitt 8.4.4)

Tabelle 8.5 Übersicht über die Filterapparate und Beispiele

Filtertypen	Betriebsweise	
	diskontinuierlich	kontinuierlich
Schwerkraftfilter	Entwässerungsbunker Sand- und Kiesfilter	Entwässerungssiebe
Saugfilter (Vakuumfilter)	Saugnutschen	Trommelfilter Scheibenfilter Planfilter Bandfilter
Druckfilter	Drucknutschen Filterpressen Kerzenfilter Blattfilter	Bandfilterpressen
Saug-Druck-Filter		Druck-Drehfilter
Preßfilter	Membranfilterpressen	Siebbandpressen

Vakuumfiltration. Eine Mindestinstallation für ein Vakuumfilter zeigt Bild 8.4.18.
Kennzeichnend sind hier folgende Merkmale:
- Die Suspensionsseite steht unter Umgebungsdruck und ist frei zugänglich. Das ist
  für eine kontinuierliche Kuchenabnahme sehr vorteilhaft, und tatsächlich sind auch
  die Mehrzahl der kontinuierlich arbeitenden Filter Vakuumfilter. Auch für das
  Waschen und sonstige Nachbehandeln des Filterkuchens, sowie für die Wartung
  des Filtertuchs ist die Zugänglichkeit günstig.

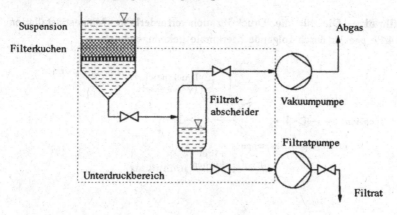

Bild 8.4.18   Prinzipielle Anordnung beim Vakuumfilter

- Auf der Unterdruckseite sind mindestens erforderlich: eine Vakuumpumpe (z.B. Wasserringpumpe), deren Größe vor allem durch den Gasvolumenstrom bestimmt wird, der nach Beendigung der Filtration beim sog. Trockensaugen des Kuchens anfällt; ein Flüssigkeitsabscheider, um das Filtrat vom durchgesaugten Gas (meist Luft) zu trennen; eine Flüssigkeitspumpe, um das Filtrat aus dem Unterdruckbereich zu holen. Wenn der Kuchen noch gewaschen werden soll, und die Waschflüssigkeit vom Filtrat getrennt aufgefangen werden muß, dann braucht man die gezeigte Installation auf der Unterdruckseite incl. Flüssigkeitspumpe zweimal. Aufwendig ist die Konstruktion bei kontinuierlichen Filterapparaten dort, wo im Unterdruckbereich zwischen Filter und Filtratabscheider vom drehenden Teil (Filter) auf den stehenden Teil der Anlage (Leitungen zum Filtratabscheider) übergegangen werden muß (Dichtungen, Zonenabgrenzungen mit Steuerkopf).
- Der Unterdruckbereich ersteckt sich mehr oder weniger weit auch ins Innere des Filterkuchens hinein. Das verbietet in der Regel den Einsatz bei Flüssigkeiten mit hohem Dampfdruck, z.B. bei heißen Suspensionen, weil es zu Verdampfungen oder gar zum Sieden im Filterkuchen führen könnte, ein durchaus unerwünschter Vorgang. Wegen der erhöhten Verdampfung fällt auf der Ausstoßseite der Vakuumpumpe Abluft oder Abgas an mit Komponenten des Filtrats, die u. U. eine Abluftreinigung erforderlich machen. Es kann auch vorkommen, daß durch den Unterdruck im Kuchen aus gesättigten Lösungen Feststoffe als sehr feine Partikeln ausfallen und den Kuchen bzw. das Filtertuch verstopfen.
- Der zur Verfügung stehende Druckunterschied ist prinzipiell auf < 1 bar beschränkt, realistisch sind Werte zwischen 0,5 und 0,8 bar. Der Filterkuchenwiderstand sollte also nicht zu hoch sein, damit die Filtergeschwindigkeiten (Filtrierund Kuchenbildungsgeschwindigkeit) nicht zu klein sind. Wegen der geringen Druckdifferenz wird der Filterkuchen nur mäßig beansprucht (komprimiert), er bleibt bei höherer Porosität relativ locker und kann je nach Kapillareigenschaften noch eine hohe Restfeuchte aufweisen.

Druckfiltration. Die für die Druckfiltration erforderliche Mindestinstallation zeigt Bild 8.4.19. Sie ist durch folgende Merkmale gekennzeichnet:

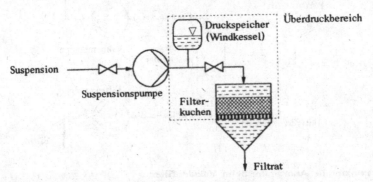

Bild 8.4.19 Prinzipielle Anordnung beim Druckfilter

- Der Druckunterschied ist viel größer als bei der Vakuumfiltration. Üblich sind meist mehr als 6 bar (10 ... 16 bar), es gibt aber auch Produktionsfilter mit 60 bar Filtrationsdruck. Hoher Druck bewirkt bei mäßig hohen Kuchenwiderständen eine höhere Filtriergeschwindigkeit. Bei großem Kuchenwiderstand ist die Filtration oft nur mit hohem Druck möglich. Durch den Filtrationsdruck wird der Kuchen zusammengepreßt, hat also verglichen mit der Saugfiltration geringere Porosität, wenn er kompressibel ist, und daher eine festere Konsistenz mit evtl. geringerer Restfeuchte. Hoher Druck im Apparat bedeutet aber auch große mechanische Beanspruchung für alle Bauteile einschließlich der Dichtungen. Bei Filterpressen mit bis zu ca. 2 m² großen Druckflächen sind Schließdrücke von mehreren Hundert bar erforderlich.
- Die Pumpe ist auf der Suspensionsseite angeordnet und muß daher die feststoffbeladene Flüssigkeit fördern. Das verlangt für alle produktberührten Teile einschließlich der Armaturen in der Regel besondere Maßnahmen gegen Verstopfung und Verschleiß.
- Der Filterkuchen sammelt sich im Druckraum an. Seine Entnahme kann daher praktisch nur im diskontinuierlichen Betrieb erfolgen: Wenn der Kuchenraum gefüllt ist (Abbruchkriterium V_{Kmax}), muß man den Druck wegnehmen, öffnen, abreinigen, wieder schließen und erneut Druck aufbauen. Nahezu alle Druckfilter arbeiten daher diskontinuierlich oder allenfalls quasi-kontinuierlich, indem die Totzeiten durch Automatisierung des Ablaufs sehr kurz gehalten werden.

Diskontinuierlich betriebene Filter haben während des Filtrierens praktisch keine bewegten Teile im Einsatz (wenn man von der Pumpe absieht), während bei kontinuierlicher Betriebsweise drehende Apparateteile notwendig sind (Drehfilter).

Saug-Druck-Filtration

Sie verbindet einige Vorteile der beiden geschilderten Prinzipien und vermeidet einige Nachteile. So kann z.B. durch den Einbau eines Vakuum-Drehfilters in eine Druckkammer einerseits ein kontinuierlicher Betrieb bei größerer Druckdifferenz, d.h. mit höherem Durchsatz, gefahren werden, andererseits ist aus der Kapillardruckkurve (Bild 8.4.20) ersichtlich, daß in der Entfeuchtungsphase bei feinkörnigen Produkten mit hohem Eintrittskapillardruck p_E eine relativ geringe Druckerhöhung über p_E hinaus eine erhebliche Reduzierung der Sättigung (Restfeuchte) im Kuchen bewirkt.

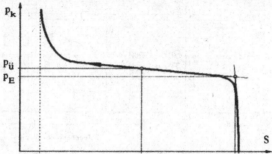

Bild 8.4.20 Sättigungsreduzierung durch Druckerhöhung beim Entfeuchten

Zur Auswahl von Filterapparaten

Einige allgemeine Überlegungen über die Einsatzbereiche von Filterapparaten sind in den beiden folgenden Diagrammen enthalten. Beim ersten in Bild 8.4.21 geht man von der Korngrößenverteilung des Feststoffs in der Suspension aus.

Sehr feine Partikeln mit Größenverteilungen im Bereich A (Medianwert $x_{50,3} <$ ca. 20 μm) bilden Kuchen mit so großem spezifischem Widerstand, daß Drücke über 1 bar aufgewendet werden müssen (Druckfilter). Vakuumfilter sind für solche Suspensionen nur dann sinnvoll, wenn vor der eigentlichen Filtration eine *Voranschwemmschicht* ("Precoat-Schicht") aus einem Filterhilfsmittel anfiltriert worden ist. Sie muß sehr gut durchlässig, d.h. hochporös und inkompressibel sein. Als Filterhilfsmittel eignen sich z.B. Kieselgur und Filterperlite, aber auch manche Aschen, zerkleinerte Schlakken oder Sägemehl. Auf der Voranschwemmschicht wird dann in z.T. sehr dünner Schicht der eigentlich abzutrennende Stoff filtriert und nach einer knappen Umdrehung mit einem Schälmesser abgeschabt.

Partikeln mit mittleren Korngrößen im Bereich B (Medianwerte zwischen ca. 5 μm und 400 μm) können auf Vakuumfiltern (Trommel- oder Scheibenfiltern) dann filtriert werden, wenn sie einerseits einen relativ gut durchlässigen Kuchen bilden und andererseits nicht schneller sedimentieren als der Filtrationsgeschwindigkeit entgegen der Schwerkraft entspricht.

Sind die Korngrößen relativ groß mit Medianwerten ab ca. 100 μm (Bereich C), dann sedimentieren die Partikeln schnell, und eine Filtration quer oder gar entgegengesetzt zur Schwerkraftrichtung kommt nicht in Frage. Andererseits ist die Durchlässigkeit eines aus solchen Teilchen bestehenden Filterkuchens natürlich gut, der Druckunterschied muß nicht groß sein. Hierfür bieten sich Plan- und Bandfilter an.

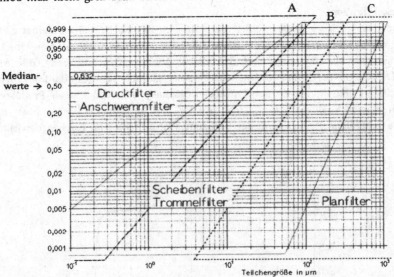

Bild 8.4.21 Einsatzgebiete von Filterapparaten nach der Korngrößenverteilung des Feststoffs in der Suspension (nach Fa. Dorr-Oliver)

Eine weitere wesentliche Filtrationseigenschaft der Suspension im Zusammenhang mit den Filtertypen ist die Kuchenbildungsgeschwindigkeit. Je nachdem, in welcher Zeit der erste cm Kuchenhöhe aufgebaut ist, kommen die verschiedenen Filterapparatetypen zum Einsatz. Dieser Gesichtspunkt liegt dem von Gösele [8.15] stammenden Diagramm Bild 8.4.22 zugrunde. Über der Aufbauzeit für den ersten cm Kuchen ist die Periodendauer für einen Filterzyklus aufgetragen.

Leicht filtrierbare Produkte mit hohen Feststoffkonzentrationen, bei denen für einen cm Kuchen Minuten oder weniger genügen, werden entweder auf kontinuierlichen Vakuumfiltern getrennt, bei denen auch ein Zyklus nur im Minutenbereich liegt, oder sie benötigen bei längeren Periodendauern (Stundenbereich) mehr Kuchenraum, wie er z.B. in Filternutschen zur Verfügung steht.

Schwerer zu filtrierende Suspensionen mit cm-Aufbauzeiten von ca. 10 Minuten bis Stunden werden auf Druckfiltern oder Filterpressen getrennt, brauchen ebenfalls längere Zykluszeiten, bilden aber insgesamt Kuchenhöhen nur im cm-Bereich.

Bei Suspensionen mit sehr kleinen Feststoffkonzentrationen verbunden mit u.U. sehr schlechter Filtrierbarkeit dauert es natürlich sehr lange, bis ein cm Kuchen gebildet ist (Zeitbereich: ca. 6 h bis Tage). Eine Filtrationsperiode ist dann schon in kürzerer Zeit beendet, so daß die Kuchenhöhen nur gering (< 1 cm) sind. Hier kommt es häufig auf die Klärung der Flüssigkeit und nicht auf die Feststoffgewinnung an, so daß Druckfilter mit Naßaustrag, d.h. mit einer Abschwemmung des Filterkuchens eingesetzt werden.

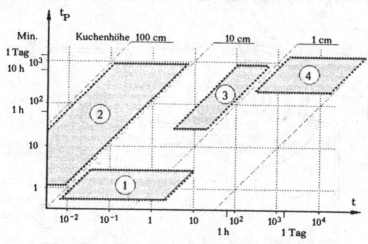

Aufbauzeit für den ersten cm Kuchen in Min.

Bild 8.4.22 Einsatzgebiete von Filterapparaten
nach der Aufbauzeit für den ersten cm Kuchen (nach Gösele [8.15])

1: Kontinuierliche Filter; 2: Filternutschen;

3: Druckfilter, Filterpressen; 4: Druckfilter mit Naßaustrag.

8.4.3.2 Einige Beispiele für Filterapparate

Saugfilter (Vakuumfilter)

Das Prinzip der *Saugnutschen* ist dem Bild 8.4.18 zu entnehmen. Sie werden wegen der relativ großen abzusaugenden Gasvolumina nur in kleineren Ausführungen verwendet. Die eigentliche Domäne der Vakuumfiltration sind die kontinuierlichen Dreh- und Bandfilter.

Unter dem Begriff Drehfilter lassen sich Trommelfilter, Scheibenfilter und Planfilter zusammenfassen. Das *Trommel-Zellenfilter* ist in Bild 8.4.23 dargestellt. Der doppelwandige Mantel einer zylindrischen Trommel ist mit dem Filtertuch bespannt und taucht teilweise in die Suspension ein (s. auch Bilder 8.4.4 und 8.4.17). Unter dem Filtertuch sind durch Stege einzelne Zellen abgeteilt, die das Filtrat auffangen und über jeweils eine Leitung auf der Stirnseite der Trommel zum sog. *Steuerkopf* führen. Durch die langsame Drehung der Trommel werden die Leitungsenden aus den einzelnen Zellen an drei verschiedenen Winkelbereichen des Steuerkopfs vorbeigeführt, die den Filtrationsphasen entsprechen:

- Winkelbereich φ_F: Filtrierphase;
- Winkelbereich φ_T: Trockensaugphase, während der auch das Waschen und Auspressen des Kuchens mit getrennter Entnahme der dabei anfallenden Flüssigkeit möglich ist;
- Winkelbereich φ_A: Abreinigungsphase zur Kuchenabnahme vom Filtertuch.

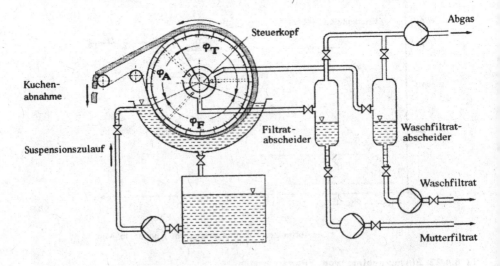

Bild 8.4.23 Vakuum-Trommelfilter mit Schnürenabnahme

Die Filtrationsrichtung ist entgegengesetzt zur Schwerkraft mit der Folge, daß das Trommelfilter für Suspensionen mit schnell sedimentierenden Feststoffen ungeeignet ist. Es gibt zwar ein Schwenkrührwerk im Suspensionstrog, das darf aber nur schwach rühren, damit der sich bildende Kuchen nicht weggespült wird. Für die Kuchenabnahme stehen zahlreiche Varianten zur Verfügung, in Bild 8.4.23 ist die *Schnürenabnahme* angedeutet, bei der der Kuchen auf parallel mitlaufenden Schnüren liegt und mit deren Abheben von der Filtertrommel ebenfalls von dieser entfernt wird.

Beim *Scheibenfilter* (Bild 8.4.24) ist das Filtertuch auf Segmente von innen evakuierten Kreisscheiben aufgespannt. Die Scheiben sitzen auf einer horizontalen Hohlwelle und tauchen in die Suspensionströge ein. Zwischen diesen sind flache Auffangschächte für den abgeblasenen oder abgeschabten Filterkuchen angeordnet. Im Gegensatz zum Trommelfilter ist hier die Filtrationsrichtung quer zur Schwerkraft. Scheibenfilter bieten eine größere Filterfläche je m^3 Bauvolumen des Apparats und haben kürzere und strömungsgünstigere Filtratableitungswege. Die Kuchenabnahmemöglichkeiten sind allerdings auf Rückblasen und Schaberabnahme beschränkt.

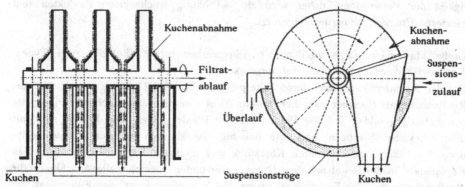

Bild 8.4.24 Scheibenfilter

Filter, die in Schwerkraftrichtung filtrieren, sind die *Plan(zellen)filter* - auch Tellerfilter genannt - wie in Bild 8.4.25, und die *Bandfilter* (Bild 8.4.26). Sie eignen sich dann, wenn grobe (genauer: schnell sedimentierende) Anteile in der Suspension vorhanden sind. Bandfilter bilden zugleich ein Transportmittel und sind daher besonders vorteilhaft.

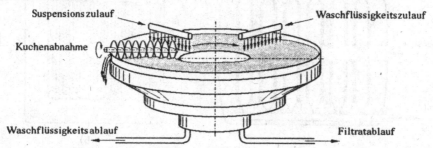

Bild 8.4.25 Planfilter

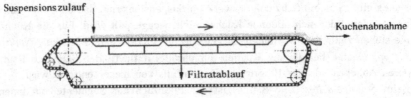

Bild 8.4.26   Bandfilter

Druckfilter

Bereits in Abschnitt 8.4.2.1 ist die *Drucknutsche* (Bild 8.4.3) als Beispiel für einen diskontinuierlich betriebenen Filterapparat aufgeführt. Sie wird in Baugrößen von $100\,cm^2$ bis zu mehreren m^2 Filterfläche gebaut. Ihre Stärke besteht in der Vielseitigkeit der Verwendung, daher wird sie bei häufig wechselnden Produkten und kleineren Chargen bevorzugt eingesetzt.

Große Massendurchsätze werden mit *Filterpressen* erzielt. Es gibt zwei Typen: *Kammerfilterpressen* und *Rahmenfilterpressen*.
Bei der *Kammerfilterpresse,* deren Filterpaket in Bild 8.4.27 zu sehen ist, wird der Kuchenraum als Kammer zwischen jeweils zwei - meist quadratischen - Filterplatten dadurch gebildet, daß die Platten erhöhte Ränder haben. Die Platten sind mit dem Filtertuch überzogen, und eine beliebige Anzahl von gleichen Platten ergibt dann das Filterpaket, das durch Kopfstück und Endstück abgeschlossen wird. Das Kopfstück - in der Regel mit dem Rahmen verbunden - enthält alle Anschlüsse für die Rohrleitungen, das Endstück überträgt den Schließdruck auf das Filterpaket. Im Mittelteil sind die Platten mit Noppen und Kanälen versehen, so daß einerseits das aufgelegte Filtertuch gestützt, andererseits der Ablauf des durchtretenden Filtrats ermöglicht wird. Die Suspensionszuführung ist zentral, das Filtrat wird in einem Sammelkanal oder - seltener - aus jeder Platte einzeln abgeführt.

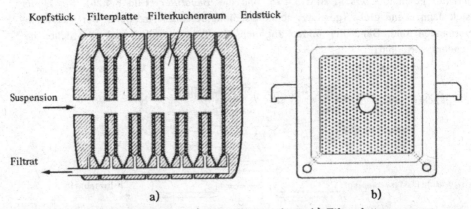

Bild 8.4.27   Kammerfilterpresse a) Filterplattenpaket,   b) Filterplatte von vorn

Das Filterplattenpaket wird während der Filtrierphase in einem sehr massiven Gestell - meist hydraulisch - zusammengepreßt (Bild 8.4.28 a)). Die einzelnen Platten hängen mit seitlichen Armen auf Holmen, damit sie längsverschieblich sind. Zur Entleerung wird das Endstück nämlich zurückgefahren, die Platten werden einzeln schräggestellt und der Kuchen fällt nach unten heraus (Bild 8.4.28 b)). Bei großen Filterpressen mit mehr als 100 Platten und bis zu 1000 m^2 Filterfläche sind die Abläufe automatisiert.

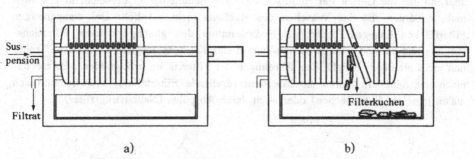

a)   b)

Bild 8.4.28   Filterpresse a) Filtrationsphase, b) Entleerung

Bei der *Rahmenfilterpresse* (Bild 8.4.29) wechseln sich eine Platte mit den Filtratabführungsrinnen und ein Hohlrahmen ab, der den Kuchenraum bildet. Zwischen beide wird das - eben bleibende - Filtermittel gelegt. Die Suspension wird von oben dem Kuchenraum (Rahmen) zugeführt und das Filtrat aus den Platten in einen Sammelkanal geleitet. Bei Rahmenfilterpressen ist zwar ein größerer Kuchenraum möglich als bei Kammerfilterpressen, die restlose Kuchenentnahme macht jedoch größere Schwierigkeiten. Daher findet man bei Filtrationen zur Feststoffgewinnung die Kammerfilterpresse weit häufiger im Einsatz, während Rahmenfilterpressen eher bei Filtrationen mit relativ seltener Kuchenentnahme (Klärfiltrationen) bei niedrigeren Feststoffkonzentrationen angewendet werden.

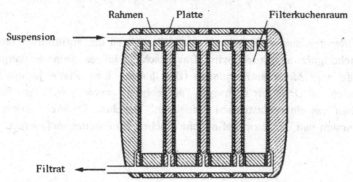

Bild 8.4.29   Rahmenfilterpresse

Verbreitet sind auch Filter, die in einem Druckbehälter untergebracht sind. *Kerzen-filter* (Bild 8.4.30 a) haben als Filterelemente feste poröse zylindrische Körper, an deren Oberfläche sich der Feststoff aus der Suspension abscheidet, und die durch Rückspülen (naß oder trocken) abgereinigt werden. *Blattfilter* (Bild 8.4.30 b) gibt es mit vertikal und mit horizontal angeordneten ebenen Filterflächen. Besonders die vertikalen Filterelemente haben ein sehr günstiges, d.h. großes Verhältnis von Filter-fläche zu Bauvolumen. Bei ihnen findet die Filtration quer zur Schwerkraftrichtung statt, so daß die Gefahr der Entmischung durch Sedimentation berücksichtigt werden muß, außerdem ist das Waschen des Kuchens nicht möglich. Bei waagerechten Filterflächen dagegen fördert die Sedimentation den gleichgerichteten Filtrations-vorgang und es sind weitere Behandlungen des Kuchens möglich (Waschen, Trock-nen mit Luft oder Dampf). Das Abreinigen der Filterfläche erfolgt hier z.B. mecha-nisch mit Schabern, durch Abschleudern (drehende Filterteller), Vibrationen (nach außen geneigte Filterflächen) oder auch durch Abspülen (Naßaustragsfilter).

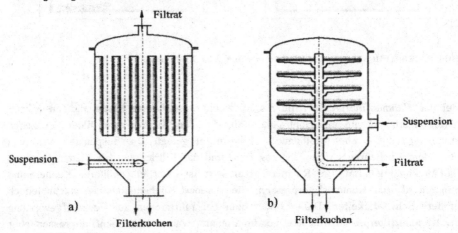

Bild 8.4.30 a) Kerzenfilter, b) Blattfilter

Alle *Preßfilter* zeichnen sich dadurch aus, daß in ihnen der anfiltrierte kompressible Kuchen nachträglich ausgepreßt wird. Das geschieht in den Kammerfilterpressen z. B. mit Hilfe sog. *Membranfilterplatten* (Bild 8.4.31). Eine Platte jeweils kann im Kuchenbereich mit Druckluft sozusagen "aufgeblasen" werden, weil ihre filtratablei-tenden Seiten aus einer elastischen "Membran" bestehen. Dadurch verkleinert sich der Kuchenraum und der darin befindliche Kuchen wird weiter entfeuchtet.

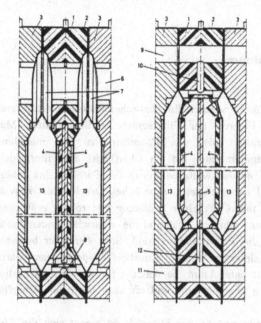

a) Membranfilterplatte
während der Filtration

1 Membranfilterplatte
2 Filtertuch
3 Zwischenplatte
4 Membran
5 Verstärkungseinlage
6 Trübekanal
7 Trübeeinlauf mit
  Tuchverschraubung
8 Filtrataustritt

b) Membranfilterplatte
beim Abpressen des Kuchens

9 Waschkanal
10 Waschzufuhr
11 Druckluftkanal
12 Druckmittelzufuhr
13 Kuchenraum

Bild 8.4.31 Membranfilterplatte (Fa. Lenser, Senden)

Kontinuierliches Auspressen von Filterkuchen erlauben die sog. *Sieb-* oder *Filterbandpressen,* von denen Bild 8.4.32 ein Beispiel zeigt. Nach einer Schwerkraftfiltration auf dem umlaufenden Endlosband in der "Seihzone" wird durch ein dagegenlaufendes zweites Band der Kuchenraum zunehmend verengt, und gegen eine perforierte Walze gepreßt ("Preßzone"). Die anschließenden mehrfachen Umlenkungen über kleinere Walzen haben den Zweck, den Kuchen zu scheren ("Scherzone"), dadurch seine Feststoffpartikeln umzulagern und die Zwischenräume weiter zu verkleinern.

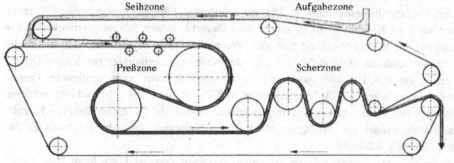

Bild 8.4.32 Siebbandpresse

8.4.4 Tiefenfiltration

8.4.4.1 Vorgang, Abscheidemechanismen

Wie schon in Abschnitt 8.4.1 erwähnt, werden die abzuscheidenden Feststoffpartikeln bei der *Tiefenfiltration* im Inneren der Filterschicht zurückgehalten. Man spricht daher auch von *Innenfiltration* oder von *Raumfiltration*. Das manchmal auftretende Absetzen von Teilchenagglomeraten auf der Oberfläche der Filterschicht ist in der Regel unerwünscht, weil es den weiteren Zutritt der Partikeln ins Innere erschwert oder verhindert, und weil es einen lokal sehr hohen Druckverlust hervorruft. Die Filtermittelschicht besteht meist aus einer Schüttung von relativ grobkörnigem Material mit Korngrößen im mm—Bereich, während die abzuscheidenden Partikeln sehr viel kleiner - auch als die Porenräume - sind. Sog. *Feinfilter* bestehen aus festen porösen Körpern aus gesinterten Metall-, Kunststoff- oder Keramikpartikeln mit mittleren Porenweiten weit unter 1 mm, so daß sie für die Tiefenfiltration sehr feiner Teilchen im μm-Bereich geeignet sind und oft auch noch eine Oberflächenfiltration zeigen.

Wegen des beschränkten Aufnahmevermögens der Filterschicht eignet sich die Tiefenfiltration nur für niedrigkonzentrierte Suspensionen; typische Werte sind kleiner als ca. 0,05 Vol% Feststoff. In den wenigsten Fällen ist der Feststoff zurückzugewinnen, daher dient die Tiefenfiltration praktisch ausschließlich der Klärfiltration. Durch Zugabe von Oxidationsmitteln ist die Abscheidung von Eisen- und Mangan-Ionen bei der Wasseraufbereitung möglich.

In der Natur kommt das Prinzip bei der Uferfiltration des Wassers auf dem unterirdischen Wege vom Gewässer zum Grundwasser vor, und auch die Abwassertechnik nutzt es bei der Bodenfiltration mit natürlichen Böden. Hauptanwendungsgebiet für technische Tiefenfilter ist im Rahmen der Wasseraufbereitung die Wasserreinigung zu Trinkwasser-, Betriebs- und Brauchwasserqualität (z.B. Kesselspeisewasser). Aber auch andere Flüssigkeiten (z.B. Getränke) werden über Tiefenfilter geklärt.

Der *Vorgang* ist ganz einfach: Die zu reinigende Flüssigkeit durchströmt - meist von oben nach unten - die relativ hohe Filterschicht, die Schmutzpartikeln bleiben hängen, die klare Flüssigkeit tritt aus. Wenn das Filter beladen ist, d.h. wenn der Flüssigkeitsablauf nicht mehr klar ist, oder wenn ein bestimmter maximaler Druckverlust erreicht ist, oder wenn der Volumenstrom unter eine bestimmte Grenze sinkt, kurz: wenn ein Abbruchkriterium erfüllt ist, muß die Filterschicht entfernt, entsorgt und ersetzt oder abgereinigt werden, so daß sie für einen weiteren Filtrationszyklus wieder zur Verfügung steht. Das Abreinigen geschieht bei losen Schüttungen durch Rückspülen.

Im Inneren der Schicht müssen wir zwei Vorgänge getrennt betrachten: Den *Transport* der Partikeln zur Oberfläche der Schichtkörner und ihr *Haften* an denselben.

Als *Transportmechanismen* kommen in Frage

Sperreffekt oder *Interception*. Das meint das Auftreffen der Partikeln aufgrund
ihrer eigenen Größe und der Nähe ihrer Bewegungsbahn zur Körnerober-
fläche insbesondere bei Verengungen der Strömungskanäle (Bild 8.4.33 a)).

Sedimentation. Das Absinken der Partikeln auf die Oberseite der Schichtkörner
aufgrund ihrer Größe und ihres Dichteunterschieds zur Flüssigkeit (Bild
8.4.33 b)).

Diffusion. Die zufällige Bewegung sehr kleiner Partikeln auf Grund der Brown'
schen Molekularbewegung zu Oberfläche der Schichtkörner hin (Bild 8.4.33 c)).

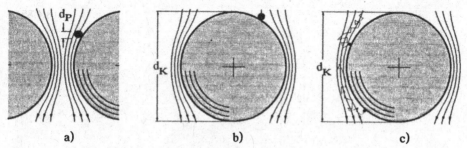

a)   b)   c)

Bild 8.4.33   Transportmechanismen Partikel → Korn in Tiefenfiltern

a) Sperreffekt (Interception),   b) Sedimentation,   c) Diffusion

d_P: Partikeldurchmesser, d_K: Korndurchmesser

Der bei der Partikelabscheidung aus Gasen für Teilchen > ca. 1 μm recht wirksame
Trägheitseffekt (s. Abschnitt 7.1.3) spielt in Flüssigkeiten wegen der hohen Zähigkeit
praktisch keine Rolle.

Das *Haften* der Partikeln an der Oberfläche der Körner geschieht durch die in Band
1, Kapitel 2, Abschnitt 2.5.2 beschriebenen elektrostatischen und van-der-Waals-
Haftkräfte. Es läßt sich daher durch Zusätze beeinflussen, die das Wechselwir-
kungspotential zwischen den Haftpartnern verändern, z.B. pH-Wert-Änderung. Dazu
kommen noch formschlüssige Bindungen, bei denen die sehr feinen Partikeln durch
Oberflächenrauhigkeiten der Filterkörner vor dem Weggespültwerden geschützt sind.

8.4.4.2   Berechnungsansätze

Abscheidung

Der Ansatz für die Abnahme $- dc_V$ der Feststoffkonzentration in Durchströmungs-
richtung z (s. Bild 8.4.34) wird proportional zur lokal vorhandenen Konzentration c_V
angesetzt und lautet damit ganz analog zu denen bei den Speicherschichtfiltern (s.
Abschnitt 7.3.1), den Naßabscheidern (Abschnitt 7.4.3) oder der elektrischen Partikelabscheidung (Abschnitt 7.5.3) aus Gasen.

Für die Tiefenfiltration wurde er 1937 von Iwasaki in der Form

$$- \frac{dc_V}{dz} = \lambda \cdot c_V \qquad (8.4.84)$$

aufgestellt. Der sog. *Filterkoeffizient* λ enthält alle relevanten Einflußgrößen, wie z.B. die mit der Zeit zunehmende Feststoffbeladung, die Korngrößen, die Transport- und Haft-Eigenschaften der Partikeln und Filterkörner samt den Fluid-Stoffwerten (Zähigkeit, pH-Wert usw.), Porosität, Filtrationsgeschwindigkeit usw.

Unter *Beladung* μ ist hier das auf das Filtervolumen bezogene abgeschiedene Feststoffvolumen zu verstehen

$$\mu = \frac{V_s}{A \cdot L} . \qquad (8.4.85)$$

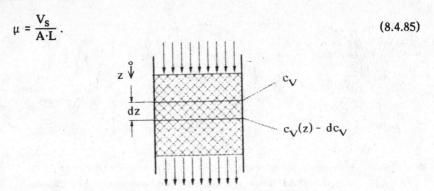

Bild 8.4.34   Zur Iwasaki-Gleichung

Daher kann λ nur zu Beginn der Filtration als konstant angesehen werden ($\lambda = \lambda_0$), und die Lösung der Iwasaki-Gleichung lautet hierfür

$$c_V = c_{V0} \cdot \exp(- \lambda_0 \cdot z) . \qquad (8.4.86)$$

Die Partikelkonzentration in der Flüssigkeit nimmt also zunächst exponentiell mit der Schichttiefe ab. Dementsprechend ist die Beladung der Schicht oben am größten und nimmt nach unten hin ab. Die Veränderung von λ wird durch eine Korrekturfunktion f_λ nach dem Ansatz

$$\lambda = \lambda_0 \cdot f_\lambda (\frac{\mu}{\mu_s}, ...) \qquad (8.4.87)$$

beschrieben, worin μ_s die Sättigungsbeladung bedeutet. Da mit zunehmendem μ die Aufnahmefähigkeit der Filterschicht abnimmt, muß λ kleiner werden. Gimbel [8.16] und Ives [8.17] geben verschiedene z.T. rein empirische, z.T. durch Modelle gestützte Gleichungen zur Beschreibung an, allgemeine Gesetzmäßigkeiten bestehen wegen der vielen Einflüsse und der komplexen Vorgänge jedoch nicht.

Druckverlust

Von praktischem Interesse ist außer der Feststoffabscheidung noch der *Druckverlust* und seine zeitliche Erhöhung. Er läßt sich in der Anfangsphase der Filtration mit einer der in Abschnitt 8.2.2.2 bereitgestellten Gleichungen für die als homogen anzusehende Schicht berechnen (vgl. Aufgabe 8.7). Den weiteren zeitlichen Verlauf über der Schichthöhe muß man messen. Die Zunahme der Beladung läßt den Druckverlust, im oberen Teil der Schicht beginnend, stark ansteigen. Im *Michau-Diagramm* (Bild 8.4.35) wird der örtliche Druckverlust als Abzug von der statischen Drucklinie aufgetragen. Dies ist in der Wasserreinigungstechnik üblich und zeigt vor allem an, wann und wo der Umgebungsdruck im Inneren der Schicht unterschritten wird. Hier können durch eventuelle Ausgasungen unliebsame Störungen des Filterbetriebs auftreten.

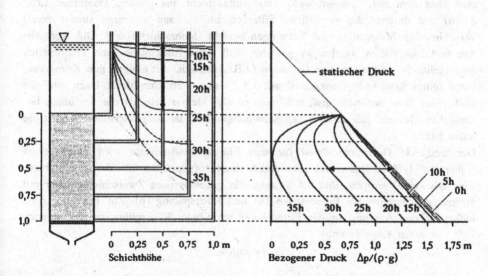

Bild 8.4.35 Michau-Diagramm einer Tiefenfiltration von Wasser [nach 8.16]

Für den zeitlichen Verlauf des Gesamtdruckverlusts hat Ives [8.17] mit einigen Vereinfachungen einen linearen Zusammenhang gefunden, der in praktischen Filtern gut bestätigt worden ist

$$\Delta p_V(t) = \Delta p_{V0} + K \cdot c_{V0} \cdot \frac{\dot{V}}{A} \cdot t. \tag{8.4.88}$$

Die mit "o" indizierten Werte gelten für den Zeitpunkt t = 0, $\dot{V}/A$ ist die Leerrohrgeschwindigkeit und K eine im Einzelfall empirisch zu bestimmende Konstante.

8.4.4.3 Bauarten

Man unterscheidet nach der Geschwindigkeit der Durchströmung *Langsamfilter* mit
weniger als 0,1 m/h bis zu etwa 0,5 m/h und *Schnellfilter* mit mehr als 3 m/h
(üblich sind im Mittel ca. 10 m/h) Filtergeschwindigkeit. *Langsamfilter* sind sehr
groß - Filterflächen einige 100 bis 10.000 m^2 -, haben Laufzeiten von mehreren
Monaten und reinigen Wasser vor allem auch durch eine sich auf der Oberfläche
ausbildende Schmutzdecke, in der biologische Prozesse ablaufen. Ihr extremer
Platzbedarf hat bewirkt, daß heute praktisch nur noch Schnellfilter gebaut werden.
Schnellfilter bestehen aus Schüttungen mit 0,5 ... 3 m Höhe, die Filtermittel sind
Hydro-Anthrazit, Filterkoks, Aktivkohle, Quarzsand und Bims. In vielen Fällen hat
man über dem sog. ”Düsenboden” eine Stützschicht aus grobem Quarzkies (3 ...
8 mm) und darüber die eigentliche Filterschicht, die aus mehreren (meist zwei)
verschiedenen Materialien und Körnungen besteht (Mehrschichtfilter). Die Korngrößen und Materialien werden so gewählt, daß beim Rückspülen eine ursprünglich
eingestellte Schichtung - oben Grobkorn (z.B. Anthrazit) mit einigen mm Korngröße,
unten feines Korn (z.B. Quarzsand) mit 0,5 ... 1 mm - erhalten bleibt. Dazu muß die
Dichte der oben liegenden großen Körner so viel kleiner sein als die der unten befindlichen kleinen, daß deren Sinkgeschwindigkeit in der aufgewirbelten Schicht sie
unten hält.
Der treibende Druckunterschied für den Flüssigkeitsdurchsatz wird durch einen
”Überstau” (offene Bauweise) oder durch einen aufgeprägten Überdruck (geschlossene Bauweise) erreicht. Bild 8.4.36 zeigt ein geschlossenes Zweischichtenfilter mit
Strömungsrichtungen für Filterbetrieb (a) und Rückspülung (b). Zur besseren Auflockerung und Abreinigung der Filterkörner wird beim Rückspülen zusätzlich noch
Luft von unten eingeblasen.

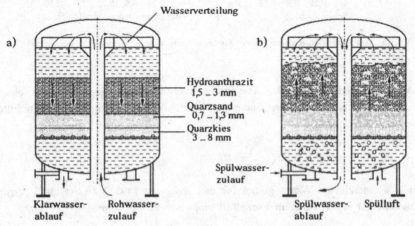

Bild 8.4.36 Geschlossenes Zweischichtenfilter (nach [8.16])
  a) Filterbetrieb, b) Rückspülen

8.4.5 Querstromfiltration

Niedrig konzentrierte Suspensionen mit sehr kleinen Partikeln oder mit Bestandtei-
len, die eine sehr dünne, undurchlässige Schicht auf dem Filtermittel bilden, können
durch Kuchenfiltration nicht, und durch Tiefenfiltration nur dann geklärt werden,
wenn das Filtermittel leicht und oft regenerierbar ist. Solche Suspensionen kommen
häufig in der Biotechnologie vor (z.B. Bakterien, Pilze, Hefen der Pharma- und
Lebensmitteltechnik), aber auch in der chemischen Industrie und der Abwassertechnik (z.B. gefällte Schwermetallverbindungen). Die Aufgabe der Fest-Flüssig-Trennung ist dann die Klärung der Flüssigkeit bis hin zur Sterilfiltration. In vielen
Fällen eignet sich die Querstromfiltration zur Lösung dieser Aufgabe.

Der Grundgedanke dabei ist einfach: Man macht eine Oberflächenfiltration ohne
oder nur mit sehr begrenzter Kuchenbildung, indem die kuchenbildenden Partikeln
durch zusätzliche Scherkräfte parallel zur Filterfläche wegtransportiert werden.

Es gibt zwei grundsätzliche Möglichkeiten, das zu realisieren: Den *Scherspalt* zwischen zwei bewegten Wänden und die Strömung quer zur Filtrationsrichtung *(Quer-
strom)*. In Bild 8.37 a) ist das Prinzip der Scherspalt-Filtration mit rotierenden Fil-
terscheiben zwischen stehenden Filterelementen gezeigt (radialer Spalt), in Bild
8.37 b) bilden ein rotierender Innenzylinder in einem stehenden Außenzylinder den
axialen Scherspalt. Der Trübezulauf wird hier meist wie in der Membrantechnologie
"Feed", die geklärte, gereinigte Flüssigkeit "Permeat" und die aufkonzentrierte Suspension "Konzentrat" genannt.

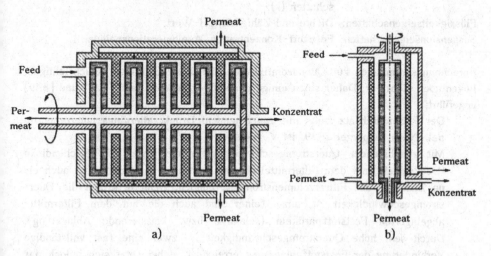

Bild 8.4.37 Scherspalt-Filtration a) mit rotierenden Scheiben (radialer Scherspalt)
b) mit rotierendem Zylinder (axialer Scherspalt)

Die eigentliche Querstromfiltration wird technisch meist in sog. *Membranmoduln* durchgeführt. Dort sind zahlreiche Röhrchen mit durchlässiger Wand (rohr- bzw. kapillarförmige Membranen) parallelgeschaltet zu einem Bündel zusammengefaßt (Bild 8.4.38). Andere Moduln mit spiralförmigen Rechteckkanälen, aufgewickelten Flachmembranen (Wickelmoduln) oder hintereinander durchströmten ebenen Plattenzwischenräumen (Plattenmoduln) aus der Membrantrenntechnik werden gelegentlich ebenfalls eingesetzt, sind von der Gleichmäßigkeit der Strömungsführung und den Druckverlusten her jedoch weniger günstig.

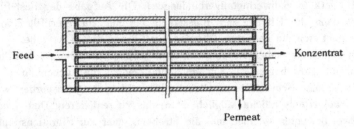

Bild 8.4.38 Membranmodul der Querstromfiltration (Rohrmodul)

Die wichtigsten Einflußgrößen sind folgende:

Betriebsbedingungen: Druck und Überströmgeschwindigkeit;

Feststoffeigenschaften: Partikelgrößenverteilung, Kornform, Kuchenbildungseigenschaften (ε);

Flüssigkeitseigenschaften: Dichte und Zähigkeit, pH-Wert;

Suspensionseigenschaften: Feststoff-Konzentration, Agglomerationsneigung

Berechnungsgrundlagen zur Querstromfiltration, die diese Einflüsse berücksichtigen, liegen noch nicht vor. Daher seien einige qualitative Angaben nach [8.18] und [8.19] angeführt:

Der Filtratdurchsatz steigt mit zunehmendem Druck, allerdings unterproportional. Nach Ripperger [8.19] ist $\dot{V} \sim \sqrt{\Delta p}$.

Mit zunehmender Querstromgeschwindigkeit nimmt zwar die Kuchendicke (Deckschicht) auf dem Filtermittel ab, damit ist aber nicht unbedingt auch eine Zunahme des Filtratvolumenstroms verbunden. Denn je größer die Querstromgeschwindigkeit ist, umso feiner sind auch die auf dem Filtermittel abgelagerten Feststoffpartikeln (selektive bzw. klassierende Ablagerung). Durch sehr hohe Querstromgeschwindigkeit ist zwar eine fast vollständige Verhinderung der Feststoffablagerung erreichbar, dabei setzt sich jedoch das Filtermittel mit feinsten Partikeln soweit zu, daß der Filtermittelwiderstand drastisch ansteigt und dementsprechend wenig Filtratvolumenstrom erzielt wird.

Für die klassierende Ablagerung gibt es ein einleuchtendes Modell (nach Raasch [8.20]): Auf eine einzelne Partikel, die auf einer rauhen Unterlage (Filtermittel oder bereits abgelagerte Kuchenschicht) liegt, wirken parallel zur Oberfläche die Querströmungskraft F_Q und senkrecht dazu die Widerstandskraft F_W (Bild 8.4.39). Die Oberfläche ist außerdem rauh, so daß das Teilchen nur dann mit der Querströmung weitertransportiert wird, wenn das Verhältnis von Querkraft F_Q zu Widerstandskraft F_W einen bestimmten Wert überschreitet.

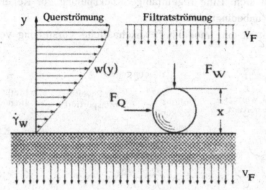

Bild 8.4.39 Strömungskräfte auf ein abgesetztes Teilchen bei der Querstromfiltration

Setzt man F_Q proportional zur Wandschubspannung ($\tau_w \sim \eta \cdot \dot{\gamma}_w$) mal dem Partikelquerschnitt x^2 an ($\dot{\gamma}_w$ ist das Schergefälle dw/dy an der Oberfläche $y = 0$)

$$F_Q \sim \eta \cdot \dot{\gamma}_w \cdot x^2 \qquad (8.4.89)$$

und die Widerstandskraft nach Stokes mit der Filtriergeschwindigkeit v_F durch die Filterschicht

$$F_W \sim \eta \cdot v_F \cdot x, \qquad (8.4.90)$$

dann ergibt sich aus dem Verhältnis der beiden Kräfte

$$\frac{F_Q}{F_W} \sim \frac{\dot{\gamma}_w \cdot x}{v_F} \qquad (8.4.91)$$

eine Grenzkorngröße

$$x^* \sim \frac{v_F}{\dot{\gamma}_w}, \qquad (8.4.92)$$

unterhalb derer die Teilchen auf der Schicht liegenbleiben, und oberhalb derer sie mitgenommen werden.

Es entspricht den experimentellen Befunden, daß diese Grenze bei umso kleineren Partikeln liegt, je kleiner die Filtriergeschwindigkeit, und je größer die Querströmungsgeschwindigkeit w und damit das Wand-Schergefälle $\dot{\gamma}_w$ ist. Den Einfluß der

Oberflächenrauhigkeit und der Kornform enthält dann allein die Proportionalitätskonstante.

Durch die Ablagerung von Partikeln erhöht sich der Filterwiderstand, die Filtriergeschwindigkeit v_F wird kleiner und die abgelagerten Teilchen ebenfalls. Dadurch
entsteht sowohl in Längsrichtung (Querströmung) als auch in der Schichtung des
Filterkuchens ein Klassiereffekt: weiter oben auf der Schicht und weiter stromab
findet sich immer feineres Korn. Der Filterwiderstand erhöht sich erst recht und der
Vorgang verstärkt sich. Eine regelmäßige Rückspülung zur Regeneration der Filterschicht ist daher unbedingt erforderlich.

Bild 8.4.40 vermittelt eine modellhaft-anschauliche Vorstellung von diesen Klassier-
vorgängen.

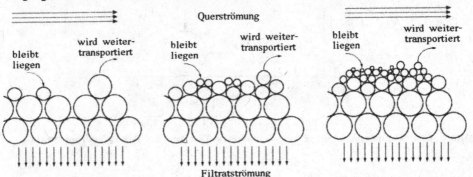

Bild 8.4.40 Klassierende Ablagerung von Partikeln bei der Querstromfiltration

8.5 Zentrifugieren

Führt man die Grundvorgänge "Sedimentieren" und "Filtrieren" des Fest-Flüssig-
Trennens im Fliehkraftfeld durch, so spricht man allgemein vom "Zentrifugieren".
Je nach der Art des Grundvorgangs unterscheidet man dann zwischen "Sedimentati-
ons-" oder "Absetz-Zentrifugen" und "Filter-Zentrifugen".

Die Erhöhung der Beschleunigung gegenüber der Schwerebeschleunigung wird durch
die *Schleuderzahl* z gekennzeichnet (vgl. Band 1, Abschnitt 2.2.2.3, Gl.(2.2.25))

$$z = \frac{r \cdot \omega^2}{g} .$$
(8.5.1)

Darin sind r der Radius (Abstand von der Drehachse), auf dem sich ein betrachtetes
Masseteilchen befindet, und ω die Winkelgeschwindigkeit, mit der es sich um die
Achse dreht. Die Schleuderzahl ist in aller Regel sehr viel größer als 1, in techni-
schen Zentrifugen meist > 100 bis über 20.000 und kann bei sog. Ultrazentrifugen

Werte bis 10^5 und sogar darüber annehmen. Die mechanischen Vorgänge während des eigentlichen Zentrifugierens können daher fast immer ohne Berücksichtigung der Schwerkraft betrachtet werden. Lediglich während des Anfahrens und Abbremsens der Zentrifugen spielt sie zusammen mit den evtl. noch zeitveränderlichen Beschleunigungen eine Rolle.

Die Vorteile des Zentrifugierens gegenüber den gleichen Operationen im Schwerefeld sind folgende: Durch die höhere und mit dem Radius r und der Drehzahl n

$$\omega = 2\pi \cdot n \tag{8.5.2}$$

einstellbare Beschleunigung

- sedimentieren Partikeln schneller als im Schwerefeld, es können durch Sedimentation kleinere und spezifisch leichtere Partikeln abgetrennt werden ($\Delta\rho < 10$ kg/m^3; $x \approx 0,1 \dots 10$ µm),
- können treibende Druckdifferenzen über Filterschichten (Kuchen oder Anschwemmschicht) erzeugt werden, die denjenigen der Druckfiltration vergleichbar sind (einige bar),
- läßt sich eine anfiltrierte Schicht besser entwässern, als mit durchströmendem Gas.

Nachteilig gegenüber Schwerkraftverfahren ist der höhere energetische und maschinelle Aufwand. Die Beschleunigung muß erzeugt werden, es sind relativ große, schnell drehende Maschinenteile vorhanden mit allen Folgen hinsichtlich der Festigkeits- und Werkstoffprobleme, der Produktzu- und -abführung, der Unwuchten (Wellenlager und Antriebsbeanspruchung), der Betriebssicherheit, der Wartung und des Verschleißes.

8.5.1 Sedimentations-Zentrifugen

8.5.1.1 Berechnungsgrundlagen

Die Grundlagen der Sedimentation im Zentrifugalfeld sind anhand des Beispiels "Becherzentrifuge" in Band 1, Abschnitt 2.2.2.3 für die Drehung mit konstanter Winkelgeschwindigkeit (ω = const.) bereits ausgeführt. Daher seien hier nur die Ergebnisse kurz wiederholt:

Unter den Voraussetzungen vernachlässigbarer Coriolis- und Radialbeschleunigung r$\dot\omega$ (das entspricht den Trägheitskräften), sowie bei zäher und unbeeinflußter Umströmung der Partikeln (Stokes-Bereich, Re $\leq$ 0,25 und Volumenkonzentrationen unter ca. 1%) gilt für die radiale Sinkgeschwindigkeit einer kleinen Kugel mit dem Durchmesser d (Partikel) Gl.(2.2.29)

$$w_{fz}(r) = \frac{dr}{dt} = \frac{\Delta\rho \cdot d^2 \cdot \omega^2}{18 \cdot \eta} \cdot r \, . \tag{8.5.3}$$

Darin bedeuten $\Delta\rho = \rho_P - \rho_f$ den Dichteunterschied zwischen Partikeln und Flüssigkeit, η die dynamische Zähigkeit der Flüssigkeit und r den Radius, auf dem sich momentan die Partikel befindet. Die relevante Reynoldszahl wird mit dieser Geschwindigkeit und der Partikelgröße d gebildet

$$Re = \frac{w_{fz}\, d\, \rho_f}{\eta}. \tag{8.5.4}$$

Was bedeutet die Bedingung $Re \leq 0,25$ hinsichtlich der Partikelgrößen bzw. der Sinkgeschwindigkeiten? Wenn wir Gl.(8.5.3) in Gl.(8.5.4) einsetzen, erhalten wir

$$\underbrace{\frac{\Delta\rho}{\rho_f} \cdot \frac{g}{\nu^2} \cdot d^3}_{Ar} \cdot \underbrace{\frac{r\,\omega^2}{g}}_{z} \leq 0,25 \cdot 18 = 4,5.$$

Der erste Term darin ist die aus Abschnitt 2.2.2.4 in Band 1 bekannte *Archimedes-Zahl*, ein dimensionsloses Maß für die Partikelgröße (genauer: Partikelvolumen). Der im Schwerefeld gültigen Stokesbedingung $Ar \leq 4,5$ entspricht hier also

$$Ar \cdot z \leq 4,5 \tag{8.5.5}$$

Wir können Gl.(8.5.3) aber auch nach d auflösen und mit Gl.(8.5.4)

$$\underbrace{\frac{\rho_f}{\Delta\rho} \cdot \frac{w_{fz}^3}{\nu \cdot g}}_{\Omega} \cdot \underbrace{\frac{g}{r\,\omega^2}}_{z^{-1}} \leq \frac{0,25^2}{18} = 3,5 \cdot 10^{-3}$$

bilden. Dann haben wir links die *Omega-Zahl* Ω erhalten, die ein dimensionsloses Maß für die Sinkgeschwindigkeit darstellt. Damit läßt sich der Stokesbereich also durch

$$\Omega \cdot z^{-1} \leq 3,5 \cdot 10^{-3} \tag{8.5.6}$$

nach oben hin abgrenzen. Für die Kennzahlen D^* und W^* lauten die Grenzen des Stokesbereichs

$$D^* = \sqrt[3]{Ar} \leq 1,65 \cdot z^{-\frac{1}{3}} \quad \text{und} \quad W^* = \sqrt[3]{\Omega} \leq 0,151 \cdot z^{\frac{1}{3}}. \tag{8.5.7}$$

Die Lösung der Differentialgleichung (8.5.3) lautet mit dem Anfangswert r_0 für den Zeitpunkt $t = 0$ ((vgl. Gl.'n (2.2.30) und (2.2.31)))

$$r(t) = r_0 \cdot \exp\left[\frac{\Delta\rho \cdot d^2 \cdot \omega^2}{18\,\eta} \cdot t\right] \tag{8.5.8}$$

bzw. $\quad t(r) = \dfrac{18\,\eta}{\Delta\rho \cdot d^2 \cdot \omega^2} \cdot \ln\dfrac{r}{r_0}.$ $\tag{8.5.9}$

Die Becherzentrifuge kann zwar als anschauliches Modell für die Sedimentation im Zentrifugalfeld dienen, in der technischen Praxis aber kommt sie nur als Laborzentrifuge zum Einsatz, größere Sedimentationszentrifugen sind anders ausgeführt, nämlich als *Vollmantelzentrifugen*. Bild 8.1.1 b) in Abschnitt 8.1 zeigt ein Beispiel mit vertikaler Achse. Der Rotor ist als Zylinder mit Boden und Überlaufrand ausgebildet.

Wir wollen zur Herleitung des Zusammenhangs zwischen Betriebsgrößen (Drehzahl, Durchsatz), Geometrie (Durchmesser und Länge des Rotors, Durchmesser des Überlaufrandes), Stoffeigenschaften (Zähigkeit der Flüssigkeit, Dichtedifferenz) und Abscheidequalität (Trennkorngröße) eine Anordnung wie in Bild 8.5.1 betrachten. Dabei vereinbaren wir die oben erwähnten Vereinfachungen bezüglich der Umströmung (Stokes-Bereich und geringe Konzentration) und der Vernachlässigung der Trägheitskräfte und heben als wichtige Voraussetzung noch die "Schlupffreiheit" hervor, weil sie für die Vollmantelzentrifuge nicht so selbstverständlich ist wie für die Becherzentrifuge: Die Suspension rotiert wie ein starrer Körper mit dem Rotor (ω = const.), d.h. es gibt keine Relativbewegung *(Schlupf)*, auch nicht zwischen einzelnen Flüssigkeitsschichten.

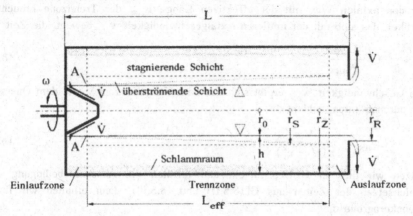

Bild 8.5.1 Überlaufzentrifuge

Am Einlauf bedeutet das, daß die Suspension vor dem Auftreffen auf die rotierende Flüssigkeit auf deren Umfangsgeschwindigkeit beschleunigt sein muß. Weil das aber nur unvollkommen gelingt, und auch noch eine radiale Bewegungskomponente hinzukommt, wird vor der eigentlichen *Trennzone* eine Einlaufzone berücksichtigt. Ähnlich ist es beim Auslauf; auch dort sollen unvermeidliche Störungen der Starrkörperrotation in einer Auslaufzone außerhalb der Trennzone stattfinden.
Wir gehen von dem Schichtenmodell nach Reuter aus ([8.21], [8.22]): Der axiale Transport findet in einer *überströmenden Schicht* vom Einlauf zum Auslauf statt, während der übrige Zentrifugenraum von der *stagnierenden Schicht* eingenommen wird. Hier gibt es zwar lokale Sekundärströmungen, aber keine mittlere Axialgeschwindigkeit. Die vereinfachende Modellvorstellung besagt nun, daß ein bei A eintretendes Partikel der Größe d_{St} (Stokesdurchmesser) dann abgeschieden ist, wenn es in der gleichen Zeit radial die Strecke ($r_S - r_o$) und axial die Länge L_{eff} (Länge der Trennzone) zurückgelegt hat. Für diese Länge kann man ansetzen

$$L_{eff} \approx (0{,}8 \dots 0{,}9) \cdot L. \tag{8.5.10}$$

In der überströmenden Schicht besteht zwar ein Laminarprofil der Strömung, aber am Ergebnis ändert sich nichts, wenn man mit einer konstanten mittleren Axialgeschwindigkeit rechnet. Meist wird ein Partikel erst dann als abgeschieden betrachtet, wenn es die Innenwand des Zentrifugenrotors erreicht hat, also radial die Strecke $h = (r_Z - r_0)$ gesunken ist. Auch hierfür gilt, daß die folgenden Ergebnisse in ihrer qualitativen Aussage bleiben und durch Ersetzen von r_S durch r_Z leicht umgerechnet werden können (s. Gl.'n (8.5.21) und (8.5.22).

Gl.(8.5.9) liefert die Zeit für den radialen Weg $(r_S - r_0)$ zu

$$t = \frac{18\,\eta}{\Delta\rho \cdot d^2 \cdot \omega^2} \cdot \ln\frac{r_S}{r_0} \quad . \tag{8.5.11}$$

Für den axialen Weg mit der effektiven Länge L_{eff} der Trennzone braucht ein Partikel, das sich mit der mittleren Axialgeschwindigkeit w_{ax} bewegt, die Zeit

$$t = \frac{L_{eff}}{w_{ax}} \quad . \tag{8.5.12}$$

Die Geschwindigkeit w_{ax} ergibt sich aus dem Volumenstrom $\dot{V}$ und dem Querschnitt der durchströmten Schicht zu

$$w_{ax} = \frac{\dot{V}}{\pi\,(r_S^2 - r_0^2)} \quad . \tag{8.5.13}$$

Setzen wir dies in Gl.(8.5.12) ein und erfüllen die Abscheidebedingung durch Gleichsetzen der Zeiten aus Gl.(8.5.11) und (8.5.12), dann erhalten wir für die Trennkorngröße d_t

$$d_t^2 = \frac{18\,\eta}{\Delta\rho \cdot \omega^2} \cdot \frac{\dot{V} \cdot \ln(r_S/r_0)}{\pi\,(r_S^2 - r_0^2) \cdot L_{eff}} \quad . \tag{8.5.14}$$

Nach dem Volumenstrom aufgelöst ergibt sich

$$\dot{V} = \frac{\Delta\rho \cdot \omega^2 \cdot d_t^2}{18\,\eta} \cdot \frac{\pi\,(r_S^2 - r_0^2) \cdot L_{eff}}{\ln(r_S/r_0)} \quad . \tag{8.5.15}$$

Daraus können durch Erweitern mit g, sowie unter Verwendung von

$$(r_S^2 - r_0^2) = (r_S + r_0) \cdot (r_S - r_0), \tag{8.5.16}$$

$$(r_S + r_0)/2 = r_m \approx r_R \tag{8.5.17}$$

und $\quad \ln(r_S/r_0) \approx 2 \cdot (r_S - r_0)/(r_S + r_0) \tag{8.5.18}$

folgende Vereinfachungen und Schreibweisen gebildet werden:

$$d_t^2 = \frac{18\,\eta}{\Delta\rho\,g} \cdot \underline{\frac{g}{r_R\,\omega^2}} \cdot \underline{\frac{\dot{V}}{2\pi\,r_R\,L_{eff}}} \tag{8.5.19}$$

$$d_t^2 = \frac{18\,\eta}{\Delta\rho\,g} \cdot \frac{1}{z_R} \cdot u_A \tag{8.5.19a}$$

Der dritte Term in dieser Beziehung kann in Analogie zur Schwerkraftsedimentation (s. Abschnitt 8.3.1) als Oberflächenbeschickung u_A gedeutet werden [8.23], die gegenüber derjenigen im Schwerefeld um den Faktor $1/z_R$ (zweiter Term) kleiner sein darf. z_R stellt die mit dem Radius der Überlaufkante gebildete Schleuderzahl dar.
Für den Volumenstrom bringen die Vereinfachungen Gl.n (8.5.16) bis (8.5.18) folgende Form:

$$\dot{V} = \underbrace{\frac{\Delta\rho \cdot g \cdot d_t^2}{18\,\eta}}_{w_{fSt}} \cdot \underbrace{\frac{r_R\,\omega^2}{g}}_{z_R} \cdot \underbrace{2\pi\,r_R \cdot L_{eff}}_{A_R} \cdot \qquad (8.5.20)$$

$$\dot{V} = \quad w_{fSt} \quad \cdot \quad z_R \quad \cdot \quad A_R \qquad (8.5.20a)$$

Der erste Term darin ist die Sinkgeschwindigkeit der Partikeln mit Trennkorngröße, also ein reiner Produktwert für die Suspension.

$$A_R = 2\pi\,r_R\,L_{eff} \qquad (8.5.21)$$

ist die wirksame zylindrische Rotorfläche oder *Trennfläche*. Das Produkt

$$\Sigma = z_R \cdot A_R \qquad (8.5.22)$$

bezeichnet man als *äquivalente Klärfläche* oder auch nur *Sigma-Wert* ([8.23], [8.24]) und so läßt sich Gl.(8.5.20) sehr einfach

$$\dot{V} = w_{fSt} \cdot \Sigma \qquad (8.5.20)$$

schreiben. Ein Vergleich mit Gl.(8.3.15) in Abschnitt 8.3.2 ($\dot{V} = u_A \cdot A$) zeigt, daß Σ die bei Schwerkraftsedimentation mit der Oberflächenbeschickung u_A theoretisch erforderliche Klärfläche wäre, um den Volumenstrom $\dot{V}$ zu reinigen. In Wirklichkeit bleiben so kleine Partikeln, wie sie in Zentrifugen abgetrennt werden, im Schwerefeld wegen Konvektionsströmungen in Schwebe.
Legt man nicht, wie hier geschehen, das Schichtströmungsmodell für die Abscheidung zugrunde, sondern sieht eine Partikel erst dann als abgeschieden an, wenn sie die Rotorinnenwand erreicht hat, dann muß in den Gl.'n (8.5.14) und (8.5.15) nur r_S durch r_Z ersetzt werden. Die Näherungen Gl.n (8.5.16) bis (8.5.18) können je nach Größe des Schlammraums dann aber ziemlich ungenau werden.
Die Umrechnung von den Gleichungen (8.5.14) und (8.5.15) auf r_Z liefert für die Trennkorngröße $(d_t)_Z$

$$\frac{(d_t)_Z}{(d_t)_S} = \left\{ \frac{\ln(r_Z/r_0)}{\ln(r_S/r_0)} \cdot \frac{r_S^2 - r_0^2}{r_Z^2 - r_0^2} \right\}^{1/2} \qquad (8.5.24)$$

und für den Volumenstrom $(\dot{V})_Z$

$$\frac{(\dot{V})_Z}{(\dot{V})_S} = \frac{\ln(r_S/r_0)}{\ln(r_Z/r_0)} \cdot \frac{r_Z^2 - r_0^2}{r_S^2 - r_0^2} \cdot \qquad (8.5.25)$$

Mit den Näherungsformeln Gl.n (8.5.16) bis (8.5.18) und mit der Bezeichnung h für die Füllhöhe $(r_Z - r_0)$ in der rotierenden Trommel wird daraus

$$\frac{(d_t)_Z}{(d_t)_S} \approx \frac{r_R}{r_Z - h/2} < 1 \tag{8.5.26}$$

und

$$\frac{(\dot{V})_Z}{(\dot{V})_S} \approx \left(\frac{r_Z - h/2}{r_R}\right)^2 > 1 . \tag{8.5.27}$$

Aus der Gl.(8.5.20) läßt sich für den Durchsatz entnehmen

$$\dot{V} \sim (r_R \, \omega)^2 \cdot L_{eff} . \tag{8.5.28}$$

Daran lassen sich noch einige grundsätzliche verfahrenstechnische Aspekte diskutieren. Eine Durchsatzsteigerung wäre demnach nämlich möglich durch

Vergrößerung des Überlaufradius' r_R,

Erhöhung der Drehzahl $n \sim \omega$,

Verlängerung des Rotors.

Die Vergrößerung des Überlaufradius' ohne Vergrößerung des Rotordurchmessers ist nur in engen Grenzen möglich, weil dadurch der Schlammraum verkleinert wird. Bei der Durchmesservergrößerung des Rotors selber muß jedoch als "Nebenbedingung" beachtet werden, daß die maximale Zugspannung im Rotormantel dem Quadrat der Umfangsgeschwindigkeit proportional ist

$$\sigma_{z\,max} \sim w_u^2 \sim (n \cdot r_Z)^2 . \tag{8.5.29}$$

Ein bestimmter zulässiger Höchstwert des Produkts aus Drehzahl und Durchmesser $(n \cdot r_Z)$ darf also nicht überschritten werden. Daher haben alle Zentrifugen umso kleinere Durchmesser, je höher ihre Drehzahlen bzw. Schleuderziffern sind. Für eine Durchsatzsteigerung bleibt als zusätzliche Maßnahme die Verlängerung des Rotorkörpers. Tatsächlich gibt es Klärzentrifugen mit hohen Drehzahlen für sehr feine abzusetzende Feststoffe mit kleinen Durchmessern und großen Längen (*Röhrenzentrifugen*).

Das Problem bei Vollmantelzentrifugen, insbesondere mit langen Rotoren ist der Feststoffaustrag. Er muß bei abgestellter Zentrifuge von der offenen Seite her erfolgen und läßt daher nur eine quasikontinuierliche Betriebsweise zu. Damit das Entleeren möglichst selten nötig wird, muß einerseits der Schlammraum genügend groß sein, und andererseits sollte die Feststoffkonzentration der zu klärenden Flüssigkeit nicht hoch sein.

8.5.1.2 Einige Bauarten von Sedimentationszentrifugen

In der *Vollmantel-Schnecken-Zentrifuge (Dekantierzentrifuge, Dekanter)* (Bild 8.5.2) besteht der Rotor aus einem zylindrischen und einem konisch sich verjüngenden Stück. Im zylindrischen Teil findet die Sedimentation statt. Eine sich relativ zum Rotor langsam drehende Transportschnecke schiebt den abgesetzten Feststoffschlamm in Konusrichtung und fördert ihn über das Flüssigkeitsniveau hinaus. Am Ende des Konus wird er dann ausgeworfen. Am anderen Ende des Rotors befindet sich die Überlaufkante für die geklärte Flüssigkeit. Auf diese Weise kann kontinuierlicher Betrieb realisiert werden. Die Berechnung der Abscheidung kann für den Dekanter nicht mehr nach den Formeln im vorigen Abschnitt erfolgen, weil die Strömung in den Schneckenkanälen wesentlich von der starren Rotation abweicht.

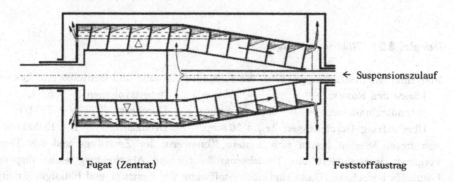

Bild 8.5.2 Gegenstrom-Dekanter (Dekantierzentrifuge)

Das Prinzip, durch schräg zum Beschleunigungsfeld geneigte Einbauflächen Absetzweg und Absetzzeit zu verkürzen (vgl. Schrägklärer im Schwerkraftfeld), wird im Fliehkraftfeld von den *Teller-Separatoren* verwirklicht. Bild 8.5.3 a) zeigt den Rotor eines Trennseparators, der zur Fest-Flüssig-Klärung mit intermittierender Feststoffentnahme durch Absenken des Bodens ausgerüstet ist. Der Separator in Bild 8.5.3 b) kann auch zur Trennung nicht ineinander löslicher Flüssigkeiten mit verschiedenem spezifischem Gewicht verwendet werden. Auf der Unterseite der rotierenden Teller rutscht der spezifische schwerere Anteil jeweils nach unten und außen, sammelt sich am Umfang und wird bei B ausgetragen. Die spezifisch leichtere Flüssigkeit strömt in den Spalten auf der Oberseite der Teller nach innen und wird bei A entnommen.

- 154 -

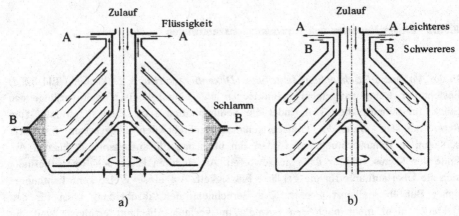

a)   b)

Bild 8.5.3 Trennseparatoren a) Selbstenleerende Trommel
b) Trenntrommel mit mittigen Steigkanälen

Beispiel 8.5.1 Röhrenzentrifuge

Von einer Röhrenzentrifuge sind die folgenden Abmaße und Betriebswerte bekannt:

Länge des Rotors: $L = 750\,mm$; Arbeitsvolumen: $V = 6{,}3\,l$;

Innendurchmesser: $2r_z = 105\,mm$; Durchsatz: $\dot{V} = 750\,l/h$;

Überlaufring-Durchmesser: $2r_R = 30\,mm$; Drehzahl: $n = 15.000\,min^{-1}$.

Aus diesen Werten lassen sich weitere Kennwerte der Zentrifuge und des Trenn-vorgangs, insbesondere die Trennkorngröße für die Abscheidung eines dispersen Feststoffs berechnen. Dazu sind noch Stoffwerte für Feststoff und Flüssigkeit nötig:

Dichteunterschied: $\Delta\rho = 1000\,kg/m^3$;

Flüssigkeitsdichte: $\rho_f = 1000\,kg/m^3$;

Flüssigkeitszähigkeit: $\eta = 10^{-3}\,Pa\,s$ (Wasser bei ca. 20 °C)

Lösung:
Nach Gl.(8.5.2) ist die Winkelgeschwindigkeit

$$\omega = 2\pi n = 1571\,s^{-1}$$

und nach Gl.(8.5.1) die mit dem Rotorinnenradius r_z gebildete Schleuderzahl

$$z_z = r_z\omega^2/g = 13.208$$

Für die Trennung entsprechend dem Schichtenmodell maßgeblich ist jedoch (vgl. Gl.(8.5.19a))

$$z_R = r_R\omega^2/g = 3773.$$

Aus dem Arbeitsvolumen V, das die ganze Füllung bei stationärem Betrieb meint, läßt sich der Radius r_0 der - als Zylinder gedachten - Flüssigkeitsoberfläche zu

$$r_0 = \sqrt{\left(r_z^2 - V/(\pi L)\right)} = 9{,}08\,mm$$

bestimmen. Die Trennfläche ist

$$A_R = 2\pi\, r_R \cdot L_{eff} = 5{,}65 \cdot 10^{-2}\, m^2$$

und die Oberflächenbeschickung

$$u_A = \dot{V}/A_R = 3{,}68 \cdot 10^{-3}\, m/s = 13{,}3\, m/h.$$

Dem entspräche übrigens im Schwerefeld $u_A/z_R = 0{,}0035\, m/h = 3{,}5\, mm/h$. Die äquivalente Klärfläche hat den Wert

$$\Sigma = z_R \cdot A_R = 213{,}3\, m^2.$$

Schließlich bekommt man die Trennkorngröße aus Gl.(8.5.19 a) zu

$$d_t = \sqrt{\frac{18\,\eta}{\Delta\rho\, g} \cdot \frac{u_A}{z_R}} = 1{,}34 \cdot 10^{-6}\, m \approx 1{,}3\, \mu m.$$

Ob für die Umströmung dieser Partikeln der Stokesbereich gilt, prüft man anhand der Beziehung Gl.(8.5.5): Ist $Ar \cdot z \le 4{,}5$?

$$Ar = \frac{\Delta\rho}{\rho_f} \cdot \frac{g}{v^2} \cdot d^3 = 2{,}4 \cdot 10^{-5}; \quad z_R = 3.773 \;\rightarrow\; Ar \cdot z_R = 8{,}9 \cdot 10^{-2} \le 4{,}5,$$

$$z_z = 13.208 \;\rightarrow\; Ar \cdot z_z = 0{,}32 \le 4{,}5.$$

Selbst auf dem Zentrifugeninnenradius ist die Stokes-Umströmung noch gewährleistet.

8.5.2 Filterzentrifugen

8.5.2.1 Grundvorgänge und Berechnungsgrundlagen

Die Filtration in der Zentrifuge erfordert einen für das Filtrat (auch *Fugat* oder *Zentrat* genannt) durchlässigen Rotormantel (vgl. Bild 8.1.2 d in Abschnitt 8.1). Auf der Innenseite des Mantels wird der Feststoff durch ein Filtermittel (Filtertuch, feines Sieb) zurückgehalten und bildet einen Filterkuchen. Aus Festigkeitsgründen sind die Öffnungen im Trommelmantel jedoch relativ klein und mit größeren Abständen voneinander angeordnet. Daher wird zwischen Trommelmantel und Filtertuch noch eine distanzhaltende und gut durchlässige Stützschicht (z.B. ein Drahtgewebe) eingelegt, so daß ein gleichmäßiger Filtratablauf durch das Filtertuch gewährleistet ist.

Den Trennvorgang teilen wir in zwei Abschnitte ein: kuchenbildende Filtration mit überstehender Flüssigkeitsschicht und Entfeuchtung des Filterkuchens. Eine Kompressibilität des Filterkuchens wollen wir wieder ausschließen, obwohl sie in vielen Fällen insbesondere beim Entfeuchten eine große Rolle spielt. Die beiden genannten Abschnitte beruhen auf verschiedenen physikalischen Vorgängen und müssen daher unterschiedlich behandelt werden.

Kuchenbildende Filtration mit überstehender Flüssigkeitsschicht

Diese Phase dauert beim Zentrifugieren in aller Regel nur kurz (Minuten), sie ist für die möglichst gleichmäßige Verteilung des Feststoffs auf dem Filtermittel aber wichtig. Zuflußvolumenstrom $\dot{V}_1$ und Fugatabfluß $\dot{V}$ bestimmen die Höhe des Flüssigkeitsüberstands r_0 in der Zentrifugentrommel.

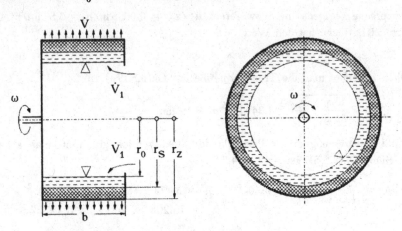

Bild 8.5.4   Filtrationsphase in der Zentrifuge

b: "Breite" der Zentrifuge

Bei der rechnerischen Behandlung gehen wir von dem gesamten Druckunterschied entsprechend Gl.(8.2.61) mit $r = r_Z$ aus

$$\Delta p_Z = \frac{\rho \omega^2}{2}\left(r_Z^2 - r_0^2\right). \tag{8.5.30}$$

Wir teilen ihn wie bei der Kuchenfiltration in einen am Filterkuchen (K) und einen am Filtermittel (F) anfallenden Anteil auf

$$\Delta p_Z = \Delta p_K + \Delta p_F, \tag{8.5.31}$$

setzen zähe Durchströmung (Gültigkeit der Darcy-Gleichung) voraus, berücksichtigen noch die Verwendung des spezifischen Kuchenwiderstands α_V anstelle der Durchlässigkeit B (vgl. Gl.(8.4.7)

$$\alpha_V \equiv B_K^{-1},$$

führen auch den Filtermittelwiderstand β (Gl.(8.4.4)) ein und erhalten entsprechend Gl.(8.2.63) über

$$\frac{\rho \omega^2}{2}\left(r_Z^2 - r_0^2\right) = \eta\,\alpha_V \cdot \frac{\dot{V}}{2\pi b}\ln\frac{r_Z}{r_S} + \frac{\eta\,\beta}{r_Z}\cdot\frac{\dot{V}}{2\pi b}$$

$$\dot{V} = 2\pi r_Z b \cdot \frac{\rho \omega^2 (r_Z^2 - r_0^2)/2}{\eta\left(\alpha_v r_Z \cdot \ln(r_Z/r_S) + \beta\right)} = A_Z \cdot \frac{\Delta p_Z}{\eta\left(\alpha_v r_Z \cdot \ln(r_Z/r_S) + \beta\right)} \,. \qquad (8.5.32)$$

Dies ist der abfließende Filtrat-(Fugat-)Volumenstrom. Die Gleichung ist ganz ähnlich wie die Filtergleichung Gl.(8.4.18) aufgebaut.

Für die Lage r_0 der Flüssigkeitsoberfläche ist der Zufluß $\dot{V}_1$ entscheidend. Die Volumenstrombilanz ergibt

$$2\pi b \cdot r_0 \frac{dr_0}{dt} = \dot{V}_1 - \dot{V} \,. \qquad (8.5.33)$$

Bei der Betriebsweise müssen wir jetzt drei Fälle unterscheiden:

1.) Der Zufluß entspricht genau dem Filtratabfluß, $\dot{V}_1 = \dot{V}$. Dann ist $dr_0/dt = 0$, bei r_0 = const. liegt ein zeitlich konstant bleibender Flüssigkeitsspiegel, und es herrscht konstante Druckdifferenz Δp_Z. Der Volumenstrom nach Gl.(8.5.32) nimmt jedoch mit der Zeit ab, weil ja der Kuchen anwächst, d.h. $r_S(t)$ wird kleiner. Wenn eine gewisse Kuchendicke erreicht ist, wird der Zufluß abgestellt, der Überstand abfiltriert, trockengeschleudert (entfeuchtet) und entleert.

2.) Der Zufluß ist zunächst sehr viel größer als der Abfluß an Filtrat ($\dot{V}_1 \gg \dot{V}$). Nach einer kurzen Füllzeit wird der Zufluß abgestellt und es folgt eine Filtrierphase mit Absenken des Flüssigkeitsspiegels und Anwachsen des Filterkuchens, danach die Entfeuchtung und Entleerung.

3.) Der Zufluß ist dem Fugatabfluß gegenüber sehr klein ($\dot{V}_1 \ll \dot{V}$), so daß gar keine eigentliche Filtrationphase auftritt, sondern sofortiges Entfeuchten erfolgt.

Wir wollen - mehr andeutungsweise - nur den 1. Fall betrachten, indem wir eine Beziehung für das Anwachsen des Filterkuchens ($\hat{=}$ zeitliche Abnahme des Radius' der Schichtoberfläche r_S) aufstellen und kurz diskutieren.

Aus den von der Kuchenfiltration übernommenen Bedingungen, daß die Trübezusammensetzung zeitlich und örtlich gleich bleibe, und daß der Kuchen homogen und isotrop im Aufbau sei, folgt wie in Abschnitt 8.4.2.2 ein konstantes Verhältnis von Kuchen- zu Filtratvolumen Gl.(8:4.9)

$$x_v = \frac{V_K(t)}{V(t)} = \text{const.} \qquad (8.5.34)$$

Mit

$$V_K(t) = \pi b \cdot (r_Z^2 - r_S^2(t)) \qquad (8.5.35)$$

bekommen wir zunächst

$$V(t) = \frac{\pi b}{x_v} \cdot (r_Z^2 - r_S^2(t)) \quad \text{sowie} \quad \dot{V}(t) = -2 \cdot \frac{\pi b}{x_v} r_S \frac{dr_S(t)}{dt}$$

und durch Gleichsetzen mit Gl.(8.5.32) die Differentialgleichung für $r_S(t)$

$$-r_S(t) \frac{dr_S(t)}{dt} = x_v r_Z \cdot \frac{\rho \omega^2 (r_Z^2 - r_0^2)/2}{\eta\left(\alpha_v r_Z \cdot \ln(r_Z/r_S(t)) + \beta\right)} \,. \qquad (8.5.36)$$

Weil r_Z/r_S nur wenig größer als 1 wird, können wir den Logarithmus näherungsweise durch

$$\ln(r_Z/r_S(t)) \approx (r_Z - r_S(t))/r_Z, \qquad (8.5.37)$$

ausdrücken; außerdem schreiben wir auf die Kuchendicke $L(t) = r_Z - r_S(t)$ um und erhalten als Gleichung für die Kuchenbildungsgeschwindigkeit analog zu Gl.(8.4.21)

$$\left(r_Z - L(t)\right) \cdot \frac{dL(t)}{dt} = \frac{x_v}{\eta} \cdot r_Z \cdot \frac{\Delta p_Z}{\alpha_v \cdot L(t) + \beta} . \qquad (8.5.38)$$

Die Integration ergibt eine kubische Gleichung für $L(t)$, die numerisch zu lösen ist.

Beispiel 8.5.2: Filterzentrifuge

Für die in Beispiel 8.2.5 (Abschnitt 8.2.4.2) bereits genannte Schälzentrifuge soll der Fugatvolumenstrom berechnet werden für den Zeitpunkt, zu dem sich 5 cm Kuchen gebildet haben und der Flüssigkeitsüberstand noch 5 cm beträgt.

Daten:

Trommeldurchmesser:	$2\,r_Z = 1000\,mm$;	Flüssigkeitsoberfläche bei	$r_0 = 0,40\,m$;
Trommelbreite:	$b = 400\,mm$;	spez. Kuchenwiderstand:	$\alpha_v = 10^{13}\,m^{-2}$;
Drehzahl:	$n = 1200\,min^{-1}$;	Filtermittelwiderstand:	$\beta = 10^{10}\,m^{-1}$;
Kuchenoberfläche bei	$r_S = 0,45\,m$;	Stoffwerte Wasser:	$\rho = 10^3\,kg\,m^{-3}$;
			$\eta = 10^{-3}\,Pas$.

Lösung:

Nach Gl.(8.5.29) brauchen wir dazu die Druckdifferenz Δp_Z, die wir aus Gl.(8.5.27) mit $\omega = 2\pi n = 125,7\,s^{-1}$ bekommen

$$\Delta p_Z = \frac{\rho\,\omega^2}{2}\left(r_Z^2 - r_0^2\right) = 7,11 \cdot 10^5\,Pa = 7,11\,bar.$$

Nebenbei bemerkt sinkt dieser Druckunterschied bei gleicher Drehzahl auf $\Delta p_Z = 3,75\,bar$, also fast den halben Wert, wenn der Flüssigkeitsüberstand zu Null geworden ist ($r_0 = r_S = 0,45m$). Die Mantelfläche der Trommel ist

$$A_Z = 2\pi\,r_Z\,b = 1,26\,m^2,$$

und damit ergibt sich für den gesuchten Volumenstrom

$$\dot{V}_A = A_Z \cdot \frac{\Delta p_Z}{\eta\left(\alpha_v r_Z \cdot \ln(r_Z/r_S) + \beta\right)} = 1,66 \cdot 10^{-3}\,m^3/s \approx 6,0\,m^3/h.$$

Wohlgemerkt, so viel strömt nur bei 5 cm Flüssigkeitsüberstand durch, ist der Flüssigkeitsstand auf die Kuchenoberfläche abgesunken - nach Beispiel 8.2.5 dauert das etwa 47 Sekunden -, dann sind es nur noch

$$\dot{V}_E = \dot{V}_A \cdot \frac{3,75}{7,11} = 3,16\,m^3/h.$$

Anmerkung: Die reine Druckfiltration auf der effektiven Filterfläche A_m = 1,19 m^2, die mit einem mittleren Radius von hier r_m = 0,475 m gebildet ist, bei 7,11 bar konstanter Druckdifferenz ergäbe nach der Filtergleichung Gl.(8.4.18) unter Berücksichtigung der Gl.(8.4.10) ebenfalls

$$\dot{V} = A_m \cdot \frac{\Delta p}{\eta(\alpha_V L + \beta)} = 1,66 \cdot 10^{-3}\, m^3\, s^{-1} = 6,0\, m^3\, h^{-1}.$$

Demgegenüber besteht der Unterschied beim Zentrifugieren zum einen im sinkenden Druckunterschied mit geringer werdendem Flüssigkeitsüberstand - das ist der geringen Menge wegen jedoch unbedeutend -, und zum anderen in der nachfolgenden Entfeuchtungsphase, die zu deutlich geringeren Restfeuchten führt, als sie mit der Druckfiltration zu erreichen sind.

Es soll noch einmal an die Voraussetzungen und Vereinfachungen erinnert werden, die diesen Betrachtungen zugrundeliegen: Alle Zentrifugenströmungen finden ohne tangentialen "Schlupf" statt. Bei der Filtration im Zentrifugalfeld werden also nur radiale Strömungen durch die Filterschicht (Kuchen und Filtermittel) betrachtet. Querströmungen und Turbulenzen, die bei der Flüssigkeitszugabe unvermeidlich sind, verursachen Inhomogenitäten im Kuchenaufbau, Unwuchten, örtliche und zeitliche Schwankungen von Druck und Flüssigkeitsstand. Daher können die mit den abgeleiteten Gleichungen errechneten Ergebnisse lediglich Abschätzungen liefern. Sie geben jedoch die Einflußgrößen in ihrem Zusammenhang richtig wieder.

Entfeuchtung

Sobald die Flüssigkeitsoberfläche mit der Kuchenoberfläche übereinstimmt, ist nur noch der Hohlraum im Kuchen mit Flüssigkeit gefüllt, der Sättigungsgrad beträgt S = 1 und das restliche Flüssigkeitsvolumen $V = \varepsilon \cdot V_K$. Die Entfeuchtung kann nun durch reines Trockenschleudern erfolgen oder unter Zuhilfenahme eines inneren Überdrucks, d.h. einer Gasströmung von innen nach außen. In jedem Falle handelt es sich nach dem Durchbruch der ersten Porenkanäle um eine Zweiphasenströmung durch die poröse Schicht.

Für die zeitliche und örtliche Abnahme des Sättigungsgrades S(t, r) durch Abschleudern der Flüssigkeit bestehen zwar partielle Differentialgleichungen [8.7]; deren konkrete Lösung erfordert jedoch Anpassungsfunktionen, die noch nicht ausreichend durch Messungen belegt sind. Weil nur bis zu einem durch die Kapillarität bedingten *Restsättigungsgrad* S_R entfeuchtet werden kann, bildet man zur Kennzeichnung der Entfeuchtung den *reduzierten Sättigungsgrad* $(S(t) - S_R)/(1 - S_R)$, der den Wertebereich zwischen 0 und 1 hat:

$$(S = S_R) \qquad 0 \le \frac{S(t) - S_R}{1 - S_R} \le 1 \qquad (S = 1) \tag{8.5.39}$$

Eine halbempirische - d.h. theoretisch fundierte und an Messungen angepaßte - Beziehung zur Berechnung der Sättigungsgradabnahme S(t) stammt von Schubert [8.7]

$$\frac{S(t) - S_R}{1 - S_R} = \left[1 - \frac{2(1 - s)}{\varepsilon \cdot (1 - S_R)} \cdot \frac{\rho \, \omega^2}{\eta \cdot \alpha_V} \cdot \frac{r_Z}{r_Z - r_S} \cdot t \right]^{1/(1 - s)} \tag{8.5.40}$$

Darin ist noch ein Anpassungsparameter s enthalten, für den bisherige Messungen mit guter Näherung $s \approx 2{,}5$ ergeben haben. Außerdem sind als Voraussetzungen enthalten, daß die Entfeuchtung beim Sättigungsgrad $S = 1$ begonnen wird, daß aus allen Bereichen der Schicht gleiche Flüssigkeitsmengen entzogen werden, und daß der Einfluß des Kapillardrucks auf die Durchströmung vernachlässigt wird. Durch die letztgenannte Vereinfachung wird die Anwendung der Gl.(8.5.40) für große Zeiten (kleine Sättigungsgradwerte nahe der Restsättigung) problematisch.

8.5.2.2 Einige Bauarten von Filterzentrifugen

Grundsätzlich werden Filterzentrifugen als Trommel- und nicht als Röhren-Zentrifugen ausgeführt. Ihr Länge/Durchmesser-Verhältnis ist < 1.[1] Der Grund dafür ist: Bei möglichst großem Kuchenraum soll der Feststoffaustrag einfach und ggf. auch bei laufender Trommel möglich sein. Das macht die Zugänglichkeit der Trommel von einer Seite aus und damit eine fliegende Lagerung nötig.

Man kann Filterzentrifugen nach rein konstruktiven Gesichtspunkten unterscheiden:

- vertikale Achse,   - zylindrischer Trommelmantel,
- horizontale Achse,   - konischer Trommelmantel.

Da aber diese Merkmale eng mit den betrieblichen Funktionsweisen verbunden sind, vor allem mit der Art des Feststoffaustrags, werden Filterzentrifugen vor allem nach ihrer Betriebsweise in diskontinuierlich und kontinuierlich betriebene Zentrifugen eingeteilt.

Diskontinuierliche Zentrifugen haben Vorteile durch ihre Flexibilität: Alle Phasen des Prozesses (Füllen, Schleudern, Waschen, Entleeren) können hinsichtlich Drehzahl und Dauer unabhängig voneinander eingestellt werden. In Prozessen kann durch Parallelbetrieb mehrerer derartiger Zentrifugen ein quasikontinuierlicher Betrieb stattfinden.

Zu den diskontinuierlichen mit vertikaler Achse zählen die *Dreisäulen-Zentrifuge* (Bild 8.5.5) und die *Hänge-Pendel-Zentrifuge* (Bild 8.5.6). Die Dreisäulen-Zentrifuge ist federnd in drei Säulen aufgehängt und wird überkritisch betrieben, d.h. die Winkelgeschwindigkeit ω liegt oberhalb der Resonanzfrequenz. Dadurch ist ein relativ ruhiger Lauf auch bei Unwuchten möglich. Die Entleerung kann nach oben durch Ausschälen oder Herausheben des Filtersacks erfolgen, oder nach unten, indem der Boden abgesenkt wird und der Kuchen herausfällt.

---

[1] Man spricht bei Zentrifugen mit horizontaler Achse auch von der "Breite", wenn man ihre axiale Ausdehnung meint.

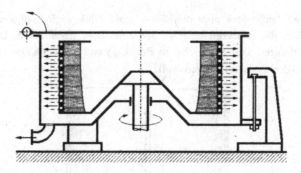

Bild 8.5.5   Dreisäulen-Zentrifuge mit Obenentleerung

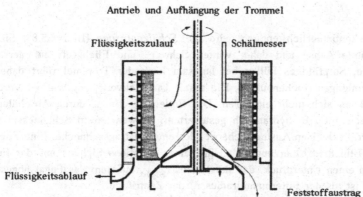

Bild 8.5.6   Hänge-Pendel-Zentrifuge mit Untenentleerung
links: Filtrieren und Waschen, rechts: Feststoffentleerung

Antrieb und Lagerung der Hänge-Pendel-Zentrifuge sind oben angeordnet. Sie wird ebenfalls überkritisch betrieben, und das führt bei Unwuchten zu einer Selbstzentrierung: der Lauf wird umso ruhiger, je schneller die Zentrifuge dreht. Auch hier gibt es Oben- und Untenentleerung. Im letztgenannten Fall wird ein mitrotierender Konus zur Entleerung abgesenkt und gibt einen Ringspalt frei, durch den der Feststoff nach unten fallen kann. Anwendung findet dieser Zentrifugentyp vor allem in der Zuckerindustrie, wo hochviskose Flüssigkeiten abgetrennt werden müssen und dementsprechend lange Schleuderphasen mit hohen Drehzahlen erforderlich sind. Füllen und Entleeren dürfen dagegen wegen der hängenden Trommel (Unwucht), und um das Produkt zu schonen, nur bei sehr niedrigen Drehzahlen erfolgen.
In Zentrifugen mit vertikaler Achse tritt beim Füllen unter niedrigen Drehzahlen eine prinzipielle Ungleichverteilung des Feststoffs mehr oder weniger deutlich auf. Weil Flieh- und Schwerkraft senkrecht zueinander wirken, bildet sich im unteren Teil der Trommel der Kuchen dicker aus als im oberen (Bild 8.5.7). Haben die

Feststoffpartikeln außerdem eine merkliche große Sinkgeschwindigkeit im Schwerefeld, dann sinken die größeren auch in der Zentrifuge nach unten. Der Kuchen besteht dann im unteren Teil aus groberen Partikeln und hat deswegen auch eine bessere Durchlässigkeit, als im oberen Teil.

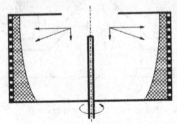

Bild 8.5.7 Axiale Ungleichverteilung des Feststoffs in Vertikalzentrifugen

Ebenfalls diskontinuierlich entleert wird die *Schälzentrifuge* (Bild 8.5.8). Sie hat eine horizontale Achse und daher wirken Schwer- und Fliehkraft auf derselben Wirkungslinie. Sorgfältiges Füllen bei langsam laufender Trommel führt daher zu einem gleichmäßigen Kuchenaufbau. Die axiale Ungleichverteilung wie bei Vertikalzentrifugen kann sich nicht einstellen. Die Entleerung findet durch Abschälen im oberen Bereich mit z.B. hydraulisch gesteuertem, schwenkbarem Schälmesser statt. Der Kuchen fällt in einen Austragsschacht oder eine Austragsschnecke. Eine Spezialausführung (Bild 8.5.8 b) erzeugt mit Hilfe eines Rotations-Siphons auf der Fugatseite dadurch einen Unterdruck, daß der Radius r_{Siph}, auf dem das Fugat abgeschält wird, größer ist als der Filtermantelradius r_Z der Zentrifuge.

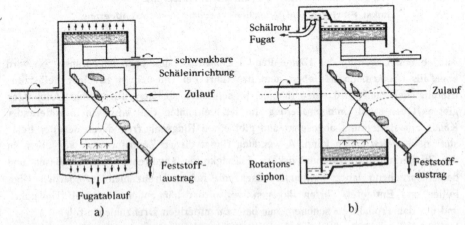

Bild 8.5.8   Schälzentrifuge: a) Normalausführung,
b) mit Rotationssiphon (Fa. Krauss-Maffei)

Viele kontinuierlich arbeitende Zentrifugen dienen der weitergehenden Entfeuchtung von Massenprodukten wie Feinkohle, Kristallisationsprodukte, Sande, Kunststoffgaranulate u.a.. Sie sind in der Regel leicht filtrierbar, also relativ grobkörnig (ca. 0,1 ... 1 mm). Das Zentrifugieren soll in diesen Fällen auch die Entfernung von kapillar gebundener Brücken- und Zwickelflüssigkeit bewirken, und dazu muß das feuchte Haufwerk aufgelockert werden. Außerdem brauchen die Fugat-Abflußöffnungen nicht so fein zu sein, so daß keine Filtertücher verwendet werden. Die Zentrifugentrommeln sind daher gelocht, häufiger jedoch mit axial gerichteten Längsschlitzen versehen und heißen auch *Siebkörbe*, die Zentrifugen selbst *Siebzentrifugen*. Für die Auflockerung und den Feststoffaustrag gibt es zahlreiche besondere Vorrichtungen. Oft ist der Siebkorb konisch und wird beim kleinen Durchmesser mit dem Aufgabegut beschickt. Auf das zu entfeuchtende Gut wirken dann eine radiale und eine axiale Kraftkomponente, die beide mit dem Radius zunehmen. Bei der *Gleitzentrifuge* (Bild 8.5.9) soll der Konuswinkel so auf das Gut abgestimmt sein, daß der Gleitreibungswinkel gerade übertroffen wird, dann rutscht das Gut zu größeren Durchmessern also zum Austrag. Zugleich verteilt es sich auf eine größere Fläche, und wird dadurch aufgelockert.

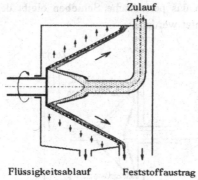

Bild 8.5.9 Gleitzentrifuge

Die *Schwingzentrifuge* (Bild 8.5.10) hat einen nur kleinen Konuswinkel oder ist ganz zylindrisch. Hier bewirken axiale Hin-und Her-Schwingungen des ganzen Siebkorbs den notwendigen Transport zum Feststoffaustrag. Wegen der hohen mechanischen Belastungen werden Schwingzentrifugen nur mit relativ kleinen Schleuderzahlen betrieben (z < ca. 120).

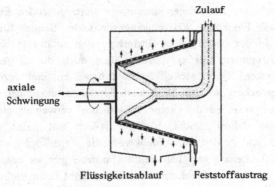

Bild 8.5.10   Schwingzentrifuge

In der *Schubzentrifuge* (Bild 8.5.11) macht der getrennt bewegliche "Boden" axiale Hübe und schiebt bei jeder Vorwärtsbewegung den Kuchen ein Stückchen in Richtung Austragskante. Beim Zurückbewegen gibt er die frische Siebfläche frei für das Zulaufprodukt. Durch das periodische Schieben bleibt der Kuchen in Bewegung und kann weiter entfeuchtet werden.

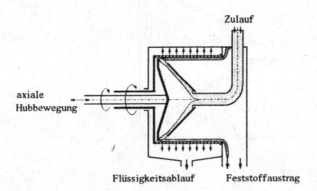

Bild 8.5.11 Schubzentrifuge

Ähnlich wie beim Dekanter hat die *Schnecken-Siebzentrifuge* (Bild 8.5.12) eine Transportschnecke im Inneren, die mit etwas anderer Drehzahl rotiert als die Siebtrommel. Sie sorgt für einen vollkontinuierlichen Feststoffaustrag. Die Gutbeanspruchung ist dabei etwas höher als bei den vorher vorgestellten Bauarten, so daß sie sich für empfindliche kristalline Produkte weniger eignet.

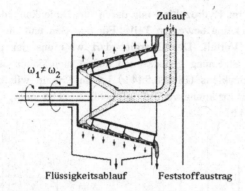

Bild 8.5.12 Schnecken-Siebzentrifuge

Eine Kombination aus Dekantier- und Schneckensiebzentrifuge ist der *Siebdekanter* (Bild 8.5.13), der den aus dem Dekantierteil ausgebrachten Feststoff noch über einen Siebkorb transportiert, wo er gewaschen und weitergehend entfeuchtet werden kann.

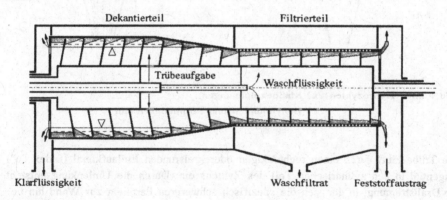

Bild 8.5.13 Siebdekanter

8.5.3 Hydrozyklone

Hydrozyklone trennen Partikeln aus Flüssigkeiten im Zentrifugalfeld ab, wie die Zentrifugen auch. Sie reichern auf der Grob- oder Schwergutseite *(Unterlauf)* den spezifisch schwereren Feststoff an und tragen auf der Feingutseite *(Oberlauf)* bei vollständiger Abscheidung die reine Flüssigkeit, sonst die feineren Partikeln aus. Je nach Stoffsystem und Betriebsweise können also Anreicherung (Aufkonzentrierung), Abreicherung (Verdünnung), Klassierung und Abscheidung erreicht werden.

Die Drehströmung wird im Hydrozyklon nur durch die Umlenkung des Flüssigkeits-
stromes erzeugt, es gibt keine bewegten Teile. Für den Bau und die Betriebssicherheit ist das ein großer Vorteil. Der Energiebedarf wird aus der potentiellen und
kinetischen Energie der Strömung gedeckt und äußert sich daher als Druckverlust.
Der Aufbau eines Hydrozyklons (Bild 8.5.14 a) ist im Prinzip wie beim Gaszyklon
(s. Abschnitt 7.2.3), der Strömungsverlauf ist ähnlich, zeigt aber charakteristische
Unterschiede (Bild 8.5.14 b).

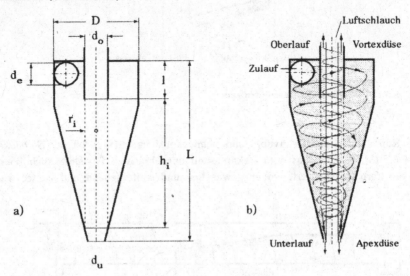

Bild 8.5.14 Hydrozyklon a) Maßbezeichnungen
b) Benennungen und Strömungsverlauf

Die Trübe läuft durch einen rechteckigen oder kreisrunden Einlaufkanal (Index "e")
tangential in den zylindrischen Teil des Zyklons ein. Durch die Umlenkung entsteht
die Drallströmung, in der sich die spezifisch schwereren Partikeln zur Wand hin bewegen. Der mit Feststoff angereicherte Teil der Trübe bewegt sich spiralig in Wandnähe durch den Konus nach unten. Dort wird er - anders als beim Gaszyklon - als
sog. *Unterlauf* (Index "u") kontinuierlich durch die *Apexdüse* ausgetragen. Der größere Teil der Flüssigkeit strömt im Innenwirbel nach oben und verläßt als geklärte
Flüssigkeit oder verdünnte Feingut-Suspension (*Oberlauf*, Index "o") den Zyklon
durch das Tauchrohr (auch *Vortexdüse* genannt). Im Kern der Zyklonströmung bildet
sich ein Luftschlauch, so daß die Flüssigkeit dort eine freie Oberfläche hat.
Es handelt sich um eine hochturbulente Drallströmung, die durch die einfachen Mo-
dellwirbel (Starrkörperwirbel im Inneren und Potentialwirbel außen) nur grob beschrieben wird. Dennoch treffen die vom Gaszyklon her bekannten gemittelten Geschwindigkeitsprofile auch hier im Prinzip zu: Im Kern steigt die für die Zentrifugalkraft maßgebliche Umfangsgeschwindigkeit v_φ mit dem Radius an, hat ihr Maxi-

mum etwa beim Radius $r_i = d_0/2$, und sinkt dann nach einer Hyperbelfunktion ab (Bild 8.5.15).

$$v_\varphi \begin{cases} \sim r & \text{im Kern} \quad r < r_i \\ \sim r^{-n} \ (n \approx 0,5 \dots 0,9) & \text{im Außenbereich} \quad r > r_i \end{cases} \tag{8.5.41}$$

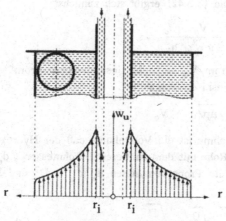

Bild 8.5.15 Umfangsgeschwindigkeitsprofil im Hydrozyklon

Die Mitnahme von Partikeln ins Innere und zum Oberlauf hin wird von der nach innen gerichteten radialen Geschwindigkeitskomponente bewirkt. Sie lautet mit dem Oberlaufvolumenstrom $\dot{V}_o$ und der in Bild 8.5.14 gestrichelt gezeichneten Zylindermantelfläche $A_i = 2\pi r_i h_i$

$$v_{ri} = \frac{\dot{V}_o}{2\pi r_i h_i}. \tag{8.5.42}$$

Zur Berechnung des Hydrozyklons gibt es zahlreiche Ansätze, die je nach Zugang oder Modell nach [8.4] in 7 verschiedene Kategorien eingeteilt werden können. Sie haben meist nur beschränkte Gültigkeit, weil sie immer empirisch ermittelte Größen enthalten. Die folgenden Angaben beschränken sich auf die sog. *Dünnstromklassierung* mit Volumenkonzentrationen c_v < ca. 10%.

Eng an die in Abschnitt 8.5.1 behandelte Sedimentation in Vollmantelzentrifugen, sowie an die Vorstellungen zur Abscheidung im Gaszyklon lehnt sich die Betrachtung von Trawinski (z.B. [8.25]) an, die einige qualitative Aussagen zur Berechnung der Trennkorngröße liefert. Abgeschieden werden danach Partikeln, deren Sinkgeschwindigkeit w_{fz} im Zentrifugalfeld größer ist als die nach innen gerichtete mittlere Radialgeschwindigkeit v_{ri}. Für die Trennkorngröße x_t hier als Stokesdurchmesser $d_{St,t}$ gilt also die Gleichheit dieser Geschwindigkeiten

$$w_{fz} = v_{ri}. \tag{8.5.43}$$

Formal entspricht das auch der Gleichheit zwischen Oberflächenbelastung und Absetzgeschwindigkeit in Abschnitt 8.5.1. Mit

$$w_{fz} = \frac{\Delta\rho}{18\,\eta} \; d_{St,t}^2 \cdot r_i\,\omega^2 \qquad\qquad (8.5.44)$$

und den Gl.n(8.5.43) und (8.5.42) ergibt sich zunächst

$$d_{St,t}^2 = \frac{18\,\eta}{\Delta\rho} \cdot \frac{\dot{V}_o}{2\,\pi\,r_i^2\omega^2 h_i} \; . \qquad\qquad (8.5.45)$$

Der Oberlaufvolumenstrom $\dot{V}_o$ sei dem Gesamtvolumenstrom $\dot{V}_A$ proportional, und für diesen macht Trawinski die Annahme

$$\dot{V}_A \sim d_e \cdot d_o \cdot \sqrt{\Delta p/\rho} \sim \dot{V}_o \qquad\qquad (8.5.46)$$

Hintergrund dieser Annahme ist die Vorstellung, daß der Hydrozyklon bezüglich des Druckverlusts wie ein Rohr mit dem mittleren Durchmesser $\sqrt{d_e \cdot d_o}$ anzusehen sei. Setzen wir jetzt noch die Proportionalitäten $d_e \cdot d_o \sim D^2$ und $h_i \sim L$ voraus, bekommen wir

$$d_{St,t} \sim \sqrt{\frac{18\,\eta}{\Delta\rho}} \cdot \sqrt{\frac{D}{L}} \cdot \frac{\sqrt{D}}{\sqrt[4]{\Delta p/\rho}} \; . \qquad\qquad (8.5.47)$$

Daran sehen wir, daß $d_{St,t}$ umso kleiner, die Trennung also umso besser ist, je kleiner der Zyklondurchmesser und je schlanker der Zyklon ist. Der Druckunterschied, mit dem der Zyklon beaufschlagt wird, hat demgegenüber einen nur sehr schwachen Einfluß. Der erste Faktor, an dem bei gegebenem Stoffsystem nichts zu ändern ist, steht als charakteristische Stoffwertkombination in allen Sedimentationsgleichungen, wenn nur die Stokes-Bedingung zäher Partikelumströmung erfüllt ist. Eine ähnliche Beziehung für die Mediantrenngrenze d_T, die noch den Einfluß des Volumenstromverhältnisses $\dot{V}_o/\dot{V}_u$ und der Feststoffvolumenkonzentration c_V berücksichtigt, haben Neeße und Schubert [8.26] mit Hilfe ihres Modells der turbulenten Querstromklassierung entwickelt. Sie lautet

$$d_T = K\sqrt{\frac{\eta_m}{\Delta\rho}} \cdot \frac{\sqrt{D}}{\sqrt[4]{\Delta p/\rho_m}} \; \sqrt{\frac{\ln(\dot{V}_o/\dot{V}_u)}{(1 - c_V)^{4,65}}} \qquad\qquad (8.5.48)$$

K ist darin eine für den Zyklontyp spezifische Anpassungskonstante mit dem Wert K = 0,12 für die von den genannten Autoren benutzte Version.
Als Stoffwerte ρ_m und η_m sind hier Dichte und Zähigkeit der Suspension einzusetzen. Die mittlere Suspensionsdichte errechnet sich abhängig von der Volumenkonzentration c_V nach

$$\rho_m = \rho_s \cdot c_V + \rho_f \cdot (1 - c_V), \qquad\qquad (8.5.49)$$

worin ρ_s bzw. ρ_f die Feststoff- bzw. Flüssigkeitsdichte sind. Die mittlere Suspensionszähigkeit kann für Konzentrationen bis ca. 30% näherungsweise mit

$$\eta_m = \eta \cdot \left[1 + \frac{1{,}25 \cdot c_v}{1 - c_v / c_{v max}} \right]^2 \qquad (8.5.50)$$

berechnet werden ([8.9], [8.27]). Für den Feststoffvolumenanteil $c_{v max}$ in der abgesetzten (festgewordenen) Suspension gelten Werte zwischen 0,63 und 0,84.
Außer der Trennkorngröße interessieren noch Durchsatz und Druckverlust. Sie sind nach [8.26] durch die folgende, der Gl.(8.5.42) entsprechende Formel miteinander verknüpft

$$\dot{V} = K_v \cdot d_e \cdot d_o \cdot \sqrt{\Delta p / \rho} \qquad (8.5.51)$$

mit $\quad K_v \approx 0{,}33 \dots 0{,}39$ für längliche Bauarten (L/D > ca. 2)
und $\quad K_v \approx 0{,}22 \dots 0{,}28$ für kurze Bauarten.

Für die Aufteilung der Volumenströme in Ober- und Unterlauf sind vor allem natürlich die entsprechenden Durchmesser d_o bzw. d_u verantwortlich. Auch hierfür existieren mehrere empirisch angepaßte Formeln, z.B. die von Tarjan (zit. nach [1.3])

$$\dot{V}_o / \dot{V}_u \approx 0{,}91 \cdot (d_o / d_u)^3 . \qquad (8.5.52)$$

Für die Dimensionierung von Hydrozyklonen hat Rietema (nach [8.4]) bezüglich Trennkorngröße, Durchsatz und Druckverlust die folgenden optimalen Größenverhältnisse ermittelt.

Tabelle 8.5: Optimale Größenverhältnisse für Hydrozyklone nach Rietema

d_o/D	d_u/D	d_e/D	L/D	$(L - h_i)/D$	Konuswinkel
0,34	0,20	0,28	5	0,4	20°

Beispiel 8.5.3: Hydrozyklon-Auslegung

Für einen Suspensionsvolumenstrom von $\dot{V}$ = 15 m³/h bei der Feststoffkonzentration c_v = 5% = 0,05 soll ein Optimalzyklon nach Rietema ausgelegt werden. Der Druckverlust soll ca. 2,5 bar betragen. Außerdem sind Abschätzungen für die Ober- und Unterlauf-Volumenströme und die Trennkorngröße anzugeben.
Weitere Daten sind: ρ_s = 2200 kg/m³; ρ_f = 1000 kg/m³; η = 0,001 Pas;

Lösung:
Zunächst bestimmen wir die mittleren Stoffwerte ρ_m und η_m. Nach Gl.(8.5.49) ist

$$\rho_m = \rho_s \cdot c_v + \rho_f \cdot (1 - c_v) = (2200 \cdot 0{,}05 + 1000 \cdot 0{,}95) \, kg/m^3 = 1060 \, kg/m^3$$

und nach Gl.(8.5.50) mit $c_{v max}$ = 0,63

$$\eta_m = \eta \cdot \left[1 + \frac{1,25 \cdot c_v}{1 - c_v/c_{Vmax}} \right]^2 = 0,001 \, Pas \cdot \left[1 + \frac{1,25 \cdot 0,05}{1 - 0,05/0,63} \right]^2 = 1,14 \, mPas.$$

Bei so kleinen Feststoffkonzentrationen ist η_m übrigens nur sehr schwach von c_{Vmax} abhängig, der Wert $c_{Vmax} = 0,84$ hätte zu einem fast gleichen Ergebnis geführt.

Mit Hilfe von Gl.(8.5.51) und der Annahme $K_v = 0,33$ können wir jetzt zunächst das Produkt $d_e \cdot d_o$ berechnen

$$d_e \cdot d_o = \frac{\dot V}{0,33 \cdot \sqrt{\Delta p/\rho_m}} = \frac{15/3600}{0,33 \cdot \sqrt{2,5 \cdot 10^5/1060}} \, m^2 = 8,22 \cdot 10^{-4} \, m^2.$$

Die Rietema-Relationen liefern für das Verhältnis dieser beiden Größen

$$d_e/d_o = 0,28/0,34 = 0,824.$$

Damit wird aus dem Produkt $0,824 \cdot d_o^2 = 8,22 \cdot 10^{-4} \, m^2$ und wir erhalten

$$d_o = 3,16 \cdot 10^{-2} \, m, \qquad \boxed{\text{gewählt:} \quad d_o = 34 \, mm}$$

und damit alle weiteren Abmaße des Zyklons, wobei die gewählten Werte so gerundet sind, daß ein Zyklon mit 100 mm Durchmesser (gängige Größe) herauskommt.

		gewählt:	
$D = d_o/0,34 = 0,093 \, m$		D	$= 100 \, mm$
$d_e = 0,28 \cdot D$		d_e	$= 28 \, mm$
$d_u = 0,2 \cdot D$		d_u	$= 20 \, mm$
$L = 5 \cdot D$		L	$= 500 \, mm$
$l = 0,4 \cdot D$		l	$= 40 \, mm$

Für vorgegebene Geometrieverhältnisse liegt entsprechend der Gl.(8.5.52) auch die Aufteilung der Volumenströme fest. Hier gilt

$$\dot V_o/\dot V_u \approx 0,91 \cdot (d_o/d_u)^3 = 0,91 \cdot (0,34/0,20)^3 = 4,47.$$

Zusammen mit der Volumenstrombilanz $\dot V = \dot V_o + \dot V_u = 15 \, m^3/h$ ergibt sich

$$\dot V_u = \frac{\dot V}{1 + \dot V_o/\dot V_u} = \frac{15}{5,47} \, m^3/h = 2,74 \, m^3/h,$$

$$\dot V_o = \dot V - \dot V_u = (15 - 2,74) \, m^3/h = 12,26 \, m^3/h.$$

Der Druckverlust ist für die gewählte Zyklongröße beim vorgegebenen Gesamtvolumenstrom niedriger als gefordert, wir bekommen ihn aus Gl.(8.5.51) zu

$$\Delta p = \frac{\rho_m (\dot V)^2}{(K_v \cdot d_e \cdot d_o)^2} = \frac{1060 \cdot (15/3600)^2}{(0,33 \cdot 0,028 \cdot 0,034)^2} \, Pa = 1,86 \cdot 10^5 \, Pa = 1,86 \, bar$$

Zur Abschätzung der Trennkorngröße nach Gl.(8.5.48) stehen jetzt alle Größen zur Verfügung und wir erhalten mit K = 0,12 (hierin liegt die größte Unsicherheit)

$$d_T = K \sqrt{\frac{\eta_m}{\Delta\rho}} \cdot \frac{\sqrt{D}}{\sqrt[4]{\Delta p/\rho_m}} \cdot \sqrt{\frac{\ln(\dot{V}_0/\dot{V}_u)}{(1-c_V)^{4,65}}}$$

$$= 0,12 \cdot \left[\frac{1,14 \cdot 10^{-3}}{1200} \cdot \frac{0,1}{\sqrt{1,86 \cdot 10^5/1060}} \cdot \frac{\ln 4,47}{(1-0,05)^{4.65}} \right]^{1/2} m = 1,40 \cdot 10^{-5} m$$

$$d_T = 14 \, \mu m.$$

8.6 Aufgaben zu Kapitel 8

Aufgabe 8.1   *Gleichfälligkeitsbedingung*

a) Man gebe die Bedingung an, unter der im Stokesbereich und im Newtonbereich der Umströmung Partikeln unterschiedlicher Dichte und Korngröße in einem gegebenen Fluid gleiche Sinkgeschwindigkeit haben ("Gleichfälligkeitsbedingung").

b) Für die Stoffpaarung Ferrosilizium/Quarzsand soll das Korngrößenverhältnis von in Wasser gleichfälligen Partikeln für den Stokesbereich berechnet werden.

c) Bis zu welchen maximalen Korngrößen reicht die Gültigkeit von b) wenn $Re_P = 1$ als Obergrenze des Stokesbereichs zugelassen ist?

Stoffwerte: Wasser: $\rho_W = 1,0 \cdot 10^3 \, kg/m^3$; $\eta_W = 1,0 \cdot 10^{-3} \, Pas$;
Ferrosilizium: $\rho_{FeSi} = 6700 \, kg/m^3$;
Quarz: $\rho_{Qu} = 2650 \, kg/m^3$.

Lösung:

a) Im *Stokesbereich* ist nach (Gl.(8.2.3)

$$w_{fSt} = \frac{\Delta\rho \cdot g \cdot d^2}{18 \, \eta} = const. \; für \qquad \Delta\rho \cdot d^2 = const.,$$

im *Newtonbereich* nach (Gl.(8.2.4)

$$w_{fN} = 1,74 \cdot \left(\frac{\Delta\rho}{\rho_W} \cdot g \cdot d \right)^{\frac{1}{2}} = const. \; für \qquad \Delta\rho \cdot d = const.$$

b) Das Ergebnis aus a) ergibt für

$$\frac{d_{FeSi}}{d_{Qu}} = \left(\frac{\rho_{Qu} - \rho_W}{\rho_{FeSi} - \rho_W} \right)^{\frac{1}{2}} = \left(\frac{1650}{5700} \right)^{\frac{1}{2}} = 0,538$$

c) Aus der Partikel-Reynoldszahl Gl.(8.2.2)

$$Re_d = \frac{w_{fSt} \cdot d \cdot \rho_W}{\eta} \leq 1$$

mit der Stokesgeschwindigkeit Gl.(8.2.3) s.o. erhält man für die zulässigen Partikelgrößen (Stokesdurchmesser)

$$d_{St}^3 \leq \frac{Re_{dmax} \cdot 18 \, \eta^2}{\Delta\rho \cdot g \cdot \rho_W} \, ,$$

und das ergibt

für FeSi in Wasser ($\Delta\rho = 5700 \, kg/m^3$): $\quad d_{St} \leq 68,5 \, \mu m \approx 70 \, \mu m$

für Quarz in Wasser ($\Delta\rho = 1650 \, kg/m^3$): $\quad d_{St} \leq 103,6 \, \mu m \approx 105 \, \mu m$

Aufgabe 8.2 *Eindicker*

In ein rundes Eindickungsbecken mit 250 m² Klärfläche strömen stationär 300 m³/h einer Suspension mit feinen Kohlepartikeln ein. Die Zulaufkonzentration beträgt 100 g/l, der Feststoff hat eine Dichte von 1300 kg/m³. Die spezifische Klärflächen-belastung darf 0,8 m/h nicht überschreiten, und im Überlauf dürfen nicht mehr als 5 g/l Feststoff enthalten sein.

Die Stoffwerte für Wasser (ca. 20 °C) sind $\rho = 10^3 \, kg/m^3$ und $\eta = 10^{-3} \, Pas$.

a) Welcher Schlammvolumenstrom muß mindestens abgezogen werden?

b) Welche Feststoffkonzentration in g/l ergibt sich für den Schlamm?

c) Welche theoretische Trennkorngröße errechnet man für die Trennzone?

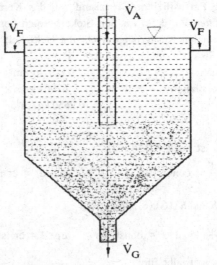

Bild 8.6.1 Eindicker zu Aufgabe 8.2

Lösung:

a) Nach Gl.(8.3.15) ist $\dot{V}_F \leq A \cdot u_A = 200 \, m^3/h$, und die Bilanz Gl.(8.3.11) ergibt

$$\dot{V}_G \geq \dot{V}_A - \dot{V}_F = 100 \, m^3/h$$

b) Gl.(8.3.12) liefert, nach der Schlammkonzentration c_G umgestellt

$$c_G = \frac{\dot{V}_A \cdot c_A - \dot{V}_F \cdot c_F}{\dot{V}_G} = \frac{300 \cdot 100 - 200 \cdot 5}{100} \frac{g}{1} = 290 \frac{g}{1}.$$

c) Aus der Massenkonzentration für den Zulauf in die Trennzone ergibt sich die Volumenkonzentration

$$c_v A = c_A / \rho_s = 0,0769 \; (= 7,69\%)$$

Die Sinkgeschwindigkeit verringert sich bei dieser Konzentration entsprechend der Richardson-Zaki-Gleichung Gl.(8.2.6) auf

$$w_{fs} = (1 - c_{vA})^{4,65} \cdot w_{f0} = 0,689 \cdot w_{f0}$$

(Voraussetzung: Stokesbereich, Nachprüfung später). Aus der Gleichheit von klärflächenbezogenem Aufwärtsstrom (Klärflächenbelastung) und dieser Sinkgeschwindigkeit plus der Geschwindigkeit des abwärtsgerichteten Stromes - nach Gl.(8.3.16) ist sie $u_A = w_{fs} + v_G$ - bekommen wir mit Gl.(8.2.3) für die Trennkorngröße

$$d_{St} = \sqrt{\frac{18\eta}{\Delta\rho \cdot g} \cdot w_{f0}} = \sqrt{\frac{18\eta}{\Delta\rho \cdot g} \cdot \frac{u_A - v_G}{(1 - c_v)^{4,65}}}.$$

Der Schlammvolumenstrom hat die mittlere Abwärtsgeschwindigkeit $v_G = \dot{V}_G / A$ = 0,4 m/h, und so ergibt sich mit $u_A - v_G = (0,8 - 0,4)$ m/h

$$d_{St} = \sqrt{\frac{18 \cdot 10^{-3} \cdot 0,4 / 3600}{300 \cdot 9,81 \cdot 0,689}} \, m = 3,14 \cdot 10^{-5} \, m = 31,4 \, \mu m.$$

Daß es gerechtfertigt war, den Stokesbereich vorauszusetzen, weisen wir durch das Kriterium Re < 0,25 nach:

$$Re = \frac{d_{St} \cdot (u_A - v_G) \cdot \rho}{\eta} = 3,5 \cdot 10^{-3} \ll 0,25.$$

Aufgabe 8.3 *Filtratleistungen*

Aus Versuchen an einer kleinen Filternutsche mit 0,5 m² Filterfläche sind die in Bild 8.6.2 gezeigten Filterkurven für zwei verschiedene Drücke bekannt. Für Öffnen, Schließen, Entleerung und Reinigung sind 10 Minuten Totzeit vorgesehen.

a) Welche maximale Filtratleistung in $l/(m^2h)$ ist bei den beiden Drücken jeweils zu erreichen?

b) Auf welchen Betrag müßte man (z.B. durch Automatisierung) die Totzeit reduzieren, damit auch bei dem niedrigeren Druck Δp_2 die gleiche Filtratleistung wie bei Δp_1 erzielt werden kann?

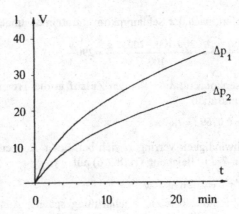

Bild 8.6.2   Filterkurven zu Aufgabe 8.3

Lösung:

a)

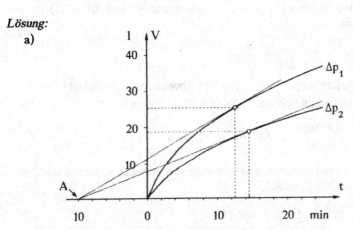

Bild 8.6.3 Zur Lösung a) von Aufgabe 8.3

Die Tangenten von Punkt A an die beiden Filterkurven liefern (Bild 8.6.3)

für Δp_1:   Filtratleistung: $q_{F1} = 26\,l/(0,5\,m^2 \cdot 22,5\,min) = 138,7\,l/(m^2 h)$;
Filtrierzeit: $t_{F1} = 12,5\,min$.

für Δp_2:   Filtratleistung: $q_{F2} = 18,5\,l/(0,5\,m^2 \cdot 24,5\,min) = 90,6\,l/(m^2 h)$
Filtrierzeit: $t_{F2} = 14,5\,min$. $\,\hat{=}\,$ 65% von a);

b) Gleiche Filtratleistung bedeutet im V(t)-Diagramm gleiche Steigung der Tangenten. Bild 8.6.4 zeigt, daß die Parallelverschiebung der Tangente an die Δp_1-Filterkurve bis zur Δp_2-Kurve folgende Ablesungen für die notwendigen Zeiten liefert:

Filtrierzeit $t_{F2} = 7,2$ Minuten;
Totzeit $t_{T2} = 3,5$ Minuten;
Filterperiode: $t_P = 10,7\,min$.

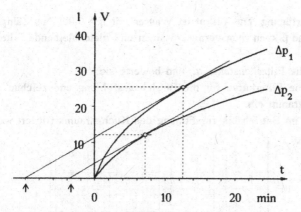

Bild 8.6.4   Zur Lösung b) von Aufgabe 8.3

Ob so kurze Filterperioden allerdings umsetzbar sind, hängt von zahlreichen betrieblichen Randbedingungen ab. Die obige Darstellung erlaubt aber auf einfache Weise Abschätzungen über die Auswirkungen von z.B. Filtrierzeitverlängerungen auf die Leistungen.

Aufgabe 8.4   *Kuchenfiltration, Eignung zur kontinuierlichen Vakuumfiltration?*

Man zeige, daß eine Suspension mit nachfolgend gegebenen Filtrationseigenschaften sich für die Filtration auf einem kontinuierlichen Vakuumfilter nicht eignet.
ρ_s = 4,2 g/cm^3; ρ_f = 1,0 g/cm^3; η = 2 mPas; c_m = 0,8 g/l; α_v = 5 · 10^{13} m^{-2}; x_v = 8 · 10^{-4}.

Lösung:

Man zeigt, daß sich bei einem Druckunterschied von unter 1 bar (maximal 0,8 bar) innerhalb der typischen Filtrationszeiten kontinuierlicher Vakuumfilter (z.B. 1 min) kein abnehmbarer Kuchen (Dicke mindestens 0,5 cm) bilden kann. Gl.(8.4.29) mit β = 0 ergibt

$$L(t) = \sqrt{\frac{2\,x_v\,\Delta p}{\eta\,\alpha_v}\cdot t} = \sqrt{\frac{2 \cdot 8 \cdot 10^{-4} \cdot 0,8 \cdot 10^5}{2 \cdot 10^{-3} \cdot 5 \cdot 10^{13}}\cdot 60}\ \text{m} = 2,8 \cdot 10^{-4}\ \text{m} \approx 0,3\ \text{mm}$$

Aufgabe 8.5   *Kuchenfiltration, Scale up*

Bei einer Technikumsfiltration mit 2 bar konstantem Überdruck auf 0,8 m^2 Filterfläche wurde die auf dem in Bild 8.6.5 gezeigten Diagramm dick ausgezogen gezeichnete Filterkurve gemessen. Der Kuchenraum von 13,3 l war nach 100 Minuten Filtrierzeit gerade gefüllt. Im Betrieb soll die gleiche Suspension auf der 60 mal so großen Filterfläche bei 1,5-facher Druckdifferenz filtriert werden. Es stehen dort 700 l

Kuchenraum zur Verfügung. Das Filtrat ist Wasser mit $\eta = 0,001$ Pa s Zähigkeit. Den Filtermittelwiderstand β kann man vernachlässigen und gleichbleibende Filterkonstanten voraussetzen.

a) Man bestimme die Filterkonstante α_V und bewerte sie.

b) Man bestimme die Filterkurve für die Betriebsausführung und zeichne sie ebenfalls in das Diagramm ein.

c) Wie lange kann im Betrieb bis zur Füllung des Kuchenraums filtriert werden?

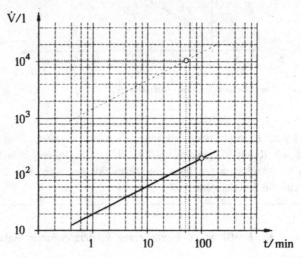

Bild 8.6.5 Filterkurve(n) zu Aufgabe 8.5

Lösung:

a) Bei Vernachlässigung des Filtermittelwiderstandes β gilt für die Filterkurve Gl.(8.4.26)

$$V(t) = \sqrt{\frac{2 A^2 \Delta p}{\eta \alpha \varkappa} t} \,,$$

aus der mit einem V-t-Wertepaar (z.B. V' = 200 l = 0,2 m³; t' = 100 min = 6000 s) $\alpha \varkappa$ berechnet werden kann.

$$\alpha \varkappa = 2 A^2 \Delta p\, t'/(V'^2 \eta) = 2 \cdot 0,8^2 \cdot 2 \cdot 10^5 \cdot 6000/(0,2^2 \cdot 0,001)\ \text{m}^{-2}$$
$$\alpha \varkappa = 3,84 \cdot 10^{13}\ \text{m}^{-2}.$$

Das Verhältnis von Kuchen- zu Filtratvolumen nach 100 Minuten ist

$$\varkappa_V = \left(\frac{V_K}{V}\right)_E = \frac{13,3\,l}{200\,l} = 6,65 \cdot 10^{-2}\,.$$

Gl.(8.4.42) verhilft damit zu

$$\alpha_V = \frac{\alpha \varkappa}{\varkappa_V} = \frac{3,84 \cdot 10^{13}\ \text{m}^{-2}}{6,65 \cdot 10^{-2}} = 5,77 \cdot 10^{14}\ \text{m}^{-2},$$

einem Wert, der nach Bild 8.4.12 relativ schlechte Filtrierbarkeit anzeigt.

b) Für die Betriebsausführung ist die Filterkurve V(t) wegen der Voraussetzungen ebenfalls eine Wurzelfunktion und damit eine Gerade mit der Steigung $1/2$ im doppelt-logarithmischen Netz. Wir bekommen sie z.B. aus

$$V_H(t) = \frac{A_H}{A_M} \cdot \left(\frac{\Delta p_H}{\Delta p_M}\right)^{1/2} \cdot V_M(t) = 60 \cdot \sqrt{3/2} \cdot V_M(t) = 73,5 \cdot V_M(t).$$

Bei $t' = 100\,\mathrm{min}$ bekommen wir für $V_H'(100\,\mathrm{min}) = 1,47 \cdot 10^4\,\mathrm{l}$. Die gestrichelte Gerade in Bild 8.6.5 gibt die Filterkurve für die Betriebsausführung wieder.

c) Man verwendet entweder Gl.(8.4.81) und bekommt mit $V \sim V_K$

$$t_H = \left(\frac{V_H}{V_M}\right)^2 \cdot \left(\frac{A_M}{A_H}\right)^2 \cdot \frac{\Delta p_M}{\Delta p_H} \cdot t_M = \left(\frac{V_{KH}}{V_{KM}}\right)^2 \cdot \left(\frac{A_M}{A_H}\right)^2 \cdot \frac{\Delta p_M}{\Delta p_H} \cdot t_M$$

$$t_H = \left(\frac{700}{13,3}\right)^2 \cdot \left(\frac{0,8}{48}\right)^2 \cdot \frac{2}{3} \cdot 100\,\mathrm{min} = 0,513 \cdot 100\,\mathrm{min} = 51,3\,\mathrm{min},$$

oder man berechnet aus $x_V = 6,65 \cdot 10^{-2}$ das zu $V_{KH} = 700\,\mathrm{l}$ Kuchenvolumen gehörende Filtratvolumen

$$V_H = V_{KH}/x_V = \frac{0,7\,\mathrm{m}^3}{6,65 \cdot 10^{-2}} = 10,53\,\mathrm{m}^3$$

und liest aus Bild 8.6.5 die zu $1,05 \cdot 10^4\,\mathrm{l}$ gehörende Filtrierzeit ca. 52 min ab (gestrichelte Linien). Rechnerisch bietet sich noch an, Gl.(8.4.26)

$$V^2(t) = \left(2 A^2 \Delta p/(\eta \alpha x)\right) t$$

zu benutzen mit dem Ergebnis

$$t_H = \frac{\eta \alpha x \, V_H^2}{2 A_H^2 \Delta p_H} = \frac{3,84 \cdot 10^{10}\,\mathrm{Pas\,m}^{-2} \cdot (10,53\,\mathrm{m}^3)^2}{2 \cdot 48^2\,\mathrm{m}^4 \cdot 3 \cdot 10^5\,\mathrm{Pa}} = 3078\,\mathrm{s} = 51,3\,\mathrm{min}$$

Aufgabe 8.6: *Kammerfilterpresse*

Auf einer kleinen Filterpresse mit $1,2\,\mathrm{m}^2$ Filterfläche ist der 24-Liter-Kuchenraum nach 25 Minuten Filtrierdauer gefüllt. In dieser Zeit ist der Druckverlust von 0,05 bar auf 4,0 bar linear angestiegen und es sind 400 l Filtratvolumen angefallen. Das Filtrat ist eine Lösung mit einer dynamischen Zähigkeit von 4 mPas und einer Dichte von $1100\,\mathrm{kg/m}^3$. Aus Vorversuchen sei bekannt, daß die Filterkonstanten bis 5 bar als unveränderlich angesehen werden können. Gleichmäßige Trübezusammensetzung soll außerdem vorausgesetzt werden.

a) Welche Betriebsweise liegt vor?

b) Welche Filtriergeschwindigkeit ergibt sich?

c) Es sind die Filterkonstanten zu bestimmen und zu bewerten.

d) Welche Filtratleistung in $\mathrm{m}^3/(\mathrm{m}^2 h)$ wird bei einer Totzeit von 5 Minuten erzielt?

e) Um wieviel % - bezogen auf den Wert aus d) - vergrößert sich die Filtratleistung, wenn die Filtriergeschwindigkeit verdoppelt wird?

Lösung:

a) Bei inkompressiblem Kuchen und linearem Druckanstieg liegt die Betriebsweise $\dot{V}$ = const. vor.

b) Filtriergeschwindigkeit: $v_F = \dot{V}/A$

$$\dot{V} = \left(V/t\right)_E = \frac{400\,l}{25\,\text{min}} = 16\,l/\text{min} = 2{,}67 \cdot 10^{-4}\,m^3/s$$

$$v_F = \dot{V}/A = \frac{16\,l/\text{min}}{1{,}2\,m^2} = 13{,}3\,\frac{1}{m^2\,\text{min}} = 2{,}22 \cdot 10^{-4}\,\frac{m^3}{m^2\,s}$$

c) Entsprechend Bild 8.4.11 erhält man die Filterkonstanten direkt aus Achsenabschnitt und Steigung des linearen Druckverlaufs über der Zeit (Bild 8.6.6).

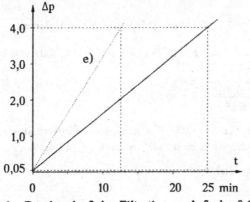

$$b_0 = 0{,}05 \cdot 10^5\,\text{Pa}$$

$$b_1 = \frac{\Delta(\Delta p)}{\Delta t}$$

$$= \frac{3{,}95 \cdot 10^5\,\text{Pa}}{25 \cdot 60\,s}$$

$$= 2{,}63 \cdot 10^2\,\frac{\text{Pa}}{s}$$

Bild 8.6.6 Druckverlauf der Filtration zu Aufgabe 8.6

Gl.(8.4.40) ergibt den Filtermittelwiderstand

$$\beta = b_0 \cdot \frac{A}{\eta\,\dot{V}} = 0{,}05 \cdot 10^5 \cdot \frac{1{,}2}{4 \cdot 10^{-3} \cdot 2{,}67 \cdot 10^{-4}}\,m^{-1} = 5{,}62 \cdot 10^9\,m^{-1},$$

der nach Tabelle 8.4 für ein Filtergewebe relativ hoch ist. Mit Gl.(8.4.41) bestimmt man

$$\alpha\varkappa = b_1 \cdot \frac{1}{\eta} \cdot \left(\frac{A}{\dot{V}}\right)^2 = 2{,}63 \cdot 10^2 \cdot \frac{1{,}2^2}{4 \cdot 10^{-3} \cdot (2{,}67 \cdot 10^4)^2}\,m^{-2} = 1{,}33 \cdot 10^{12}\,m^{-2};$$

$\varkappa_V$ ergibt sich aus

$$\varkappa_V = \left(\frac{V_K}{V}\right)_E = \frac{24\,l}{400\,l} = 0{,}06,$$

und damit wird

$$\alpha_V = \frac{\alpha\varkappa}{\varkappa_V} = \frac{1{,}33 \cdot 10^{12}\,m^{-2}}{0{,}06} = 2{,}22 \cdot 10^{13}\,m^{-2}.$$

Es handelt sich nach Bild 8.4.12 um eine mittelmäßig filtrierbare Suspension.

d) Für die Filtratleistung liefert Gl.(8.4.55) mit $t_P = t_F + t_T = 30\,min = 0,5\,h$

$$q_F = \frac{V_E}{A\,t_P} = \frac{0,4}{1,2 \cdot 0,5}\;\frac{m^3}{m^2 \cdot h} = 0,667\;\frac{m^3}{m^2 \cdot h}.$$

e) Die Filtriergeschwindigkeit kann durch Vergrößerung der Pumpenförderleistung erhöht werden. Allerdings bleibt das Kuchenvolumen auf 24 l beschränkt und damit auch das Filtratvolumen auf 400 l. Konstante Kuchenwerte vorausgesetzt wird man daher bei $\Delta p = 4\,bar$ und $t_E = 12,5\,min$ Filtrierzeit abbrechen (punktierte Linie in Bild 8.6.6), so daß die neue Periodendauer

$$t_{P2} = (12,5 + 5)\,min = 17,5\,min = 0,292\,h$$

ist. Die neue Filterleistung wird daher

$$q_{F2} = \frac{V_E}{A\,t_{P2}} = \frac{0,4}{1,2 \cdot 0,292}\;\frac{m^3}{m^2 \cdot h} = 1,14\;\frac{m^3}{m^2 \cdot h},$$

was einer Steigerung um 71,4 % gegenüber d) entspricht.

Aufgabe 8.7 *Druckabfall im Mehrschichtenfilter*

In der Wasserreinigung werden z.B. zur Trinkwasseraufbereitung Mehrschichtenfilter wie in Bild 8.6.5 eingesetzt. Es ist der Druckabfall zu Beginn der Filtration über der Höhe eines Mehrschichtenfilters zu berechnen, das als "Schnellfilter" mit $v = 8\,m/h$ Wasser von 15 °C durchströmt wird. Das Filter hat folgenden Schichtenaufbau:

Schicht A: Aktivkohle 3 - 5 mm; $\overline{x}_A = 4,0\,mm$; $h_A = 0,4\,m$; $\varepsilon_A = 0,40$

Schicht B: Hydroanthrazit 1,5 - 3,15 mm; $\overline{x}_B = 2,0\,mm$; $h_B = 1.25\,m$; $\varepsilon_B = 0,40$

Schicht C: Feinsand (Quarz) 0,8 - 1,2 mm; $\overline{x}_C = 1,0\,mm$; $h_C = 0,7\,m$; $\varepsilon_C = 0,39$

Stoffwerte Wasser (15 °C): $\rho = 999\,kg/m^3$; $\eta = 1,136 \cdot 10^{-3}\,Pas$.

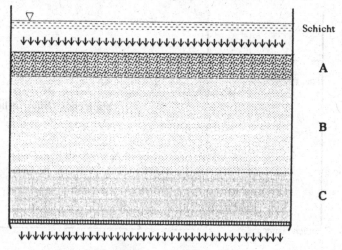

Bild 8.6.7 Mehrschichtenfilter zu Aufgabe 8.7

Lösung:

Berechnung der Durchströmungs-Re-Zahlen nach Gl.(8.2.21)

$$Re_P = \frac{\overline{w}\,\overline{x}\,\rho}{\eta}$$

mit $\overline{w} = 8\,m/3600s = 2{,}22 \cdot 10^{-3}\,m/s$ $\rightarrow Re_A = 7{,}8;$ $Re_B = 3{,}9;$ $Re_C = 2{,}0.$

Danach handelt es sich überwiegend um Durchströmung im Übergangsbereich mit allerdings nur geringen turbulenten Anteilen, so daß sich hier die Benutzung der Ergun-Gleichung Gl.(8.2.32) empfiehlt. Wir setzen für den Sauterdurchmesser d_{32} mangels besserer Kenntnis die gegebenen mittleren Partikelgrößen $\overline{x}$ ein

$$\frac{\Delta p}{L} = 150 \cdot \frac{(1-\varepsilon)^2}{\varepsilon^3}\,\frac{\eta \cdot \overline{w}}{\overline{x}^2} + 1{,}75 \cdot \frac{(1-\varepsilon)}{\varepsilon^3} \cdot \frac{\rho\,\overline{w}^2}{\overline{x}}.$$

Wegen der kleinen Re-Zahlen ist zu erwarten, daß der erste der beiden Summanden den weitaus größeren Beitrag zum Druckverlust liefert, wie es die gesonderte Ausweisung in der folgenden tabellarischen Berechnung auch zeigt.

$$\Delta p_i = h_i \cdot \left[150 \cdot \frac{(1-\varepsilon_i)^2}{\varepsilon_i^3}\,\frac{\eta \cdot \overline{w}}{\overline{x}_i^2} + 1{,}75 \cdot \frac{(1-\varepsilon_i)}{\varepsilon_i^3} \cdot \frac{\rho\,\overline{w}^2}{\overline{x}_i} \right]$$

$\Delta p_A = 0{,}4\,m \cdot \left[\ 133{,}1\ +\ \quad 20{,}2\ \right] N \cdot m^{-3} =\ \quad 61{,}3\ Pa = 0{,}0613\ kPa$

$\Delta p_B = 1{,}25\,m \cdot \left[\ 532{,}5\ +\ \quad 40{,}5\ \right] N \cdot m^{-3} =\ \quad 716\ \ Pa = 0{,}716\ \ kPa$

$\Delta p_C = 0{,}7\,m \cdot \left[2375{,}3\ +\ \quad 88{,}8\ \right] N \cdot m^{-3} = 1725\ Pa = 1{,}725\ kPa$

$\Delta p_{ges} = 2{,}50\ kPa = 25{,}0\ hPa\ (= 25{,}0\ mbar)$

Die Darstellung des Druckverlaufs über der Höhe des Filters wird wie in Bild 8.4.35 als Abzug von der statischen Drucklinie vorgenommen *(Michau-Diagramm)*.

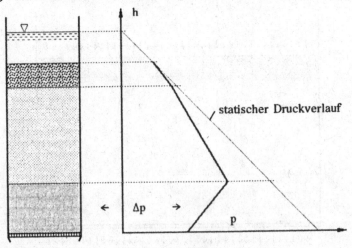

Bild 8.6.6 Michau-Diagramm des Anfangsdruckverlustes zu Aufgabe 8.7

Aufgabe 8.8: *Absetzzentrifuge*

Es sollen 30 l/h einer wässrigen Trübe mit einer Rohrzentrifuge geklärt werden. Die Stoffwerte lauten:

Feststoff: $\rho_S = 1{,}08 \cdot 10^3 \, kg/m^3$; $d_{St} = 0{,}3 \, \mu m$;

Wasser: $\rho_W = 1{,}0 \cdot 10^3 \, kg/m^3$; $\eta = 0{,}001 \, Pa\,s$.

Wählen Sie aus den nachfolgend gegebenen Rotorgrößen die für diese Trennaufgabe geeignete aus.

Rotorgröße	I	II	III
L/mm	500	700	800
D/mm	85	110	150
D_R/mm	45	80	110
n/min^{-1}	20.600	17.300	13.100

Die effektive Länge sei $0{,}9 \cdot L$.

Lösung:

Für den Lösungsweg bietet sich die Gl.(8.5.20) an. Wir rechnen aus der Partikelgröße d_{St} die Sinkgeschwindigkeit w_{fSt} aus und stellen dann die Gleichung so um, daß alle zu bestimmenden Größen links stehen. Damit bekommen wir einen festen Wert für die Kombination aus diesen Größen und können prüfen, welcher der Vorschläge I, II und III diesem Wert am nächsten ist.

$$w_{fSt} = \frac{\Delta\rho \, g \, d_{St}^2}{18 \, \eta} = 3{,}92 \cdot 10^{-9} \, m\,s^{-1}.$$

Gl.(8.5.20) $\quad \dot{V} = \dfrac{\Delta\rho \cdot g \cdot d_t^2}{18 \, \eta} \cdot \dfrac{r_R \, \omega^2}{g} \cdot 2\pi \, r_R \cdot L_{eff} \quad$ schreiben wir mit $\omega = 2\pi n$

und $L_{eff} = 0{,}9 \cdot L$ auf die gegebenen Größen um:

$$\dot{V} = w_{fSt} \cdot \frac{2\pi^3 \cdot 0{,}9}{g} \cdot D_R^2 \cdot n^2 \cdot L$$

und bekommen für die Kombination der Auslegungsgrößen

$$D_R^2 \cdot n^2 \cdot L = \frac{\dot{V} \cdot g}{2\pi^3 \cdot 0{,}9 \cdot w_{fSt}} = 373 \, m^3 \, s^{-2}.$$

Die gegebene Tabelle liefert für diese Kombination folgende Werte:

I: $\quad D_R^2 \cdot n^2 \cdot L = 119{,}4 \; m^3 \, s^{-2} \quad$ zu klein

II: $\quad D_R^2 \cdot n^2 \cdot L = 372{,}4 \; m^3 \, s^{-2} \quad$ geeignet

III: $\quad D_R^2 \cdot n^2 \cdot L = 461{,}4 \; m^3 \, s^{-2} \quad$ zu groß

9 Agglomerieren

9.1 Übersicht

9.1.1 Begriffe und Bezeichnungen

Agglomerieren als Oberbegriff für die Verfahren der mechanischen Kornvergrößerung meint das Zusammenlagern und Aneinanderbinden von feindispersen festen
Primärpartikeln zu größeren Teilchenverbänden, den *Agglomeraten*. Wie schon in
der Einführung zu Band 1 erwähnt, müssen die Primärpartikeln dabei möglichst
viele Kontaktstellen zueinander haben, und es müssen an diesen Kontaktstellen
Haftkräfte wirken.

Die mechanischen Agglomerationsverfahren können nach dem in Tabelle 9.1 gegebenen Schema angeordnet werden. Damit ist zugleich eine Übersicht nach den
Verfahrensprinzipien und grob auch nach den erzielbaren Festigkeiten der Agglomerate gegeben. In allen Fällen werden Haftkräfte zwischen den Partikeln ausgenutzt,
wie sie einführend bereits in Band 1, Abschnitt 2.5 beschrieben sind.

Tabelle 9.1 Begriffe und Verfahren zur mechanischen Kornvergrößerung

Flockung Koagulation	loses Anlagern (flüssige Umgebung)
Feuchtgranulieren Pelletieren Dragieren	Aufbauagglomeration
Kompaktieren Brikettieren Tablettieren	Preßagglomeration
Sintern	Anschmelzagglomeration

Die *Flockung* hat bei der Abscheidung von feinsten Schwebstoffen aus Flüssigkeiten in der Abwassertechnik und der Aufbereitung große Bedeutung (s. Kapitel 8, "Fest-Flüssig-Trennen"). Durch das lose Zusammenlagern entstehen Flocken von meist sehr geringer Festigkeit, die eine Sedimentation oder Filtration erleichtern oder erst ermöglichen.

Beim *Feuchtagglomerieren* (auch *Pelletieren* genannt) werden mit Hilfe einer Flüssigkeit als Bindemittel kleine Partikel aneinander und durch Abrollen nach dem Schneeballprinzip an größere gebunden (Aufbauagglomeration). Die entstehenden feuchten Agglomerate *(Grünpellets* heißen sie in der Erzaufbereitung) haben Kugelform. Werden bereits vorgeformte Agglomerate durch Aufbauagglomeration mit einer zusätzlichen Schicht überzogen, so spricht man von *Dragieren* (Pharma- und Süßwarenindustrie). Die Festigkeiten hängen sehr von der Art und Menge der bindenden Flüssigkeit ab.

Kompaktieren ist das trockene, meist bindemittelfreie Verpressen von Pulvern. Es kann zwischen zwei Walzen erfolgen, wobei zwischen glatten Walzen unregelmäßige plattenartige *Schülpen* und bei Walzen mit muldenartigen Vertiefungen Formteile, - *Briketts* - entstehen (z.B. in Kissen- oder Eiform, *Brikettieren*). Auch in Stempel- oder Strangpressen erzeugte Agglomerate werden gelegentlich als Briketts bezeichnet.

Unter *Tablettieren* versteht man das trockene Verpressen des Pulvers mit Stempel und Matrize, so daß bestimmte Agglomeratgrößen und -formen erzeugt werden. Durch hohe Preßdrücke bei kleinen Primärpartikeln und unter Zuhilfenahme von Bindemitteln können relativ große Festigkeiten erzielt werden.

In Strangpressen (Extruder) werden pastenartige Stoffe durch Mundstücke mit speziell geformten Öffnungen gepreßt, die entstehenden Endlosstränge brechen von selbst in unregelmäßigen Längen ab, oder werden periodisch auf Länge geschnitten und können anschließend getrocknet oder gesintert werden.

Das *Sintern* erfordert eine Wärmebehandlung der meist vorgepreßten oder feucht-granulierten, getrockneten Agglomerate. Durch Diffusions- und Anschmelzvorgänge an den Kontaktstellen der Primärpartikeln entstehen Festkörperbrücken, die eine hohe Festigkeit der Agglomerate bewirken. Die Temperaturen, bei denen Schmelzbrücken entstehen, liegen bei nur ca. $2/3$ der Schmelztemperatur (in Kelvin) des Stoffes.

Weitere Verfahren, bei denen Agglomerate erzeugt werden, sind die Kristallisation und die Trocknung (z.B. Walzentrocknung, Sprühtrocknung). Sie sind der thermischen Verfahrenstechnik zugeordnet.

Einer Erläuterung bedürfen noch die Begriffe *Granulat* (lat. granulum = Körnchen) und *Granulieren* (= körnig machen). Sie werden in der mechanischen Verfahrenstechnik oft nahezu synonym zu Agglomerat und Agglomerieren verwendet, aber man versteht unter «Granulieren» in manchen Branchen auch andere als Kornvergrößerungsverfahren, wenn sie ein körniges Produkt erzeugen. So spricht man von Kunststoff-Granulaten und meint regelmäßig geformte Körner im mm-Bereich, die aus der Schmelze getropft oder nach dem Strangpressen auf Schneidmühlen (Granulatoren!)

zerkleinert worden sind. Auch sprüh- oder gefriergetrocknete Lebensmittel, Pharmazeutika oder keramische Pulver werden als Granulate bezeichnet. Bei ihrer Herstellung geht mit einem thermischen Trocknungsvorgang eine mechanische Verbindung von kleineren Partikeln untereinander im oben genannten Sinne einher.

In diesem Buch werden wir uns nur mit der Aufbau- und der Preßagglomeration befassen. Weitergehende Ausführungen findet man in [9.1] bis [9.4].

9.1.2 Anwendungen der Kornvergrößerung

Agglomerationstechniken werden in sehr vielen verschiedenen Industriezweigen angewendet. Als Beispiele seien genannt: Erzaufbereitung (Pellets zur Hochofenbeschikkung), Agrartechnik (Futtermittel, Düngemittel, Pestizide und Fungizide), Lebensmittel (Instantprodukte, Süßwaren), Chemikalien (Zwischen- und Fertigprodukte), Pharmatechnik (Tabletten, Granulate), Keramik (Sinterkörper, Katalysatoren, Sprühgranulate), Umwelttechnik (Aufarbeitung von Abfallstäuben und Aschen, Verfestigen von Schlämmen).

Feindisperse Produkte wie Pulver und Stäube in granulierter Form zu haben, bringt gegenüber der losen Pulverform folgende Vorteile:

- Das *Schüttgewicht* kann größer sein, dann läßt sich je Volumeneinheit mehr Feststoffmasse lagern, transportieren, verpacken usw.
- Das *Fließverhalten* des trockenen Produkts ist besser. Leichter rieselfähiges Pulver verbessert die Transport- und Dosiereigenschaften.
- Die *Mischbarkeit* wird verbessert, wenn die Agglomerate gleiche Größe haben. Freifließende Produkte mit breiten Korngrößenverteilungen neigen zum Entmischen (s. Band 1, Abschnitt 5.3.1), in Agglomeraten (z.B. Tabletten) fixierte Mischungen bleiben stabil.
- Der *Durchströmungswiderstand* von Partikelschichten ist wesentlich geringer, wenn die Partikeln größer sind (z.B. Hochofenprozeß).
- Beim Bewegen des Produkts (Transportieren, Schütten, Dosieren, Umfüllen, kurz: "handling") entsteht *weniger Staub*. Materialverluste, gefährliche Staubkonzentrationen brennbarer Stäube, Verschmutzungen, Kontaminationen werden vermieden.
- Die *Abscheidbarkeit* feinster Partikeln aus Luft und Wasser wird verbessert, wenn sie agglomeriert sind (Flocken, Flusen).
- Die *Sintertemperatur* bei vorgepreßten Agglomeraten ist niedriger als bei ungepreßten.
- *Anwendungstechnische Eigenschaften* wie Größe, Form, Porosität, Festigkeit, Lösungsverhalten, bis hin zu Farbe und Oberflächenbeschaffenheit von Granulaten lassen sich häufig durch das Agglomerationsverfahren gezielt einstellen.

In allen genannten Fällen ist eine Kornvergrößerung und Haftung der Partikeln erwünscht. Es gibt aber auch *unerwünschte* Haftung und Agglomeration, vor allem bei sehr feinen Partikeln unter ca. 10 μm. In diesem Größenbereich überwiegen die Haftkräfte die Massenkräfte (Schwerkraft, Fliehkraft) und meist auch die Strömungskräfte (Widerstand) bei weitem, so daß eigentlich *immer* mit Agglomeration oder Anhaften dieser Partikeln gerechnet werden muß. Beispiele für unerwünschte Agglomeration sind:

- *Wandhaftung*, also das Ansetzen von feinen Stäuben an Werkzeugen z.B. in Mischern und Zerkleinerungsmaschinen, an Rohr- und Behälterwandungen von Reaktoren, Silos, Filtern, sowie die Bildung von unkontrollierbar großen und festen Anbackungen kann zu unangenehmen Betriebsstörungen führen.
- *Agglomeration* kleiner Anteile sehr feiner einzumischender Komponenten in größere Mengen (z.B. bei Pharmazeutika oder Farben) erschwert oder verhindert das Erreichen einer ausreichenden Mischgüte.
- Bei der *Partikelgrößenanalyse* im Feinstbereich ist immer eine sorgfältige Dispergierung durch Desagglomeration erforderlich, damit nicht Agglomerate als große Einzelpartikeln gemessen werden.

9.1.3 Eigenschaften von Agglomeraten

Bei der Verwendung von Agglomeraten (z.B. als Futtermittelgranulate, Erzpellets, Tabletten, Instantprodukte, Katalysatoren) werden bestimmte Eigenschaften gefordert, durch ihre Herstellung oder Entstehung werden sie bedingt. Diese Eigenschaften sind einerseits sehr produktspezifisch (z.B. Farbe, Geschmack, Lösungsverhalten unter definierten Bedingungen), und daher nur speziell abzuhandeln. Andererseits gibt es die folgenden allgemeineren Eigenschaften, die viele spezifische beeinflussen.

Form, Größe und Größenverteilung
Im allgemeinen sind regelmäßige geometrische Formen angestrebt (Kugeln bei Aufbauagglomeraten, flache Zylinder, Linsen, Kissen u.ä. bei Preßagglomeraten). Agglomeratgrößen liegen in der Regel zwischen 0,02 mm und 50 mm, können aber auch bis 20 cm groß sein (Braunkohlebriketts). Die Verteilungen von Aufbauagglomeraten sollen möglichst eng sein (Gleichkorn), damit definierte Weiterverarbeitungs- oder Anwendungseigenschaften gewährleistet sind. In Formen gepreßte Agglomerate sind ohnehin gleichgroß. Die zwischen Glattwalzen entstehenden unregelmäßigen Schülpen werden nachzerkleinert und gesiebt, damit enge Größenverteilungen entstehen.

Festigkeit
Allgemein wird unter Festigkeit der Widerstand gegen Beanspruchungen verstanden. In Frage kommen bei Agglomeraten

Druck-	
Stoß-	
Biege-	Beanspruchung.
Scher-	
Abrieb-	

So soll beispielsweise ein Mineraldüngergranulat bei der Übergabe von einem För-
derband in ein Silo den freien Fall überstehen, ohne zu zerbrechen, möglichst keinen oder wenig staubenden Abrieb verursachen und bei der Lagerung im Silo den
Druckkräften der darüberliegenden Schüttung standhalten. Aus solchen Anforderungen ergeben sich *untere* Grenzen für die Festigkeit. Andererseits soll ein derartiges
Granulat auch möglichst in vorherbestimmter Zeit wieder zerteilbar sein oder zer-
fallen. Hieraus resultieren - zusammen mit anderen Eigenschaften - *obere* Grenzen
der geforderten Festigkeit. Für die Eigenschaft Festigkeit gibt es zu jeder der oben
genannten Beanspruchungen spezielle Tests (s. Abschnitt 9.2.3).

Porosität

Die Porosität (= der Hohlraumvolumenanteil) ist eine fast alle anderen Eigenschaften stark beeinflussende Größe. Wir greifen hier zunächst auf den Abschnitt 2.6 in
Band 1 zurück, müssen jedoch noch einige erweiterte Definitionen beachten [9.2].
Eine *Partikelporosität* ε_P liegt dann vor, wenn die Einzelpartikel im Inneren Hohlräume hat (Bild 9.1.1 a). Man unterscheidet zugängliche, offene (Volumen V_{Ho}) und
unzugängliche, geschlossene Poren (Volumen V_{Hg}). Das Verhältnis des Volumens
V_{HP} aller Hohlräume zum Partikelvolumen V_P ist

$$\varepsilon_P = \frac{V_{HP}}{V_P} = \frac{V_{Ho} + V_{Hg}}{V_P} \; . \tag{9.1.1}$$

Mit dem Feststoffvolumen V_S bilden wir das Komplement zu ε_P, den Feststoffvolumenanteil

$$1 - \varepsilon_P = \frac{V_S}{V_P} \; . \tag{9.1.2}$$

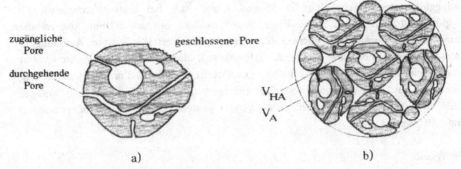

zugängliche Pore

durchgehende Pore

geschlossene Pore

V_{HA}

V_A

a)

b)

Bild 9.1.1 Zur Definition von Porositäten
a) Einzelpartikel, Partikelporosität, b) Agglomerat, Agglomeratporosität

Kann das Volumen V_{Hg} der geschlossenen Poren nicht gemessen werden, dann muß die Partikelporosität mit dem Volumen V_{Ho} der zugänglichen, offenen Poren gebildet werden.

$$\varepsilon_P' = \frac{V_{Ho}}{V_P}. \tag{9.1.3}$$

Die *Agglomeratporosität* ε_A (Bild 9.1.1 b) setzt das Volumen V_{HA} zwischen den Partikeln in einem Agglomerat ins Verhältnis zum Gesamtvolumen $V_A = V_P + V_{HA}$ des Agglomerats

$$\varepsilon_A = \frac{V_{HA}}{V_A}. \tag{9.1.4}$$

Damit gilt für das Komplement

$$1 - \varepsilon_A = \frac{V_P}{V_A} \tag{9.1.5}$$

Sind die Partikeln porös, kann man auch das gesamte Hohlraumvolumen $V_{HA} + V_{HP}$ auf das Agglomeratvolumen beziehen und bekommt die *Gesamt-Agglomeratporosität*

$$\varepsilon_{AP} = \frac{V_{HA} + V_{HP}}{V_A}, \tag{9.1.6}$$

für die sich wegen $\dfrac{V_{HP}}{V_A} = \dfrac{V_{HP}}{V_P} \cdot \dfrac{V_P}{V_A} = \varepsilon_P \cdot (1 - \varepsilon_A)$

$$\varepsilon_{AP} = \varepsilon_A + \varepsilon_P \cdot (1 - \varepsilon_A) \tag{9.1.7}$$

ergibt. Diese zunächst für ein einzelnes Agglomerat definierten Größen gelten als Mittelwerte auch für eine beliebig große Anzahl von Agglomeraten. Im folgenden sollen unter V_S, V_P, V_{HA} usw. ohne weitere Kennzeichnung daher die Feststoff-, Partikel-, Agglomerat- usw. -Volumina in der Gesamtheit des betrachteten Haufwerks verstanden werden.

Bilden viele Agglomerate eine Schüttung (Bild 9.1.2), so ist das Hohlraumvolumen zwischen den Agglomeraten im Verhältnis zum Volumen, das die Schüttung einnimmt, die *Schüttungsporosität*

$$\varepsilon_{Sch} = \frac{V_{HSch}}{V_{Sch}}. \tag{9.1.8}$$

Nimmt man den gesamten Hohlraum - in den Primärpartikeln, in den Agglomeraten und in der Schüttung - zusammen, dann wird mit $V_{Hges} = V_{Ho} + V_{Hg} + V_{HA} + V_{HSch}$ die *Gesamtporosität* einer Schüttung aus porösen Agglomeraten durch

$$\varepsilon_{ges} = \frac{V_{Hges}}{V_{Sch}} = \frac{V_{Ho} + V_{Hg} + V_{HA} + V_{HSch}}{V_{Sch}} \tag{9.1.9}$$

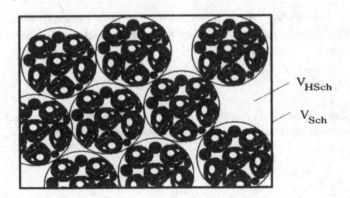

Bild 9.1.2 Zur Definition der Porosität einer Schüttung aus porösen Agglomeraten

bzw. ohne die unzugänglichen Poren durch

$$\varepsilon'_{ges} = \frac{V_{Hges}}{V_{Sch}} = \frac{V_{Ho} + V_{HA} + V_{HSch}}{V_{Sch}} \tag{9.1.10}$$

definiert. Den Zusammenhang zwischen den einzelnen Porositäten erhält man aus den zu Gl.(9.1.2) analogen Beziehungen für die jeweiligen Partikel-, Agglomerat- und Schüttgutvolumenanteile

$$1 - \varepsilon_P = \frac{V_S}{V_P} \; , \quad 1 - \varepsilon_A = \frac{V_P}{V_A} \; , \quad 1 - \varepsilon_{Sch} = \frac{V_A}{V_{Sch}} \quad \text{und} \tag{9.1.11}$$

$$1 - \varepsilon_{ges} = \frac{V_S}{V_{Sch}} = \frac{V_S}{V_P} \cdot \frac{V_P}{V_A} \cdot \frac{V_A}{V_{Sch}} \tag{9.1.12}$$

zu

$$1 - \varepsilon_{ges} = (1 - \varepsilon_P) \cdot (1 - \varepsilon_A) \cdot (1 - \varepsilon_{Sch}) . \tag{9.1.13}$$

Dichte

Entsprechend den Hohlraumanteilen (Porositäten) werden je nach Bezugsvolumen auch verschiedene Dichten definiert. Zunächst setzen wir trockenen Feststoff und trockene Agglomerate voraus.

Die *Feststoffdichte* ρ_S bezieht die Feststoffmasse m_S auf das kompakte Feststoffvolumen V

$$\rho_S = \frac{m_S}{V_S} . \tag{9.1.14}$$

Die *Partikeldichte* ρ_P hat das Partikelvolumen V_P einschließlich der inneren Hohlräume als Bezugsvolumen

$$\rho_P = \frac{m_S}{V_P} . \tag{9.1.15}$$

Mit dem Agglomeratvolumen V_A wird die Agglomeratdichte ρ_A gebildet

$$\rho_A = \frac{m_S}{V_A}.$$
(9.1.16)

Und schließlich nimmt eine Schüttung aus Agglomeraten das Schüttvolumen V_{Sch} ein und hat die *Schüttgutdichte*

$$\rho_{Sch} = \frac{m_S}{V_{Sch}}.$$
(9.1.17)

Zwischen den Porositäten und Dichten lassen sich einige Beziehungen aufstellen. Aus Gl.(9.1.17) folgt durch Erweitern und mit Gl.(9.1.12)

$$\rho_{Sch} = \frac{m_S}{V_S} \cdot \frac{V_S}{V_{Sch}} = \rho_S \cdot (1 - \varepsilon_{ges})$$
(9.1.18)

und mit Gl.(9.1.13) zusätzlich

$$\rho_{Sch} = \underbrace{\overbrace{\rho_S \cdot (1 - \varepsilon_P)}^{\rho_P} \cdot (1 - \varepsilon_A)}_{\rho_A} \cdot (1 - \varepsilon_{Sch}).$$
(9.1.19)

Darin sind

$$\rho_P = \rho_S \cdot (1 - \varepsilon_P)$$
(9.1.20)

die Dichte der in sich porösen Partikeln und

$$\rho_A = \rho_P \cdot (1 - \varepsilon_A) = \rho_S \cdot (1 - \varepsilon_P) \cdot (1 - \varepsilon_A)$$
(9.1.21)

die Dichte des (trockenen) Agglomerats.

Bei feuchten Agglomeraten befindet sich die Flüssigkeitsmasse m_f im allgemeinsten Fall teils im Inneren der Primärpartikeln - falls sie porös sind - und teils zwischen den Primärpartikeln im Inneren der Agglomerate.
Die Dichte ρ_{Af} des feuchten Agglomerats bilden wir nach

$$\rho_{Af} = \frac{m_S + m_f}{V_A} = \frac{m_S}{V_A} + \frac{m_f}{V_A}.$$
(9.1.21)

Zur Kennzeichnung des Flüssigkeitsinhalts benutzen wir Gl.(8.2.39) aus Abschnitt 8.2.3.1, die den *Sättigungsgrad* S als das Verhältnis von Flüssigkeitsvolumen zu Hohlraumvolumen definiert. Hier lautet er daher

$$S = \frac{V_{fA} + V_{fP}}{V_{HA} + V_{HP}} = \frac{m_f}{\rho_f \cdot (V_{HA} + V_{HP})}.$$
(9.1.22)

Aus Gl.(9.1.21) wird damit zunächst

$$\rho_{Af} = \rho_A + \rho_f \cdot S \cdot \frac{V_{HA} + V_{HP}}{V}$$

$$\rho_{Af} = \rho_A + \rho_f \cdot S \cdot \varepsilon_{AP}$$
(9.1.23)

und ausgeschrieben

$$\rho_{Af} = \rho_S \cdot (1 - \varepsilon_P) \cdot (1 - \varepsilon_A) + \rho_f \cdot S \cdot \left[\varepsilon_A + \varepsilon_P \cdot (1 - \varepsilon_A) \right]. \tag{9.1.24}$$

Setzen wir dies in Gl.(9.1.19) anstelle von ρ_A ein, erhalten wir die *Schüttgutdichte* ρ_{Schf} des *feuchten* Gutes

$$\rho_{Schf} = \rho_{Af} \cdot (1 - \varepsilon_{Sch}) =$$

$$\rho_{Schf} = \left\{ \rho_S \cdot (1 - \varepsilon_P) \cdot (1 - \varepsilon_A) + \rho_f \cdot S \cdot \left[\varepsilon_A + \varepsilon_P \cdot (1 - \varepsilon_A) \right] \right\} \cdot (1 - \varepsilon_{Sch}). \tag{9.1.25}$$

Wenn wir wissen oder voraussetzen, daß die Partikeln im Inneren nicht porös sind, dann setzen wir $\varepsilon_P = 0$ und erhalten

$$\rho_{Schf} = \left[\rho_S \cdot (1 - \varepsilon_A) + \rho_f \cdot S \cdot \varepsilon_A \right] \cdot (1 - \varepsilon_{Sch}). \tag{9.1.26}$$

Beispiel 9.1: Schüttgutdichte und Porosität von Agglomeraten

Ein feiner Filterstaub mit der Feststoffdichte $2400 \, kg/m^3$ liegt zunächst als trockenes Pulver mit einer Schüttgutdichte von $800 \, kg/m^3$ vor. Er soll zur Verbesserung der Raumausnutzung beim Lagern zu kugelförmigen Agglomeraten granuliert werden. Wie weit müssen die Agglomerate verdichtet werden, d.h. welche Porosität dürfen sie höchstens haben, damit bei einer Porosität der Agglomeratschüttung von $\varepsilon_{Sch} = 0,4$ überhaupt eine Verringerung der Schüttgutdichte bewirkt wird? Man rechne ohne Feuchtigkeit und mit kompakten Partikeln ($\varepsilon_P = 0$).

Lösung: Gl.(9.1.19) liefert mit $\varepsilon_P = 0$: $\rho_{Sch} = \rho_S \cdot (1 - \varepsilon_A) \cdot (1 - \varepsilon_{Sch})$, woraus

$$\varepsilon_{Amax} = 1 - \frac{1}{1 - \varepsilon_{Sch}} \cdot \frac{\rho_{Sch\,min}}{\rho_S}$$

entsteht. Setzt man die Zahlenwerte ein, erhält man

$$\varepsilon_{Amax} = 1 - \frac{800}{0,6 \cdot 2400} = 0,444.$$

Erstrebenswert sind kleine Porositäten. Nun kann man mit Aufbauagglomerationsverfahren kaum Porositäten unter 0,35 erreichen, so daß in diesem Beispiel Schüttdichten (des trockenen Materials!) nicht größer als ca. $950 \, kg/m^3$ erzielbar wären. Der größere Vorteil in diesem Fall besteht in dem besseren, vor allem staubarmen Umgang mit dem Filterstaub bei der Weiterverarbeitung.

9.2 Bindung und Festigkeit

9.2.1 Bindungsmechanismen

Eine Übersicht über die zwischen Feststoffpartikeln wirkenden Haftkräfte in gasförmiger Umgebung nach Rumpf [9.5] und Schubert [9.6] ist in Bild 2.5.1 in Band 1 bereits gebracht worden. Sie wird wegen ihrer grundsätzlichen Bedeutung für das Agglomerieren hier nochmals wiedergegeben (Bild 9.2.1).

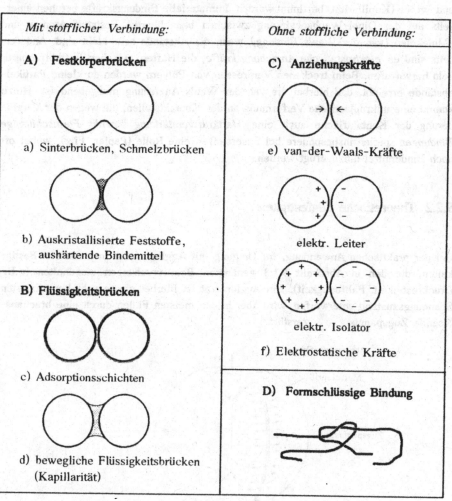

Bild 9.2.1 Haftmechanismen zwischen Feststoffteilchen (nach Rumpf[9.5] und Schubert [9.6]).

Die Festigkeit von Agglomeraten wird bestimmt von den Haftkräften an den Kontaktstellen der Partikeln. Daher ist es vorteilhaft, einerseits die Art und Größe dieser Haftkräfte, andererseits die Anzahl der Kontaktstellen zu kennen.

Die größten Haftkräfte an den Kontaktstellen werden durch Feststoffbrücken beim Sintern erreicht. Auch durch Anlösen und nachfolgendes Kristallisieren sowie durch erhärtende Bindemittel entstehen *Festkörperbrücken* zwischen Partikeln, die zu großen Haftkräften führen. *Flüssigkeitsbrücken* spielen beim Feuchtagglomerieren eine sehr große Rolle. Man unterscheidet zwischen fest an die Oberfläche gebundenen dünnen Adsorptionsschichten und freibeweglicher Flüssigkeit, deren Gestalt und Bindung an den Feststoff vom Volumenanteil, von der Grenzflächenspannung und der Porenform und -größe (Kapillarität) bestimmt werden. Immaterielle Bindungskräfte beruhen einerseits auf der Dipol-Wechselwirkung zwischen benachbarten Feststoff-Atomen und -Molekülen *(van-der-Waals-Bindung)*, wenn die Abstände sehr klein sind. Andererseits sind es *elektrostatische Anziehungskräfte*, die Haften zwischen Festkörperpartikeln hervorrufen. Beim trockenen Verpressen von Pulvern werden so kleine Partikelabstände erreicht, daß hierbei die van-der-Waals-Anziehung maßgebend ist. Hinzu kommt eine mikroplastische Verformung an den Kontaktstellen, die wegen der Vergrößerung der Kontaktfläche auch eine *Haftkraftverstärkung* bewirkt. *Formschlüssige Bindungen* spielen insbesondere bei Faserstoffen eine Rolle (Papier, Filz), wobei oft noch Bindemittel hinzugefügt werden.

9.2.2 Theoretische Zugfestigkeit

Bei der praktischen Anwendung, im Umgang mit Agglomeraten interessieren Festigkeiten, die den in Abschnitt 9.1.3 genannten Beanspruchungen standhalten (z.B. Druckfestigkeit, Fallfestigkeit). Ein Agglomerat ist hierbei einem sehr komplizierten Spannungszustand unterworfen, wird aber in den meisten Fällen durch eine bruchauslösende Zugspannung σ_t zerstört.

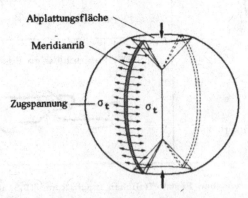

Bild 9.2.2 Bruch eines kugelförmigen Pellets durch Meridianrisse bei Druckbelastung

Wir können uns das am Beispiel eines kugelförmigen Agglomerats veranschaulichen, das zwischen zwei Platten bis zum Bruch gedrückt wurde. Die Bruchphänomene sind in Bild 9.2.2 gezeigt und entsprechen denen bei der Druckzerkleinerung inelastischer Kugeln (s. Kapitel 10, Abschnitt 10.1.2). An den Polen der Kugel entstehen Abplattungen, unterhalb derer unter Druckspannungen stehende - und daher nicht zerstörte - Kegel ins Innere getrieben werden. Sie rufen die tangentialen Zugspannungen σ_t und die Meridianrisse hervor, unter denen letzlich das Agglomerat zerbricht.

Für eine allgemeine Angabe der Festigkeit ist daher die *Zugfestigkeit* σ_z geeignet. Sie ist definiert durch die Bruchkraft F_{Br} einer Zugprobe bezogen auf ihren Querschnitt A (Bild 9.2.3)

$$\sigma_z = \frac{F_{Br}}{A} . \tag{9.2.1}$$

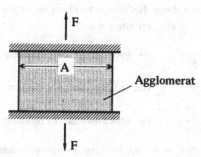

Bild 9.2.3 Zur Definition der Zugfestigkeit

Nach Rumpf [9.7] gilt für den Fall der Haftkraftübertragung an den Kontaktstellen zwischen Partikeln gleicher Größe d_S

$$\sigma_z = \frac{1-\varepsilon_A}{\varepsilon_A} \cdot \frac{F_H}{d_S^2} . \tag{9.2.2}$$

Hierin bedeuten

ε_A die Porosität des Agglomerats,

F_H die mittlere Haftkraft je Kontaktstelle,

d_S den Durchmesser der den Partikeln oberflächengleichen Kugel als Maß für die mittlere Partikelgröße (vgl. Abschnitt 2.2.3.1, Band 1).

Außerdem sind in der Ableitung dieser Beziehung noch folgende Voraussetzungen enthalten:

- Es handelt sich um eine gleichmäßige Zufallspackung von konvexen Partikeln,
- die Haftkraftverteilung ist gleich über alle Kontaktstellen,
- die *Koordinationszahl* k, als die mittlere Anzahl der Berühr- und Nahstellen, an denen bei einem Teilchen im Agglomerat Haftkräfte wirken, ist auf Grund von Meßergebnissen mit guter Näherung beschreibbar durch

$$k \approx \frac{\pi}{\varepsilon_A} . \tag{9.2.3}$$

Trockene Bindung

Für die Haftkräfte bei van-der-Waals-Bindung und elektrostatischer Anziehung sind in Abschnitt 2.5.1, Tabelle 2.8 des 1. Bandes Gleichungen für den Modellfall zweier ideal glatter Kugeln angeführt. Abgesehen von physikalischen und Stoffkonstanten lauten sie als Proportionalitätsbeziehungen

$$F_H \sim \frac{d}{a^2} \qquad \text{für van-der-Waals-Bindung,}$$

$$F_H \sim \frac{d}{a} \qquad \text{für elektrostatische Bindung bei leitenden Stoffen,}$$

$$F_H \sim \frac{d^2}{1 + a/2d} \qquad \text{für elektrostatische Bindung bei isolierenden Stoffen.}$$

Mit a wird der kleinste Abstand (Kontaktabstand) zwischen den Haftpartnern bezeichnet. Setzen wir diese Haftkraftbeziehungen in die Festigkeitsformel von Rumpf Gl.(9.2.2) mit $d_S \equiv d$ ein, erhalten wir

$$\sigma_z \sim \frac{1}{a^2 d} \qquad \text{für van-der-Waals-Bindung,}$$

$$\sigma_z \sim \frac{1}{a d} \qquad \text{für elektrostatische Bindung bei leitenden Stoffen,}$$

$$\sigma_z \sim \frac{1}{1 + a/2d} \qquad \text{für elektrostatische Bindung bei isolierenden Stoffen.}$$

Wir stellen zunächst eine umgekehrte Proportionalität zwischen Festigkeit σ_z und Partikelgröße d für die beiden ersten Bindungsarten fest. Isolierende Stoffe zeigen in diesem Modell, vor allem bei sehr kleinen Kontaktabständen praktisch keine Partikelgrößenabhängigkeit (a/2d « 1).

Des weiteren zeigt insbesondere die wichtige van-der-Waals-Bindung eine starke Abhängigkeit der Festigkeit vom Kontaktabstand. Abstandsvergrößerung durch Oberflächenrauhigkeiten oder zwischengelagerte sehr feine Teilchen reduzieren diese Haftkräfte drastisch (vgl. Aufgabe 2.13 in Band 1). Darauf beruht die Wirkung von Trennmitteln, die z.B. das Fließverhalten von Pulvern verbessern. Aber auch solche Deformationen bei mechanischer Beanspruchung des Agglomerats, die eine wenn auch geringe Vergrößerung des Kontaktabstands a bewirken, setzen die Zugfestigkeit stark herab. Das macht verständlich, warum trocken verpreßte, van-der-Waals-gebundene Agglomerate besonders zugspannungsempfindlich und spröde sind. Im Sinne der Zerkleinerung bedeutet "spröde" nämlich: Der Bruchpunkt (Bruchspannung, Bruchdehnung) wird praktisch ohne makroskopische Verformung erreicht (s. Abschnitt 10.1.2).

Flüssigkeitsbindung

Die Zugfestigkeit von Agglomeraten aufgrund der Kapillarität einer frei beweglichen Flüssigkeit zwischen den Primärpartikeln hängt vom Sättigungsgrad S ab. Er ist definiert als der Flüssigkeits-Volumenanteil im Hohlraum des Agglomerats

$$S = \frac{V_f}{V_H}. \tag{9.2.4}$$

Brückenbereich. Haftkraftübertragung an Kontaktstellen - wie sie für die Rumpf-Beziehung Gl.(9.2.2) vorausgesetzt wird - findet über Flüssigkeitsbrücken statt. Der Sättigungsgrad im Agglomerat bleibt dabei in der Regel unter ca. 30 %.

Die Dimensionsanalyse liefert bei rotationssymmetrischen Brücken zwischen einfachen Körpern (z.B. Kugeln wie in Bild 9.2.4) für die Haftkraft F_H abhängig von geometrischen (Abstand a, Kugeldurchmesser d, Füllwinkel 2β) und stofflichen Einflußgrößen (Oberflächenspannung γ, Randwinkel δ) folgende Beziehung

$$\frac{F_H}{\gamma \cdot d} = f(\frac{a}{d}, \beta, \delta) \tag{9.2.5}$$

Die expliziten Abhängigkeiten $f(a/d, \beta, \delta)$ sind für geometrisch einfache Fälle (Kugeln, Kegel, Platten) berechenbar und von Schubert [9.8] in Form von Diagrammen angegeben worden. Bild 9.2.5 zeigt als Beispiel die bezogene Brücken-Haftkraft $F_H/\gamma d$

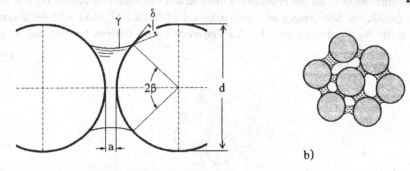

Bild 9.2.4 a) Flüssigkeitsbrücke zwischen zwei Kugeln
b) Brückenbindung im Agglomerat

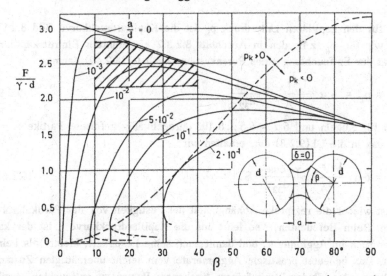

Bild 9.2.5 Bezogene Haftkraft einer Flüssigkeitsbrücke zwischen zwei gleichgroßen Kugeln ([9.8]). Schraffiert: Üblicher Brückenbereich

zwischen zwei gleichgroßen Kugeln abhängig von β bei vollständiger Benetzung ($\delta = 0$). Übliche β-Werte liegen bei $10°\ldots 40°$ (schraffierter Bereich), so daß bei kleinen Abständen ($a/d \approx 10^{-2}$) für die Haftkraft als Überschlagsformel

$$F_H \approx (2,2\ldots 2,8)\cdot\gamma\cdot d \qquad (9.2.6)$$

gelten kann. Setzen wir dies - und $d_S = d$ für Kugeln - in die Gl.(9.2.2) ein, dann ergibt sich für die theoretische Zugfestigkeit von brückengebundenen Agglomeraten

$$\sigma_Z \approx (2,2\ldots 2,8)\cdot\frac{1-\varepsilon_A}{\varepsilon_A}\cdot\frac{\gamma}{d} \qquad (9.2.7)$$

Zu beachten ist wieder $\sigma_Z \sim d^{-1}$, d.h. die Agglomerate sind umso fester, je kleiner die Partikeln sind, aus denen sie bestehen.

Kapillardruckbereich. Ist der Hohlraum zwischen den Partikeln fast vollständig mit Flüssigkeit gefüllt, der Sättigungsgrad S also nahe bei 1 (Bild 9.2.6), dann wird der Zusammenhalt des Agglomerats durch den Kapillardruck p_k im Inneren bewirkt und es gilt

$$\sigma_Z = S\cdot p_k. \qquad (9.2.8)$$

Bild 9.2.6 Agglomeratbindung bei vollständiger Sättigung (Kapillardruckbereich)

Maßgebend für den kapillaren Unterdruck p_k ist die Kapillardruckkurve Bild 8.2.15. So können wir für p_k z.B. den in Abschnitt 8.2.3.2 eingeführten Eintrittskapillardruck p_E bei der Entfeuchtung eines Porensystems nach Gl.(8.2.49) nehmen

$$p_k = p_E = 6\alpha\cdot\frac{1-\varepsilon_A}{\varepsilon_A}\cdot\frac{\gamma\cdot\cos\delta}{d_{32}} \qquad (9.2.9)$$

mit $6\alpha = 6$ für Kugeln und $6\alpha = 6,5\ldots 8$ für unregelmäßig geformte Partikeln. Führen wir das in die Gl.(9.2.8) ein, erhalten wir

$$\sigma_Z = 6\alpha\cdot\frac{1-\varepsilon_A}{\varepsilon_A}\cdot\frac{\gamma\cdot\cos\delta}{d_{32}}\cdot S. \qquad (9.2.10)$$

Auch hier ist wieder die reziproke Abhängigkeit der Festigkeit von der Partikelgröße festzustellen. Beim Befeuchten - so lehrt uns die Kapillardruckkurve - ist der kapillare Unterdruck im Agglomerat, und damit auch seine Festigkeit, kleiner als beim Entfeuchten. Das bedeutet praktisch: Agglomerate vom leicht übersättigten Zustand durch Trocknen oder "Pudern" mit feinem trockenem Pulver zu entfeuchten, ergibt höhere Festigkeiten als trockene Agglomerate durch Flüssigkeitszugabe zu befeuchten.

Übergangsbereich. Zwischen den beiden behandelten Bereichen des Sättigungsgrades (Brückenbereich I mit S < 30% und Kapillardruckbereich III mit S ≈ 1) liegt ein Übergangsbereich II, in dem sowohl Brücken wie inselartige gesättigte Stellen im Agglomerat vorliegen. Meßwerte für die Festigkeit streuen stark. Sie ist nicht theoretisch zu erfassen. Insgesamt wird nach Schubert [9.8] die Zugfestigkeit kapillar gebundener Agglomerate abhängig vom Sättigungsgrad durch Bild 9.2.7 dargestellt.

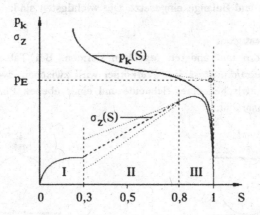

Bild 9.2.7 Kapillardruck p_k und Zugfestigkeit σ_z von Feuchtagglomeraten abhängig vom Sättigungsgrad S

I: Brückenbereich, II: Übergangsbereich, III: Kapillardruckbereich

Diese zunächst modellhaften Ergebnisse haben zumindest qualitativ wichtige Aussagen für die Anwendungstechnik zur Folge:

1.) Je feiner die Primärpartikeln eines Agglomerats sind, desto höhere Festigkeiten sind bei gleicher Porosität ε erzielbar. Die Proportionalität $\sigma_z \sim d^{-1}$ gilt sowohl für trockenes Verpressen (Ausnahme: elektrisch leitende Stoffe) wie für kapillare Flüssigkeitsbindung.

2.) Mit hohen Sättigungsgraden und beim Entfeuchten sind generell höhere Agglomeratfestigkeiten zu erzielen als mit kleinen Sättigungsgraden und beim Befeuchten.

3.) Beim Feuchtagglomerieren wird in der Regel befeuchtet. Geringe Überfeuchtung an der Sättigungsgrenze führt zum Zerfließen des Agglomerats durch eine drastische Festigkeitsabnahme ($\sigma_z \to 0$). Die Zugabe von nur wenig trockenem Feststoff ("Pudern" der Agglomerate) bedeutet wieder Entfeuchtung und bildet oberflächliche Menisken. Sie haben umso kleinere Krümmungsradien, je feiner das "Puder" ist, ergeben also eine umso höhere Festigkeit.

4.) Das Entwässern von Filterkuchen ist immer ein Entfeuchtungsprozeß. Wenn nicht eine hohe Kuchenfestigkeit von der Weiterverarbeitung her gefordert ist, geht hier die gewünschte geringe Restfeuchte (Brücken- oder Übergangsbereich) einher mit einer leichten Zerteilbarkeit des Kuchens.

9.2.3 Praktische Festigkeitsprüfung

Entsprechend den jeweiligen Anforderungen an die Festigkeit werden zu deren Prüfung technologische Testmethoden angewandt. Viele sind für die Belange der pharmazeutischen Technik entwickelt worden (Tablettenprüfgeräte), werden aber auch für andere Produkte und Belange eingesetzt. Die wichtigsten sind:

Prüfung auf Druckfestigkeit
bei Kugeln, Zylindern und anderen regulären Formen. Bei Tabletten heißt diese Prüfung auch *Diametraldrucktest.* Der Prüfkörper wird zwischen zwei ebenen Platten (Bild 9.2.8 a) oder zwischen einer Schneide und einer ebenen Platte (Bild 9.2.8 b) bis zum Bruch beansprucht.

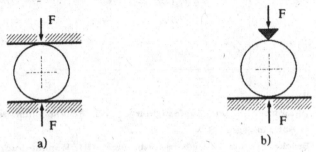

a)

b)

Bild 9.2.8 Prüfung auf Druckfestigkeit

Die Bruchkraft F_B bezogen auf den zur Wirkungslinie der Kraft senkrechten Querschnitt A der Probe heißt Druckfestigkeit. Sie ist für Kugeln mit dem Durchmesser d

$$f_{BK} = \frac{4 \cdot F_B}{\pi \, d^2} \, . \tag{9.2.11}$$

und für Tabletten mit dem Durchmesser d und der Dicke b beim Diametraldrucktest

$$f_{BT} = \frac{F_B}{d \cdot b} \, . \tag{9.2.12}$$

Für feuchtagglomerierte und getrocknete Kugeln findet man häufig zwischen Bruchkraft F_B und Kugelmasse m den einfachen Zusammenhang

$$\frac{F_B}{F_B'} = \left(\frac{m}{m'}\right)^b \, . \tag{9.2.13}$$

Die Auftragung der gemessenen Werte von Bruchkraft und Agglomeratmasse im doppelt-logarithmischen Netz ergibt näherungsweise eine Gerade, auf der die (beliebigen) Bezugswerte F_B' und m' liegen, und deren Steigung b beträgt. Werte für b liegen bei etwa 0,45 ... 0,7.

Informativer aber auch aufwendiger ist es, Kraft-Weg-Verläufe (Bild 9.2.9) zu messen, aus denen auf die Sprödigkeit und inelastische Verformbarkeit der Agglomerate geschlossen werden kann (s. auch Zerkleinern, Abschnitt 10.1.2). Außerdem liefern sie durch die Integration der Kraft F über dem Weg s

$$\int_0^{s_B} F(s) \, ds = W_B \tag{9.2.14}$$

Werte für die bis zum Bruch (Index B) aufgebrachte Energie (Bruchenergie).

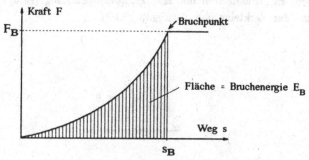

Bild 9.2.9 Kraft-Weg-Verlauf und Bruchenergie bei der Druckfestigkeitsprüfung

Prüfung auf Biegefestigkeit

Sie kommt in Frage für Tabletten und andere flache oder längliche Agglomerate, die auch bei ihrer Anwendung auf Biegung beansprucht werden (z.B. Bleistiftminen, Kreiden, Kekse). Das Beanspruchungsschema - Dreischneidenbelastung - ist in Bild 9.2.10 gezeigt. Auch hierbei wird die Bruchkraft gemessen.

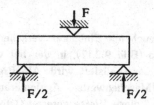

Bild 9.2.10 Biegefestigkeitsprüfung

Wenn gleiche Produkte serienweise zu prüfen sind, reicht die Angabe der Bruchkraft und eines Toleranzbereichs als relatives Festigkeitsmaß aus. Sonst kann man aus dem Biegeprüfversuch die maximale Zugspannung nach der elementaren Biegetheorie berechnen

$$\sigma_{Bmax} = \frac{M_{Bmax}}{W_b} \tag{9.2.15}$$

mit $\quad M_{Bmax}$: maximales Biegemoment,
$\quad\quad W_b$: $\quad$ Biegewiderstandsmoment des Probenquerschnitts.

Allerdings ist diese einfache Betrachtung nur zulässig, wenn die Probe homogen und isotrop ist und sich linear-elastisch verhält (Hooke'sches Stoffverhalten).

Prüfung auf Fallfestigkeit

Sie ist relevant für alle Agglomerate, die bei Transport, Dosierung u.ä. (z.B. bei der Übergabe vom Transportband auf eine Halde) den freien Fall ohne Bruch überstehen müssen. Es handelt sich um eine Prallbeanspruchung (Bild 9.2.11, s. Beanspruchungsarten der Zerkleinerung, Abschnitt 10.1.3).

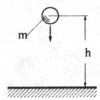

Bild 9.2.11 Falltest

Angegeben bzw. gefordert wird z.B. die Anzahl der Fallversuche aus einer bestimmten Höhe, die das Agglomerat unbeschadet übersteht (z.B. 3 × aus 0,5 m Höhe). Man kann aber auch die Bruchhäufigkeit in Abhängigkeit von der Fallenergie $m \cdot g \cdot h$ (m: Masse des Agglomerats, h: Fallhöhe) angeben, z.B.: Beim freien Fall aus der Höhe h zerbrechen 1% der Agglomerate und 99% bleiben unzerstört.

Prüfung auf Abriebfestigkeit

Die Prüfung wird in einer (auch mit Einbauten versehenen) Drehtrommel mit horizontaler Achse vorgenommen (Bild 9.2.12), in der bei vorgegebener Drehzahl eine bestimmte Beanspruchungsdauer realisiert wird. Als Ergebnis wird der Abrieb als prozentualer Siebdurchgang (Maschenweite « Agglomeratgöße) angegeben. Koks und Kohle werden seit langem auf diese Weise getestet (DIN 51717).

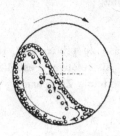

Bild 9.2.12 Abriebprüfung

9.3 Aufbauagglomeration

9.3.1 Übersicht

Aufbauagglomeration ist ein Verfahren des Feuchtgranulierens, bei dem das Pulver mit der geeigneten Flüssigkeitsmenge so gemischt wird, daß sich kapillare Bindungen zwischen den Partikeln bilden können. Die Komponenten müssen auch in kleinsten Bereichen gegeneinander bewegt werden. Dabei treten den Haftkräften, verursacht durch die Bewegungen, natürlich auch trennende Kräfte gegenüber. Es bleiben daher nur solche Bindungen bestehen, deren Haftkräfte größer als die Trennkräfte aufgrund der Beanspruchung sind. Technisch wird das Feuchtgranulieren in Granuliertellern, Granuliertrommeln, Mischern oder in der Wirbelschicht durchgeführt (Bild 9.3.1).

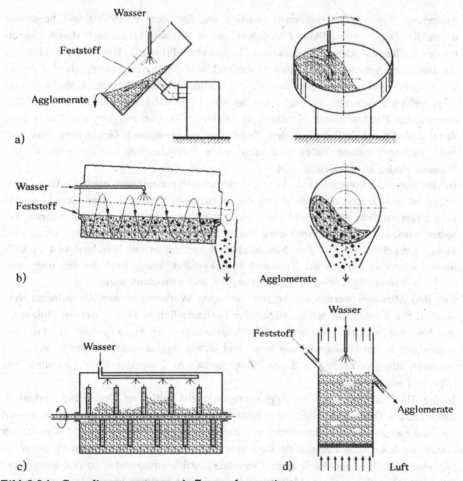

Bild 9.3.1 Granulierapparate zur Aufbauagglomeration
a) Granulierteller, b) Granuliertrommel, c) Mischer, d) Wirbelschicht

Granulierteller sind flache zylindrische Behälter, deren Drehachse um 45° ... 55° gegen die Horizontale geneigt ist. Das Granuliergut wird in Drehrichtung nach oben mitgenommen und bewegt sich, wie es in Bild 9.3.2 schematisch angedeutet ist.

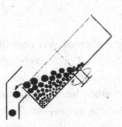 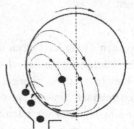

Bild 9.3.2 Klassiereffekt im Granulierteller

Ausgehend von Agglomeratkeimen (wenige angefeuchtete Partikeln) und begünstigt durch die Zugabe versprühter Flüssigkeit (meist Wasser) bilden sich durch Übereinander-Rollen wachsende Kugeln aus ("Schneeball-Prinzip"). Das Feingut bleibt in der bewegten Schicht eher in Bodennähe und wird höher angehoben, als die größeren Kugeln. Diese rollen je größer sie sind, umso leichter über die Gutschicht hinweg, befinden sich also vorzugsweise an der Oberfläche der Füllung in der Nähe des unteren Randes. Diese klassierende Wirkung der Gutbewegung im Teller führt dazu, daß die schließlich über den Tellerrand ausgetragenen *Grünpellets* eine sehr enge Größenverteilung haben und nicht mehr nachklassiert werden müssen. Der Vorgang findet kontinuierlich statt.

In der *Granuliertrommel* sind die Agglomerationsmechanismen ähnlich. Die Drehachse ist jedoch nur schwach gegen die Horizontale geneigt (einige Grad), so daß kein Klassiereffekt eintritt, und eine breitere Größenverteilung der Agglomerate erhalten wird. Hier ist also meist eine Nachklassierung durch Sieben nötig. Dazu muß vorher getrocknet werden. Der Siebdurchgang zusammen mit Frischgut und zerkleinertem Überkorn wird in die Trommel zurückgeführt. Energetisch ist das ungünstig, weil das Kreislaufgut abwechselnd befeuchtet und getrocknet wird.

Von den *Mischern* werden solche mit bewegten Werkzeugen zum Granulieren verwendet. Sie können diskontinuierlich oder kontinuierlich betrieben werden. Intensivmischer mit schnell rotierenden Mischwerkzeugen erzeugen relativ kleine und wegen der hohen Beanspruchung feste und dichte Agglomerate, während langsamer laufende Mischwerkzeuge (z.B. im Pflugscharmischer) weniger feste Granulate mit höherer Porosität liefern.

In der *Wirbelschicht* wird die Agglomeration meist mit einer Trocknung verknüpft. Aufgeheiztes Gas durchströmt die Feststoffschicht von unten und lockert sie soweit auf, daß eine intensive Vermischung und damit auch guter Wärme- und Stoffaustausch stattfinden kann. Die Flüssigkeit wird von oben eingesprüht, der Feststoff ebenfalls von oben zugeführt und die fertigen Granulate seitlich entnommen, so daß kontinuierliche Betriebsweise vorliegt. Meist muß die geeignete Fraktion herausklassiert werden.

9.3.2 Tellergranulieren

9.3.2.1 Bezeichnungen und Auslegungsgrößen

Für Drehzahl, Leistungsbedarf und Durchsatz des Granuliertellers und der Granuliertrommel abhängig von ihren Größen liegen Berechnungsgrundlagen vor [9.9]. Wir
behandeln als Beispiel den Granulierteller. Um im Produktionsmaßstab bestimmte
Agglomerateigenschaften gezielt einstellen zu können, müssen in Labor- und Tech-
nikums-Tellern Versuche mit dem Originalprodukt gemacht werden. Deren Ergebnisse sind dann mit Hilfe von meist empirisch gefundenen Übertragungskriterien auf
die Hauptausführung hochrechenbar (scale-up).
Zunächst seien anhand von Bild 9.3.3 einige Definitionen und Begriffe eingeführt.

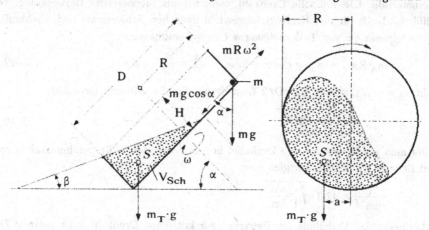

Bild 9.3.3   Zur Berechnung von Granuliertellern

Der *Füllungsgrad* φ gibt an, welchen Anteil des Tellervolumens die Gutschüttung
einnimmt

$$\varphi = \frac{4 \cdot V_{Sch}}{\pi \cdot D^2 H} \qquad (9.3.1)$$

Übliche Werte liegen bei $\varphi \approx 0,1 \ldots 0,3$. Der Füllungsgrad wird bestimmt durch
folgende Größen:

β: Schüttwinkel des bewegten Gutes,
α: Neigungswinkel der Tellerachse gegen die Horizontale (45° ... 55°),
H/D: Randhöhen-Verhältnis (meist ist H/D $\approx$ 0,2),
n: Drehzahl des Tellers, n = $\omega/(2\pi)$.

Für die Leistungsberechnung wichtig ist die *Schüttgutdichte* ρ_{Schf} des *feuchten* Gutes, die bei nicht porösen Primärpartikeln entsprechend Gl.(9.1.26) berechnet wird

$$\rho_{Schf} = \left[\rho_S \cdot (1 - \varepsilon_A) + \rho_f \cdot S \cdot \varepsilon_A \right] \cdot (1 - \varepsilon_{Sch}) . \tag{9.3.2}$$

9.3.2.2 Drehzahl

Die Betriebsdrehzahl eines Granuliertellers wird so hoch gewählt, daß eine intensive Umwälzung des Gutes durch die Mitnahme in Drehrichtung erfolgt. Allerdings muß die Drehzahl unter der sog. *kritischen Drehzahl* n_c bleiben. Diese ist dadurch ausgezeichnet, daß bei ihr ein mit der Umfangsgeschwindigkeit des Tellerrandes mitgenommenes Agglomerat gerade "zentrifugiert", also im Scheitelpunkt gerade nicht herunterfällt. Die kritische Drehzahl dient nur als rechnerische Bezugsgröße. Nach Bild 9.3.3 gilt für das Kräftegleichgewicht zwischen Schwerkraft und Fliehkraft im Scheitelpunkt bei der Tellerneigung α (Agglomeratmasse m_A)

$$m_A \cdot R\, \omega_c^2 = m_A \cdot g \cos \alpha \quad \text{bzw.} \quad \omega_c^2 = \frac{g}{R} \cdot \cos \alpha . \tag{9.3.3}$$

Mit $n_c = \omega_c / (2\pi)$ und $R = D/2$ folgt daraus für die kritische Drehzahl

$$n_c = \frac{1}{\pi} \cdot \sqrt{\frac{g \cdot \cos \alpha}{2\, D}} . \tag{9.3.4}$$

Gibt man - wie üblich - die Drehzahl in min^{-1} und den Tellerdurchmesser in m an, erhält man die Zahlenwertgleichung

$$\frac{n_c}{min^{-1}} = 42{,}3 \cdot \sqrt{\frac{\cos \alpha}{D/m}} . \tag{9.3.5}$$

Man nennt das Verhältnis der Betriebs- zur kritischen Drehzahl auch *relative Drehzahl*. Sie liegt für Granulierteller im Bereich

$$\frac{n}{n_c} = \frac{\omega}{\omega_c} = 0{,}6 \ldots 0{,}75 . \tag{9.3.6}$$

Das Verhältnis von Fliehkraft zu Schwerkraft wird bei den Granuliertellern und -trommeln wie in anderen Trommel- und Drehrohrapparaten der Verfahrenstechnik (z.B. Freifallmischer, Trommeltrockner, Rohrmühlen) auch als *Froude-Zahl* bezeichnet, weil es - mit der Umfangsgeschwindigkeit $w_u = \omega \cdot D/2$ geschrieben - formal der aus der Fluidmechanik bekannten Froude-Zahl $2 \cdot w_u^2 / (g\, D)$ gleicht. Für Granulierteller ist es sinnvoll, den Tellerneigungswinkel mit einzubeziehen

$$Fr = \frac{R\, \omega^2}{g \cdot \cos \alpha} . \tag{9.3.7}$$

Aus dem Vergleich von Gl.(9.3.7) mit Gl.(9.3.3) ergibt sich, daß Fr allgemein für das Quadrat des Drehzahlverhältnisses steht

$$Fr = \left(\frac{\omega}{\omega_c}\right)^2 = \left(\frac{n}{n_c}\right)^2 \qquad (9.3.8)$$

so daß damit im Betrieb $Fr < 1$ und für den oberen Grenzfall $n = n_c$ $Fr = 1$ ist. Im Gegensatz zu den Zentrifugen, wo dasselbe Verhältnis "Schleuderzahl z" heißt und Werte $\gg 1$ annimmt, hat es hier Werte unter 1.

9.3.2.3 Leistungsbedarf und Durchsatz

Leistungsbedarf

Die erforderliche Nettoleistung P erhält man aus dem Drehmoment M_d an der Tellerantriebswelle und der Winkelgeschwindigkeit ω, bzw. der Drehzahl n

$$P = M_d \cdot \omega = 2\pi \cdot M_d \cdot n. \qquad (9.3.9)$$

Wir wollen unter Nettoleistung nur den Anteil der Leistung verstehen, der die Füllung während des Betriebs in ihrer exzentrischen Lage hält. Hinzu kommen noch die Anteile, die als Verluste in Motor, Getriebe und Lagerung aufzuwenden sind. Von der Masse m_T der gesamten Füllung im Teller (Bild 9.3.3) übt die senkrecht zur Drehachse stehende Komponente ihres Gewichts bezüglich dieser Drehachse das Moment

$$M_d = m_T \cdot g \cos \alpha \cdot a \qquad (9.3.10)$$

aus. Die Auslenkung a des Schwerpunkts S bezieht man auf den Radius R des Tellers und bezeichnet dieses Verhältnis als *Mitnahmekoeffizient* Ψ

$$\Psi = \frac{a}{R} = \frac{2a}{D}. \qquad (9.3.11)$$

Führen wir in die Gl.(9.3.9) jetzt Gl.(9.3.10) und $a = \Psi \cdot D/2$ sowie für die im Teller befindliche Masse

$$m_T = \rho_{Schf} \cdot \varphi \cdot \frac{\pi}{4} D^2 H \qquad (9.3.12)$$

ein, dann erhalten wir für die Leistung den Ausdruck

$$P = \frac{\pi^2}{4} \cos \alpha \cdot \Psi \cdot \varphi \cdot \rho_{Schf} \cdot g \cdot D^3 H \cdot n. \qquad (9.3.13)$$

Hierin ist vor allem der Mitnahmekoeffizient Ψ eine nicht vorausberechenbare Größe, die von den Schüttguteigenschaften der Füllung, der Wandreibung, vom Füllungsgrad und vom Tellerdurchmesser abhängt. Werte von Ψ liegen um 0,4 bei kleineren Tellern (Durchmesser ca. 1 m) und sind für größere Teller kleiner.

Durchsatz

In Granuliertellern verschiedener Durchmesser wird die Forderung nach gleichbleibenden Agglomerateigenschaften dann erreicht, wenn folgende drei Bedingungen erfüllt sind ([9.9]):

gleiche relative Drehzahl	n/n_c = const. (Fr = const.)
gleiche mittlere Verweilzeit	$\bar{t} = m_T/\dot{m}$ = const.
gleiche durchsatzbezogene Leistung	$P/\dot{m}$ = const.

Dabei haben die Erfahrungen gezeigt, daß der Durchsatz $\dot{m}$ der Tellerfläche proportional ist

$$\dot{m} = k \cdot D^2. \qquad (9.3.14)$$

Man verwendet Gl.(9.3.14) als Zahlenwertgleichung mit $\dot{m}$ in t/h und D in m. Die Proportionalitätskonstante k in $t/(h\,m^2)$ heißt *Granulierfaktor* oder auch *spezifischer Durchsatz*. Er hängt vor allem von der Art des Produkts ab. Tabelle 9.2 enthält einige Zahlenwerte nach Ries [9.10]. Capes ([9.1]) gibt als Richtwerte an: k ≈ 0,5 ... 1,2.

Tabelle 9.2 Granulierfaktoren einiger Produkte

Produkt	$k / \dfrac{t}{h\,m^2}$
Bentonit	0,25
FeSi-Staub	0,4
Flugasche	0,8
Mischdünger	0,6 ... 1,0
Zementrohmehl	1,5
Eisenerz	1,6
Superphosphat	3,2

Die *mittlere Verweilzeit* $\bar{t}$ ergibt sich aus der Produktmasse m_T im Teller und dem Durchsatz $\dot{m}$ zu

$$\bar{t} = \frac{m_T}{\dot{m}}. \qquad (9.3.15)$$

Spezifische Granulierenergie nennt man die je Masseneinheit (Tonne) aufzuwendende Nettoarbeit (in kWh), bzw. die für den Durchsatz von 1 t/h zu erbringende Nettoleistung P in kW

$$P_m = \frac{P}{\dot{m}}. \qquad (9.3.16)$$

Auch P_m ist im wesentlichen eine produktspezifische Größe und hat typische Werte um 1 kWh/t. Aus $\dot{m} \sim D^2$ folgt mit P_m = const. auch $P \sim D^2$. Das hat Bedeutung für die Hochrechnung von Technikumsversuchen auf große Anlagen (Scale-up).

9.3.2.4 Modellübertragung (Scale-up)

Bei der Auslegung größerer Produktions-Granulierteller muß man von Veruchsergeb-
nissen im Labor- oder Technikumsmaßstab ausgehen und kann dann Drehzahl, Durchsatz und Leistungsbedarf der Hauptausführung bestimmen.
Wir setzen zunächst zwei Bedingungen voraus:

1.) *Geometrische Ähnlichkeit.* Der Vergrößerungsmaßstab aller linearen Abmessungen des Tellers von der Modellausführung (Index M) zur Hauptausführung (Index H) ist konstant.

$$\mu = \frac{D_H}{D_M} = \frac{H_H}{H_M} = \text{const.} \tag{9.3.17}$$

Das bedeutet hier auch gleichen Neigungswinkel α und gleiches Randhöhenverhältnis.

$$\alpha_H = \alpha_M \quad \text{und} \quad (H/D)_H = (H/D)_M. \tag{9.3.18}$$

2.) *Gleiche Stoffeigenschaften* in Modell- und Hauptausführung. Bei der Leistungs-
und Durchsatzübertragung ist damit besonders die Schüttgutdichte der Tellerfül-
lung ρ_{Schf} gemeint. Außerdem ist es natürlich das *Ziel* einer solchen Übertragung, im Modellversuch erreichte Qualitätsmerkmale (Agglomeratgröße, Porosität, Festigkeit usw.) auch in der Produktionsanlage zu erreichen.

Übertragungskriterien sind Kennwerte, die in der Haupt- und der Modellausführung
gleich sein sollen. Hier sind dies die oben bereits erwähnten drei Bedingungen

gleiche relative Drehzahl $\qquad n/n_c = \text{const. (Fr = const.)} \qquad$ (9.3.19)

gleiche mittlere Verweilzeit $\qquad \bar{t} = \text{const} \qquad$ (9.3.20)

gleiche spezifische Granulierenergie $\quad P_m = \text{const.} \qquad$ (9.3.21)

Aus Gl.(9.3.19) ergibt sich mit $n_c \sim D^{-1/2}$ (s. Gl.(9.3.4)) die *Drehzahlübertragung*

$$n_H = n_M \cdot \sqrt{D_M/D_H} = n_M \cdot \mu^{-1/2}. \tag{9.3.22}$$

Der *Durchsatz* steigt nach Gl.(9.3.14) bei gleichem Granulierfaktor für gleiches Produkt proportional zu D^2; also gilt

$$\dot{m}_H = \dot{m}_M \cdot \left(D_H/D_M\right)^2 = \dot{m}_M \cdot \mu^2. \tag{9.3.23}$$

Für die *Leistungsübertragung* folgt aus der Bedingung gleicher spezifischer Granulierenergie mit Gl.(9.3.15) $P \sim \dot{m} \sim D^2$ und daher

$$P_H = P_M \cdot \mu^2. \tag{9.3.24}$$

Mit Hilfe dieser Beziehungen und Gl.(9.3.13) läßt sich noch eine Aussage über den Füllungsgrad φ und den Mitnahmekoeffizienten Ψ beim Vergrößern des Tellers machen. Aus Gl.(9.3.13)

$$P \sim \Psi \cdot \varphi \cdot D^3 H \cdot n \tag{9.3.25}$$

folgt mit $P \sim D^2$, $H \sim D$ und $n \sim D^{-1/2}$ zunächst $\Psi \cdot \varphi \sim D^{-3/2}$. Für den Füllungsgrad gilt nach Gl.(9.3.12) wegen ρ_{Schf} = const. $\varphi \sim m_T \cdot D^{-2} H^{-1}$. Ersetzen wir darin m_T nach Gl. (9.3.15) durch $m_T = \dot{m} \cdot \bar{t}$ und halten die mittlere Verweilzeit konstant, ergibt sich mit $\dot{m} \sim D^2$ und $H \sim D$

$$\varphi \sim D^{-1} \quad \text{bzw.} \quad \varphi_H = \varphi_M \cdot \mu^{-1} \tag{9.3.26}$$

und aus (9.3.25) schließlich mit $P \sim D^2$, $H \sim D$ und $n \sim D^{-1/2}$

$$\Psi \sim D^{-1/2} \quad \text{bzw.} \quad \Psi_H = \Psi_M \cdot \mu^{-1/2}. \tag{9.3.27}$$

Anschaulich heißt das: 1.) Je größer der Granulierteller ist, desto weniger kann er anteilig mit Gut gefüllt werden, wenn die genannten Bedingungen eingehalten werden. Maßgebend für den Tellerinhalt ist nicht das Volumen, sondern die Tellerfläche ($m_T \sim D^2$). 2.) Je größer der Teller ist, desto kleiner ist auch der Mitnahmegrad Ψ, die Auslenkung des Füllungsschwerpunkts a wächst unterproportional mit dem Tellerdurchmesser (a = $\Psi \cdot D \sim D^{-1/2} \cdot D = D^{1/2}$).
Anmerkung: Die Angaben in Abschnitt 9.3.2, insbesondere die über das Scale-up gelten annähernd für die relativ engen Bereiche der üblichen Betriebs- und Geometrieverhältnisse von Granuliertellern (H/D = const., $\alpha \approx 50°$, $n/n_c \approx 0,7$, $\varphi \approx 0,2$) und beruhen auf Erfahrungswerten. Sie können daher nur für Abschätzungen verwendet werden.
Die Tabelle 9.3 gibt einige Richtwerte für Größen und Daten von Granuliertellern.

Tabelle 9.3 Richtwerte für Granulierteller (z.T. nach [9.1])

Tellerdurchmesser D	$(0,4 \dots 7,6)\,m^\emptyset$
Randhöhenverhältnis H/D	$0,25 \dots 0,1$
Drehzahl n	$(30 \dots 6)\,min^{-1}$
Durchsatz $\dot{m}$	$(0,35 \dots 70)\,t/h$
installierte Leistung P	$(0,2 \dots 150)\,kW$
Korngrößenverteilung Aufgabegut	$100\,\% < 1\,mm, \ \geq 40\,\% < 40\,\mu m$
Agglomeratdurchmesser	$(5 \dots 25\,(40))\,mm^\emptyset$

Beispiel 9.2 Scale-up eines Granuliertellers (nach [9.9])

In einem kleineren Produktionsmaßstab (Modell) wurde ein Granulierteller betrieben, für den folgende Daten galten:

Durchmesser:	D_M	= 1600 mm,
Randhöhe:	H_M	= 275 mm,
Drehzahl:	n_M	= 18 min^{-1},
Leistungsbedarf:	P_M	= 2,8 kW,
Durchsatz:	$\dot{m}_M$	= 3,8 t/h.

a) Auf dieser Basis ist ein großer Produktionsteller für ca. 35 t/h Durchsatz auszulegen (Durchmesser, Randhöhe, Drehzahl und Leistungsbedarf).

b) Wie groß sind die spezifische Granulierenergie und der spezifische Durchsatz (Granulierfaktor)?

c) Unter der Annahme, daß der kleine Produktionsteller zu 20% mit Granuliergut gefüllt sei und einen Mitnahmekoeffizienten von 0,4 habe, bestimme man Füllungsgrad und Mitnahmekoeffizient für den großen Produktionsteller.

Lösung:

Durchmesser:

Aus Gl.(9.3.23) folgt der Maßstabsfaktor $\mu = \sqrt{\dot{m}_H/\dot{m}_M} = \sqrt{35/3,8} = 3,03$ und damit

$$D_H = \mu \cdot D_M = 3,03 \cdot 1600 \text{ mm} = 4860 \text{ mm}.$$

Je nach dem Programm einer anbietenden Firma wählt man einen Teller aus, z.B. mit D_H = 5000 mm. Der Maßstabsfaktor ändert sich dadurch ein wenig

$$\mu = 5000/1600 = 3,13$$

und der zu erwartende Durchsatz ist ebenfalls etwas höher als gefordert

$$\dot{m}_H = \mu^2 \cdot \dot{m}_M = 37,1 \text{ t/h}.$$

Randhöhe:

Der gewählte Betriebsteller hat eine Randhöhe von H_H = 850 mm, so daß das Randhöhenverhältnis der Hauptausführung

$$\left(H/D\right)_H = 850/5000 = 0,170$$

beträgt. Beim kleinen Teller ist dieses Verhältnis

$$\left(H/D\right)_M = 275/1600 = 0,172,$$

also praktisch gleich.

Drehzahl:

Aus Gl.(9.3.22) erhält man mit μ = 3,13

$$n_H = n_M / \sqrt{\mu} = 18 \text{ min}^{-1} \cdot \sqrt{3,13} = 10,2 \text{ min}^{-1}.$$

Leistungsbedarf:
Gl.(9.3.24) liefert

$$P_H = P_M \cdot \mu^2 = 2,8\,kW \cdot 3,13^2 = 27,3\,kW.$$

b) Die *spezifische Granulierenergie* ergibt sich für die Modellgranulierung zu

$$P_m = \left(P/\dot{m}\right)_M = 2,8\,kW/(3,8\,t/h) = 0,737\,kWh/t$$

und für die Hauptgranulierung praktisch gleich zu

$$P_m = \left(P/\dot{m}\right)_H = 27,3\,kW/(37,1\,t/h) = 0,736\,kWh/t.$$

Die *Granulierfaktoren* k sind entsprechend Gl.(9.3.14) für die beiden Fälle

$$k_M = \left(\dot{m}/D^2\right)_M = 3,8/1,6^2 \ t/(h\,m^2) = 1,48 \ t/(h\,m^2)$$

$$k_H = \left(\dot{m}/D^2\right)_H = 37,1/5^2 \ t/(h\,m^2) = 1,48 \ t/(h\,m^2).$$

c) Aus (Gl.(9.3.26)) folgt für den *Füllungsgrad* des großen Tellers

$$\varphi_H = \varphi_M \cdot \mu^{-1} = 20\% /3,13 = 6,4\%$$

und aus Gl.(9.3.27) errechnet man

$$\Psi_H = \Psi_M \cdot \mu^{-1/2} = 0,4/\sqrt{3,13} = 0,23.$$

Das bedeutet: Der große Produktionsteller ist nur zu 6,4 Vol% mit Granuliergut gefüllt gegenüber 20% beim kleinen Teller, und der Schwerpunktsabstand a der Füllung von der Mitte beträgt nur ca. 23% des Tellerdurchmessers gegenüber 40% beim kleinen Produktionsteller.

9.4 Preßagglomeration

9.4.1 Übersicht

Bei der Preßagglomeration werden mit Preßwerkzeugen auf eine in aller Regel trockene Schüttung oder ein Haufwerk so große äußere Kräfte ausgeübt, daß sich zwischen den Partikeln der Schüttung sehr viele Kontakte mit sehr geringen Kontaktabständen bilden. Dabei verringert sich zunächst der Hohlraumvolumenanteil (die Porosität), außerdem können die Primärpartikeln auch zerkleinert werden, wenn sie spröde sind, und füllen dann die Zwischenräume eher aus. Plastisch verformbare Partikeln deformieren sich so, daß sie sich flächenhaft berühren. Auch an den Kontaktstellen spröder Partikeln können mikroplastische Verformungen stattfinden, die zur Vergrößerung der Kontaktflächen führen. Die Haftkräfte, die hierbei eine Rolle spielen, sind van-der-Waals- und elektrostatische Anziehungskräfte. Sie können bei kleinen Kontaktabständen und flächenhafter Berührung relativ groß werden (vgl.

Band 1, Abschnitt 2.5.1). Besonders die erstgenannten haben aber eine sehr kleine Reichweite und sind daher besonders abstandsempfindlich. Deswegen setzt man vielfach bei der Preßagglomeration noch geeignete Bindemittel zu. Ein Beispiel hierfür sind Kohlebriketts, die mit Bitumenzusatz gebunden werden.

Die Arbeitsprinzipien der Maschinen zur Preßagglomeration sind "Stempel und Matrize" und "Walzenpresse", sowie zahlreiche Zwischenformen. Bei *Stempel und Matrize* unterscheidet man das Pressen gegen einen zweiten Stempel, wie es durch das Schema einer Exzenterpresse in Bild 9.4.1 a) und beim Arbeitsablauf einer Rundlaufpresse in Bild 9.4.1 b) gezeigt ist, vom *Strangpressen* (Bild 9.4.1 b)). Der Stempelkraft wirkt hierbei als Reaktionskraft die Wandreibung im Verdichtungskanal entgegen. Reicht sie nicht aus, hilft eine Verengung, die Verdichtung zu erhöhen. In Stempelpressen werden Drücke von meist mehr als 50 MPa bis ca. 200 MPa erreicht.

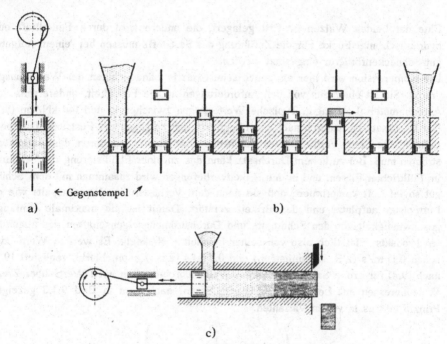

a)   ← Gegenstempel ↗   b)

c)

Bild 9.4.1 Stempelpressen a) Exzenterpresse,
                    b) Arbeitsablauf bei der Rundlaufpresse
                    c) Strangpresse

Walzenpressen zum Walzenkompaktieren erzeugen entweder unregelmäßig geformte sog. *Schülpen,* wenn die Walzen eine glatte Oberfläche haben, oder *Formlinge* (z.B. Eierkohlen, kissenförmige Preßgranulate), wenn die Walzen entsprechende gesenkartige Hohlformen aufweisen (Bild 9.4.2). Sie haben gleiche Durchmesser (bis ca. 1,5 m) und laufen mit gleicher Drehzahl.

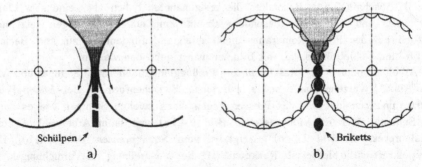

Schülpen ↗
a)

↖ Briketts
b)

Bild 9.4.2 Zweiwalzenpressen a) Walzenkompaktieren mit Glattwalzen,
b) Walzenbrikettieren mit Formwalzen

Eine der beiden Walzen ist fest gelagert, die andere wird durch Federkraft oder hydraulisch angedrückt. Für die Zuführung des Feststoffs müssen bei feinem Aufgabegut Schneckenförderer eingesetzt werden.

Die Kompression wird hier als spezifische Kraft je Längeneinheit der Walze ausgedrückt. Sie ist einerseits von den Anforderungen an die Festigkeit, andererseits vom Aufgabematerial abhängig. Typische Werte liegen zwischen 10 und 140 kN/cm [9.2]. Der Durchsatz ist dadurch nach oben begrenzt, daß entgegen der Feststoff-Transportrichtung die beim Verdichten entweichende Luft nach oben durch das Aufgabegut strömen muß. Bei zu hohem Durchsatz kann das zu einer Fluidisierung der Schüttung im Fülltrichter führen, und in den Brikettvertiefungen wird zusammen mit dem Schüttgut soviel Luft komprimiert, daß sie nach dem Verlassen des Walzenspalts wie ein Luftpolster aufplatzt und das Brikett zerstört. Damit ist die maximale Umfangsgeschwindigkeit von den Schüttgut- und Durchströmungseigenschaften des zugeführten Produkts - letztlich also von seiner Feinheit - abhängig. Es werden Werte zwischen 0,17 m/s (z.B. Dolomitstaub) und 0,7 m/s (z.B. Kaliumchlorid) realisiert [9.2], nach [9.4] für grobe Salze bei kleinen Walzendurchmessern auch Werte über 2 m/s. Walzenpressen mit Lochmatrizen (Lochpressen) nach dem in Bild 9.4.3 gezeigten Prinzip gibt es in vielen Varianten.

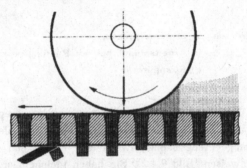

Bild 9.4.3 Prinzip der Walzenpresse mit Lochmatrize

9.4.2 Berechnungsansätze

9.4.2.1 Tablettieren

Nach Leuenberger [9.11] hat man zwischen *Kompressibilität* und *Verpreßbarkeit* zu unterscheiden. Die *Kompressibilität* gibt lediglich das Verdichtungsverhalten an, d.h. den Zusammenhang zwischen der Änderung des Tablettenvolumens (bzw. ihrer Agglomeratdichte) und dem Preßdruck. Über die eigentlich interessierende Tablettten- eigenschaft "Festigkeit" wird damit keine Aussage gemacht. Die *Verpreßbarkeit* charakterisiert eben diesen Zusammenhang zwischen Ergebnis (Festigkeit) und Auf- wand (Druck oder Energie).

Für die Kompressibilität existieren zahlreiche z.T. empirische oder halbempirische Näherungsgleichungen mit jeweils begrenzter Gültigkeit ([9.2, 9.11]). Johanson [nach 9.12] stellte aufgrund von Messungen eine einfache Potenzfunktion auf, die er auch bei seiner Auslegung von Walzenpressen verwendete:

$$\frac{\rho_A}{\rho^*} = \left(\frac{p}{p^*}\right)^{1/K} \tag{9.4.1}$$

mit ρ_A: Agglomerat- (Tabletten-)dichte,

p: Preßdruck,

ρ^*, p^*: Bezugsdichte, Bezugsdruck.

Die Auftragung von Meßwerten $\rho_A(p)$ ergibt im doppeltlogarithmischen Netz eine Gerade mit der Steigung 1/K (Bild 9.4.4). K wird als *Kompressibilitätsfaktor* be- zeichnet und ist ein Maß für den *Verpreßwiderstand*. Übliche Werte liegen bei ca. 2 ... 10 (40).

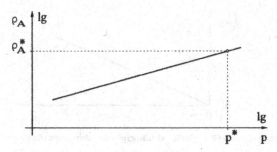

Bild 9.4.4 Auftragung von Agglomeratdichte über dem Preßdruck zur Bestimmung des Kompressibilitätsfaktors K

Die Tablettierenergie bekommt man aus der Integration von gemessenen Kraft- Weg-Kurven beim Pressen mit Stempel und Matrize (Bild 9.4.5)

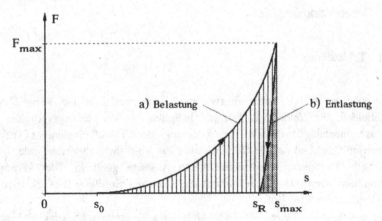

Bild 9.4.5 Kraft-Weg-Kurve beim Tablettieren

Bei Belastung längs der Kurve a) wird zwischen s_0 und s_{max} die Arbeit $\int F(s)\,ds$ (z.B. in kN·m = kJ) aufgewendet (senkrecht schraffierte Fläche), bei Entlastung erfolgt oft eine kleine elastische Rückdehnung (Kurve b)), wobei ein geringer Teil (schräg schraffiert) der aufgewendeten Energie wieder zurückgewonnen wird. Die zwischen der Kurven a) und b) liegende Fläche entspricht der für plastische Verformung, Reibung und Zerkleinerung irreversibel verbrauchten Energie. Bezieht man sie noch auf die Masse m_A des Agglomerats (der Tablette), erhält man die *spezifische Tablettierenergie* E_m z.B. in kJ/kg.

Die *Verpreßbarkeit* läßt sich dann, wie in Bild 9.4.6 qualitativ gezeigt, als Druckfestigkeit f_{BT} abhängig von E_m darstellen.

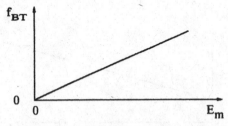

Bild 9.4.6 Tabletten-Druckfestigkeit abhängig von der spezifischen Tablettierenergie

9.4.2.2 Walzenpressen

Die Auslegung von Walzenpressen bezieht sich bei gegebenem Schüttgut und gefordertem Durchsatz $\dot{m}$ auf die Hauptabmessungen der Walzen - Durchmesser D und Breite B - und auf die Betriebsgrößen Drehzahl n, Walzenkraft F_W und Drehmoment M_{dW} bzw. Antriebsleistung P_W.

Bei *Glattwalzenpressung* entsprechend Bild 9.4.2 a) setzt man die Schülpendicke der Spaltweite h_A gleich, wobei eine in Wirklichkeit auftretende geringe elastische Rückdehnung der Schülpe bei der Entlastung unberücksichtigt bleibt. Auf beiden Seiten am Walzenspalt geht ein kleiner Anteil des Massenstroms für die Pressung verloren. Dieser sog. *Verlustmengenanteil* f beträgt ca. 10 ... 15 %.

Durch den engsten Spalt mit dem Querschnitt $B \cdot h_A$ wird bei Glattwalzen der Massenstrom $\dot{m}$ mit der Umfangsgeschwindigkeit $w_u = \pi D n$ und der Schülpendichte ρ_A, vermindert lediglich um den Verlustmengenanteil f, transportiert

$$\dot{m} = \rho_A (1 - f) \cdot B \cdot h_A \cdot w_u = \pi \cdot \rho_A (1 - f) \cdot D \, B \, h_A \cdot n . \tag{9.4.2}$$

Hieraus läßt sich die Walzenbreite bestimmen

$$B = \frac{\dot{m}}{\pi \cdot \rho_A (1 - f) \cdot D \, h_A \cdot n} . \tag{9.4.3}$$

Bei *Brikettpressung* entsprechend Bild 9.4.2 b) werden zwischen dem Walzenpaar je Umdrehung eine Anzahl z gleicher Briketts mit dem Einzelvolumen V_B bzw. der axialen Länge l_B und der Dicke d_B erzeugt. Der Durchsatz (Feststoffmassenstrom) ist dann

$$\dot{m} = \rho_A (1 - f) \cdot z \, V_B \cdot n . \tag{9.4.4}$$

In diesen Gleichungen sind die Drehzahl n und der Walzendurchmesser D noch nicht bestimmt. Die Drehzahl möchte man im Interesse eines großen Durchsatzes hoch haben. Allerdings gelten die in Abschnitt 9.4.1 bereits erwähnten Gründe für eine obere Begrenzung, die von der notwendigen Luftabfuhr beim Komprimieren herrühren. Übliche Werte für die Umfangsgeschwindigkeit liegen meist unter 1 m/s, z.B. 0,17 m/s für Dolomitstaub, 0,40 m/s für natürliches Magnesiumoxid, 0,70 für Kaliumchlorid [9.2], aber auch > 2 m/s für grobe Salze [9.4].

Für die Berechnung des Durchmessers und der weiteren Auslegung von Walzenpressen hat Johanson eine Methode entwickelt, die auf Fließeigenschaften des Aufgabeguts, auf Tabletten-Preßversuchen und auf einer Modellierung der Verdichtung im Walzenspalt beruht. Sie wird hier ohne Ableitungen nach [9.12] und [9.13] wiedergegeben.

Von den *Fließeigenschaften* des Schüttguts müssen nach der Jenike-Methode (s. Band 1, Abschnitt 4.4.1) der effektive Gutreibungswinkel φ_e des stationären Fließens und der Wandreibungswinkel φ_w zwischen Gut und Walze gemessen sein. Aus *Preßversuchen* ist ein für die geforderte Schülpen- oder Brikettfestigkeit günstiger Preßdruck p_b sowie der Kompressibilitätsfaktor K zu ermitteln (s. Tablettieren).

Das vereinfachte *Modell* der Gutverdichtung und des Transports im Walzenspalt geht aus Bild 9.4.7 hervor:

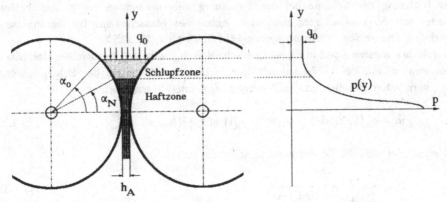

Bild 9.4.7 Verdichtungsbereiche nach Johanson und Preßdruckverteilung p(y)

Das Aufgabegut kommt mit einem Vordruck q_0 aus dem darüberstehenden Silo oder der Förderschnecke zwischen die Walzen. Zahlenwerte für den Vordruck q_0 liegen bei $(0,15 \ldots 14) \cdot 10^5$ Pa, ein typischer Wert ist $0,7 \cdot 10^5$ Pa. In der *Schlupfzone* ($\alpha_N < \alpha \leq \alpha_0$) ist die Walzenumfangsgeschwindigkeit größer als die Wandgeschwindigkeit des Guts, es gilt das Schüttgut-Fließkriterium nach Jenike. In der *Haftzone* ($0 \leq \alpha \leq \alpha_N$) wird das Gut ohne Schlupf von den Walzen mitgenommen und verdichtet. Der Winkel α_N heißt *Greifwinkel*. Der Maximalwert p_m der vereinfachten Druckverteilung $p(y)$ (rechts in Bild 9.4.7) entspricht dem günstigen Preßdruck p_b (s.o.) und wird bei $\alpha \approx 0$ erreicht (real bei $\alpha \approx 5°$). Er bewirkt einerseits auf jede Walze eine Walzkraft F_W, die wegen der Lagerbelastungen berechnet werden muß, und andererseits ein Drehmoment M_{dW} je Walze, das zur Berechnung des Leistungsbedarfs nötig ist.

Der Greifwinkel α_N, der den Beginn der Haftzone kennzeichnet, ist - abhängig vom Kompressibilitätsfaktor K und von den Schüttguteigenschaften φ_e und φ_w - aus den Diagrammen in Bild 9.4.8 abzulesen.

Zur Berechnung des Durchmessers D benötigt man noch ein *Normalspannungsverhältnis* $R = \sigma(\alpha_N)/\sigma(\alpha_0)$, das die mittlere Normalspannung im Gut bei $\alpha = \alpha_N$ zu derjenigen bei α_0 angibt. Es ist aus Bild 9.4.9 unten zu entnehmen. Allerdings braucht man schon zu seiner Bestimmung den erst zu berechnenden Durchmesser D. Das Diagramm setzt ein Spalt/Durchmesser-Verhältnis $h_A/D = 0,01$ voraus, so daß zunächst hiermit eine erste Näherung für R abgelesen wird. Stellt sich nach der Berechnung von D heraus, daß h_A/D erheblich von 0,01 abweicht, dann kann mit dem in Bild 9.4.9 oben enthaltenen Diagramm eine Korrektur für R vorgenommen werden.

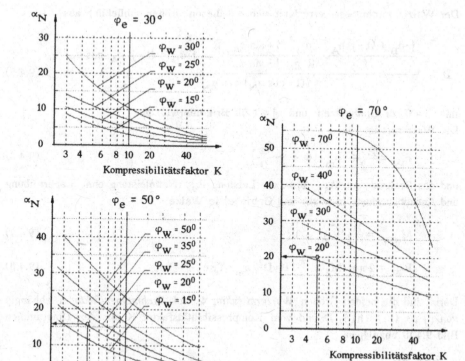

Bild 9.4.8 Greifwinkel α_N, Eintragungen aus Beispiel 9.3

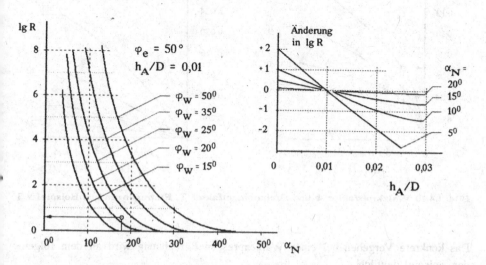

Bild 9.4.9 Normalspannungsverhältnis R, Eintragung aus Beispiel 9.3

Der Walzendurchmesser errechnet sich mit diesen Größen schließlich aus

$$D = \frac{\frac{j \cdot d_B + (1-j) h_A}{1-f} \cdot \left(\frac{p_m}{R \cdot q_0} \cdot \frac{1 + \sin \varphi_e}{1 - \sin \varphi_e}\right)^{\frac{1}{K}} - j \cdot d_B - (1-j) h_A \cdot \cos \alpha_N}{(1 - \cos \alpha_N) \cdot \cos \alpha_N} \qquad (9.4.5)$$

mit $j = 0$ für Glattwalzen und $j = 1$ für Brikettierwalzen.
Die Walzkraft ist

$$F_W = \frac{B \cdot D}{2} \cdot p_m \cdot \left(\Phi + j \cdot \frac{l_B}{D}\right), \qquad (9.4.6)$$

und das Drehmoment M_{dW} bzw. die Leistung P_W (Nettoleistung ohne Lagerreibung und Antriebsverluste in Motor und Getriebe) je Walze

$$M_{dW} = \frac{B \cdot D^2}{8} \cdot p_m \cdot T, \qquad (9.4.7)$$

$$P_W = 2 \pi n \cdot M_d = \frac{\pi}{4} \cdot B \cdot D^2 \cdot p_m \cdot T \cdot n. \qquad (9.4.8)$$

Darin sind die beiden Größen *Walzkraftfaktor* Φ und *Drehmomentfaktor* T abhängig von $\left(j \cdot d + (1-j) \cdot h_A\right)/D$ und vom Kompressibilitätsfaktor K aus den Diagrammen Bild 9.4.10 abzulesen.

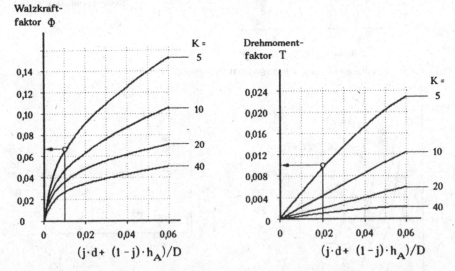

Bild 9.4.10 Walzkraftfaktor Φ und Drehmomentfaktor T, Eintragungen aus Beispiel 9.3

Das konkrete Vorgehen bei einer Walzenpressen-Berechnung wird an dem folgenden Beispiel deutlich.

Beispiel 9.3: Auslegung einer Walzenpresse (nach [9.13])

Für einen Massenstrom von 600 kg/h ist eine Glattwalzenpresse auszulegen, bei der Schülpen mit 3 mm Dicke und der Dichte ρ_A = 1100 kg/m^3 entstehen sollen. Aus Preßversuchen, bei denen entsprechend Gl.(9.4.1) die Agglomeratdichte ρ_A abhängig vom Preßdruck aufgetragen wurde, ist einerseits für diese Schülpendichte ein günstiger Preßdruck von p_m = 54 MPa, andererseits der Kompressibilitätsfaktor K = 4,8 ermittelt worden. Schüttgutmessungen haben für die beiden hier relevanten Größen ergeben: φ_e = 61,5° und φ_w = 21,5°.
Als Annahmen werden getroffen: Verlustmengenanteil f = 0,1; Drehzahl n = 16 min^{-1}; Vordruck bei der Gutaufgabe q_0 = 0,686 · 10^5 Pa.

Lösung:

Weil es sich um Schülpen- und nicht um Briketterzeugung handelt, ist j = 0 zu setzen. Der Greifwinkel α_N = α_N(K; φ_e, φ_w) kann aus Bild 9.4.8 nur für φ_{e1} = 50° zu α_{N1} = 16° und für φ_{e2} = 70° zu α_{N2} = 20° (jeweils mit K = 4,8 und φ_w = 21,5°) abgelesen werden. Die lineare Interpolation zwischen diesen beiden Punkten liefert

$$\alpha_N(\varphi_e) = \alpha_{N1} + (\alpha_{N2} - \alpha_{N1}) \cdot \frac{\varphi_e - \varphi_{e1}}{\varphi_{e2} - \varphi_{e1}}$$

$$= 16° + (20° - 16°) \cdot \frac{61,5° - 50°}{70° - 50°} \approx 18°.$$

Für das Spannungsverhältnis R = R(α_N, φ_e, φ_w) ergibt sich mit der vorläufigen Annahme h_A/D = 0,01 nach Bild 9.4.9 log R = 0,6 bzw. R = 10^{0,6} = 4. Damit läßt sich jetzt der Walzendurchmesser D aus Gl.(9.4.5) berechnen

$$D = \frac{\dfrac{h_A}{1-f} \cdot \left(\dfrac{p_m}{R \cdot q_0} \cdot \dfrac{1 + \sin \varphi_e}{1 - \sin \varphi_e} \right)^{\frac{1}{K}} - h_A \cdot \cos \alpha_N}{(1 - \cos \alpha_N) \cdot \cos \alpha_N} =$$

$$D = \frac{\dfrac{3 \text{ mm}}{0,9} \cdot \left(\dfrac{5,4 \cdot 10^7}{4 \cdot 0,686 \cdot 10^5} \cdot \dfrac{1 + \sin 61,5°}{1 - \sin 61,5°} \right)^{\frac{1}{4,8}} - 3 \text{ mm} \cdot \cos 18°}{(1 - \cos 18°) \cdot \cos 18°} = 319,7 \text{ mm}$$

Das Verhältnis h_A/D wird jetzt h_A/D = 3/319,7 = 0,0094. Angesichts der Annahmen und Ableseungenauigkeiten spielt der Unterschied von -6% gegenüber dem vorausgesetzten Wert 0,01 keine Rolle, so daß sich eine Korrektur des Durchmessers erübrigt. Ohnehin wird man einen in der Nähe des berechneten Wertes liegenden, erhältlichen Walzendurchmesser auswählen.
Mit dem berechneten Durchmesser werden jetzt noch die fehlenden Auslegungsgrößen B, F_W und P_W bestimmt.

Gl.(9.4.3) liefert für die Walzenbreite B

$$B = \frac{\dot{m}}{\pi \cdot \rho_A (1-f) \cdot D \, h_A \cdot n} = \frac{600 \, kg/60 \, min}{\pi \cdot 1100 \, kg/m \cdot 0,9 \cdot 0,3197 \, m \cdot 0,003 \, m \cdot 16 \, min^{-1}}$$

$$B = 0,2095 \, m.$$

Zur Bestimmung der Walzkraft nach Gl.(9.4.6) braucht man den Walzkraftfaktor Φ und zur Bestimmung der Leistung nach Gl.(9.4.8) den Drehmomentfaktor T, beide aus Bild 9.4.10. Mit j = 0 liefern die Werte $h_A/D = 0,0094$ und K = 4,8 die Ablesungen $\Phi = 0,067$ und T = 0,005, so daß sich für die gesuchten Größen ergibt:

Walzkraft:

$$F_W = \frac{B \cdot D}{2} \cdot p_m \cdot \Phi = \frac{0,2093 \cdot 0,3197 \, m^2}{2} \cdot 5,4 \cdot 10^7 \, \frac{N}{m^2} \cdot 0,067$$

$$F_W = 1,21 \cdot 10^5 \, N.$$

Leistung pro Walze:

$$P_W = \frac{\pi}{4} \cdot B \cdot D^2 \cdot p_m \cdot T \cdot n$$

$$= \frac{\pi}{4} \cdot 0,2093 \, m \cdot 0,3197^2 \, m^2 \cdot 5,4 \cdot 10^7 \, \frac{N}{m^2} \cdot 0,005 \cdot \frac{16}{60 \, s} =$$

$$P_W = 1,21 \cdot 10^3 \, W.$$

Beide Walzen zusammen erfordern demnach eine Nettoleistung von

$$P_{Ges} = 2,42 \, kW.$$

Anmerkung: Der Vergleich dieser Berechnungsergebnisse mit einer ähnlichen Produktionsmaschine zeigte recht gute Übereinstimmung [9.13]. Großen Einfluß auf die Walzkraft- und Leistungsvorhersagen haben vor allem die Ergebnisse aus den Tablettenpreßversuchen (p_m, K, ρ_A) sowie die Vorlast des Aufgabegutes q_0. Die Vorteile der Tablettenpresse - geringe Versuchsmengen und einfache Apparatur - können mit der Bestimmung eines günstigen Bereiches von $\rho_A(p_m)$ genutzt werden. Weil in der Walzenpresse die Verdichtungsgeschwindigkeit relativ hoch ist, sollte auch in der Tablettenpresse ähnlich schnell gepreßt werden.

9.5 Aufgaben zu Kapitel 9

Aufgabe 9.1 *Flüssigkeitsbedarf bei der Feuchtagglomeration*

Wieviel Liter Wasser sind je kg Feststoff erforderlich, wenn Feuchtagglomerate bei einer gegebenen Porosität ε_A den Sättigungsgrad S haben sollen? Feststoffdichte ρ_S. Zahlenwerte: ρ_S = 2700 kg/m^3; ε_A = 40 %; S = 0,8.

Lösung:

Gesucht ist in der Schreibweise dieses Kapitels das Verhältnis V_f/m_S.

Aus $\quad S = V_f/V_{HA} = V_f/(\varepsilon_A V_A)$

bekommen wir einerseits

$$V_f = S \cdot (\varepsilon_A V_A),$$

und andererseits ist

$$m_S = \rho_S \cdot V_S = \rho_S \cdot (1 - \varepsilon_A) \cdot V_A.$$

Damit wird das gesuchte Verhältnis

$$\frac{V_f}{m_S} = \frac{S}{\rho_S} \cdot \frac{\varepsilon_A}{1 - \varepsilon_A}.$$

Mit den gegebenen Zahlenwerten ergibt sich ein Flüssigkeitsbedarf von 0,20 l/kg.

Aufgabe 9.2: *Filterkuchen-Festigkeit*

Eine Probe aus einem Filterkuchen mit 20 mm Dicke und einer Fläche von 0,25 m × 0,25 m hat feucht eine Masse von 1,788 kg und nach dem vollständigen Trocknen 1,040 kg.

Stoffwerte: Feststoffdichte: $\qquad\qquad \rho_S$ = 2600 kg/m^3,

mittlere Partikelgröße: $\qquad \overline{x} = d_{32}$ = 40 μm,

Flüssigkeitsdichte: $\qquad\qquad \rho_f$ = 1000 kg/m^3 (reines Wasser),

Oberflächenspannung: $\qquad \gamma$ = 0,07 N/m, vollständige Benetzung.

Bindemittel, gelöste Salze o.ä. seien nicht vorhanden, auch der Feststoff soll wasserunlöslich sein. Der Feststoff sei in sich nicht porös.

a) Welche Porosität ε_K und welchen Sättigungsgrad S hat der Filterkuchen?

b) Welche maximale Zugfestigkeit hat der feuchte Filterkuchen aufgrund der Flüssigkeitsbindung?

c) Welche Länge L_{max} der Kuchenbruchstücke ist beim Ablaufen dieses Kuchens von einer Filtertrommel oder einem Band nach b) also maximal möglich (Bild 9.5.1)?

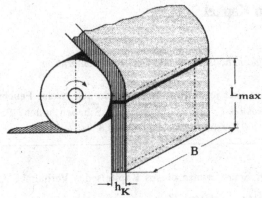

Bild 9.5.1 Kuchenablauf von einer Trommel oder vom Band (zu Aufgabe 9.2)

Lösung:

a) Entsprechend der Gl.(9.1.8) ist $\varepsilon_K = 1 - V_S/V_K$. Darin ist das Feststoffvolumen

$$V_S = \frac{m_{S\,trocken}}{\rho_S} = \frac{1,040}{2600}\,m^3 = 4,00 \cdot 10^{-4}\,m^3$$

und das Kuchenvolumen $V_K = 0,25^2 \cdot 0,02\,m^3 = 1,25 \cdot 10^{-3}\,m^3$,

so daß die Kuchenporosität $\varepsilon_K = 1 - \dfrac{4,00 \cdot 10^{-4}}{1,25 \cdot 10^{-3}} = 0,680$ wird.

Aus $S = \dfrac{V_f}{V_{HK}}$ mit $V_f = \dfrac{m_f}{\rho_f} = \dfrac{m_{feucht} - m_S}{\rho_f} = \dfrac{1,788 - 1,040}{1000}\,m^3 = 7,48 \cdot 10^{-4}\,m^3$

und $V_{HK} = V_K - V_S = (1,25 \cdot 10^{-3} - 4,00 \cdot 10^{-4})\,m^3 = 8,50 \cdot 10^{-4}\,m^3$

ergibt sich $S = 0,880$.

b) Bei diesem Sättigungsgrad befinden wir uns im Kapillardruckbereich, in dem die Zugfestigkeit mit Hilfe von Gl.(9.2.10) berechnet werden kann. Nachdem die maximale Zugfestigkeit gefragt ist, rechnen wir mit dem Vorfaktor $6\,\alpha = 8$. Vollständige Benetzung heißt $\delta = 0$ und $\cos\delta = 1$. Also bekommen wir

$$\sigma_{Zmax} = 6\,\alpha \cdot \frac{1 - \varepsilon_K}{\varepsilon_K} \cdot \frac{\gamma \cdot \cos\delta}{d_{32}} \cdot S = 8 \cdot \frac{0,32}{0,68} \cdot \frac{0,07}{40 \cdot 10^{-6}} \cdot 0,88\,\frac{N}{m^2}$$

$$\sigma_{Zmax} = 5,80 \cdot 10^3\,\frac{N}{m^2} = 5,80 \cdot 10^{-3}\,\frac{N}{mm^2}.$$

c) Das herabhängende Kuchenstück bricht spätestens dann durch sein Eigengewicht ab, wenn im Kuchenquerschnitt die maximale Zugspannung erreicht wird. Aus der Aufgabenstellung können wir das Gewicht F_g pro Kuchenvolumen V_K zu

$$\frac{F_g}{V_K} = \frac{m_{feucht} \cdot g}{V_K} = \frac{1,788 \cdot 9,81}{1,25 \cdot 10^{-3}}\,\frac{N}{m^3} = 1,403 \cdot 10^4\,\frac{N}{m^3}.$$

berechnen.

Der Abbruch erfolgt spätestens, wenn

$$\frac{F_g}{V_K} \cdot h_K B L_{max} = \sigma_{zmax} \cdot h_K B$$

ist. Daraus folgt für die maximal mögliche Länge

$$L_{max} = \frac{\sigma_{zmax}}{F_g/V_K} = \frac{5,80 \cdot 10^3}{1,403 \cdot 10^4} \, m = 0,41 \, m.$$

Das ist - wie gesagt - eine Maximalabschätzung. Wegen der Verformung des Kuchens durch Biegung werden festigkeitsmindernde Einflüsse wirksam: Erhöhung der Porosität durch Dehnung des Kuchens, Verringerung des Sättigungsgrades, Senkung des kapillaren Unterdrucks durch Vergrößerung der oberflächlichen Poren und damit der Krümmungsradien der Flüssigkeitsmenisken, evtl. treten Anrisse im Kuchen auf, besonders wenn er trockengesaugt worden ist.

Aufgabe 9.3: *Granulierteller, Scale-up*

Für eine Produktumstellung auf einem Betriebsgranulierteller mit 3,5 m Durchmesser und 0,7 m Randhöhe werden Technikumsversuche auf einem geometrisch ähnlichen Technikumsteller mit 1,0 m Durchmesser gefahren. Dabei wird folgender Betriebszustand festgestellt und als günstig angesehen:

Tellerneigungswinkel:	55°,
Drehzahl:	$29 \, min^{-1}$,
Nettoleistung:	0,3 kW
Durchsatz:	350 kg/h,
Füllungsgrad:	0,2
Schüttgutdichte (feucht):	$1100 \, kg/m^3$.

Zu berechnen sind:
  a) die spezifische Granulierenergie und der Granulierfaktor;
  b) für den großen Teller die Drehzahl, der Leistungsbedarf und der zu erwartende Durchsatz;
  c) die mittlere Verweilzeit des Gutes im Technikums- und im Produktionsteller;
  d) der Füllungsgrad im großen Teller und die darin befindliche Produktmasse.

Lösung:
  a) spezifische Granulierenergie nach Gl.(9.3.15):

$$P_m = \frac{P}{\dot{m}} = \frac{0,3 \, kW}{0,35 \, t/h} = 0,857 \, kWh/t$$

Granulierfaktor nach Gl.(9.3.14): $\quad k = \frac{\dot{m}}{D^2} = 0,35 \, \frac{t}{m^2 h}$.

b) Vergrößerungsmaßstab: $\qquad \mu = \dfrac{D_H}{D_M} = 3,5$

Drehzahl nach Gl.(9.3.22): $\qquad n_H = n_M \cdot \mu^{-1/2} = \dfrac{29\,min^{-1}}{\sqrt{3,5}} = 15,5\,min^{-1}$,

Leistungsbedarf nach Gl.(9.3.24): $\quad P_H = P_M \cdot \mu^2 = 0,3\,kW \cdot 3,5^2 = 3,68\,kW$,

Durchsatz nach Gl.(9.3.23): $\qquad \dot{m}_H = \dot{m}_M \cdot \mu^2 = 0,35\,t/h \cdot 3,5^2 = 4,29\,t/h$.

c) Mittlere Verweilzeit im Technikumsteller nach Gl.(9.3.16): $\qquad \overline{t} = \dfrac{m_T}{\dot{m}}$

Masse im Teller nach Gl.(9.3.12): $\quad (m_T)_M = \rho_{Schf} \cdot \varphi \cdot \dfrac{\pi}{4}\left(D^2 H\right)_M =$

$$(m_T)_M = 1100\,kg/m^3 \cdot 0,2 \cdot \dfrac{\pi}{4} \cdot \left(1^2\,m^2 \cdot 0,2\,m\right) = 34,6\,kg$$

$$\overline{t} = \dfrac{m_T}{\dot{m}} = \dfrac{34,6\,kg}{350\,kg/h} = 0,0987\,h = 5,92\,min.$$

Nach den Voraussetzungen ist dies auch die Verweilzeit im Produktionsteller.

d) Füllungsgrad im Produktionsteller nach Gl.(9.3.26):

$$\varphi_H = \varphi_M \cdot \mu^{-1} = 0,2/3,5 = 0,057 = 5,7\%$$

Füllungsmasse im Produktionsteller:

$$(m_T)_H = \dot{m}_H \cdot \overline{t} = 4,29\,t/h \cdot 0,0987\,h = 0,423\,t$$

10 Zerkleinern

10.1 Grundlagen des Zerkleinerns

10.1.1 Aufgaben des Zerkleinerns

Zerkleinern bewirkt eine Verringerung der Partikelgrößen fester Stoffe mit dem Ziel, bestimmte Eigenschaften des Materials für die Verarbeitung und Anwendung in gewünschter Weise zu verändern. Das Zerteilen von Flüssigkeiten in Gasen (Zerstäuben) bzw. in anderen Flüssigkeiten (Flüssigdispergieren, Emulgieren) und von Gasen in Flüssigkeiten (Gasdispergieren) wird hier nicht behandelt.

Die folgende Übersicht soll mit einigen Beispielen zeigen, mit welchen übergeordneten Zielsetzungen der mechanische Grundvorgang "Zerkleinern" in der Verfahrenstechnik angewendet wird.

A Erzeugen von bestimmten Partikelgrößen bzw. Partikelgrößenverteilungen ggf. Erzeugen von bestimmten Kornformen.
Beispiele:
Für *Baustoffe* wie Sand, Kies, Splitt, Schotter gibt es vorgeschriebene Körnungen und Kornformen ("kubisches Korn"); Zement-Klinker wird auf die nach Norm geforderte Feinheit gemahlen.
Farben, Pigmente, Füllstoffe für Lacke, Kunststoffe, Beschichtungen, Papiere, Kosmetika usw.
Lebensmittel wie Getreide, Kernfrüchte, Gewürze, Zucker, Fleisch werden zur weiteren Verarbeitung zerkleinert.

B Vergrößerung der Oberfläche zur Ermöglichung bzw. Beschleunigung von physikalischen und chemischen Reaktionen.
Beispiele:
Lösen und Schmelzen von Feststoffen: Feingemahlene Salze lösen sich bzw. schmelzen wesentlich schneller als grobkörnige.
Extrahieren aus der festen Phase: Beim Kaffeekochen wird niemand die ungemahlenen Bohnen aufgießen.

Erhärten und Abbinden von Bindemitteln: Die Festigkeit und Abbindezeiten von Zement hängen u.a. von seiner Feinheit ab.

Fördern und Verbrennen von festen Brennstoffen: Kohle läßt sich als Staub kontrolliert dosieren und verbrennen.

Heterogene Reaktionen: Zement-Rohmehl muß für den Wärmeaustausch und Brennvorgang im Drehrohrofen fein gemahlen sein.

Über die geometrische Oberflächenvergrößerung hinaus findet durch die intensive Energiezufuhr beim Zerkleinern oft eine "mechanische Aktivierung" statt, die ein erhöhtes Reaktionsvermögen des zerkleinerten Stoffes - besonders unmittelbar nach der Mahlung - zur Folge hat.

C Aufschließen von heterogenen Stoffen für eine nachfolgende Trennung
Beispiele:

Erzmahlung: Metall- und Kohleerze werden zur Vorbereitung für Sortierverfahren der Aufbereitungstechnik gemahlen.

Getreidemahlung: Der Kern des Getreidekorns hat ein anderes Zerkleinerungsverhalten als die äußeren Schichten. Sorgfältiges Mahlen in vielen Stufen abwechselnd mit Trennstufen erlaubt die Erzeugung von Grieß, Kleie und verschiedenen Mehlsorten.

Müllzerkleinerung: Schrott, Autoreifen, Hausmüll, Industrieabfälle u.ä. werden soweit zerkleinert, daß in einer Sortierstufe Wertstoffe abgetrennt werden können, oder daß ein Verbringen zur Verbrennung, Kompostierung oder Deponie ermöglicht oder erleichtert wird. Hier hat die Zerkleinerung meist auch eine erhebliche Volumenverringerung des Abfall-Haufwerks zum Ziel.

10.1.2 Materialverhalten, Bruchverhalten

Die *Bruchmechanik* beschäftigt sich mit der Entstehung und der Ausbreitung von Rissen und Brüchen im Einzelkörper. Damit ein Partikel zerkleinert wird, müssen Brüche zunächst *entstehen* und sich dann durch das ganze Partikel hindurch *ausbreiten.* Dazu wiederum sind notwendig [10.1]

- die *Beanspruchung* des Partikels von außen durch das Zerkleinerungswerkzeug oder durch benachbarte Partikeln,
- die *Verformung* des Partikels und der Aufbau eines *elastischen Spannungsfelds* in seinem Inneren,
- das Vorhandensein von *Anrissen* als Ursache für lokal ausreichend hohe Spannungen bzw. Energiekonzentrationen, um Brüche entstehen zu lassen.

Die Beanspruchung ist von äußeren Bedingungen abhängig: Kräfte und Energie, Werkzeugeigenschaften (Form, Härte, Oberflächenbeschaffenheit), Verformungsgeschwindigkeit, Temperatur.

Verformung und Spannung sind über die Materialeigenschaften (allgemein: rheologisches Stoffgesetz) miteinander verbunden. Die Wirksamkeit der lokalen Energie-konzentrationen im Partikel hängt außer von den mechanischen und thermischen Stoffgesetzen auch von Partikeleigenschaften wie Größe, Form und Homogenität (Fehlstellengröße und -häufigkeit) ab.

Eine zentrale Bedeutung hat das *elastische Spannungsfeld*, weil es den Energie-vorrat für Bruchentstehung und -ausbreitung enthält.

Wir können uns die Grundtatsachen qualitativ an dem einfachen Beispiel einer Zugprobe klarmachen, die bei einaxialer Zugbelastung mit der Spannung σ die Dehnung ε erfährt. Zunächst betrachten wir das Materialverhalten bis zum Bruch, danach das Bruchverhalten selber.

10.1.2.1 Materialverhalten

Modellhaft vereinfacht unterscheiden wir drei verschiedene Arten des Materialver-haltens "fester" Stoffe: linear-elastisches, elastisch-plastisches und visko-elastisches Verhalten. Zur Charakterisierung tragen wir die Beanspruchung σ über der Deforma-tion ε der Zugprobe jeweils bis zum Eintritt des Bruchs (Bruchpunkt B) auf.

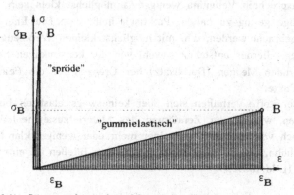

Bild 10.1.1 Linear-elastisches Materialverhalten

Bei linear-elastischem Materialverhalten sind Dehnung und Spannung einander proportional (Bild 10.1.1). Der Proportionalitätsfaktor ist ein charakteristischer Stoff-wert, hier der konstante Elastizitätsmodul (E-Modul)

$$\sigma = E \cdot \varepsilon. \tag{10.1.1}$$

Ist diese Stoffkonstante groß, dann registrieren wir nur eine sehr kleine, makro-skopisch betrachtet nahezu keine Verformung bis zum Brucheintritt. Solche Stoffe bezeichnen wir als "spröde". Ist der elastische Modul aber klein, dann bewirken relativ kleine Spannungen schon ziemlich große Verformungen. Solche Stoffe kann man anschaulich als "gummielastisch" bezeichnen.

Für die Zerkleinerung von großer Bedeutung ist der erforderliche Energieeintrag, die Zerkleinerungsarbeit, die bis zum Erreichen des Bruchs aufzuwenden ist. Auf die Volumeneinheit bezogen entspricht sie gerade der Fläche unter der σ-ε-Kurve bis zum Bruchpunkt B

$$W_{BV} = \int_0^{\varepsilon_B} \sigma(\varepsilon) d\varepsilon .$$ (10.1.2)

Im Falle der einaxialen Belastung eines linear-elastischen Materials ist das

$$W_{BV} = \frac{1}{2} \sigma_B^2 / E .$$ (10.1.3)

Man erkennt an Bild 10.1.1, daß diese volumenbezogene Brucharbeit für spröde Stoffe klein ist, auch wenn die Bruchspannung σ_B hoch liegt, während sie für gummielastische Stoffe selbst bei relativ niedrigen Bruchspannungen groß ist. Immerhin steht die ganze aufgewendete Arbeit als im Volumen elastisch gespeicherte Energie für die Entstehung und Ausbreitung von Brüchen zur Verfügung.

Diese Modellbetrachtungen begründen allgemein die bekannte Tatsache, daß spröde Stoffe energiegünstiger zu zerkleinern sind als gummielastische. Speziell für die letztgenannten kann man aber daraus noch folgenden Schluß ziehen: Wenn schon die *volumenbezogene* Zerkleinerungsarbeit materialbedingt unvermeidlich hoch ist, dann sollten die beanspruchten Volumina wenigstens möglichst klein sein, um die absoluten Energiebeträge gering zu halten. Praktisch heißt das: Die Energie muß lokal konzentriert aufgebracht werden, d.h. mit möglichst kleinen Werkzeugen, z.B. mit scharfen Schneiden. Hieraus entstehen sowohl von der konstruktiven Seite wie von den zu zerkleinernden Mengen (Durchsatz) her Grenzen für die Feinzerkleinerung derartiger Produkte.

Viele zu zerkleinernde Stoffe verhalten sich aber keineswegs elastisch bis zu so hohen Beanspruchungen, wie sie zur Zerstörung des Materialzusammenhalts nötig sind. Vielmehr tritt noch vor dem Bruch ab einer mehr oder weniger klar feststellbaren Beanspruchungshöhe, der *Fließgrenze* σ_F, plastisches Fließen als eine irreversible Verformung ein (Bild 10.1.2).

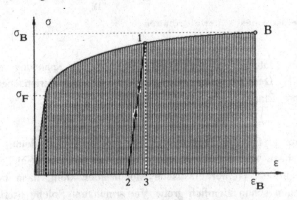

Bild 10.1.2   Elastisch-plastisches Materialverhalten

Oberhalb der Fließgrenze bewirkt eine wesentlich kleinere Belastungszunahme als vorher große, nicht wieder zurückgehende Verformungen. Eine Entlastung vor dem Brucheintritt kann eine geringe elastische Rückdehnung (1 → 2) zur Folge haben. Bis zum Bruch (B) ist aber für die plastische Verformung ein großer volumenbezogener Arbeitsaufwand nötig (schraffierte Fläche). Die dabei im Volumen elastisch gespeicherte Energie - die allein für das Bruchgeschehen zur Verfügung steht - entspricht nur einem Flächenanteil der Größenordnung des Dreiecks 1-2-3, der Rest ist dissipiert. Elastisch-plastische Materialien sind daher ebenfalls nur mit hohem Energieaufwand und praktisch ohne "Unterstützung" durch nutzbar zu machende innere Spannungen zu zerkleinern.

Die beiden bisher beschriebenen Verhaltensweisen des Materials sind zeitunabhängig in dem Sinne, daß weder die Dauer noch die Geschwindigkeit der Beanspruchung einen Einfluß auf den σ-ε-Verlauf haben. Bei Stoffen, die außer den genannten Eigenschaften auch noch eine Zeitabhängigkeit aufweisen, spricht man von visko-elastischem Materialverhalten. Thermoplastische Kunststoffe sind typische Beispiele. Ihr Beanspruchungsverhalten ist qualitativ in Bild 10.1.3 gezeigt.

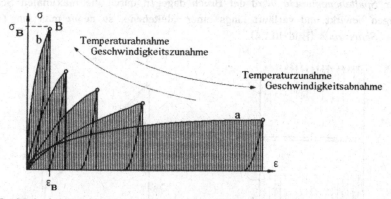

Bild 10.1.3   Visko-elastisches Materialverhalten (Zeit- und Temperaturabhängigkeit)

Bei langsamer und langandauernder Belastung mit der Spannung σ (Kurve a) "kriechen" diese Materialien, d.h. sie dehnen sich langsam aus, und sie "relaxieren", d.h. sie geben nach und bauen im Inneren gleichzeitig Spannungen ab. Bis zum Brucheintritt muß dann wieder viel spezifische Arbeit aufgewendet werden (schraffierte Flächen), wobei gleichzeitig der elastische Energiespeicher im Inneren aufgezehrt wird (Spannungsrelaxation). Bei hoher Beanspruchungsgeschwindigkeit und kurzer Beanspruchungsdauer (Kurve b) bleibt dem Material keine Zeit zum Kriechen und Relaxieren, so daß eine "Versprödung" im oben definierten Sinne zu verzeichnen ist: geringe Verformung ε_B bis zum Bruch, evtl. höhere Bruchspannung σ_B, größerer elastischer Energievorrat für das Bruchgeschehen.

Den gleichen Effekt wie eine Geschwindigkeitserhöhung hat bei visko-elastischen Stoffen eine Temperaturerniedrigung. Tiefe Temperaturen verlangsamen oder unterbinden das Kriechen und die Relaxation und bewirken so eine Versprödung. Beide Einflüsse - Geschwindigkeit und Temperatur - sind direkt miteinander korreliert. Das Materialverhalten viskoelastischer Stoffe wird nicht mehr durch Stoffkonstanten, sondern durch zeit/temperaturabhängige Stoffunktionen (Kriechmoduln, Relaxationsmoduln) charakterisiert.

10.1.2.2 Bruchverhalten

Abhängig vom Materialverhalten sprechen wir nach den vorstehenden Ausführungen von *Sprödbruch*, wenn der Körper sich vor dem Brucheintritt makroskopisch so gut wie gar nicht verformt (Beispiele: Tafelkreide, Glas), und von *Zähbruch*, wenn er größere plastische oder viskose Verformungen erfährt, bevor er zerbricht (Beispiele: Weichmetalle wie Blei und Zinn, thermoplastische Kunststoffe). Ein Bruch, dessen Bruchfläche senkrecht zu den maximalen Zugspannungen verläuft, heißt *Trennbruch* oder *Spaltebenenbruch*. Wird der Bruch dagegen durch die maximalen Schubspannungen bewirkt und verläuft längs einer Gleitebene, so nennt man ihn *Gleitbruch* oder *Scherbruch* (Bild 10.1.4).

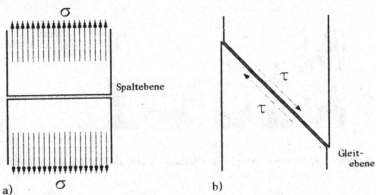

Bild 10.1.4 Zum Bruchverhalten a) Trennbruch, b) Gleitbruch

Bruchentstehung. Im idealen Festkörper (Idealkristall) müßte die für einen Bruch aufzubringende Spannung die molekularen Bindungen der Bruchfläche überwinden. Reale Festkörper weisen aber immer Inhomogenitäten auf (Gitterfehler, Korngrenzen, Anrisse), an denen einerseits geringere Bindungskräfte wirken und an denen andererseits lokale Spannungsüberhöhungen auftreten (Kerbwirkung, s.u.). So können hier Brüche entstehen und sich längs solcher Schwachstellen ausbreiten. Die Festigkeit realer Körper ist daher um 2 bis 3 Größenordnungen kleiner als die für Idealkristalle aus den molekularen Bindungen berechnete.

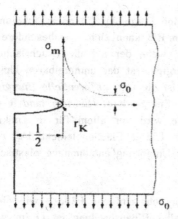

Bild 10.1.5 Spannungsüberhöhung an der Rißspitze

Mit Hilfe der Kerbspannungslehre kann man die Spannungserhöhung im Kerb-
grund - das entspricht der Rißspitze - berechnen. Für das Einfachmodell in Bild
10.1.5 (ebene Platte, einaxialer Zug, linear-elastisches Verhalten, halb-elliptischer
Anriß) ergibt sich

$$\frac{\sigma_m}{\sigma_0} = 1 + 2 \cdot \sqrt{\frac{l}{2 \cdot r_K}} \qquad (10.1.4)$$

Darin sind l: die Länge des ganzen Anrisses,

r_K: der Kerbradius,

σ_m: die Maximalspannung an der Rißspitze,

σ_0: die homogene Belastung der Probe.

Die Formel zeigt: Die Spannungsüberhöhung ist umso größer, der Anriß also umso
wirksamer für die Bruchentstehung, je länger der Anriß und je kleiner sein Kerbradius ist.

Zahlenwerte ergeben um etwa 2 Größenordnungen höhere Werte für σ_m als für σ_0.
Damit wird fast immer die Fließgrenze des Materials an der Rißspitze übertroffen.
Es bildet sich dort eine sehr kleine plastische Zone aus, deren Größe materialab-
hängig ist *(Mikroplastizität)*. Außerdem entstehen dort sehr kurzzeitig hohe Temperaturen. Zwei Zahlenbeispiele für die ungefähre Ausdehnung dieser mikroplasti-
schen Zonen sind: 5 ... 15 nm für spröde Stoffe wie Glas und Quarz, und 1 ... 10
μm für spröde Kunststoffe. Zwei Brüche können sicherlich nicht näher beieinander
liegen als etwa 3 mal der Ausdehnung dieser plastischen Zonen entspricht, und so
bestimmt die Mikroplastizität vom Material her eine Untergrenze der durch Zerkleinern herstellbaren Feinheit: Bei Sprödstoffen ca. 0,02 ... 0,05 μm und wesentlich
größer bei inelastischen Materialien [10.2]

Rißausbreitung. Die Rißausbreitung ist eine Frage der Energiespeicherung im Korn und ihrer Anlieferung zur Rißspitze. Ein Riß kann sich - insbesondere mit hoher Geschwindigkeit - nur dann ausbreiten, wenn der auf die Bruchfläche bezogene Energiebedarf aus dem elastischen Energievorrat der unmittelbaren Umgebung der Rißspitze freigesetzt werden kann. Das ist die sog. *differentielle Energiebedingung*. Die je Bruchflächeneinheit erforderliche Energie wird *Rißwiderstand* R oder *spezifische Bruchflächenenergie* genannt. Sie wird vor allem für die mikroplastische Verformung an der Rißspitze verbraucht. Die je Flächenelement dA_B des Probenquerschnitts aus dem Spannungsfeld der Umgebung entnommene elastische Energie

$$G = - dU_{el}/dA_B \qquad (10.1.5)$$

heißt *Energiefreisetzungsrate*. Sie ist für sehr einfache Fälle - wie die gezogene ebene Platte - berechenbar. Bei schneller Rißausbreitung ist G im wesentlichen ein Stoffwert. Die differentielle Energiebedingung lautet mit diesen beiden Größen

$$G \geq R \qquad (10.1.6)$$

und sagt nichts anderes aus, als daß an der Rißspitze der Energieverbrauch (R) auch mindestens nachgeliefert werden muß (G). Ist der Nachschub zu klein oder nicht schnell genug, bleibt der Bruch stehen. Ein möglicher Energieüberschuß kann zu Rißverzweigung führen, geht in kinetische Energie wegfliegender Bruchstücke, in Stoßwellen, die durch den Körper laufen und wird letztlich in Wärme dissipiert. Die *integrale Energiebedingung* ist dann erfüllt, wenn der in der ganzen beanspruchten Probe (im Partikel) elastisch gespeicherte Energievorrat ausreicht, um den Bruch vollständig durch die Probe hindurchlaufen zu lassen. Reicht dieser Vorrat nicht aus, bleibt der Bruch stecken. Dies setzt also eine Mindestgröße, genauer: ein Mindestvolumen für die Probe voraus, das abhängig von den elastisch-plastisch-viskosen Eigenschaften des Probenmaterials ist.

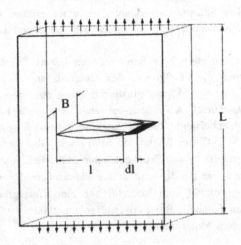

Bild 10.1.6   Zur integralen Bruchenergiebedingung

Bei linear-elastischem Verhalten ist die bis zum Bruchpunkt aufgebrachte Arbeit $W_{BV} \cdot V$ gleich der gespeicherten Energie, und die muß mindestens so groß sein wie der Rißwiderstand mal der Bruchfläche $(R \cdot A)$ *(integrale Bruchenergiebedingung)*

$$W_{BV} \cdot V \geq R \cdot A. \tag{10.1.7}$$

Für die hier betrachtete Zugprobe mit dem Querschnitt A ($=$ Bruchfläche) und der Länge L (Bild 10.1.6) und mit Gl.(10.1.3) für W_{BV} bei linear-elastischem Verhalten erhält man

$$\frac{1}{2}\left(\sigma_B^2/E\right) \cdot L \cdot A \geq R \cdot A,$$

und damit ist eine Mindestlänge von

$$L \geq 2 \cdot R \cdot E/\sigma_B^2 \tag{10.1.8}$$

erforderlich. Abschätzungen solcher Mindestlängen ergeben bei Gläsern ca. 10 ... 100 μm, bei Stählen gar 2 ... 20 mm [10.1]! Unterhalb von solchen (stoffabhängigen) Korngrößen *kann* demnach die integrale Energiebedingung gar nicht erfüllt werden, weil die zu zerkleinernden Partikeln schon zu klein sind, als daß sie das zum Zerbrechen nötige Volumen für die elastische Energiespeicherung besäßen. Daher muß in solchen Fällen die Energie für jeden Bruch unmittelbar von außen durch das Zerkleinerungswerkzeug zugeführt werden. Für die Zerkleinerungstechnik heißt das:

a) Es sind umso kleinere Mahlwerkzeuge erforderlich, je feiner gemahlen werden soll. Unter "Zerkleinerungswerkzeugen" sind hier nicht nur metallische oder keramische Maschinenteile zu verstehen wie Brechbacken, Prallflächen, Mahlkugeln oder Schneiden, sondern auch benachbarte Teilchen an den Kontaktstellen.

b) Es muß sehr häufig beansprucht werden, weil zufallsbedingt nicht jede Einzelbeanspruchung zu genau einem Bruch führt, sondern oft mehrere nicht durchgehende Risse entstehen, und weil ein Bruch umso wahrscheinlicher steckenbleibt, je kleiner das zu zerkleinernde Korn ist.

Bruchphänomene (Bild 10.1.7)

Für die beiden technisch wichtigsten Beanspruchungsarten von Partikeln in Zerkleinerungsmaschinen - nämlich *Druckbeanspruchung* zwischen zwei Werkzeugflächen und *Prallbeanspruchung* an einer Werkzeugfläche - sind in Bild 10.1.7 die bei Einzelkornbeanspruchung auftretenden Brucherscheinungen sowohl für elastisch-sprödes wie für inelastisches Materialverhalten qualitativ gezeigt.

Spröde Stoffe zerbrechen bei Druckbeanspruchung durch primäre Längsbrüche (b) zwischen den Belastungsstellen. Bei der Prallbeanspruchung laufen die Brüche büschelartig vom Aufprallpunkt weg. Erst *nach* der Entlastung durch die Primärbrüche können in den Bereichen größter Energiedichte (Kompression!), nämlich unter den Kontaktflächen, zahlreiche Sekundär-Brüche entstehen, die den sog. *Feingutkegel* (a) erzeugen. Die nur einseitige Prallbeanspruchung läßt bei kugeligen Teilchen einen unzerkleinerten Restkegel (e) zurück.

Inelastisches Materialverhalten führt in beiden Beanspruchungsfällen zu Abplattungen an den Kontaktflächen (d). Unter ihnen wird ein unzerkleinerter Kegel ins Innere des Körpers getrieben, der wie ein Keil wirkt und das umgebende Material durch meridiane Brüche zerstört (vgl. auch Bild 9.2.1 in Abschnitt 9.2.2).

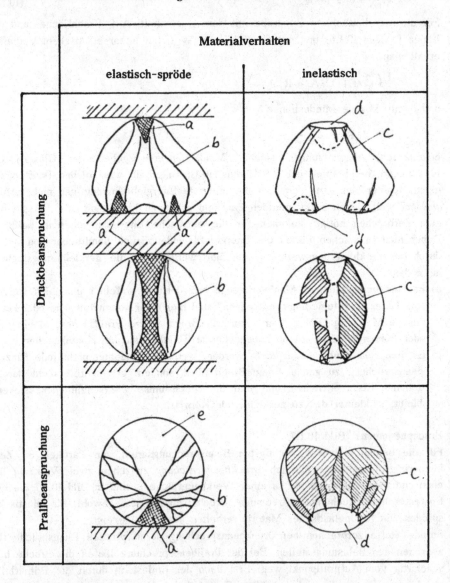

a) Feingutbereiche
b) Primärbrüche durch elastische Verformung
c) Meridianbrüche durch inelastische Verformung
d) Abplattung mit unzerkleinertem Kegel
e) Restkegel bei elastischer Prallzerkleinerung

Bild 10.1.7   Bruchphänomene bei sprödem und inelastischem Materialverhalten.

10.1.3 Beanspruchungsarten und -bedingungen

Nach Rumpf [10.3] unterscheidet man vier Beanspruchungsarten (Bild 10.1.8):

(I) *Beanspruchung zwischen (mindestens) zwei Zerkleinerungswerkzeugen*
Das Partikel kann dabei einer reinen Druckbelastung oder einer kombinierten Druck-Schub-Belastung ausgesetzt sein. Im Gutbett wird sowohl durch Wände wie durch Nachbarpartikeln beansprucht. Auch die Schlagbeanspruchung ist eine für den menschlichen Betrachter zwar schnelle, für das Partikel aber immer noch quasistatische Beanspruchung; dynamische Vorgänge treten erst auf, wenn die Deformationsgeschwindigkeiten in die Größenordnung der Schallgeschwindigkeit im Festkörper kommen, d.h. oberhalb von mehreren Hundert m/s. Die Beanspruchungen durch *Scheren* und *Schneiden* gehören ebenfalls hierher.
Kennzeichnend sind einerseits die erzwungene Verformung durch das Werkzeug (Formzwang) und andererseits relativ geringe Beanspruchungsgeschwindigkeiten: Bei Druck einige cm/s, bei Schlag bis ca. 10 m/s.
Backen- und Rundbrecher, Walzen- und Wälz-Zerkleinerungsmaschinen, Kugelmühlen und Reibschalen weisen diese Art der Beanspruchung auf.

(II) *Beanspruchung an einem Zerkleinerungswerkzeug (Prallbeanspruchung)*
Das Teilchen wird entweder gegen eine feststehende Prallfläche geschleudert, oder das - in der Regel rotierende - Werkzeug bewegt sich gegen ein freifliegendes Partikel. Außerdem ist der gegenseitige Partikelstoß gemeint.
Kennzeichnend sind hier die Energie- und Impulsübertragung durch den Stoß, praktisch ohne Formzwang. Die Beanspruchungsgeschwindigkeiten müssen daher groß sein: Ab ca. 20 m/s für die Grobzerkleinerung in Prallbrechern bis zu mehr als 200 m/s in Feinstzerkleinerungsmaschinen (Prallmühlen und Strahlmühlen).

(III) *Beanspruchung durch das umgebende Fluid*
Hierbei wird das Partikel unsymmetrischen Druck- und Zugbelastungen ausgesetzt, wie sie z.B. in einer Scherströmung erzeugt werden. In turbulenten Strömungen treten starke zeitliche und örtliche Schwankungen dieser Belastungen auf. Auch durch Stoßwellen (Druckstöße, Kavitation) in Fluiden können Partikeln zerkleinert werden. Generell sind die Kräfte bei dieser Art der Beanspruchung aber wesentlich geringer als bei (I) und (II). Sie eignet sich daher eher zum Zerteilen von wenig festen Partikeln, wie Agglomeraten, Flocken, Tropfen und Blasen. Technisch realisiert findet man diese Beanspruchungsart bei der Naßmahlung im Walzenspalt von Walzenmühlen, in Dispergiermaschinen, Hochdruck-Homogenisatoren, sowie in Rührmaschinen zum Dispergieren (Desagglomerieren, Emulgieren und Begasen).

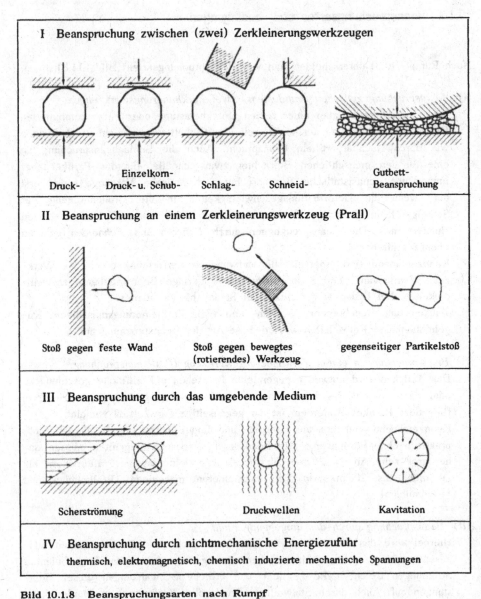

Bild 10.1.8   Beanspruchungsarten nach Rumpf

IV) *Beanspruchung durch nichtmechanische Energieeinleitung*
Die zum Zerbrechen erforderlichen hohen inneren Spannungen werden hierbei durch Verformungen erzeugt, die unter Ausnutzung der Wärmeausdehnung durch Zufuhr oder Induzierung thermischer Energie (z.B. durch Strahlung, Mikrowellen, Konvektion) hervorgerufen werden. Auch die Sprengung mit chemischen Sprengstoffen kann hierzu gerechnet werden.

Für die energetische Beurteilung des Zerkleinerungsvorgangs sind noch folgende Unterscheidungen bei den Beanspruchungsarten von großem Nutzen:

Einzelkorn-Beanspruchung (Bild 10.1.9 a). Sie ist energetisch am günstigsten und kann bei der Bewertung daher als Bezugsmaß für die Effektivität der maschinellen Zerkleinerung dienen (s. Abschnitt 10.1.7). Sie ist umso leichter zu realisieren, je größer die Partikeln sind. Man findet sie in Backen-, Walzen- und Rundbrechern, sowie in den meisten Prallzerkleinerungsmaschinen.

Mehrkorn-Beanspruchung (Bild 10.1.9 b). Gleichzeitige Beanspruchung mehrer Partikeln in einer Schicht ist hinsichtlich der Energieausnutzung auch noch günstig, aber schon abhängig von der gegenseitigen Beeinflussung der Körner (Abstützung, Reibung). Sie wird z.T. in Walzenmühlen und Rundbrechern, sowie in Stabmühlen bei geringem Gutfüllungsgrad verwirklicht (s. Abschnitte 10.2.2, 10.2.3 und 10.2.6.6).

Gutbett-Beanspruchung (Bild 10.1.9 c). Die Zerkleinerungsenergie wird auf ein Partikel-Haufwerk übertragen. Bei spröden Stoffen ist das energetisch umso schlechter, je mehr Feingut vorhanden ist, weil die kleinen Partikeln die großen - zu zerkleinernden - an vielen Kontaktpunkten abstützen und so die Kontaktkräfte über die Oberfläche verteilt und nicht an wenigen Punkten konzentriert werden. Im Grenzfall ist ein großes Korn ganz in feines Pulver eingebettet. Übersteigt der Preßdruck im Gutbett eine gewisse Grenze (ca. 50 MPa), so tritt makroskopisch eine Preßagglomeration (Brikettieren, Schülpenbildung) ein. Im Inneren der Partikeln werden jedoch so viele, mikroskopisch kleine, wirksame Anrisse und Brüche erzeugt, daß zur Feinzerkleinerung und Desagglomeration ein wesentlich geringerer Arbeitsaufwand nötig ist (Prinzip der Gutbett-Walzenmühle nach Schönert [10.4]). Der Gesamt-Energieaufwand für diese notwendigerweise zweistufige Zerkleinerung ist bedeutend geringer als für eine konventionelle Mahlung (ohne Preßagglomeration) auf die gleiche Feinheit.

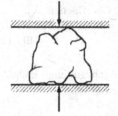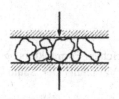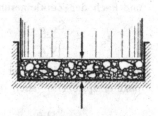

a) Einzelkorn-Beanspruchung   b) Mehrkorn-Beanspruchung   c) Gutbett-Beanspruchung

Bild 10.1.9   Zu den Beanspruchungsarten

Weitere Angaben über die Beanspruchungsbedingungen betreffen
- die *Beanspruchungsintensität* allgemein, speziell als *Abbaugrad* bei Beanspruchungsart I (Definition im folgenden Abschnitt, Bild 10.1.10), als zugeführte *Arbeit* (volumen- oder massebezogen) und als *Beanspruchungsgeschwindigkeit.* Bei der Prallzerkleinerung ist sie direkt mit der Energiezufuhr verknüpft.
- die *Beanspruchungshäufigkeit,*
- die *Beanspruchungs-Werkzeuge* nach ihrer Art, Form, Härte und Oberflächenbeschaffenheit,
- die *Temperatur* und das *Umgebungsmedium* für die Partikeln.

10.1.4 Zerkleinerungsgrade

Zur vergleichenden Kennzeichnung von Korngrößen vor und nach dem Zerkleinerungsvorgang sind verschiedene Definitionen von *Zerkleinerungsgraden* in Gebrauch. Mit dem Index "A" werden das Aufgabegut, die Anfangskorngröße, mit dem Index "P" das Zerkleinerungsprodukt, das Fertiggut, die Endkorngröße versehen. Man kann drei Arten von Definitionen unterscheiden:

a) Das Verhältnis typischer, die Produktqualität charakterisierender *Einzelwerte* aus den Korngrößenverteilungen vor (A) und nach (P) der Zerkleinerung:

$$z_{50} = \frac{x_{50,A}}{x_{50,P}}, \qquad (10.1.9)$$

$$z_{max} = \frac{x_{max,A}}{x_{max,P}}, \qquad (10.1.10)$$

$$z_{80} = \frac{x_{80,A}}{x_{80,P}}. \qquad (10.1.11)$$

b) Das Verhältnis von *integralen Mittelwerten* aus den Korngrößenverteilungen vor und nach der Zerkleinerung, speziell das der spezifischen Oberflächen S_V:

$$z_S = \frac{S_{V,P}}{S_{V,A}}. \qquad (10.1.12)$$

Unter der Annahme eines gleichen Formfaktors φ für Aufgabegut und Endprodukt entspricht z_S auch dem Verhältnis der Sauterdurchmesser d_{32}:

$$z_S = \frac{d_{32,A}}{d_{32,P}}. \qquad (10.1.13)$$

c) Der *Abbaugrad* als Verhältnis von maschinentechnisch bedingten Spaltgrößen vor und nach der Zerkleinerung; z.B. das Verhältnis von maximaler Aufgabekorngröße zu engster Spaltweite bei Walzenmühlen (Bild 10.1.10 a):

$$z_W = \frac{x_{max,A}}{s},$$ (10.1.14)

bzw. das Verhältnis von Maulweite a zu engster Spaltweite s bei Backenbrechern (Bild 10.1.10 b):

$$z_B = \frac{a}{s}.$$ (10.1.15)

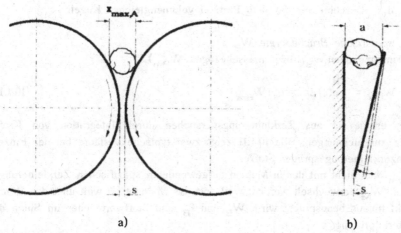

a)   b)

Bild 10.1.10 Zur Definition der Abbaugrade a) bei Walzenmühlen,
b) bei Backenbrechern

Alle diese Werte sind so definiert, daß sie größer als 1 sind und umso höhere Werte aufweisen, je weiter - d.h. zu feineren Korngrößen - zerkleinert worden ist.

10.1.5 Zerkleinerungstechnische Stoffeigenschaften, Mahlbarkeit

Der Widerstand, den das Material einer zerkleinernden Beanspruchung entgegensetzt, ebenso wie die Ergebnisse einer Zerkleinerung sind sowohl von den Beanspruchungsbedingungen wie vom Material selber abhängig. Hält man definierte Bedingungen konstant, dann bekommt man aus Versuchen materialspezifische zerkleinerungstechnische Stoffeigenschaften, bzw. Kennwerte für die Mahlbarkeit des betreffenden Produkts. Sie dienen einerseits als Vergleichs- oder Bezugswerte und können in Grenzen auch zur Auslegung von maschinellen Zerkleinerungsprozessen herangezogen werden. Nach Rumpf und Schönert unterscheidet man zwei Gruppen dieser Stoffwerte: *Festigkeitswerte* und *Ergebniswerte*.

Die folgenden *Partikel-Festigkeitswerte* berücksichtigen die Beanspruchung bis zum Bruchpunkt.

a) Die auf den Partikelquerschnitt *bezogene Bruchkraft* f_B

$$f_B = \frac{4 \cdot F_B}{\pi \, d_V^2} \qquad (10.1.16)$$

mit F_B: Bruchkraft,
$\quad d_V$: Durchmesser der dem Partikel volumengleichen Kugel.

b) Die *spezifische Bruchenergie* W_B
(volumenbezogen W_{BV} oder massebezogen W_{Bm})

$$W_{BV} = \int_0^{\varepsilon_B} \sigma(\varepsilon) \, d\varepsilon = \rho_s \cdot W_{Bm}. \qquad (10.1.17)$$

Man erhält sie aus Zerkleinerungsversuchen durch Integration von Kraft-Weg-Aufzeichnungen. Bild 10.1.11 zeigt zwei typische Verläufe bei der Einzelkornzerkleinerung spröder Stoffe.

W_{Bm} darf nicht mit der in Mühlen aufgewendeten spezifischen Zerkleinerungsarbeit W_M verwechselt werden, weil dort das Mahlgut oft weit über den Bruchpunkt hinaus beansprucht wird. W_B und f_B sind Stoffwerte eher im Sinne der Materialprüfung.

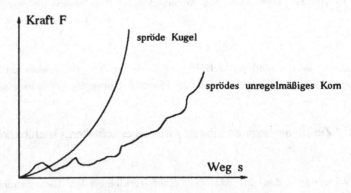

Bild 10.1.11   Kraft-Weg-Verläufe bei Einzelkorn-Druckzerkleinerung

Festigkeitswerte nehmen mit abnehmender Partikelgröße stark zu. Die Gründe dafür haben wir im vorigen Abschnitt kennengelernt: Anzahl und Wirksamkeit (Länge) von Anrissen nehmen ab, sie werden mit fortschreitender Zerkleinerung beginnend mit den wirksamsten "verbraucht"; und das Volumen für die Speicherung der Energie nimmt ebenfalls ab, weil die Partikeln kleiner werden und der Anteil der plastisch verformten Bereiche zunimmt.

Zerkleinerungswerte aus Kraft-Weg-Messungen über den (ersten) Bruchpunkt hinaus geben keine nur das Material kennzeichnenden Festigkeitswerte mehr ab, weil sie stark von der geometrischen Anordnung der sich abstützenden Bruchstücke zwischen den Zerkleinerungswerkzeugen abhängen. Dennoch liefern sie zur energetischen Kennzeichnung der maschinellen Zerkleinerung wertvolle realistische Werte, die aus kontrollierter Mehrkorn- und Gutbettzerkleinerung gewonnen werden, nämlich die volumen- oder massebezogene *Energieabsorption* W_V bzw. W_M.

Als *Ergebniswerte* gelten folgende:

c) Der *Bruchanteil* BA gibt den Massenanteil der Partikeln an, der nach der definierten Beanspruchung von "Gleichkorn", d.h. einer engen Fraktion (Kornklasse mit dem Mittelwert $x_m = (x_i + x_{i-1})/2$ und der Breite $\Delta x = x_i - x_{i-1}$) kleiner als die untere Klassengrenze $x_{i-1} = x_m - \Delta x/2$ geworden ist. Da das Ergebnis von der Intervallbreite Δx abhängt, müssen sehr enge Fraktionen gewählt werden (theoretisch $\Delta x \to 0$, praktisch genügen Siebfraktionen mit $x_i \leq \sqrt{2} \cdot x_{i-1}$). Natürlich steigt der Bruchanteil, wenn mehr Energie zugeführt wird.

Werden breite Partikelgrößenverteilungen im Gutbett beansprucht, dann bewirkt ein hoher Grobkornanteil einen hohen Bruchanteil der *kleinen* Partikeln, während ein hoher Feinanteil nur einen kleinen Bruchanteil bei den großen Partikeln hervorruft. Die großen werden sozusagen eingebettet von den kleinen, die Anzahl der Kontaktstellen ist sehr hoch, die Beanspruchung verteilt sich über die Oberfläche, die bruchauslösende lokale Energiekonzentration tritt seltener ein. Dies ist der Grund dafür, daß in Zerkleinerungsmaschinen mit Gutbettbeanspruchung (z.B. Wälzmühlen, Kugelmühlen) das ermahlene Feingut möglichst sofort und vollständig aus der Beanspruchungszone entfernt werden soll.

d) Die *Bruchfunktion* gibt die Partikelgrößenverteilung der Bruchstücke an, die bei der Zerkleinerung von Gleichkorn (s.o.) unter vorgegebenen Bedingungen entsteht. Sie ist von der Beanspruchungsintensität, z.B. vom Abbaugrad oder von der eingebrachten Zerkleinerungsenergie abhängig.

e) Die *Zunahme der spezifischen Oberfläche* $\Delta S_V = S_{V\,nach} - S_{V\,vor}$ wird entweder aus den gemessenen Korngrößenverteilungen (vor und nach der Zerkleinerung) berechnet, oder mit einem geeigneten Oberflächen-Meßverfahren bestimmt (z.B. Durchströmungsverfahren (Band 1, Abschnitt 3.5.2) oder fotometrisches Verfahren (Band 1, Abschnitt 3.5.3)).

Ein kombinierter Kennwert aus Ergebnis und Aufwand ist die *Energieausnutzung* EA. Sie gibt die neu erzeugte Oberfläche je Einheit der aufgewendeten Zerkleinerungsarbeit an.

$$EA = \frac{\Delta S}{W} = \frac{\Delta S_V}{W_V} = \frac{\Delta S_V}{\rho_s \cdot W_m} \tag{10.1.18}$$

Bei spröden Stoffen, die mit Druckbeanspruchung zerkleinert werden, nimmt die Energieausnutzung mit zunehmendem Energieeintrag ab und ist bei kleineren Partikeln

besser als bei großen. Letzteres ist dadurch erklärbar, daß die im Volumen gespeicherte Spannungsenergie bei kleineren Partikeln besser zur Kornzerstörung ausgenutzt werden kann ([10.1]).
Einige Zahlenwerte für die Energieausnutzung sind in Tabelle 10.1 aufgeführt.

Tabelle 10.1 Richtwerte für die Energieausnutzung

	EA in cm^2/J	m^2/kWh	Quelle
Einzelkornzerkleinerung:			
Zementklinker (Druck)	100 ... 200	$(3{,}6 ... 7{,}2) \cdot 10^4$	[10.1]
Kalkstein (Prall)	5 ... 20	$(0{,}18 ... 0{,}72) \cdot 10^4$	[10.13]
Quarzit (Prall)	15 ... 20	$(0{,}54 ... 0{,}72) \cdot 10^4$	[10.13]
maschinelle Zerkleinerung:			
Zementklinker (Kugelmühle)	20 ... 40	$(0{,}7 ... 1{,}4) \cdot 10^4$	[10.1]
Kohle (Kugelmühle)	30 ... 140	$(1{,}1 ... 5{,}0) \cdot 10^4$	[10.14]
Kalkstein (Prallmühle)	um 100	um $3{,}6 \cdot 10^4$	[10.14]
Dolomit (Schwingmühle, naß)	50 ... 150	$(1{,}8 ... 5{,}4) \cdot 10^4$	[10.15]

Sowohl die Energieausnutzung wie auch ihr Kehrwert W_S

$$W_S = 1/EA = \frac{\rho_s \cdot W_m}{\Delta S_V} , \qquad (10.1.19)$$

der die zur Erzeugung von $1\,m^2$ neuer Oberfläche erforderliche Zerkleinerungsarbeit angibt, können auch als Maße für die "Mahlbarkeit" eines Stoffes genommen werden. EA wird in m^2/kJ, in cm^2/J oder technisch in m^2/kWh angegeben, W_S entsprechend in kJ/m^2, J/cm^2 bzw. in kWh/m^2. Die Umrechnungen lauten

$$1\ m^2/kJ = 10\ cm^2/J = 3600\ m^2/kWh; \quad 1\ kJ/m^2 = 0{,}1\ J/cm^2 = 2{,}78 \cdot 10^{-4}\ kWh/m^2.$$

In bestimmten Labor-Zerkleinerungsmaschinen, sog. *Mahlbarkeitstestern*, werden unter genau vorgeschriebenen Bedingungen Messungen der massebezogenen Zerkleinerungsarbeit und der erzielten Produktfeinheiten vorgenommen. Man versucht damit, aussagekräftige Kennwerte für die Auslegung von Mahlprozessen in großen Anlagen zu bekommen. Diese Testgeräte wurden für bestimmte Branchen entwickelt (z.B. Zementmahlung, Kohlemahlung) und daher haben die Ergebnisse auch nur begrenzte Gültigkeit. Ein Beispiel für einen solchen Kennwert ist der "Bond-Index" W_i, auf den im Abschnitt 10.1.6 noch eingegangen wird.
Auch bei Zerkleinerungsmaschinen läßt sich die massebezogene *spezifische Zerkleinerungsarbeit* W_m als weitgehend produktspezifischer Kennwert feststellen, sofern die Beanspruchungsart gleich bleibt und die *Netto-Arbeit*, also der nur für die Mahlung (ohne die zum Betreiben der leeren Mühle) erforderliche Energiebedarf bestimmt wurde.

10.1.6 Zerkleinerungsgleichungen

Zerkleinerungsgleichungen geben den Zusammenhang zwischen dem Ergebnis der Zerkleinerung in Form von Feinheitskennwerten und dem dazu erforderlichen Aufwand an. Die älteren dieser Gleichungen (v. Rittinger und Kick) werden gelegentlich noch als "Zerkleinerungsgesetze" bezeichnet, es handelt sich jedoch entweder um Hypothesen für extrem vereinfachte Modellfälle oder um empirische Formeln. Der Zerkleinerungsvorgang ist zu komplex, als daß man "Gesetze" für ihn finden könnte.

Von-Rittinger-Hypothese (1867). Sie besagt, daß beim Zerteilen eines Korns die aufzuwendende Arbeit W der entstehenden neuen Oberfläche ΔS proportional ist

$$W \sim \Delta S$$
bzw. $\quad W_m \sim \Delta S_m \sim \Delta S_V.$ $\qquad\qquad\qquad$ } (10.1.20)

Das bedeutet zugleich, daß die Energieausnutzung EA konstant ist (vgl. Gl. (10.1.18))

$$EA = \frac{\Delta S}{W} = \text{const.} \qquad\qquad\qquad (10.1.21)$$

Kick'sche Hypothese (1885). Unter der Voraussetzung, daß in ihren Stoffeigenschaften gleiche, geometrisch ähnlichen Teilchen (bei Kick: Würfel) bis zum Bruchpunkt ähnlich verformt werden, ist die volumenbezogene Arbeit konstant (vgl. Abschnitt 10.1.2). Die Brucharbeit ist also proportional zur dritten Potenz der Kantenlänge x_1 des Würfels.

$$W_V = \text{const} \quad \text{bzw.} \quad W \sim x_1^3. \qquad\qquad (10.1.22)$$

Wenn man weiter voraussetzt, daß die entstehenden Bruchflächen jeweils wieder geometrisch ähnlich sind, dann muß die neu entstehende Oberfläche ΔS der Oberfläche des Primärteilchens proportional sein.

$$\Delta S \sim x_1^2. \qquad\qquad\qquad (10.1.23)$$

Aus diesen beiden Kick'schen Aussagen folgt für die Energieausnutzung

$$EA = \frac{\Delta S}{W} \sim 1/x_1. \qquad\qquad\qquad (10.1.24)$$

Sie ist demnach umso besser, je kleiner die Anfangskorngröße ist. Bei Druck- und Prallbeanspruchung von spröden Einzelpartikeln ist das tendenziell bestätigt. Nun wissen wir aber (vgl. Abschnitt 10.1.2), daß sich mit abnehmender Teilchengröße der Bruchpunkt zu größeren Spannungen (= Festigkeiten) verschiebt und damit sogar Fließgrenzen erreicht und überschritten werden. Die volumenbezogene Brucharbeit nimmt mit kleiner werdender Partikelgröße also eher zu.

Ansätze für die maschinelle Zerkleinerung.

Die beiden Hypothesen von v. Rittinger und Kick sind Ansätze für Einzelkorn-Modelle und daher für die Beschreibung der maschinellen Zerkleinerung im Prinzip nicht geeignet. Den empirischen Befund, daß die bei einer Abnahme der mittleren Korngröße x um dx zuzuführende Zerkleinerungsarbeit dW umso größer ist, je kleiner die Korngröße x ist, berücksichtigt der formale *Ansatz von Walker*

$$\frac{dW}{dx} = - \frac{const.}{x^n} \qquad \text{(mit } n \geq 1\text{)} \tag{10.1.25}$$

Damit die Dimension der Konstanten nicht vom Exponenten abhängt, und um ihr einen anschaulichen Sinn zu geben, macht man den Ansatz mit willkürlich, aber sinnvoll zu wählenden Bezugswerten W^* und x^* dimensionslos:

$$d\left(\frac{W}{W^*}\right) = - \left(\frac{x}{x^*}\right)^{-n} d\left(\frac{x}{x^*}\right). \tag{10.1.26}$$

Integriert man jetzt von der Anfangskorngröße x_A (zugehörige Arbeit $W_A = 0$) bis zu einem beliebigen Wertepaar (x, W), so erhält man

$$\frac{W}{W^*} = \begin{cases} \dfrac{1}{1-n} \cdot \left[\left(\dfrac{x^*}{x}\right)^{n-1} - \left(\dfrac{x^*}{x_A}\right)^{n-1}\right] & \text{für } n \neq 1 \qquad (10.1.27) \\[3mm] \ln\left(x_A/x\right) & \text{für } n = 1 \qquad (10.1.28) \end{cases}$$

Ansatz von Bond (1952), Bond-Gleichung. Für die Kollektivzerkleinerung vorwiegend in Kugelmühlen hat Bond eine Beziehung angegeben, die es gestattet, für mittlere Aufgabegut-Korngrößen (Bereich cm bis unter 1 mm) den mittleren massebezogenen Arbeitsbedarf für die Zerkleinerung eines Produkts vorauszuberechnen:

$$W_m = W_i \left[\left(\frac{x^*}{x_{80,P}}\right)^{1/2} - \left(\frac{x^*}{x_{80,A}}\right)^{1/2}\right] \tag{10.1.29}$$

Darin sind $x_{80,P}$ bzw. $x_{80,A}$ in µm die zu 80% Siebdurchgang gehörenden Korngrößen im Aufgabegut (A) bzw. im Zerkleinerungsprodukt (P),

$x^* = 100$ µm die Bezugskorngröße,

W_i in kWh/t der "Bond-Index" oder "Arbeits-Index" (work index).

W_i stellt eine experimentell zu ermittelnde stoffspezifische Anpassungsgröße dar und kann als Mahlbarkeits-Kennzahl in dem in Abschnitt 10.1.5 beschriebenen Sinne genommen werden. Wie aus der Gl.(10.1.29) leicht zu sehen ist, gibt W_i gerade die spezifische Arbeit an, die erforderlich ist, um das Material von sehr großer Korngröße ($x_A \to \infty$) auf die Bezugskorngröße $x_P = x^* = 100$ µm zu zerkleinern. Ein Vergleich zwischen Gl.(10.1.29) und Gl.(10.1.27) zeigt, daß die Bond-Gleichung mit der Lösung des Walker-Ansatzes für n = 1,5 übereinstimmt.

W_i-Werte werden in der *Bondmühle* (Kugelmühle, 305 mm$^{\emptyset}$, 305 mm Länge, Chargenbetrieb) gemessen und können zur Vorausberechnung von größeren Mühlen auch mit kontinuierlichem Betrieb dienen, wobei je nach den dortigen Zerkleinerungsbedingungen (Kreislaufmahlung, Durchlaufmahlung, Naßmahlung u.s.w.) noch Korrekturfaktoren anzubringen sind [10.7].

Tabelle 10.2 gibt einige W_i-Werte nach [10.5] und [10.12] für Naßmahlung an. Sie sind für Trockenmahlung mit dem Faktor 1,3 zu multiplizieren.

Tabelle 10.2 Mittlerer Bond-Index für die Trockenmahlung und Dichte einiger Stoffe

Stoff	W_i in kWh/t	p_s in t/m^3	Stoff	W_i in kWh/t	ρ_s in t/m^3
Bauxit	9,5	2,38	Glas	3,1	2,58
Bleierz	11,4	3,44	Kalkstein	11,6	2,69
Chromerz	9,6	4,06	Quarz	12,8	2,65
Eisenerz	15,4	3,96	Ton	7,1	2,23
Kupfererz	13,1	3,02	Zementklinker	13,5	3,09
Basalt	20,4	2,89	Kohle	11,4	1,63
Feldspat	11,7	2,59	Koks	20,7	1,51
Gipsgestein	8,2	2,69	Schlacke	15,8	2,93

W_i-Werte können aber auch für einen vorliegenden Mühlentyp und seine Betriebsweise aus der Messung des spezifischen Arbeitsbedarfs W_m und der Korngrößen $x_{80,P}$ und $x_{80,A}$ bestimmt werden

$$W_i = \frac{W_m}{\sqrt{x^*}} \cdot \left(\frac{1}{\sqrt{x_{80,P}}} - \frac{1}{\sqrt{x_{80,A}}} \right)^{-1} , \qquad (10.1.30)$$

um dann als Auslegungsgrundlage bzw. zerkleinerungstechnischer "Stoffwert" für ähnliche Mühlen dieses Typs zu dienen.

Bond/Wang-Beziehung. Bei der Auswertung zahlreicher Zerkleinerungen in Brechern und Mühlen fanden Bond und Wang, daß die Beziehung

$$W_m = k \cdot \left(\frac{\sqrt{z_{80}}}{x_{80,P}} \right)^{1/2} \qquad (10.1.31)$$

den spezifischen Arbeitsbedarf mit einer für Abschätzungen akzeptablen Genauigkeit ($\pm$ 50%) beschreibt (nach [10.5]). Der Proportionalitätsfaktor k hat die Einheit von $W_m \sqrt{x}$, so daß man auch schreiben kann

$$W_m = W_m^* \sqrt{x^*} \cdot \left(\frac{\sqrt{z_{80}}}{x_{80,P}} \right)^{1/2} , \qquad (10.1.32)$$

worin W_m^* und x^* wieder sinnvoll zu wählende Bezugsgrößen sind. Aus der Bond/Wang'schen Auftragung von W_m über $\left(\sqrt{z_{80}}/x_{80,P} \right)$ im doppelt-logarithmischen Netz (Bild 10.1.12) kann für $W_m^* \sqrt{x^*}$ der Zahlenwertebereich

$$W_m^* \sqrt{x^*} \approx 0,3...1,3 \frac{\text{kWh}}{\text{t}} \sqrt{\text{cm}} \quad \left(\text{Mittelwert ca.} \, 0,63 \frac{\text{kWh}}{\text{t}} \sqrt{\text{cm}} \right)$$

angegeben werden. Die höheren Werte gelten für "härtere", gemeint ist: schwerer mahlbare Materialien, die niedrigen für "weiche", d.h. leichter mahlbare.

"Härte" ist im Prinzip keine Zerkleinerungskategorie, sondern ein Maß für den Widerstand eines Werkstoffs gegen definierte Eindringkörper-Beanspruchung!

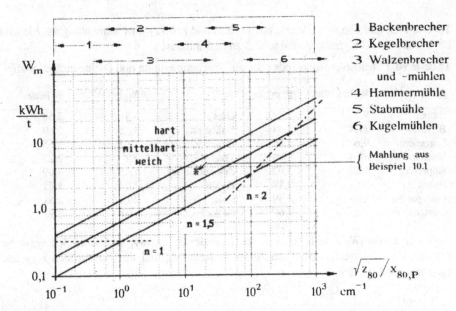

Bild 10.1.12 Bond/Wang-Beziehung zwischen spezifischer Zerkleinerungsarbeit und Zerkleinerungsgrad

Die Angaben in Bild 10.1.12 liefern wohlgemerkt nur grobe Anhaltswerte.

Eine rein formale Beschreibung des Zerkleinerungsprozesses liefert die *mathematische Simulation*, auf die hier jedoch nicht eingegangen wird. Sie soll die Vorhersage von Zerkleinerungsergebnissen (Partikelgrößenverteilungen) abhängig von verschiedenen Einflußgrößen, Scale-up-Regeln und Hinweise zur Regelung von Zerkleinerungsanlagen ermöglichen. Eine ausführliche Darstellung findet man in [10.7].

10.1.7 Effektivität der maschinellen Zerkleinerung

Von "Wirkungsgrad" zu sprechen, erscheint nicht sinnvoll, weil ja keine Umwandlung von Nutzenergien vorliegt. Zahlenangaben über eine "Effektivität" hängen vor allem vom Bezugswert ab. Schönert [10.8] schlägt vor, zwischen drei Effektivitäten zu unterscheiden:

1.) Theoretische Effektivität.

Sie bezieht sich auf bruchphysikalische Berechnungen und Messungen des Energieverbrauchs an den Bruchflächen. Deswegen ist hier der Vergleich der Energieausnutzungen sinnvoll.

$$\eta_{th} = \frac{EA_{Mühle}}{EA_{Bruch}} \cdot 10\,\%$$

(10.1.33)

Bezugswerte dieser Art bewirken die in älteren Veröffentlichungen zu lesenden "Wirkungsgrade" der Zerkleinerung von unter 1%, sie können aber keine praktische Relevanz haben, da eine Verbesserung der Effektivität ja nur bis zu "praktischen Optimalverhältnissen" möglich ist.

2.) *Prozeß-Effektivität bezogen auf Einzelkorn-Zerkleinerungsdaten*

Geht man davon aus, daß hinsichtlich des Energieaufwands die unbehinderte Einzelkornzerkleinerung der günstigste Fall ist, dann können maschinelle Zerkleinerungsprozesse zu diesem "praktischen Optimalfall" in Bezug gesetzt werden. Stairmand [10.9] hat als Maßzahl hierfür die "Effektivität" eingeführt. Sie vergleicht die praktisch mindestens aufzubringende massebezogene Arbeit für die Einzelkornzerkleinerung von 10 mm auf die gewünschte Korngröße mit der in einer Zerkleinerungsmaschine für die gleiche Korngrößenreduzierung aufzubringende Energie.

Danach ergibt sich die in Tabelle 10.3 gegebene Stufung einiger wichtiger Zerkleinerungsmaschinen nach ihrer Effektivität. Brecher mit Druckbeanspruchung, in denen mehr oder weniger unbehinderte Einzelkornbeanspruchung stattfindet, rangieren hier weit oben bei Werten über ca. 70%, während in Prallzerkleinerungsmaschinen auch für grobes Gut ein erheblicher Teil der Energie für Reibung und zur Beschleunigung des Mahlguts verbraucht wird. Je feiner das Mahlprodukt werden soll, desto weniger läßt sich eine im energetischen Sinne effektive Mahlung realisieren.

Tabelle 10.3 Effektivität von Zerkleinerungsmaschinen (nach Stairmand)

Einzelkornzerkleinerung (Bezugswert)	100 %
Walzen-, Backen-, Rundbrecher	70 ... 100%
Prallbrecher und -mühlen	25 ... 40%
Hammermühlen	17 ... 25%
Wälzmühlen	7 ... 15%
Kugelmühlen	6 ... 9%
Rührwerksmühlen	2 ... 6%
Strahlmühlen	1 ... 2%

3.) *Prozeß-Effektivität bezogen auf Gutbett-Zerkleinerungsdaten*

In vielen - und zwar besonders in Feinzerkleinerungsmaschinen - ist prinzipiell eine Einzelkornzerkleinerung gar nicht möglich. Hier ist es sinnvoll, unter definierten Bedingungen Mindestenergieen für die Gutbett-Zerkleinerung einzelner Fraktionen als Bezugswerte zu nehmen. Mit Hilfe einer mathematischen Simulation kann dann der theoretische Mindestaufwand zur Erzeugung bestimmter Korngrößenverteilungen berechnet werden. Zusätzlich gewinnt man Erkenntnisse über die Einflüsse von Stoff- und Betriebsparametern und über Möglichkeiten zur Verbesserung der Effektivität.

Beispiel 10.1: Auswertung einer Labormahlung

Bei der Zerkleinerung von Kalkstein (Fraktion 2 ... 8 mm, Dichte ρ_S = 2700 kg/m^3) in einer Labor-Hammermühle wurden folgende Daten gemessen:

Durchsatz: $\dot{m}$ = 3,1 kg/min; Netto-Leistungsaufnahme: P = 640 W.

Aufgabegut-Korngrößenverteilung:

x/mm	0,5	1,0	2,0	4,0	6,3	8,0
D_A/%	0,1	2	6	30	80	99

Produkt-Korngrößenverteilung:

x/μm	63	90	125	180	250	500	1 mm	2 mm	4 mm
D_P/%	3	8	14	23	32	51	73	91	100

Aus diesen Angaben können bestimmt werden:

a) die spezifische Zerkleinerungsarbeit W_m in J/g und in kWh/t,

b) der Zuwachs an spezifischer Oberfläche ΔS_V in cm^{-1} und die Zerkleinerungs-grade z_S und z_{80},

c) die Energieausnutzung in cm^2/J und in m^2/kWh,

d) die Eintragung dieser Mahlung ins Bond-Wang-Diagramm (Bild 10.1.12) und die Größe $W_m^* \sqrt{x^*}$ in Gl.(10.1.31).

Lösung:

a) Die spezifische Zerkleinerungsarbeit ergibt sich aus

$$W_m = \frac{P_{netto}}{\dot{m}} = \frac{640\,W \cdot 60\,s}{3100\,g} = 12,4\,\frac{J}{g} = 12,4\,\frac{kJ}{kg} = \frac{0,64\,kW \cdot h}{0,0031\,t \cdot 60} = 3,44\,\frac{kWh}{t}.$$

b) Die spezifischen Oberflächen werden aus den Korngrößenverteilungen nach Gl.(2.4.21) in Abschnitt 2.4.2 von Band 1 berechnet. Für den Formfaktor φ nehmen wir $\varphi = 1,5$ an.

$$S_V = 6\,\varphi \sum_{i=1}^{n} \frac{\Delta D_i}{\bar{x}_i}.$$

Aufgabegut:

$$S_{VA} = 6 \cdot 1,5 \left(\frac{0,001}{0,25} + \frac{0,019}{0,75} + \frac{0,04}{1,5} + \frac{0,24}{3} + \frac{0,50}{5,15} + \frac{0,19}{7,15} + \frac{0,01}{9} \right) mm^{-1}$$

$$= 2,35\,mm^{-1} = 23,5\,cm^{-1} = 2,35 \cdot 10^3\,m^{-1}.$$

Mahlprodukt:

$$S_{VP} = 6 \cdot 1,5 \left(\frac{0,03}{31,5} + \frac{0,05}{76,5} + \frac{0,06}{107,5} + \frac{0,09}{152,5} + \frac{0,19}{375} + \frac{0,22}{750} + \frac{0,18}{1500} + \frac{0,09}{3000} \right) \mu m^{-1}$$

$$= 0,0371\,\mu m^{-1} = 371,1\,cm^{-1} = 3,71 \cdot 10^4\,m^{-1}.$$

Damit ist die neu erzeugte Oberfläche

$$\Delta S_V = S_{VP} - S_{VA} = 347,6\,cm^{-1} = 3,476 \cdot 10^4\,m^{-1}.$$

Den Zerkleinerungsgrad z_S bilden wir nach Gl.(10.1.12)

$$z_S = S_{V,P}/S_{V,A} = 15,9$$

und z_{80} nach Gl.(10.1.11) mit den Werten $x_{80,A} = 6,3\,mm$ und $x_{80,P} = 1,4\,mm$

$$z_{80} = x_{80,A}/x_{80,P} = 4,5\ ,$$

wobei $x_{80,A}$ direkt aus der Tabelle zu entnehmen ist, während $x_{80,P}$ aus der linearen Interpolation zwischen den Tabellenwerten 73% $\approx 1\,mm$ und 91% $\approx 2\,mm$ stammt. Man kann auch die Korngrößenverteilungen in ein Netz eintragen, durch einen Kurvenzug interpolieren und $x_{80,P}$ bei 80% Durchgang ablesen. Die Werte werden je nach gewähltem Netz etwas verschieden ausfallen.

c) Jetzt ergibt sich für die Energieausnutzung entsprechend Gl.(10.1.18) zu

$$EA = \frac{\Delta S_v}{\rho_s \cdot W_m} = \frac{3,476 \cdot 10^4\,m^{-1}}{2700\,kg\,m^{-3} \cdot 12,4\,kJ \cdot kg^{-1}} = 1,038\,\frac{m^2}{kJ} = 10,38\,\frac{cm^2}{J}$$

$$= \frac{3,476 \cdot 10^4\,m^{-1}}{2,7\,t \cdot m^{-3} \cdot 3,44\,kWh \cdot t^{-1}} = 3,74 \cdot 10^3\,\frac{m^2}{kWh}.$$

d) Für die Eintragung ins Bond-Wang-Diagramm brauchen wir die Größe

$$\sqrt{z_{80}}\Big/x_{80,P} = \sqrt{4,5}\Big/0,14\,cm = 15,2\,cm^{-1}.$$

Dies zusammen mit dem Wert $W_m = 3,44\,\frac{kWh}{t}$ ergibt einen Punkt, der im Bereich der Hammermühlenzerkleinerung zwischen den Geraden für mittelhartes und hartes Material liegt (s. Bild 10.1.12).

Für die Größe $W_m^* \sqrt{x^*}$ in Gl.(10.1.32) bekommen wir

$$W_m^* \sqrt{x^*} = \frac{W_m}{\left(\sqrt{z_{80}}\Big/x_{80,P}\right)^{1/2}} = \frac{3,44\,kWh \cdot t^{-1}}{\sqrt{15,2\,cm^{-1}}} = 0,88\,\frac{kWh}{t}\sqrt{cm}\ .$$

10.2 Zerkleinerungsmaschinen, Übersichten

Eine sinnvolle Einteilung der Zerkleinerungsmaschinen kann unter verschiedenen Gesichtspunkten erfolgen:

nach Beanspruchungsarten (vgl. Abschnitt 10.1.3),

nach konstruktiven Merkmalen und

nach Einsatzgebieten.

Jedes dieser Raster für sich genommen wäre zu grob, und so finden alle drei in verschiedenen Kombinationen Anwendung. Lowrison [10.5] sowie Pahl in [10.10] und Höffl [10.11] geben detaillierte Kriterien und Einteilungen an.

Die Bilder 10.2.1 bis 10.2.4 stellen zunächst die wichtigsten Maschinentypen nach Beanspruchungsarten vor, wobei z.T. noch nach konstruktiven Merkmalen untergliedert wird. In den Tabellen 10.4 und 10.5 findet man dann Angaben über die Einsatzbereiche, unterteilt einerseits in Grob-, Mittel- und Feinzerkleinerung andererseits in Hart-, Mittelhart- und in Weichzerkleinerung.

Die in Anordnungen nach Bild 10.2.4 realisierte Beanspruchungsart III (durch das umgebende Medium) dient - wie in Abschnitt 10.1.3 bereits erwähnt - zum Zerteilen von fluiden Partikeln (Tropfen, Blasen) oder von Agglomeraten und Flocken. Vor allem aber bewirkt die starke Relativbewegung zwischen Partikel und Fluid ein intensives Feinverteilen (Dispergieren) bzw. Mischen (Homogenisieren) der Suspension oder Emulsion. Diese Maschinen werden hier nicht weiter behandelt.

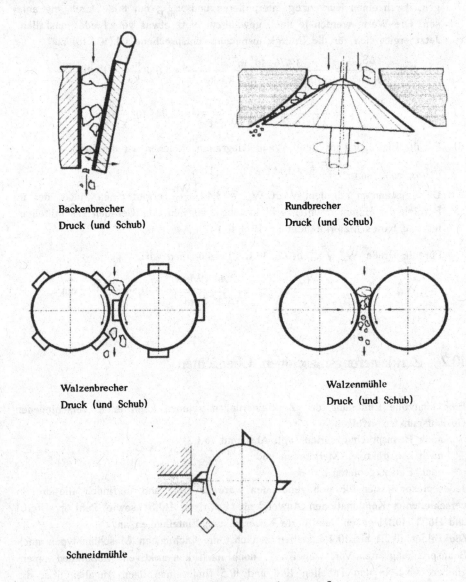

Backenbrecher
Druck (und Schub)

Rundbrecher
Druck (und Schub)

Walzenbrecher
Druck (und Schub)

Walzenmühle
Druck (und Schub)

Schneidmühle

Bild 10.2.1 Zerkleinerungsmaschinen, Beanspruchungsart I
Einzel- und Mehrkornbeanspruchung mit Druck, Schub und Schneiden

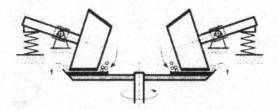

Wälzmühle (Rollenmühle)

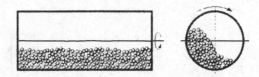

Kugelmühle

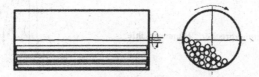

Stabmühle

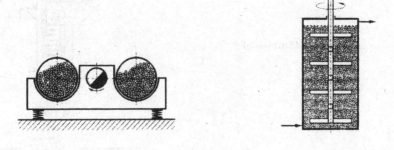

Schwingmühle   Rührwerkmühle

Bild 10.2.2   Zerkleinerungsmaschinen, Beanspruchungsart I,
               Gutbettbeanspruchung

Prallbrecher

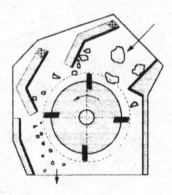

Hammerbrecher, Hammermühle

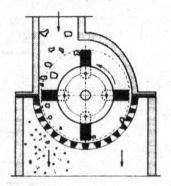

Prallmühle (Stiftmühle)

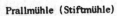

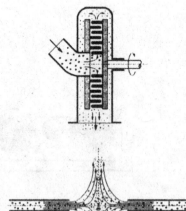

Strahlmühle

Bild 10.2.3 Zerkleinerungsmaschinen, Beanspruchungsart II,
            Prallbeanspruchung

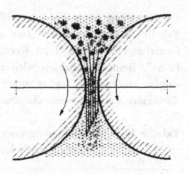

Walzenstuhl
Desagglomerieren und Homogenisieren
im Walzenspalt

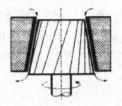

Kolloidmühle
Desagglomerieren und Homogenisieren
im Scherspalt

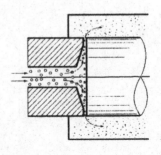

Hochdruck-Homogenisator
Zerteilen durch Entspannung und Scheren
im Ringspalt

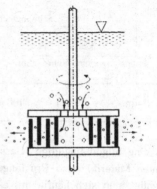

Dispergier-Rührer
Zerteilen durch turbulente Scherströmung

Bild 10.2.4 Zerkleinerungsmaschinen, Beanspruchungsart III,
Beanspruchung durch das umgebende Medium

Die Einteilung nach den Korngrößen, die aufgegeben und erzielt werden können, in Tabelle 10.4 unterscheidet zum einen zwischen "Brechen" und "Mahlen" mit dem Grenzbereich um ca. 1 cm Korngröße und unterteilt jeweils noch in "Grob-" und Fein-". Beim Feinmahlen wird seiner technischen und wirtschaftlichen Bedeutung wegen auch noch weiter untergliedert. Tabelle 10.4 gibt für die vorgestellten Zerkleinerungsmaschinen die ungefähren Einsatzbereiche nach diesem Kriterium an.

Tabelle 10.4 Zerkleinerungsmaschinen,
Einteilung nach Korngrößenbereichen des Aufgabegutes

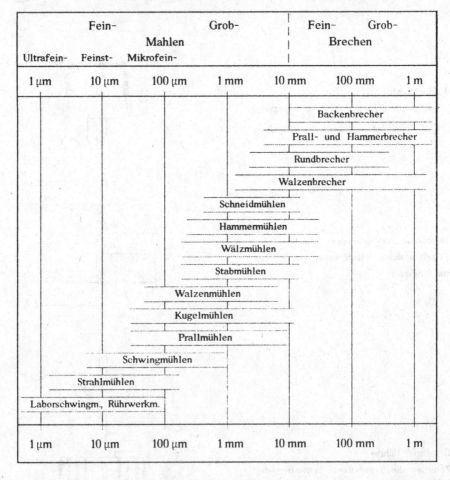

Da eine allgemeingültige Klassifizierung der Stoffe nach ihren zerkleinerungsrelevanten Material- und Brucheigenschaften quantitativ nur unzureichend möglich ist, begnügt man sich häufig mit einer groben qualitativen Einteilung nach der "Härte" und unterscheidet mit sehr verschwommenen Grenzen: "Hartzerkleinerung" bei Stoffen wie Basalt, Quarz, Grauwacke, Kiesel, Zementklinker, Schlacken, harten Erzen,

"Mittelhartzerkleinerung" bei z.B. Kalk, Kohle, sedimentären Erzen, Gips, Kalisalzen und "Weichzerkleinerung" bei z.B. Braunkohle, Steinsalz, Kreide, Kunststoffen, Lebensmitteln (Getreide, Kernfrüchte, Gewürze, Fleisch), Gummi, Wachs.

Dementsprechend gibt es nach der "Härte" des zu zerkleinernden Materials Maschinen für die Hart-, Mittelhart- und Weichzerkleinerung. Diese z.B. in der Aufbereitungs- sowie Steine-und-Erden-Industrie gebräuchliche Einteilung geht von mehr oder weniger sprödem Materialverhalten aus. Für die Einbeziehung inelastischen Materialverhaltens bedarf es daher insbesondere bei der Weichzerkleinerung einer weiteren Differenzierung. In der Regel geschieht das durch umgangssprachliche Zusatzbegriffe wie "zäh-plastisch", "zäh-elastisch", "elastisch-duktil", "feucht", "klebend" u. dergl. Vgl. hierzu auch die Angaben von Kellerwessel [10.6].

Tabelle 10.5 gibt Einsatzbereiche einiger Maschinentypen hierzu an, wobei die in Abschnitt 10.2.1 festgestellten Unterschiede des Materialverhaltens berücksichtigt sind. Allerdings muß eine solche einfache Reihung besonders bei nicht-sprödem Stoffverhalten zwangsläufig unvollkommen sein, und kann nur als Anhalt und zur Veranschaulichung dienen.

Tabelle 10.5 Zerkleinerungsmaschinen
Einsatzbereiche nach Mahlguteigenschaften

spröde				nicht spröde	
hart	mittelhart	weich trocken feucht	plastisch	visko-elastisch	gummi-elastisch
Backenbrecher					
	Rundbrecher				
	Strahlmühlen				
	Schwingmühlen (trocken und naß)				
	Rührwerkmühlen (nur naß)				
	Kugelmühlen (trocken und naß)				
	Stabmühlen (trocken und naß)				
Prall- und Hammerbrecher					
Prall- und Hammermühlen					
	Wälzmühlen				
	(Gutbett-) Walzenmühlen (trocken und naß)				
	Walzenbrecher (mit Zähnen, Schneiden u.ä.)				
			Schneidmühlen		

10.3 Backenbrecher und Rundbrecher

Brecher allgemein sind nach den Tabellen 10.4 und 10.5 Grobzerkleinerungsma-schinen für harte und mittelharte Stoffe, z.B. Gesteine, Erze, Kohle, Schlacke. Man unterscheidet Backenbrecher, Rundbrecher, Walzenbrecher und Prallbrecher. Von diesen weisen die Backen- und Rundbrecher gemeinsame Merkmale hinsicht-lich Kinematik und Beanspruchung auf. Walzenbrecher werden zusammen mit den Walzenmühlen in Abschnitt 10.4 und Prallbrecher zusammen mit den Prallmühlen in Abschnitt 10.8 behandelt.

10.3.1 Backenbrecher

10.3.1.1 Kinematik der Bauarten und Beanspruchung

Bei allen Bauarten wird das Korn zwischen einer beweglichen und einer festen Brechbacke periodisch beansprucht. Zusammen mit den seitlichen Gehäusewänden bilden sie den nach unten sich verjüngenden Brechraum. Seine obere Öffnung heißt Brechmaul, seine untere Brechspalt. Unterschiede in den Bauarten betreffen die Kinematik der beweglichen Brechbacke.

Beim *Pendelschwingenbrecher* oder *Kniehebelbrecher* (Bild 10.3.1) hat die beweg-liche Brechbacke eine - meist obenliegende - Drehachse A. Die Pendelbewegung um diese Achse wird von einem Exzenter über ein Kniehebelsystem auf die Pendelschwinge übertragen. Diese Art der Übertragung vermeidet die direkte Belastung des Exzenterlagers mit den hohen, stoßweise auftretenden Bruchkräften und eignet sich daher besonders für die zur Zerkleinerung sehr harter Stoffe eingesetzten Backenbrecher (Basalt, Schotter, manche Schlacken). Das Brechgut erfährt eine fast reine Einzelkorn-Druckbeanspruchung. Befinden sich mehrere Körner im Brechspalt, so ist die gegenseitige Beeinflussung meist gering.

Beim *Kurbelschwingenbrecher* (unzureichend auch *Einschwingenbrecher* genannt) ist die Brechschwinge, wie Bild 10.3.2 zeigt, oben direkt mit dem Exzenter 1 ver-bunden und führt dessen Kreisbewegung aus, während sie im unteren Teil durch die Führungsplatte 6 - abhängig von deren Anordnung - zu mehr oder weniger reinen Schubbewegungen veranlaßt wird. Damit wird der Druckbeanspruchung des Brechguts eine Schubkomponente überlagert. Sie kann die Bruchkraft des Einzel-korns verringern und über eine Auflockerung der Gutfüllung im Brechraum zu ei-ner Durchsatzerhöhung führen. Sie hat aber auch erhöhten Verschleiß zur Folge. Deswegen und wegen der direkten Belastung des Exzenterlagers mit den Bruch-kräften werden Kurbelschwingenbrecher für sehr harte und stark schleißende Stof-fe nicht eingesetzt.

Im Vergleich zum Kniehebelbrecher haben Kurbelschwingenbrecher ein günstigeres, nämlich kleineres Verhältnis von Bauvolumen zu Nutzvolumen (= Brechraum).

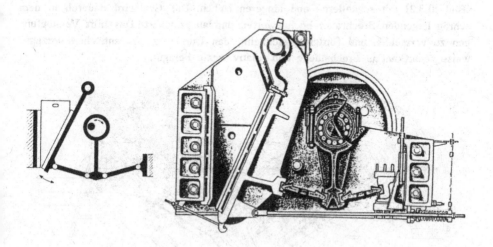

Bild 10.3.1 Doppelkniehebel-Backenbrecher, Schnittbild und kinematisches Schema (Fa. Polysius, Beckum)

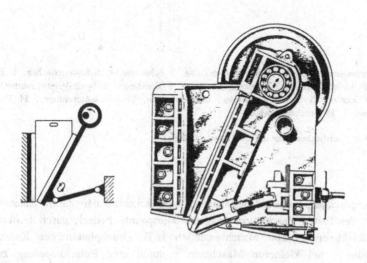

Bild 10.3.2 Kurbelschwingen-Backenbrecher, Schnittbild und kinematisches Schema (Fa. Polysius, Beckum)

Die beiden genannten Bauarten werden mit Hubzahlen - das sind die Anzahlen der Hin- und Herbewegungen pro Zeiteinheit - betrieben, die ein Nachrutschen des Brechguts im senkrecht angeordneten Brechraum jeweils während der Öffnungsphase gestatten. Demgegenüber bewegt sich die Schwinge des *Schlagbrechers* (Bild 10.3.3) mit schnelleren und längeren Hüben. Das Gut wird dadurch in dem schräg liegenden Brechraum hochgeworfen und aufgelockert. Das hilft Verstopfungen zu vermeiden und fördert gleichzeitig den Durchsatz. Es entstehen vorzugsweise scharfkantige Bruchstücke und relativ wenig Feingut.

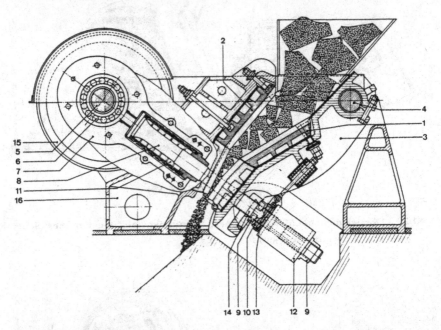

1 Schwingen-Brechbacke, 2 Gehäuse-Brechbacke, 3 Schwinge, 4 Schwingenachse, 5 Exzenterwelle, 6 Pendelrollenlager, 7 Zugstangengehäuse, 8 Zugstange, 9 Spalt-Verstellmutter, 10 Keil zur Verstellmutter, 11 Überlastungsfeder, 12 Querbalken, 13 Druckplattenlager, 14 Druckstück, 15 Schwungrad, 16 Brecher-Gehäuse.

Bild 10.3.3 Schlagbrecher (Fa. Krupp, Essen)

Überlastungsschutz. Gegen Überlastung sind Backenbrecher durch Ausweichmöglichkeiten der festen Brechbacke (gegen vorgespannte Feder), durch Sollbruchstellen an leicht ersetzbaren Maschinenteilen (z.B. Druckplatten des Kniehebelsystems) oder - bei kleineren Maschinen - durch eine Rutschkupplung zwischen Schwungrad und Exzenter geschützt. Ein zwischen Antrieb und Exzenter angeordnetes Schwungrad ist wegen der extremen Schwankungen der Energieentnahme durch die Bruchereignisse als Energiespeicher und -puffer nötig.

10.3.1.2 Durchsatzabschätzung

Für die einfache Anordnung und Kinematik nach Bild 10.3.4 läßt sich der Durchsatz als Feststoffvolumenstrom z.B. in m^3/h - abschätzen. Wir machen dazu die folgenden vereinfachenden Voraussetzungen:

- Der Materialtransport im Brechraum erfolgt durch den freien Fall des Brechguts.
- Ein Korn wird bei jedem Hub während der Schließphase nur um die Größe des Arbeitshubs Δs_z zerkleinert.

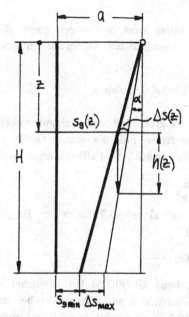

Bild 10.3.4 Zur Durchsatzabschätzung von Backenbrechern

Wenn wir die Volumenerfüllung des Brechraums mit Feststoff mit

$$c_v = V_s/V$$

bezeichnen, können wir den Feststoffvolumenstrom $\dot{V}_s$, der sich aus der Höhe z durch den Brechraum der Breite b (senkrecht zur Bildebene) nach unten bewegt, folgendermaßen schreiben:

$$\dot{V}_s = c_v(z) \cdot b \cdot s_g(z) \cdot \frac{h(z)}{T} \, . \tag{10.3.1}$$

Darin stellt h(z) die Strecke dar, die sich der Feststoff während der Öffnungsphase nach unten bewegt. Da während der Schließphase (Zerkleinerung) kein Transport nach unten stattfindet, müssen wir für die Zeit die ganze Periodendauer T einsetzen. Sie hängt mit der Drehzahl über

$$n = 1/T \qquad\qquad (10.3.2)$$

zusammen, so daß wir für den Feststoffdurchsatz zunächst erhalten

$$\dot{V}_s = c_v(z) \cdot b \cdot s_g(z) \cdot h(z) \cdot n \ . \qquad\qquad (10.3.3)$$

Jetzt müssen wir zwei Fälle unterscheiden.

Fall 1: Die Drehzahl ist so klein, daß das zerkleinerte Gut während der Öffnungsphase um die Strecke

$$h_1(z) = \Delta s(z)/\tan \alpha \qquad\qquad (10.3.4)$$

nach unten rutschen oder fallen kann, und damit genau die Höhe im Brechraum erreicht, die der um $\Delta s(z)$ verminderten Korngröße entspricht. Dann erhalten wir für den Durchsatz

$$\dot{V}_s = c_v(z) \cdot b \cdot s_g(z) \cdot \Delta s(z) \cdot n/\tan \alpha \ . \qquad\qquad (10.3.5)$$

Fall 2: Die Drehzahl ist so groß, daß der Mahlgutbrocken bereits wieder beansprucht wird, *bevor* er im freien Fall die seiner Größe entsprechende Höhe im Brechraum erreicht hat. Die tatsächliche Fallhöhe ergibt sich dann zu

$$h_2 = \frac{g}{2}\left(\frac{T}{2}\right)^2 = \frac{g}{8n^2} \ , \qquad\qquad (10.3.6)$$

übrigens unabhängig von der aktuellen Höhe z im Brechraum! Damit wird der Durchsatz nach Gl.(10.3.3)

$$\dot{V}_s = c_v(z) \cdot b \cdot s_g(z) \cdot \frac{g}{8n} \ . \qquad\qquad (10.3.7)$$

Im Fall 1 wächst entsprechend Gl.(10.3.5) bei genügend kleinen Drehzahlen der Durchsatz linear mit der Drehzahl n an, während er bei ausreichend hohen Drehzahlen (Fall 2) nach Gl.(10.3.7) umgekehrt proportional zur Drehzahl abnimmt.

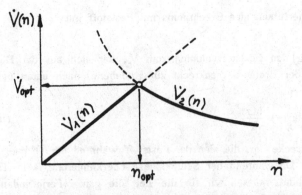

Bild 10.3.5 Drehzahlabhängigkeit des Durchsatzes von Backenbrechern

Dieser Sachverhalt ist in Bild 10.3.5 dargestellt. Die Grenze zwischen diesen beiden Bereichen bildet offenbar eine optimale Drehzahl n_{opt}, bei der die Strecke $h_1(z)$ gerade dann im freien Fall durchmessen ist, wenn die nächste Zerkleinerungsphase beginnt. Hierfür gilt also $h_2 = h_1(z)$, und das ergibt nach den Gl.n (10.3.4) und (10.3.6)

$$\frac{g}{8 n_{opt}^2} = \frac{\Delta s(z)}{\tan \alpha} \quad \text{bzw.}$$

$$n_{opt}(z) = \sqrt{\frac{g \tan \alpha}{8 \, \Delta s(z)}} \quad . \tag{10.3.8}$$

Dies in Gl.(10.3.5) bzw. Gl.(10.3.7) eingesetzt, liefert für den Durchsatz bei optimaler Drehzahl

$$\dot{V}_s(z) = c_v(z) \cdot b \cdot s_g(z) \cdot \sqrt{\frac{g \, \Delta s(z)}{8 \tan \alpha}} \quad . \tag{10.3.9}$$

Er ist in verschiedenen Höhen des Brechraums verschieden groß. Unter Berücksichtigung der in Bild 10.3.4 gezeigten geometrischen Anordnung können wir diese Höhenabhängigkeit berechnen. Für die aktuelle Spaltweite $s_g(z)$ gilt nämlich

$$s_g(z) = a - (a - s_{gmin}) \cdot z/H$$

und für den Hub

$$\Delta s(z) = \Delta s_{max} \cdot z/H,$$

worin s_{gmin} den kleinsten Spalt und Δs_{max} den größten Hub, jeweils am Austrag des Brechraums ($z = H$), bedeuten. Wir erhalten aus Gl.(10.3.9) für den z-abhängigen Durchsatzverlauf

$$\dot{V}_{s_{opt}}(z) = c_v(z) \cdot b \cdot \left[1 - (1 - \frac{s_{gmin}}{a}) \cdot z/H \right] \cdot \sqrt{\frac{g \, \Delta s_{max}}{8 \tan \alpha}} \cdot \sqrt{z/H} \tag{10.3.10}$$

und am Austrag ($z = H$, $c_v(H) = c_{vA}$)

$$\dot{V}_{A_{opt}} = c_{vA} \cdot b \cdot s_{gmin} \cdot \sqrt{\frac{g \, \Delta s_{max}}{8 \tan \alpha}} \quad . \tag{10.3.11}$$

Dieser am Austragsspalt erzielbare Durchsatz ist der maßgebende, wie die nachfolgende Überlegung zeigt, und daher muß auch die optimale Drehzahl nach Gl. (10.3.8) mit $\Delta s(z = H) = \Delta s_{max}$ gebildet werden:

$$n_{A_{opt}} = \sqrt{\frac{g \tan \alpha}{8 \, \Delta s_{max}}} \quad . \tag{10.3.12}$$

Den Verlauf des Durchsatzes längs der Brechraumhöhe zeigt Bild 10.3.6. Dort ist die aus den Gleichungen (10.3.11) und (10.3.12) gewonnene dimensionslose Darstellung

$$\left(\frac{\dot{V}_s(z)}{\dot{V}_A} \right)_{opt} = \frac{c_v(z)}{c_{vA}} \left[\frac{a}{s_{gmin}} - \left(\frac{a}{s_{gmin}} - 1 \right) \cdot \frac{z}{H} \right] \cdot \sqrt{\frac{z}{H}} \tag{10.3.13}$$

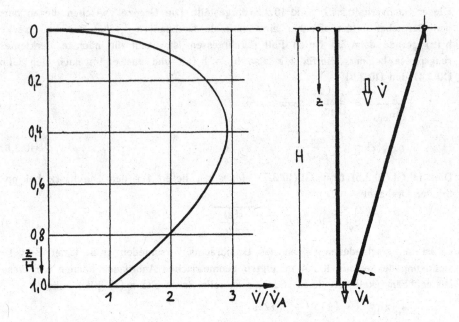

Bild 10.3.6 Höhenabhängigkeit des Durchsatzes im Brechraum von Backenbrechern

für $c_v(z) = c_{vA}$ und den Zerkleinerungsgrad $a/s_{gmin} = 7$ ausgewertet. Wir können daraus die folgenden praktisch wichtigen Schlüsse ziehen:

1.) An der Drehachse ($z = 0$) ist der Durchsatz theoretisch Null, weil keine Zerkleinerung stattfindet ($\Delta s(0) = 0$) und daher kein Weiterrutschen möglich ist. Tatsächlich liegen deshalb die Maulöffnungen von Pendelschwingenbrechern immer unterhalb der Pendelachse.

2.) In Transportrichtung steigt der Durchsatz im oberen Brechraumbereich stark an, um nach einem Maximum bei $z/H \approx 0,4$ (für die gewählten Zahlenwerte) im unteren Brechraumteil wieder kleiner zu werden. Eine Beschickung, die für den oberen oder mittleren Teil richtig wäre, würde daher im unteren Teil zu Verstopfungen führen. Durchsetzbar ist also nur der durch Gl.(10.3.11) gegebene Volumenstrom mit der Drehzahl nach Gl.(10.3.12).

3.) Eine Vergleichmäßigung des Durchsatzes kann - abgesehen vom Einfluß der Feststofferfüllung $c_v(z)$ des Brechraums - durch eine z-Veränderlichkeit des Winkels α, mit anderen Worten durch eine Krümmung der Brechschwingen erreicht werden. Aus Gl. (10.3.9) wird ersichtlich, daß dazu die Bedingung

$$c_v(z) \cdot s_g(z) \cdot \sqrt{\frac{g \, \Delta s(z)}{8 \, \tan \alpha}} = \text{konstant}$$

erfüllt werden muß. Ausgeführte gekrümmte Brechschwingen weisen am Austragsspalt sehr kleine Winkel α_A z.T. nahezu parallele Brechwerkzeuge auf (Bild 10.3.7). Im oberen Teil des Brechraums wird der Winkel α_o durch die sog. Einzugsbedingung bestimmt: Er darf einen Maximalwert nicht überschreiten, damit die Reibungskraft das Korn festhalten kann, ohne daß es wieder nach oben herausgedrückt wird. (Näheres zu dieser Einzugsbedingung wird in Abschnitt 10.4.2 bei den Walzenmühlen behandelt).

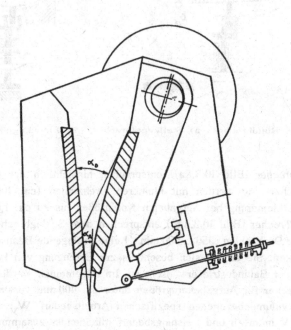

Bild 10.3.7   Backenbrecher mit gekrümmten Brechbacken

10.3.2 Rundbrecher

Rundbrecher, auch Kegel- oder Kreiselbrecher genannt, verwirklichen die Hin- und Her-Bewegung zwischen festem und beweglichem Werkzeug umlaufend in einem ringförmigen Brechraum (Bild 10.3.8). Ein steiler oder flacher *Brechkegel* mit leicht gegen die Vertikale geneigter Achse führt im Inneren des *Brechmantels* eine kreisende Taumelbewegung aus. Öffnungs- und Schließphase finden - um 180° versetzt - gleichzeitig statt und ermöglichen einen gleichmäßigen Durchsatz. Dadurch, daß der Brechkegel freibeweglich in der Exzenterbüchse läuft, dreht er nicht mit. Die Panzerungen von Brechkegel und Brechmantel sind in der Regel profiliert. Durch Heben oder Senken des Brechkegels kann der Austragsspalt, und damit die Mahlfeinheit und der Durchsatz verändert werden.

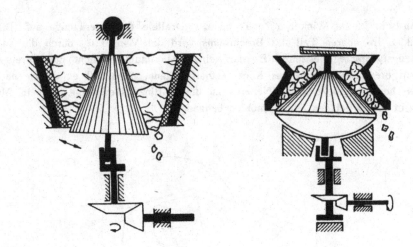

Bild 10.3.8   Rundbrecher   a) Steilkegelbrecher,   b) Flachkegelbrecher

Steilkegelbrecher (Bild 10.3.8a)) entsprechen hinsichtlich der Beanspruchung dem Backenbrecher. Sie werden mit kleineren Drehzahlen (ca. $100 \ldots 300 \, min^{-1}$) eher zur Grobzerkleinerung bei Aufgabegut-Korngrößen bis zu ca. 1,6 m eingesetzt.

Flachkegelbrecher (Bild 10.3.8 b)) entsprechen dem Schlagbrecher, indem sie durch relativ hohe Drehzahlen ($250 \ldots 500 \, min^{-1}$) eine schlagende Beanspruchung des Brechguts bewirken. Sie eignen sich besonders zur Erzeugung von kubischem Korn, wie es z.B. in der Bauindustrie erwünscht ist. Im allgemeinen werden Flachkegelbrecher als Feinbrecher für Aufgabekorngrößen unter ca. 400 mm verwendet.

Über den volumenbezogenen spezifischen Arbeitsbedarf W_V in kWh/m^3 hängen Durchsatz $\dot{V}$ in m^3/h und Leistungsbedarf miteinander zusammen

$$P = W_V \cdot \dot{V} \tag{10.2.16}$$

Für Steil- und Flachkegelbrecher sind aus Bild 10.3.9 (nach Schubert [10.17]) Abschätzungen für den Leistungsbedarf möglich. Sind die maximale Korngröße und der erforderliche Zerkleinerungsgrad z_B - in der Regel 5:1 bis 8:1 - bekannt, kann die Spaltweite bestimmt werden. Das Diagramm liefert dann Anhaltswerte für den spezifischen Arbeitsbedarf W_V und Gl.(10.2.16) die erforderliche Leistung für den gewünschten Durchsatz. Der Massendurchsatz geht dann durch Multiplikation mit der Schüttdichte im Brechspalt aus dem Volumendurchsatz hervor.

Als Richtwert für den spezifischen Arbeitsbedarf von Sprödzerkleinerungen in Brechern (Backen- und Rundbrecher) kann gelten

$$W_m = (0,5 \ldots 2) \, kWh/t.$$

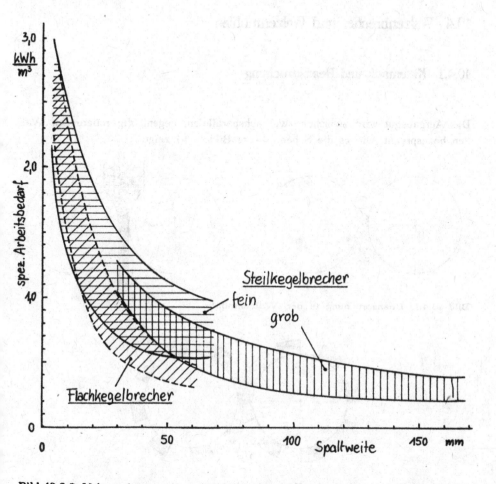

Bild 10.3.9 Volumenbezogener spezifischer Leistungsbedarf von Rundbrechern (nach [10.17])

10.4 Walzenbrecher und Walzenmühlen

10.4.1 Kinematik und Beanspruchung

Das Aufgabegut wird zwischen zwei achsparallelen, gegenläufig rotierenden Walzen beansprucht, wie es die Schemaskizze Bild 10.4.1 zeigt.

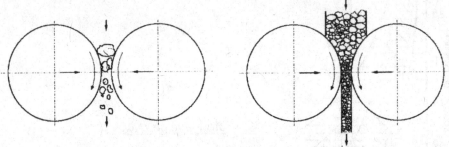

Bild 10.4.1 Beanspruchung in der Walzenmühle

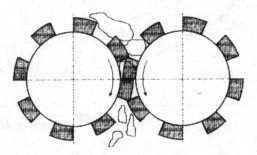

Bild 10.4.2 Beanspruchung im Walzenbrecher

Walzenbrecher (Bild 10.4.2) tragen in der Regel ineinandergreifende Zähne, Nokken oder ähnliche Zusatzwerkzeuge am Umfang, so daß zu der Druckbeanspruchung des Gutes auch noch Biege-, Scher- und Schneidbeanspruchungen kommen. Diese Vorsprünge verbessern außerdem das Einzugsverhalten: Selbst große und sperrige Teile, wie sie z.B. im Hausmüll vorliegen, können noch erfaßt und eingezogen werden. Die Zerkleinerung von sehr hartem und zäh-hartem Gut verbietet sich wegen der Gefährdung der Zähne. Dafür reicht die Anwendung bis weit in den Bereich der Weichzerkleinerung auch plastischer, viskoelastischer und gummielastischer Stoffe hinein, wenn die Rotoren mit entsprechend angepaßten Schneidwerkzeugen ausgerüstet sind (s. auch Schneidmühlen, Abschnitt 10.6).
Walzenmühlen haben glatte oder durch Riffelung aufgerauhte Walzenoberflächen. Die beiden Walzendurchmesser können gleich oder verschieden sein, ebenso die

Umfangsgeschwindigkeiten. Bei gleicher Umfangsgeschwindigkeit ist die Beanspruchung des Korns - sofern es durch Haftreibung eingezogen wird - eine reine Druckbeanspruchung. Unterschiedliche Umfangsgeschwindigkeiten bewirken zwangsläufig eine zusätzliche Schubbeanspruchung des Korns. Man spricht von *Friktion*. Sehr hartes Gut wird zwischen Glattwalzen mit gehärteter Oberfläche und ohne Friktion zerkleinert. Riffelungen empfehlen sich wegen des Verschleißes nur für weiches bis mittelhartes Korn. Dabei arbeitet man vorzugsweise mit Friktion. Ein typisches Beispiel ist die Getreidemahlung auf sog. Walzenstühlen.

Walzenmühlen für sprödes Material können einerseits mit Partikeln beaufschlagt werden, die größer als die kleinste Spaltweite sind (Bild 10.4.1 a)), dann wird bei sehr schmalen (kurzen) Walzen Einzelkornbeanspruchung verwirklicht, in der Regel liegt aber Mehrkornbeanspruchung vor. Die Spaltweite wird vorgegeben und bestimmt den Zerkleinerungsgrad. Die maximal mögliche Korngröße des Aufgabeguts wird durch die Einzugsbedingung (s.u.) begrenzt.

Andererseits kann - wie in Bild 10.4.1 b) - auch ein Schüttgut aus Partikeln kleiner als die Spaltweite s aufgegeben werden, die nach dem Prinzip der Gutbettbeanspruchung im Mahlspalt einer hohen Pressung unterworfen werden. Dann bilden sich Preßagglomerate (Schülpen) aus, und für die Feinguterzeugung ist die vorgegebene Anpreßkraft maßgeblich. Die Spaltweite stellt sich entsprechend der Kompression des Mahlguts ein. Mühlen nach diesem Prinzip heißen *(Hochdruck-) Gutbettwalzenmühlen.*

10.4.2 Einzugsbedingung für das Einzelkorn

In den Mahlspalt zwischen ein Walzenpaar kann - abhängig von der Reibung - nur solches Korn eingezogen werden, das eine maximale Größe nicht überschreitet (Bild 10.4.2 a)). Für den ungünstigsten Fall glatter Walzenoberflächen wollen wir den Zusammenhang zwischen dieser maximalen Korngröße - wir idealisieren das Korn zur Kugel mit dem Durchmesser d -, den Walzendurchmessern D_1 und D_2, der Spaltweite s und dem Reibungskoeffizienten μ zwischen Korn und Walzen bestimmen. In Bild 10.4.3 b) sind die Kräfte am linken Berührpunkt Kugel/Walze herausgezeichnet. Daraus geht als Einzugsbedingung hervor: Die Vertikalkomponente der Reibungskraft F_R muß größer sein als die Vertikalkomponente der Normalkraft F_N zwischen Kugel und Walze. Mit dem halben Einzugswinkel β ergibt sich

$$F_R \cdot \cos \beta > F_N \cdot \sin \beta. \tag{10.4.1}$$

Hierin ist das Eigengewicht des Korns weggelassen. Es verbessert zwar das Einzugsverhalten, verliert aber mit abnehmender Größe ($\sim d^3$!) gegenüber den beiden anderen Kräften schnell an Bedeutung. Das Verhältnis von Reibungskraft zu Normalkraft ist der bekannte Coulomb'sche Reibungskoeffizient

$$\mu = F_R / F_N. \tag{10.4.2}$$

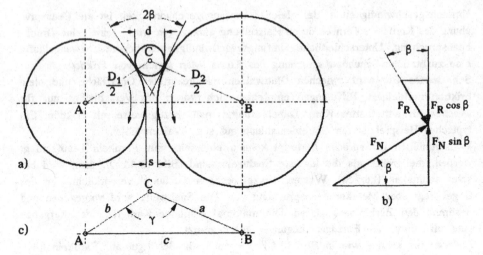

Bild 10.4.3 Zur Einzugsbedingung zwischen Walzen

Damit folgt aus Gl. (10.4.1) als Einzugsbedingung zunächst

$$\tan \beta < \mu \,. \tag{10.4.3}$$

Der Reibungskoeffizient μ ist von der Stoffpaarung Korn/Walze abhängig. Überschlägig setzt man $\mu \approx 0{,}3$ an, für Kalkstein/Stahl gilt $\mu = 0{,}24$, für Marmor/Stahl $\mu = 0{,}17$. Bei den praktisch vorkommenden Umfangsgeschwindigkeiten von $< 1\,\text{m/s}$ muß meistens mit Gleitreibung und daher eher mit niedrigeren Reibungskoeffizienten gerechnet werden.

Nun müssen wir noch den Zusammenhang zwischen den Abmessungen D_1, D_2, s und d und dem Einzugswinkel 2β finden. Wir bekommen ihn aus der Betrachtung des Dreiecks A-B-C in Bild 10.4.3 c), das die Seiten

$$a = D_1/2 + d/2, \qquad b = D_2/2 + d/2, \qquad c = D_1/2 + s + D_2/2$$

hat. Die Anwendung des Kosinussatzes $c^2 = a^2 + b^2 - 2ab \cdot \cos\gamma$ mit $\gamma = \pi - 2\beta$ und daher $\cos\gamma = -\cos 2\beta$ liefert nach einigen algebraischen Umformungen

$$\frac{(D_1 + s)(D_2 + s)}{(D_1 + d)(D_2 + d)} = \cos^2 \beta. \tag{10.4.4}$$

Jetzt führen wir die Einzugsbedingung Gl. (10.4.3) ein, benutzen die Umformung $\cos^2\beta = 1/(1 + \tan^2\beta)$ und erhalten schließlich als Einzugsbedingung für die Kugel mit dem Durchmesser d zwischen glatten Walzen mit den Durchmessern D_1 und D_2 bei der Spaltweite s

$$\frac{(D_1 + s)(D_2 + s)}{(D_1 + d)(D_2 + d)} > \frac{1}{1 + \mu^2}\,. \tag{10.4.5}$$

Von praktischer Bedeutung sind vor allem zwei Spezialfälle:

1.) *Zwei Walzen mit gleichem Durchmesser D* $(= D_1 = D_2)$. Aus Gl.(10.4.5) wird

$$\frac{D+s}{D+d} > \sqrt{\frac{1}{1+\mu^2}} \, . \tag{10.4.6}$$

Hieraus läßt sich beispielsweise der erforderliche Mindest-Walzendurchmesser D_{min} berechnen, um das größte Korn (Durchmesser d_{max}) bei vorgegebener Spaltweite s und bekanntem Reibungskoeffizienten μ einzuziehen:

$$D_{min} = \frac{d_{max} - s \cdot \sqrt{1+\mu^2}}{\sqrt{1+\mu^2} - 1} \, . \tag{10.4.7}$$

Für die Spaltweite s = 0 und den Schätzwert μ = 0,3 erhält man als Faustregel

$$D_{min} \approx 23 \cdot d_{max} \, . \tag{10.4.8}$$

Eine vorhandene Walzenmühle kann auch über die Spaltweite s oder den Achsabstand a = D + s an die größte einzuziehende Korngröße d_{max} angepaßt werden

$$a_{min} = \frac{D + d_{max}}{\sqrt{1+\mu^2}} \, . \tag{10.4.9}$$

2.) *Eine Walze gegenüber einer ebenen Mahlbahn* $(D_1 = D, D_2 \to \infty)$. Dieser Fall tritt bei Wälzmühlen auf (s. Abschnitt 10.5), wobei die Anordnung noch um 90° gedreht ist (Bild 10.4.4).

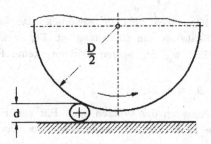

Bild. 10.4.4 Einzug bei Wälzmühlen

$(D_2 + s)/(D_2 + d)$ in Gl.(10.4.5) geht wegen $D_2 \to \infty$ gegen 1, so daß sich ergibt

$$\frac{D+s}{D+d} > \frac{1}{1+\mu^2} \, . \tag{10.4.10}$$

Als Mindest-Walzendurchmesser für den Einzug der Korngröße d_{max} ist daraus

$$D_{min} = \frac{d_{max} - s \cdot (1+\mu^2)}{\mu^2} \tag{10.4.11}$$

errechenbar. Auch hiermit können wir wieder eine Faustregel mit s = 0 und μ = 0,3 gewinnen:

$$D_{min} \approx 11 \cdot d_{max}, \tag{10.4.12}$$

also etwa die Hälfte des Werts bei der Zweiwalzenanordnung.

10.4.3 Durchsatz und Leistungsbedarf

Durchsatz

Sehr einfach ergibt sich der Durchsatz als Volumenstrom des Feststoffs aus dem Spaltquerschnitt A_s = $s \cdot B$ (B: Länge der Walzen in Achsrichtung), der Transportgeschwindigkeit w des Gutes durch diesen Querschnitt und der Feststofferfüllung c_v des Spaltes zu

$$\dot{V}_s = c_v \cdot s \cdot B \cdot w. \tag{10.4.13}$$

Den Massendurchsatz erhält man durch Multiplikation mit der Dichte ρ_s des Zerkleinerungsgutes. Eine für das Material und die Mühle charakteristische dimensionslose Größe ist der (dimensionslose) *spezifische Durchsatz*

$$\frac{c_v \cdot s}{D} = \frac{\dot{V}_s}{B D w}. \tag{10.4.14}$$

Er ist charakteristisch für die Paarung Mahlgut/Walzen und daher eine Auslegungsgröße. In der erweiterten Schreibweise der Durchsatzformel

$$\dot{V}_s = \frac{c_v \cdot s}{D} \cdot \left[\frac{B}{D} \cdot D^2 \cdot w_u \right] \cdot \frac{w}{w_u} \tag{10.4.15}$$

bedeutet der in eckigen Klammern stehende Ausdruck eine konstruktive und Betriebsgröße, die für das Scale-up von Bedeutung ist. Für w können wir bei gleicher Umfangsgeschwindigkeit w_u der beiden Walzen (keine Friktion) eben diese einsetzen

$$w = w_u = \pi \cdot D_1 \cdot n_1 = \pi \cdot D_2 \cdot n_2, \tag{10.4.16}$$

wobei n_1 bzw. n_2 die Drehzahlen der Walzen sind. Für den Fall unterschiedlicher Umfangsgeschwindigkeiten (mit Friktion) nehmen wir der Einfachheit halber das arithmetische Mittel

$$w = \frac{\pi}{2} \left(D_1 \cdot n_1 + D_2 \cdot n_2 \right). \tag{10.4.17}$$

In jedem Falle ist das Verhältnis $w/w_u \approx 1$. Übliche Werte für w liegen zwischen 2 m/s und 6 m/s. Die Feststofferfüllung c_v kann starken Schwankungen unterliegen, Werte unter 0,1 werden für übliche Walzenmühlen angegeben und bedeuten nahezu Einzelkornzerkleinerung. Die Gutbett-Walzenmühle arbeitet mit sehr hohen Feststofferfüllungen (0,7 ... 0,9), aber mit kleineren Umfangsgeschwindigkeiten (0,5 m/s bis ca. 1 m/s). Insbesondere bei feinem Aufgabegut treten nämlich Entlüftungsprobleme auf. Beim Einzug in den Walzenspalt muß die Luft im Schüttgut nach oben entweichen. Feines Gut wird dadurch nach oben mitgerissen, die Gutmitnahme verschlechtert sich und der Durchsatz sinkt ab.

Leistungsbedarf

Die erforderliche Netto-Leistung P für den Antrieb einer Walze kann aus Drehmoment M_d und Winkelgeschwindigkeit ω berechnet werden

$$P = M_d \cdot \omega = M_d \cdot \frac{w_u}{D/2} \qquad (10.4.18)$$

Für die Gutbettwalzenmühle ist das Drehmoment

$$M_d = F \cdot D/2 \cdot \sin\varphi. \qquad (10.4.19)$$

Die Mahlkraft F greift um den Winkel φ oberhalb der Mittellinie an (Bild 10.4.4) und kann aus der Messung von F und M_d bestimmt werden. Üblich sind Werte $\varphi \approx 2,5°\ldots 8°$. Damit wird der Leistungsbedarf für zwei Walzen zunächst

$$P = 2 \cdot F \cdot w_u \cdot \sin\varphi \qquad (10.4.20)$$

und, wenn wir ihn noch mit dem gleichen Klammerausdruck versehen, wie den Durchsatz in Gl.(10.4.15)

$$P = 2 \cdot \frac{F}{BD} \cdot \left[\frac{B}{D} \cdot D^2 \cdot w_u\right] \cdot \sin\varphi. \qquad (10.4.21)$$

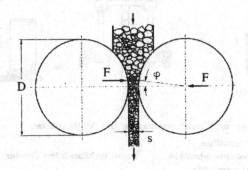

Bild 10.4.4   Zur Leistungsberechnung von Walzenmühlen

Man bezeichnet den Term

$$F_{sp} = F/(BD) \qquad (10.4.22)$$

als *spezifische Mahlkraft*. Zahlenwerte liegen für (Hochdruck-)Gutbettwalzenmühlen bei $F_{sp} \approx (1\ldots 5)\,\text{MPa}$. Sie ist dem maximalen Preßdruck p_{max} im Mahlspalt proportional; Messungen haben $p_{max} \approx 45 \cdot F_{sp}$ ergeben.

Die mit den spezifischen Größen geschriebenen Versionen der Durchsatz- bzw. der Leistungsformeln Gl.(10.4.15) bzw. (10.4.21) liefern noch folgende Scale-up-Regeln

$$\dot{V} \sim D^2 \cdot w_u \quad \text{und} \quad P \sim D^2 \cdot w_u. \qquad (10.4.23)$$

Der spezifische Arbeitsbedarf W_m der Gutbettzerkleinerung liegt für Zementklinker im Bereich $(2,5\ldots 3,5)\,\text{kWh/t}$ und für Kalkstein bei $(1,8\ldots 2,3)\,\text{kWh/t}$ ([10.27]).

10.5 Wälzmühlen (Ringmühlen)

10.5.1 Bauformen und Beanspruchung

Eine ringförmige Mahlbahn und ein bis sechs Wälzkörper bilden die Zerkleinerungswerkzeuge der Wälz- oder Ringmühlen. Bild 10.5.1 zeigt schematisch die wichtigsten Anordnungen.

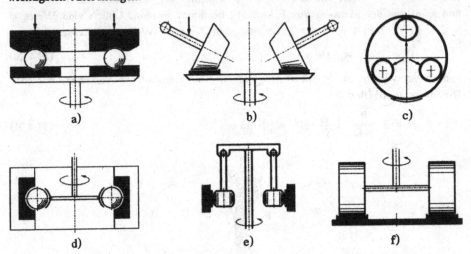

Bild 10.5.1   Anordnungen und Krafterzeugung bei Wälzmühlen

   a) Kugelringmühle
   b) Walzenschüsselmühle   } Fremdkraftmühlen (Feder oder Hydraulik)
   c) Ringwalzenmühle

   d) Fliehkraftkugelmühle   } Fliehkraftmühlen
   e) Pendelrollenmühle

   f) Kollergang   Schwerkraftmühle

Die Wälzkörper sind Zylinder oder Rollen mit geradem oder balligem Mantel als Mahlfläche, auch Kegelstümpfe oder Kugeln gibt es. Ihnen angepaßt haben die Mahlbahnringe ebene oder konkave Arbeitsflächen ("Schüsseln"). Bei raumfest, aber mit Ausweichmöglichkeit angeordneten Wälzkörpern wird die Mahlbahn angetrieben (Bild 10.5.1 a, b, c), bei Fliehkraftmühlen rotiert das Wälzkörpersystem (Bild 10.5.1 d, e) und beim Kollergang (Bild 10.5.1 f) werden beide Varianten ausgeführt. Die Anpreßkräfte werden entweder durch Hydraulik bzw. Federn aufgebracht oder entsprechen dem Gewicht (Kollergang) bzw. der Fliehkraft der rotierenden Mahlkörper. In jedem Fall können die Mahlkörper senkrecht zur Mahlbahn ausweichen. Es besteht also eine *Kraft*vorgabe, keine *Spalt*vorgabe bei der Beanspruchung. Außerdem ist damit auch ein Überlastungsschutz gegen nicht mahlbares Gut gegeben.

Das Mahlgut wird im allgemeinen im Gutbett beansprucht (Bild 10.5.2), wobei meist eine Friktion durch unterschiedliche Umfangsgeschwindigkeiten von Wälzkörper und Mahlbahn hinzukommt (s. Bild 10.5.5, Kollergang). Durch die Aufgabegutmenge und einen oft vorhandenen Stauring am Außenrand der Mahlbahn kann die Höhe h_1 des Gutbetts vor dem Mahlkörper vorgegeben werden. Je nach Anpreßkraft, Mahlbarkeit und Komprimierbarkeit des Produkts stellt sich dann die Höhe h_2 des beanspruchten Bettes ein.

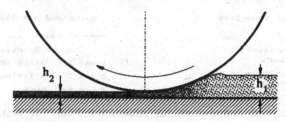

Bild 10.5.2 Gutbettbeanspruchung in Wälzmühlen

Als *Einzugsbedingung* für einzelne große Partikeln ist in Abschnitt 10.4.2 bereits abgeleitet worden, daß das Verhältnis des Walzendurchmessers zum größten Partikeldurchmesser (Kugelform) mindestens 11 sein soll (vgl. Gl'n.(10.4.11) und (10.4.12)). Tatsächliche Werte liegen um 40.

10.5.2 Durchsatz und Leistungsbedarf

Bei den Walzenschüssel- (oder Walzenteller-)mühlen nach Bild 10.5.6 mit innerem Kreislauf ("Sichtermühlen" s. Bauarten) muß man unterscheiden zwischen dem Durchsatz durch die Mahlzone, der sich aus Frischgut und Rücklaufgut vom Sichter zusammensetzt und dem Durchsatz durch die Mühle insgesamt. Für den letztgenannten läßt sich aus Erfahrungswerten ein Zusammenhang mit dem mittleren Mahlbahndurchmesser D_m angeben:

$$\dot{m} \sim D_m^{2,4 \dots 2,7} \tag{10.5.1}$$

Der Proportionalitätsfaktor ist vom Mühlentyp und von Produkteigenschaften (Mahlbarkeit, Feuchte) sowie von den Anforderungen an die Mahlfeinheit abhängig. Als Beispiel sind in Bild 10.5.3 a Durchsätze von mittelhartem Zementrohmehl (Kalkstein) abhängig vom Siebrückstand auf dem 90-μm-Sieb für vier Mühlengrößen einer Baureihe angegeben (nach Angaben der Fa. Gebr. Pfeiffer AG. Kaiserslautern).

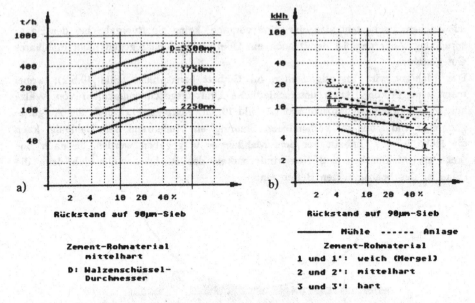

Bild 10.5.3 Durchsätze (a) und spezifischer Arbeitsbedarf (b) von Walzenschüssel-
mühlen einer Baureihe abhängig von den Feinheitsanforderungen an das
Mahlprodukt

Der spezifische Arbeitsbedarf W_m auf derartigen Mühlen liegt - ebenfalls abhängig
von der Mahlbarkeit des Materials und der geforderten Feinheit des Produkts -
zwischen ca. 3 kWh/t für leicht mahlbares Gut bei "schwacher" Vermahlung und
ca. 15 kWh/t für die Erzeugung von sehr feinem Mehl eines schwer mahlbaren
Gutes. Bild 10.5.3 b zeigt beispielhaft Werte für Zementrohmehl. Zu beachten ist
hier die Unterscheidung zwischen der nur für die Zerkleinerung (Mühle) aufzuwen-
denden und der für die Anlage (Mühle + Sichter) erforderlichen spezifischen Arbeit.

10.5.3 Einige Bauarten von Wälzmühlen

Als Beispiel für eine *Schwerkaftmühle* sei der *Kollergang* angeführt. Das Prinzip
stellt eine der ältesten Typen von Zerkleinerungsmaschinen überhaupt vor. Als
Ölmühle beispielsweise war er bereits zur Römerzeit bekannt. Heute wird er
überwiegend in der keramischen Industrie zur Aufbereitung (Zerkleinern, Kneten
und Mischen in einem Arbeitsgang) von plastischen Massen und trockenen Ge-
mengen verwendet. Ein Paar zylindrischer Mahlkörper (Koller) rollt über eine
ringförmige Mahlbahn, die Belastung entsteht durch das Gewicht der Koller (Bild
10.5.4). Es gibt Bauarten mit angetriebenen, umlaufenden Läuferpaaren und fest-
stehender Mahlbahn, aber auch solche mit bewegter Mahlbahn und ortsfesten Läu-

fern. Da die Koller oft ziemlich nahe beieinander angeordnet sind, treten Unterschiede in den Umfangsgeschwindigkeiten längs der Berührungslinie zwischen Koller und Mahlbehn auf (Bild 10.5.5), und daher ist die Druckbeanspruchung von einer Schubbeanspruchung überlagert (Friktion). Auch die Einzugsbedingungen werden dadurch beeinflußt, sie sind auf der Innenseite besser als außen.

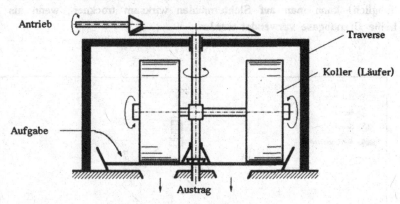

Bild 10.5.4 Kollergang mit obenliegendem Antrieb

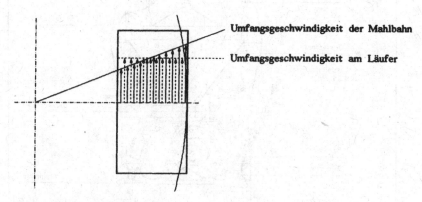

Bild 10.5.5 Friktion beim Kollergang

Eine typische *Fremdkraftmühle* ist die in Bild 10.5.6 gezeigte *Walzenschüsselmühle*. Sie besitzt als Mahlkörper drei ortsfeste Mahlwalzen (1), die über einen Druckring (2) und Zugstangen (3) von Hydraulikzylindern (4) auf die von unten angetriebene, rotierende Mahlbahn (5) gedrückt werden. Das Aufgabegut (6) fällt von der Seite vor einen der Mahlkörper auf die Mahlbahn und wird nach der Beanspruchung nach außen über den Mahlbahnrand geschoben. Ein rundum durch einen Düsenring (7) aufwärts gerichteter Gasstrom erfaßt in einer Vor-Sichtung das Material und führt das Feinere dem Sichter (8) im oberen Teil der Mühle zu *(Sichtermühle)*.

Ausreichend feingemahlenes Gut wird mit dem Gasstrom ausgetragen (9), während das Grobgut zurück in die Mahlzone fällt. Diese Art von Mühlen hat in der Kohle- und Zementvermahlung weite Verbreitung. Es werden für Kohle Einheiten mit bis zu 80 t/h und für Zementrohmehl mit mehr als 400 t/h Durchsatz für Aufgabekorngrößen bis ca. 200 mm gebaut. Auch feuchtes Mahlgut (bis 20% Feuchte sind möglich) kann man auf Sichtermühlen wirksam trocknen, wenn als Zuluft z.B. heiße Ofenabgase verwendet werden.

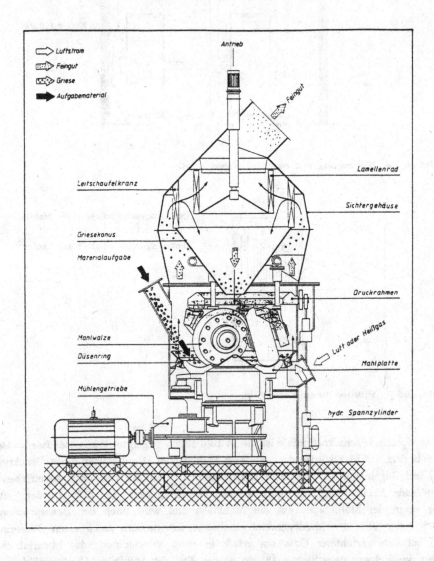

Bild 10.5.6 Walzenschüsselmühle (Fa. Gebr. Pfeiffer, Kaiserslautern)

10.6 Schneidmühlen

Gummielastische, viskoelastische und plastische Materialien erfahren bei Belastung große Verformungen und verbrauchen, bevor sie zerbrechen oder zerteilt werden, viel Formänderungsenergie je Volumeneinheit (vgl. Abschnitt 10.1.2). Sie können daher oft nur dadurch zerkleinert werden, daß das bis zur Materialtrennung (Bruch) belastete und deformierte Volumen möglichst klein gehalten wird. Dies ist vor einer Schneide oder zwischen zwei scharfen Kanten der Fall (Bild 10.6.1. a). Bei dieser Art schneidender oder scherender Beanspruchung können wir noch solche Werkzeuge unterscheiden, die groß gegenüber einer charakteristischen Abmessung des Mahlprodukts sind - z.B. ein Stranggranulator, der mit langen Messern auf einem Rotor einen Endlosstrang in kleine Stückchen zerhackt (Bild 10.6.1 b) - von solchen der "spanabhebenden" Zerkleinerung (Bild 10.6.1 c) bei der mehr oder weniger zahlreiche Einzelschneiden kleine Späne von großen Stücken abtrennen, z.B. wie eine Raspel, Säge oder Feile.

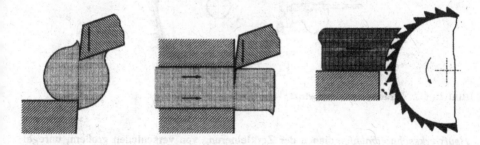

Bild 10.6.1   Schneidzerkleinerung

Es kennzeichnet die Schneidzerkleinerung weicher Stoffe allgemein, daß *ein* Beanspruchungsvorgang (Schnitt) immer gerade *eine* genau lokalisierte Trennfläche erzeugt, daß also nur ein oder zwei Partikeln entstehen. Bei der Druck- und Prallbeanspruchung spröder Partikeln entsteht demgegenüber ein ganzes Spektrum von Bruchstückgrößen durch keineswegs vorherbestimmte Bruchflächen.
Daraus können wir folgende Schlüsse ziehen:
- Durch gezielte Zuführung des geometrisch einfach geformten zu zerkleinernden Materials können sehr enge Partikelgrößenverteilungen des Produkts entstehen (Stranggranulatoren).
- Die Partikelgröße des Zerkleinerungsprodukts ist nach unten begrenzt. Sie liegt entweder in der Größenordnung der (kleinsten) Abmessung der zugeführten Mahlgüter (Fasern, Folien, Stränge) oder bei den Abmessungen der Einzelschneiden bei spanabhebender Zerkleinerung, also im mm-Bereich.
- Es muß sehr häufig beansprucht werden, damit besonders bei kleinen Produktkorngrößen ausreichend hohe Durchsätze erzielt werden können.

Man kann die Schneidmühlen einteilen in Strangschneidmühlen und Haufwerks-schneidmühlen. Der Unterschied besteht vor allem in der Art der Aufgabegut-Zuführung. Alle Schneidmühlen haben einen mit Messern besetzten Rotor und im Gehäuse gelagerte Festmesser. Die Messer sind nachschleifbar, nachstellbar und auswechselbar.

Strangschneidmühlen (Stranggranulatoren) werden vor allem in der Kunststoffproduktion eingesetzt. Die Zuführung der Endlos-Stränge (aus z.B. einem Extruder) geschieht mit einstellbarer Geschwindigkeit über Transportwalzen und kommt von der Seite. Zuführgeschwindigkeit und Rotordrehzahl sind so aufeinander abgestimmt, daß die Schnittfolge ein monodisperses Granulat mit Korngrößen zwischen 2 und 5 mm liefert. Die Schnittgeschwindigkeiten liegen bei ca. 12...15 m/s, Rotordurchmesser z.B. 200 oder 300 mm.

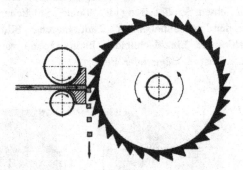

Bild 10.6.2   Beanspruchungsprinzip im Stranggranulator

Haufwerksschneidmühlen dienen der Zerkleinerung von verschieden großem, unregelmäßig geformtem, z.T. sperrigem Gut. Sie werden über einen Aufgabeschacht beschickt, das Mahlgut gerät in zufälligen Lagen zwischen die Rotor- und die Festmesser, es entstehen unterschiedliche Produktkorngrößen. Der Mahlraum enthält außer den Festmessern oder Schneidkanten gelegentlich noch Prall-Leisten. Oft muß das Produkt vor dem Austritt einen Rost oder ein Sieb passieren (interner Kreislauf). Dann ist die Verweilzeit länger und der Energieeintrag höher, so daß eine Erwärmung des Mahlguts erfolgen kann. Wenn die Ventilatorwirkung des Rotors zur Kühlung ausgenutzt wird, und wenn besonders sperrige Stücke aufzugeben sind, muß der Mahlraum entsprechend großräumig sein. Die Schnittgeschwindigkeiten sind stark mahlgutabhängig. Für empfindliche Produkte der Lebensmittel- und Pharmatechnik (Blattpflanzen, Kraut- und Wurzeldrogen) liegen sie niedrig bei ca. 5...18 m/s und können für Kunststoffabfälle oder vermischte Abfälle auch 25...30 m/s betragen.

Um einen möglichst gleichmäßigen, stoßarmen Lauf zu erreichen, gibt es verschiedene, der Mahlaufgabe angepaßte konstruktive Möglichkeiten:

- Viele Rotormesser am Umfang gewährleisten auch bei weniger regelmäßiger Materialzufuhr immer den gleichzeitigen Eingriff mehrerer Schneidkanten und damit gleichmäßige Belastung.

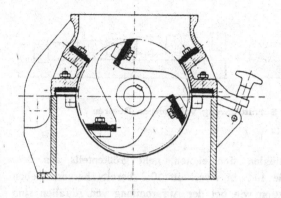

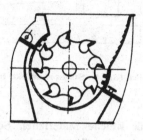

Schneidmühle in Standardausführung
(Fa. Pallmann, Zweibrücken)

Schneidmühle mit
außermittigem Einlauf
(Fa. Condux, Hanau)

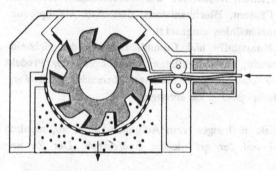

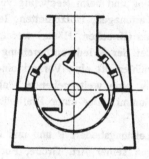

Folienschneidmühle
(Fa. Pallmann, Zweibrücken)

Schneidmühle
mit Klauenrotor
(Fa. Condux, Hanau)

Bild 10.6.3 Einige Ausführungen von Schneidmühlen

- Bei nur wenigen (2 bis 6) Messern am Rotor werden die Anzahl an Festmessern und die gegenseitige Anordnung so gewählt, daß der Eingriff eines Schneidenpaares gerade beendet ist, wenn die nächste Beanspruchung beginnt. So steht einer geraden Rotormesserzahl in der Regel eine ungerade Anzahl an Festmessern gegenüber und umgekehrt. Übliche Verhältnisse der Rotor-/Festmesser-Anzahlen liegen bei 4 ... 3.

- Für sperrige große Aufgabestücke (z.B. Kartonagen) eignen sich eher "offene" Rotoren mit wenigen Messern, während kompaktes, schweres Material (Kunststoffbrocken, Rohrabfallstücke) geschlossene (walzenförmige) Rotoren erfordern. Bei langen Rotoren werden entweder die Rotormesser schräg gegen die Rotorachse gestellt (Schereneffekt) oder kurze, achsparallel schneidende Messerstücke sind gegeneinander versetzt angeordnet, so daß sie kurz hintereinander am Festmesser vorbeikommen (Bild 10.6.4). Besonders gleichmäßige Scherung ergibt sich, wenn auch die Festmesser im Gehäuse schräg gestellt sind (Doppelschrägschnitt).

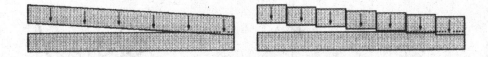

Bild 10.6.4 Schereneffekt bei der Schnittführung von langen Rotoren

Für welche Materialien Schneidmühlen sich eignen, geht größtenteils aus dem bisher Erwähnten und aus Tabelle 10.5 in Abschnitt 10.2 bereits hervor. Neben Kunststoffen sowohl in der Produktion wie bei der Aufarbeitung von Abfällen sind vor allem noch die Bereiche Holz und Papier, Textil und Leder, Fette und Wachse sowie der Lebensmittelbereich zu nennen. Insbesondere bei der Aufbereitung und beim Recycling von gemischten Reststoffen wie Kabelabfällen, Hausmüll, Kartonagen, Holzpaletten, leeren Fässern, Blechkanistern, tierischen Abfallprodukten (Knochen, Häute) werden Schneidmühlen eingesetzt.

Bei der Wiederaufbereitung von Kunststoff- und Gummiabfällen bilden Schneidmühlen oft eine Vorzerkleinerungsstufe, um rieselfähiges aufgabegerechtes Produkt für eine weitergehende Mahlung - etwa in einer Zahnscheibenmühle (Altreifen-Gummi) oder einer Prallmühle (Duroplaste) - zu erzeugen.

Leistungsbedarf P und und Durchsatz $\dot{m}$ hängen vom Aufgabematerial ab, nämlich von seiner Art, Größe, Form und von der geforderten Endfeinheit. Der Zusammenhang ist wieder durch

$$P = W_m \cdot \dot{m} \qquad (10.6.1)$$

gegeben, worin die das Mahlgut kennzeichnende Größe der sehr unterschiedliche spezifische Arbeitsbedarf W_m ist. Im allgemeinen muß man mit einigen -zig bis über 100 kWh/t rechnen. Tabelle 10.7 zeigt einige Anhaltswerte.

Tabelle 10.7 Spezifischer Arbeitsbedarf für die Schneidzerkleinerung einiger Stoffe

Stoff	kWh/t
Schaumstoffe	40 .. 100
Fasern	50 .. 150
Folien	80 .. 180
Spritzgußabfälle	20 .. 50
Hohlblaskörper	30 .. 80
Gummi, Kautschuk	20 .. 120
Leder	40 .. 140

Die Durchsätze liegen zwischen einigen kg/h bei kleineren Mühlen bis zu einigen t/h bei großen Maschinen mit Rotordurchmessern über 1 m.

Als eine Spezialbauart von Schneidzerkleinerungsmaschinen kann man die *Guillotine-Scheren* ansehen, die eine Auf- und Ab-Bewegung der Schneide gegenüber einer Festkante vollführen und dabei meist vorgepreßtes Material (Schrott, Abfallballen, Kautschuk, Textilienhaufwerke) zu Stücken im Größenbereich von Dezimetern zerschneiden.

Auch Ein- oder Zwei-Walzenbrecher, die mit ineinandergreifenden, schneidenden Werkzeugen versehen sind (Bild 10.6.5), können von der Beanspruchungsart her den Schneidzerkleinerungsmaschinen zugerechnet werden. Sie sind Langsamläufer (Umfangsgeschwindigkeit um 1 m/s) und werden bevorzugt zur Volumenreduzierung von Abfällen (Kunststoff, Müll, Holz, Papier, Blechbehälter usw.) eingesetzt.

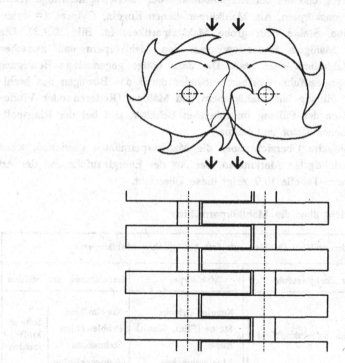

Bild 10.6.5 Zweiwellen-Schneidzerkleinerer

Tabelle 10.8 Richtwerte für Schneidmühlen

Rotordurchmesser	100 ... 1600 mm
Rotorlänge	85 ... 2400 mm
Umfangsgeschwindigkeit	5 ... 30 m·s^{-1}
Leistungsbedarf	1 ... 130 kW

10.7 Mahlkörpermühlen

10.7.1 Übersicht, Allgemeines

10.7.1.1 Mühlentypen

Unter Mahlkörpermühlen wollen wir solche Zerkleinerungsmaschinen verstehen, die im Mahlraum eine Mischung aus Mahlgut und frei beweglichen Mahlkörpern als Zerkleinerungswerkzeuge haben. Der Mahlraum ist meist ein zylindrischer Behälter, manchmal ein Trog und bei der Ringspaltmühle der flache, spaltförmige Raum zwischen zwei Rotationskörpern. Als Mahlkörper dienen Kugeln, Cylpebs (= cylindrical pebbles), Stäbe, Steine oder grobe Mahlgutpartikeln (s. Bild 10.7.3). Die Beanspruchung des Mahlguts findet zwischen den Mahlkörpern und zwischen Mahlkörpern und Mahlraumwänden statt. Die dazu nötige gegenseitige Bewegung - und damit die Energiezufuhr - erfolgt entweder durch das Bewegen des Mahlbehälters mit seiner Füllung aus Mahlkörpern und Mahlgut (Rotieren oder Vibrieren) oder durch Rühren der Füllung im ruhenden Behälter, und bei der Ringspaltmühle im Spalt zwischen Rotor und Stator.

Wir können eine einfache Übersicht über die Mahlkörpermühlen gewinnen, wenn wir sie nach ihren wichtigsten Merkmalen, der Art der Energiezufuhr und der Art der Mahlkörper ordnen. Tabelle 10.9 zeigt diese Übersicht.

Tabelle 10.9 Übersicht über die Mahlkörpermühlen

Mahlkörpermühlen (Mühlen mit frei beweglichen Mahlkörpern)			
	Art der Energiezufuhr	Mahlkörper	Bezeichnung der Mühlen
Freifall-mühlen	Drehen im Schwerkraftfeld	Kugeln, Cylpebs / Steine (Flint, Granit) / Stäbe / Mahlgutbrocken	Kugelmühlen / Pebblemühlen / Stabmühlen / Autogenmühlen (Schwerkraftmühlen)
	Drehen im Fliehkraftfeld	Kugeln, Cylpebs	Planetenmühlen
	Schwingbewegungen	Kugeln, Cylpebs / Scheiben, Ringe	Schwingmühlen
Rührwerk-mühlen	Rühren in der Füllung	Kugeln	Rührwerkskugelmühlen
	Bewegte Rotorwand im Ringspalt	Kugeln	Ringspaltmühlen

Weitere Unterscheidungen betreffen
das Länge/Durchmesser-Verhältnis des Mahlbehälters:

L:D < ca. 1,5:   Trommelmühlen,

L:D > ca. 1,5:   Rohrmühlen,

die Art des Feingutaustrags: axial oder peripher
und die Betriebsweise: kontinuierlich oder diskontinuierlich,
                                  trocken oder naß.

In den Bildern 10.7.1 und 10.7.2 sind einige Bauformen skizziert.

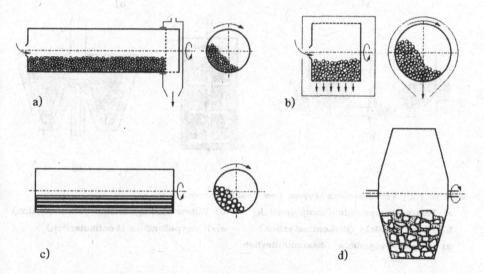

a)

b)

c)

d)

Bild 10.7.1   Verschiedene Typen von Schwerkraftmühlen

    a) Rohrmühle mit Austragswand (axialer Austrag)

    b) Trommelmühle mit peripherem Austrag

    c) Stabrohrmühle (Stäbe als Mahlwerkzeuge)

    d) Autogenmühle (grobe Mahlgutbrocken als Mahlkörper)

10.7.1.2 Mahlkörperarten

Bild 10.7.3 zeigt die üblichen Arten von Mahlkörpern. Am häufigsten kommen
Kugeln zum Einsatz. *Cylpebs* (cylindrical pebbles) sind (fast) zylindrisch geformte
Mahlkörper mit einem Länge/Durchmesser-Verhältnis von ca. 1. Der Hohlraumvolumenanteil in der Füllung ist etwas größerer und der Durchsatz kann deswegen etwas
höher sein. Achsparallele *Stäbe*, die in Trommel- und kürzeren Rohrmühlen den
Mahlraum über die ganze Länge füllen ("Stabmühlen"), bieten dem Mahlgutdurchlauf
am wenigsten Widerstand, dadurch ist ein deutlich größerer Durchsatz möglich.

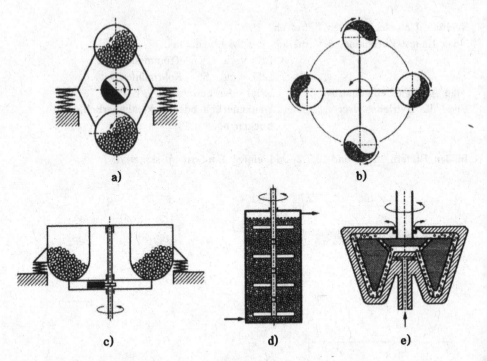

a)   b)

c)   d)   e)

Bild 10.7.2 Verschiedene Typen von Mahlkörpermühlen

  a) Rohrschwingmühle (kontinuierlich)   d) Rührwerkskugelmühle (kontinuierlich)

  b) Planetenmühle (diskontinuierlich)   e) Ringspaltmühle (kontinuierlich)

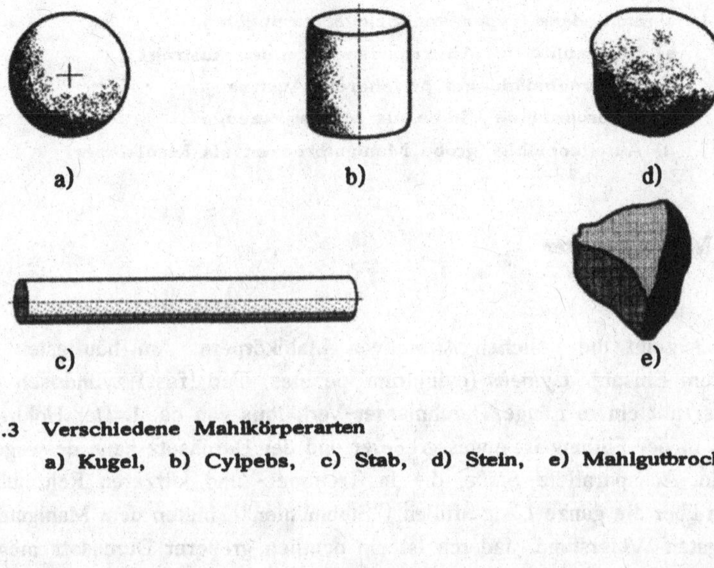

  c) Trogschwingmühle (diskontinuierlich)

a)   b)   d)

c)   e)

Bild 10.7.3 Verschiedene Mahlkörperarten

     a) Kugel, b) Cylpebs, c) Stab, d) Stein, e) Mahlgutbrocken

In der Aufbereitungstechnik (Kohle, Erze, Steine und Erden) sind die Mahlkörper meist aus Guß oder Stahl, weil sie schlagunempfindlich und verschleißfest sein müssen. Außerdem ist ihre vergleichsweise hohe Dichte günstig für das Aufbringen der Zerkleinerungsenergie an den Beanspruchungsstellen.

Für die *eisenfreie* oder *eisenarme Vermahlung* (z.B. in der keramischen und Farben-Industrie) werden Mahlkörper aus keramischen Werkstoffen (Steatit, Porzellan, Al_2O_3), gelegentlich auch Natursteine (Flintstein, Granit) verwendet. Hierbei erreicht man im allgemeinen wegen der geringeren Mahlkörperdichte gegenüber Stahl kleinere Zerkleinerungsenergien. Natürlich muß dann auch der Mühleninnenraum ausgekleidet sein.

In *Autogenmühlen* wirken große Stücke des Mahlguts selber als Mahlkörper. Ein typisches Einsatzgebiet ist die Erzmahlung. Da die Dichte derartiger Mahlgüter aber i.d.R. deutlich geringer als die von Stahl ist, muß die Fallhöhe möglichst groß gemacht werden, damit die Zerkleinerungsenergie ausreichend hohe Werte erreicht. Daher haben Autogenmühlen Durchmesser bis zu 15 m, sie sind aber in axialer Richtung nur kurz (L/D < 0,5, s. Bild 10.7.1 d)).

Die Mahlkörpergrößen werden den Aufgabegut- und Fertiggut-Korngrößen angepaßt. Sie reichen von 100 mm$^\emptyset$-Kugeln in großen Rohrmühlen zur Zerkleinerung von mehrere Zentimeter großen Aufgabepartikeln (Zementklinker, Erzbrocken) bis zu Hartkeramik-Kügelchen von 0,2 mm Durchmesser in Rührwerk- und Ringspaltmühlen bei der Naßzerkleinerung z.B. von Farbpigmenten im Bereich unter 10 μm.

10.7.1.3 Füllungsgrade

Mahlkörper- (oder Kugel-)Füllungsgrad:

$$\varphi_K = \frac{\text{Schüttvolumen der MK-Füllung}}{\text{Innenvolumen der Mühle}} = \frac{V_{Sch,K}}{V_M} \qquad (10.7.1)$$

(s. Bild 10.7.4; MK: Mahlkörper). Typische Werte liegen für Kugelmühlen im Schwerkraftfeld zwischen 0,1 und 0,4 (bevorzugt 0,2 ... 0,3), Schwingmühlen sind mit 70 ... 80% Füllungsgrad beladen, und in Rührwerkskugelmühlen sind 65 ... 90% des Mahlraums mit Mahlkugeln gefüllt.

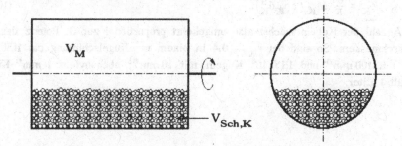

Bild 10.7.4 Zur Definition des Füllungsgrads von Kugelmühlen

Gutfüllungsgrad (bei Trockenmahlung):

$$\varphi_G = \frac{\text{Schüttvolumen des Mahlguts}}{\text{Hohlraumvol. in der MK-Schüttung}} = \frac{V_{Sch,G}}{V_{H,K}} \qquad (10.7.2)$$

In der Regel wird der ganze Hohlraum zwischen den Mahlkörpern mit Mahlgut ausgefüllt, so daß $\varphi_G \approx 1$ ist; wegen der Auflockerung bei bewegter Füllung gibt man 10 ... 15% mehr zu. Mit den Angaben

ε_K Hohlraumvolumenanteil in der (ruhenden) MK-Füllung (Richtwert: $\varepsilon_K \approx 0{,}4$),

ε_G Hohlraumvolumenanteil im (ruhenden) Mahlgut (Richtwert: $\varepsilon_G \approx 0{,}4 ... 0{,}6$),

ρ_K Dichte der Mahlkörper und

ρ_G Dichte des Mahlguts

können wir für vorgegebene Werte von φ_K und φ_G die Massen M_K der Mahlkörperfüllung bzw. M_G des Mahlguts berechnen, die eine Mühle mit dem Innenvolumen V_M enthält:

$$M_K = \rho_K (1 - \varepsilon_K) \cdot \varphi_K \cdot V_M \qquad (10.7.3)$$

$$M_G = \rho_G (1 - \varepsilon_G) \cdot \varphi_G \cdot \varepsilon_K \cdot \varphi_K \cdot V_M \cdot \qquad (10.7.4)$$

Die Masse der gesamten Füllung M_F kann aus

$$M_F = M_K \left(1 + \frac{\rho_G}{\rho_K} \cdot \frac{1 - \varepsilon_G}{1 - \varepsilon_K} \cdot \varphi_G \cdot \varepsilon_K \right) \qquad (10.7.5)$$

berechnet werden. Für übliche Werte in Kugelmühlen

$$\rho_G / \rho_K \approx 0{,}25 ... 0{,}35; \quad \varepsilon_G \approx 0{,}4 ... 0{,}6; \quad \varepsilon_K \approx 0{,}4; \quad \varphi_G \approx 1{,}1.$$

gilt die Abschätzung

$$M_F \approx (1{,}1 ... 1{,}2) \cdot M_K. \qquad (10.7.6)$$

Die Anzahl der Mahlkugeln mit dem Durchmesser d_K im Mühlenvolumen V_M beträgt

$$Z_K = \frac{6}{\pi} \cdot (1 - \varepsilon_K) \cdot \varphi_K \cdot V_M / d_K^3 , \qquad (10.7.7)$$

und aus der gesamten Mahlkörpermasse M_K wird sie berechnet nach

$$Z_K = \frac{6}{\pi} \cdot M_K / \left(\rho_K d_K^3 \right). \qquad (10.7.8)$$

Die Anzahl der Kugeln wächst also umgekehrt proportional zur 3. Potenz des Kugeldurchmessers. So sind bei $\varepsilon_K = 0{,}4$ in einem m³ Kugelschüttung ca. 1150 Kugeln mit 100 mm$^\varnothing$ und $1{,}15 \cdot 10^6$ Kugeln mit 10 mm$^\varnothing$; ebensoviele 1-mm$^\varnothing$-Kugeln enthält 1 Liter.

10.7.1.4 Aktives Volumen beim Kugel-Kugel-Stoß

Das zwischen zwei Kugeln tatsächlich beanspruchte Volumen, das *aktive Volumen* V_A, hängt davon ab, ob das Gut als Einpartikelschicht (Bild 10.7.5a)) oder als Gutbett (Bild 10.7.5b)) oder dazwischen beansprucht wird (Schönert [10.16]). Zunächst gilt nach Bild 10.7.5c) mit dem Kugeldurchmesser d_K:

$$\text{Aktives Volumen:} \quad V_A = \frac{\pi}{4} \cdot (d_K \cdot \sin\alpha_0)^2 \cdot h \tag{10.7.9}$$

$$\text{Kugelvolumen:} \quad V_K = \frac{\pi}{6} \cdot d_K^3 \tag{10.7.10}$$

Das Verhältnis V_A/V_K ist demnach

$$\frac{V_A}{V_K} = \frac{3}{2} \sin^2\alpha_0 \cdot \frac{h}{d_K}. \tag{10.7.11}$$

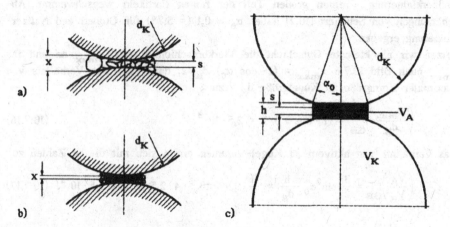

Bild 10.7.5 Aktives Volumen zwischen Kugeln

Für die Einpartikelschicht und Trockenzerkleinerung schätzen wir den Winkel α_0 als Einzugswinkel β wie bei den Walzen- und Wälzmühlen ab (vgl. Abschnitt 10.4.2) und erhalten mit $\alpha_0 = \beta$ und $\tan\beta = \mu$ (μ: Reibungskoeffizient)

$$\sin^2\alpha_0 = \sin^2\beta = \frac{\mu^2}{1+\mu^2} \approx \mu^2,$$

wenn wir für kleine Winkel ($<$ ca. 20°) $\tan^2\alpha_0 = \tan^2\beta \ll 1$ setzen. Die Schichthöhe h können wir der festgehaltenen maximalen Korngröße x_{max} gleichsetzen. Letztere ist noch von der Spaltweite s abhängig, wir wählen $s = 0$, und entsprechend Gl.(10.4.7) in Abschnitt 10.4.2 erhalten wir für das Verhältnis x_{max}/d_K

$$\left(\frac{x_{max}}{d_K}\right)_{EPS} = \sqrt{1+\mu^2} - 1 \tag{10.7.13}$$

und mit μ = 0,3 entsprechend Gl.(10.4.8)

$$\left(\frac{x_{max}}{d_K}\right)_{EPS} = \frac{1}{23}. \tag{10.7.14}$$

Für das Volumenverhältnis nach Gl.(10.7.11) heißt das

$$\left(\frac{V_A}{V_K}\right)_{EPS} = \frac{3}{2}\,\sin^2\alpha_0\cdot\frac{h}{d_K} = \frac{3}{2}\cdot 0,3^2\cdot\frac{1}{23} = 5,9\cdot 10^{-3}. \tag{10.7.15}$$

Bei *Gutbettbeanspruchung* von Feinkornschichten spielt die Strömung zwischen den sich nähernden Kugeln eine bedeutende Rolle, weil sie - insbesondere bei der Naßzerkleinerung - einen großen Teil der feinen Partikeln wegschwemmt. Abschätzungen von Schönert [10.2] haben $\alpha_0 \approx 0,1$ ($\hat{=}$ 5,7°) für Gutbett und Naßzerkleinerung ergeben.

Setzen wir als kleinste Gutschicht die Vierkornschicht h = $4\cdot x_{max}$ an und für x_{max} nach Bild 10.7.6 x_{max} = $(1-\cos\,\alpha_0)\cdot d_K/2$, dann wird das Verhältnis von maximaler Korngröße zu Kugelgröße d_K zu

$$\left(\frac{x_{max}}{d_K}\right)_{GB} = (1-\cos\alpha_0)/2 = 2,5\cdot 10^{-3}. \tag{10.7.16}$$

Das Verhältnis von aktivem zu Kugel-Volumen ergibt sich mit diesen Zahlen zu

$$\left(\frac{V_A}{V_K}\right)_{GB} = \frac{3}{2}\,\sin^2\alpha_0\cdot\frac{h}{d_K} = \frac{3}{2}\cdot 9,97\cdot 10^{-3}\cdot 4\cdot 2,5\cdot 10^{-3} = 1,5\cdot 10^{-4}. \tag{10.7.17}$$

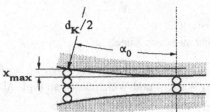

Bild 10.7.6 Modell für die Gutbettschicht zwischen zwei Kugeln

Vergleichen wir die aktiven Volumina bei gleicher Mahlkörpergröße, so stellen wir fest, daß nach den obigen Abschätzungen das aktive Volumen bei der Einzelkornschicht um rund das 40-fache größer als im Gutbett ist. Schon aus diesem Grund ist eine Anpassung der Mahlkörpergröße an die Mahlgutpartikelgröße empfehlenswert.

10.7.2 Kugelmühlen

10.7.2.1 Kinematik der Kugelmühlenfüllung

Aus den mit zunehmender Drehzahl sich ändernden Bewegungszuständen im Mühleninneren greifen wir drei charakteristische heraus (Bild 10.7.7):

a) *Kaskadenbewegung (Abrollen):* Die Drehzahl n_1 ist nur so groß, daß die Füllung an ihrer Oberfläche übereinander abrollende Kugelbewegungen und in ihrem Inneren gegenseitige Verschiebungen mit Rollbewegungen der Kugeln vorkommen. Das Mahlgut wird durch Druck und Reibung (Rollen und Gleiten) beansprucht. Diese Betriebsweise ist geeignet für Feinzerkleinerung bei guter Mahlbarkeit.

b) *Kataraktbewegung (Kugelfall):* Die Drehzahl n_2 ist größer als n_1 und reicht aus, um einen Teil der Mahlkörper so weit nach oben mitzunehmen, daß sie von der Wand "ablösen" und im freien Fall durch das Mühleninnere fliegen. Zusätzlich zu Druck und Reibung aus dem ebenfalls noch vorhandenen Abrollen der Kugeln übereinander bewirkt der "Kugelfall" noch eine Schlagwirkung beim Auftreffen auf die Wand oder untenliegende Kugelschichten, und ist daher für groberes und schwerer mahlbares Mahlgut einzusetzen.

c) *Zentrifugieren:* Die Drehzahl n_c (kritische Drehzahl) ist so hoch, daß die äußerste Mahlkörperschicht - mit Mantel-Umfangsgeschwindigkeit mitgenommen - zentrifugiert, also nicht mehr abgeworfen wird. Für eine Beanspruchung des Mahlguts wäre dieser Bewegungszustand sehr ungünstig, n_c dient nur als Bezugswert.

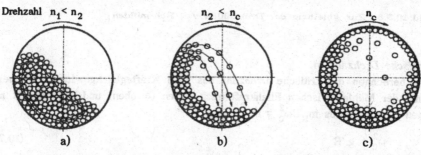

Drehzahl $n_1 < n_2$ $n_2 < n_c$ n_c

a)   b)   c)

Bild 10.7.7   Bewegungszustände in Kugelmühlen   a) Abrollen (Kaskadenbewegung)
b) Kugelfall (Kataraktbewegung)
c) Zentrifugieren

Darüberhinaus kommt (besonders bei geringen Füllungsgraden) auch noch eine *Schwingbewegung* der Füllung vor, ein periodisches Mitgenommenwerden und wieder Abrutschen der ganzen Füllung ohne größere Relativbewegung der Mahlkörper gegeneinander. Wegen der ungleichmäßigen Belastung des Antriebs und der geringen Mahlwirkung ist dieser Zustand unerwünscht.

Drehzahlen (Bild 10.7.8)

Zur Berechnung der Drehzahlen machen wir zwei vereinfachende Voraussetzungen:
- An der Wand werden die Mahlkörper mit der Umfangsgeschwindigkeit der Wand mitgenommen ("kein Schlupf"),
- die Mahlkörpergröße (Kugeldurchmesser) ist vernachlässigbar klein gegenüber dem Mühleninnendurchmesser. Der Massenmittelpunkt der Wandkugeln befindet sich also auf diesem Durchmesser.

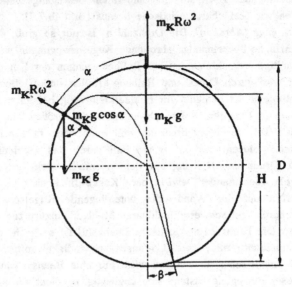

Bild 10.7.8 Zur Ableitung der Drehzahlen von Rohrmühlen

Kritische Drehzahl n_C

Wir berechnen die kritische Drehzahl aus dem Kräftegleichgewicht im Scheitelpunkt der Mühle zwischen Fliehkraft nach außen ($\equiv$ oben) und Schwerkraft nach innen ($\equiv$ unten). Aus $m_K R \omega_C^2 = m_K g$ folgt

$$\omega_C^2 = g/R \tag{10.7.18}$$

und mit mit $\omega = 2\pi n$

$$n_C = \frac{1}{\pi} \cdot \sqrt{g/(2 \cdot D)} . \tag{10.7.19}$$

In der Praxis wird dies als Zahlenwertgleichung verwendet

$$n_C = 42{,}3 \Big/ \sqrt{D} \qquad \text{(mit D in } m \text{ und } n_C \text{ in } min^{-1}). \tag{10.7.20}$$

Wie gesagt dient n_C als Bezugswert, man bezeichnet das Verhältnis der tatsächlich eingestellten Drehzahl n zu n_C als *relative Drehzahl* und gibt sie auch in % an.

Betriebs-Drehzahl n_B

Einer vereinfachenden Theorie von Fischer und Davis liegt folgender Gedanke zur Berechnung einer sinnvollen Betriebsdrehzahl zugrunde:

Die Mühle soll gerade so schnell drehen, daß der freie Fall einer abgeworfenen Kugel im Mühleninneren vom Scheitel der Wurfparabel bis zum Auftreffpunkt auf die Mühleninnenwand eine maximale Höhe erreicht. Dann ist nämlich die Schlagenergie beim Auftreffen am größten.

Der Abwurf, gekennzeichnet durch den Abwurfwinkel α in Bild 10.7.4, erfolgt dann, wenn die nach innen gerichtete Radialkomponente der Schwerkraft gleich der Zentrifugalkraft ist

$$m_K\, g \cos \alpha = m_K R \omega^2. \tag{10.7.21}$$

Für den Abwurfwinkel α bedeutet das $\cos \alpha = \dfrac{\omega^2}{g/R}$ und mit Gl.(10.7.18)

$$\cos \alpha = (\omega/\omega_c)^2 = (n/n_c)^2. \tag{10.7.22}$$

Den Auftreffpunkt, gekennzeichnet durch den Auftreffwinkel β (Bild 10.7.8), erhält man aus dem Schnittpunkt der Wurfparabel (Anfang beim Abwurfpunkt mit der Umfangsgeschwindigkeit der Mühle) mit dem Umfangskreis zu

$$\beta = \pi - 3\,\alpha. \tag{10.7.23}$$

Damit läßt sich die Fallhöhe H der Kugeln im Mühleninnenraum bezogen auf den Mühlendurchmesser D als Funktion des Abwurfwinkels allein ausdrücken

$$\frac{H}{D} = \frac{9}{4} \cdot \cos \alpha \cdot \sin^2 \alpha, \tag{10.7.24}$$

und das ist mit Gl.(10.7.22)

$$\frac{H}{D} = \frac{9}{4} \left(\frac{n}{n_c}\right)^2 \cdot \left[1 - \left(\frac{n}{n_c}\right)^4 \right]. \tag{10.7.25}$$

Dies zur Bestimmung des Maximums nach n/n_c abgeleitet und Null gesetzt ergibt

$$\left(\frac{H}{D}\right)_{max} = \sqrt{3}\,/2 = 0{,}87 \quad \text{bei} \quad (n/n_c)_{opt} = \left(\frac{1}{3}\right)^{1/4} = 0{,}76. \tag{10.7.26}$$

Unter den genannten vereinfachenden Bedingungen werden also bei 0,76 der kritischen Drehzahl ("bei einer relativen Drehzahl von 76%") 87% des Mühlendurchmessers als Fallhöhe für die Kugeln ausgenutzt.

Aus $n_B = (0{,}76/\pi) \cdot \sqrt{g/(2 \cdot D)}$ erhält man die in der Praxis benutzte Zahlenwertgleichung

$$n_B = 32\big/\sqrt{D} \qquad \text{(mit D in } m \text{ und } n_B \text{ in } min^{-1}). \tag{10.7.27}$$

Dies ist ohne Berücksichtigung der gegenseitigen Beeinflussung der Mahlkörper gerechnet. Sie heben sich tatsächlich aber im ansteigenden Ast der Wurfbahn höher hinauf, so daß der Auftreffwinkel β größer wird als durch Gl.(10.7.23) berechnet. Außerdem treffen die Mahlkörper meist auf die Oberfläche der Füllung und nicht auf die Mühleninnenwand auf, so daß ein typischer Betriebszustand etwa dem in Bild 10.7.9 schematisiert wiedergegebenen entspricht. Die Kontur zwischen Aufstiegs- und Fallzone läßt sich berechnen [10.18].

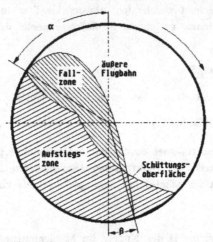

Bild 10.7.9 Aufstiegs- und Fallzone in einer Kugelmühle

Eine weitere Vereinfachung der "Fischer-Davis-Theorie" besteht in der Annahme der schlupffreien Mitnahme der Mahlkörper an der Mühlenwand. In Wirklichkeit bewegen sie sich langsamer als die Wand, besonders in der Auftreff- und in der Abwurfzone. Um den zerkleinerungs- und betriebstechnisch meist ungünstigen Schlupf zu vermeiden, sind die Mühleninnenwände besonders von Grob- oder Vorzerkleinerungsstufen mit *Hubleisten* oder *Buckelpanzerungen* versehen. Übliche Betriebsdrehzahlen liegen zwischen $(0,6 \ldots 0,9) \cdot n_c$, wobei die kleineren Werte (Abrollen) eher für die Feinzerkleinerung leicht mahlbarer Produkte genommen werden, während bei groberem, schwerer mahlbarem Gut die Schlagwirkung des Kugelfalls bei den größeren Drehzahlen genutzt werden muß.

In Naßkugelmühlen ist der Schlupf wegen der Flüssigkeitsreibung stärker, so daß hier im allgemeinen höhere Drehzahlen als bei Trockenmahlung gewählt werden.

10.7.2.2 Leistungsbedarf und Durchsatz

Leistungsbedarf

Den Grundgedanken der Leistungsberechnung von Kugelmühlen können wir uns anhand von Bild 10.7.10 a) klarmachen. Durch die Drehung wird die Füllung des Rohrs in eine unsymmetrische Lage gebracht und bei stationärem Betrieb dort gehalten. Zur Verschiebung des Schwerpunkts S der Füllung mit der Masse M_F um die Auslenkung s ist das Drehmoment $M_d = M_F\,g\cdot s$ erforderlich, welches bei der Winkelgeschwindigkeit ω durch die Leistung $P = M_d \cdot \omega$ aufrechterhalten wird.

$$P = M_F \cdot g \cdot s \cdot \omega. \tag{10.7.28}$$

Mit den Gl.n(10.7.5) und (10.7.3) und mit $V_M = \frac{\pi}{4} L D^2$ für das Mühlenvolumen schreiben wir die Füllungsmasse

$$M_F = M_K\left(1 + \frac{M_G}{M_K}\right) = \frac{\pi}{4}(1 - \varepsilon_K)\cdot\left(1 + \frac{M_G}{M_K}\right)\cdot\varphi_K\cdot\rho_K\cdot L D^2. \tag{10.7.29}$$

Über die Schwerpunktsverschiebung s können wir nur qualitative Aussagen machen. Sie ist dem Durchmesser D der Mühle proportional. Mit dem Füllungsgrad φ_K steigt s/D mit Null beginnend zunächst an, um bei $\varphi_K = 1$ (komplett gefüllter Mahlraum, keine Bewegungsmöglichkeit) wieder auf Null abzusinken (Bild 10.7.10 b), der Verlauf und das Maximum dazwischen werden von den Mitnahmebedingungen im Inneren der Füllung und an der Wand (glatt oder mit Hubleisten) beeinflußt. Die Abhängigkeit von der relativen Drehzahl n/n_c ist qualitativ ebenso: Keine Schwerpunktsverschiebung bei Stillstand ($n/n_c = 0$) und beim Zentrifugieren der ganzen Füllung ($n/n_c > 2$), dazwischen ein Maximum (Bild 10.7.10 c). Von der Mahlkörpergröße (Kugeldurchmesser d_K) besteht im Rahmen üblicher Betriebswerte nur eine schwache und daher hier vernachlässigte Abhängigkeit.

$$s = D\cdot f\left(\varphi_K, \frac{n}{n_c}, \text{Wand}\right). \tag{10.7.30}$$

Zahlenwerte für die Maximalwerte von s/D liegen um 0,2.

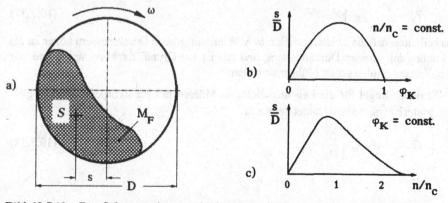

Bild 10.7.10 Zur Schwerpunktsverschiebung der Füllungsmasse in Kugelmühlen

Daraus ergibt sich für den Leistungsbedarf aus Gl.(10.7.28) zunächst

$$P = \underbrace{\left\{ \frac{\pi}{4}\sqrt{2}\cdot(1-\varepsilon_K)\cdot\left(1+\frac{M_G}{M_K}\right)\cdot\varphi_K\cdot\frac{s}{D}\right\}}_{\{\ldots\}}\cdot\frac{\rho_K\cdot g\cdot LD^3\cdot\omega}{\sqrt{2}}.\tag{10.7.31}$$

Mit der Winkelgeschwindigkeit $\omega = n/n_c\cdot\sqrt{2g/D}$ bekommen wir

$$P = \{\ldots\}\cdot\frac{n}{n_c}\cdot\rho_K\cdot g^{1,5}\cdot LD^{2,5}.\tag{10.7.32}$$

Wie in Abschnitt 9.3.2.2 bietet sich auch hier die Benutzung der *Froude-Zahl* an, wie sie in Gl.(9.3.8) bereits definiert ist

$$Fr \equiv \frac{R\omega^2}{g} = \left(\frac{\omega}{\omega_c}\right)^2 = \left(\frac{n}{n_c}\right)^2 \quad \text{(mit } R = D/2\text{).}\tag{10.7.33}$$

Sie stellt ein Maß für die Erhöhung der Feldkräfte im Zentrifugalfeld gegenüber dem Schwerefeld dar und kann daher bei all den Mahlkörperbewegungen verwendet werden, bei denen die Mahlbeanspruchungen durch Rotation zustandekommt (Planetenmühlen, Schwingmühlen). Bei den Kugelmühlen ergibt sich aus Gl.(10.7.31)

$$P = \{\ldots\}\cdot Fr^{0,5}\cdot\rho_K\cdot g^{1,5}\cdot LD^{2,5}\tag{10.7.34}$$

Wenn der Ausdruck $\{\ldots\}\cdot Fr^{0,5}$ konstant ist, dann stellt sich der entsprechende Bewegungszustand unabhängig von der Mühlengröße ein. Damit ist für das Scale-up von Kugelmühlen ein Übertragungskriterium "gleicher Bewegungszustand der Mahlraumfüllung" definiert und man bekommt für die Leistungshochrechnung (H: Hauptausführung; M: Modellausführung)

$$P \sim \rho_K\cdot LD^{2,5} \quad \text{bzw.}\tag{10.7.35}$$

$$P_H = P_M\cdot\frac{\rho_{K,H}}{\rho_{K,M}}\cdot\frac{L_H}{L_M}\cdot\left(\frac{D_H}{D_M}\right)^{2,5}.\tag{10.7.36}$$

Die auf das Mühlenvolumen $V_M = \frac{\pi}{4}LD^2$ bezogene spezifische Leistung P_V (Leistungsdichte) wird mit Gl.(10.7.32) bei gleichem Bewegungszustand

$$P_V = \frac{P}{V_M} \sim \rho_K\cdot g^{1,5}\cdot D^{0,5}.\tag{10.7.37}$$

Das bedeutet, daß die Leistungsdichte in Mühlen mit großen Durchmessern höher ist als in solchen mit kleinen Durchmessern, und das ist ein Grund, für Massenprodukte wie Erze, Zement, Kohle große Mühlen zu bauen.

Die Scale-up-Regel für die Leistungsdichte in Mühlen mit Mahlkörpern aus dem gleichen Material ($\rho_K = $ const) lautet demnach

$$(P_V)_H = (P_V)_M\cdot\left(\frac{D_H}{D_M}^{0,5}\right).\tag{10.7.38}$$

Empirische Leistungsgleichungen

Formel von Blanc/Eckardt

Für $n/n_c \approx 0,75$, $\varphi_G = 1$ und $\rho_G/\rho_K \approx 0,25 \ldots 0,35$ gilt für große Produktions-Rohrmühlen

$$P_B = C(\varphi_K) \cdot M_K \cdot \sqrt{D} \qquad (10.7.39)$$

$$(P_B \text{ in } kW \text{ mit } M_K \text{ in } t \text{ und } D \text{ in } m).$$

Der *Leistungsfaktor* $C(\varphi_K)$ ist dimensionsbehaftet $(kW \cdot t^{-1} \cdot m^{-1/2})$ und kann der Tabelle 10.10 entnommen werden. Die Blanc'sche Formel gibt den Gesamtleistungsbedarf (brutto) einschließlich maschineller Verluste an. Moderne Ringmotoren als Antriebe für große Mühlen mit Wirkungsgraden bis ca. 98% ergeben allerdings kleinere Werte.

Tabelle 10.10 Leistungsfaktoren $C(\varphi_K)$ in $kW \cdot t^{-1} \cdot m^{-1/2}$ für Gl.(10.7.39)

↓ Mahlkörper Füllungsgrad→ φ_K =	0,1	0,2	0,3	0,4	0,5
Flintsteine, Porzellankugeln	9,8	9,0	8,1	7,0	5,7
große Stahlkugeln (> 40 mm⌀) $C(\varphi_K)$ =	8,8	8,1	7,3	6,3	5,2
kleine Stahlkugeln	8,5	7,8	7,0	6,0	5,0

Formel von Rose/Sullivan

Rose und Sullivan [10.19] haben mit der Dimensionsanalyse und einem Produktansatz für die wichtigsten Einflußgrößen unter Einbeziehung sehr vieler empirischer Daten folgende dimensionslose Beziehung gewonnen:

$$\frac{P_{RS}}{\rho_K D^5 n^3} = (1 + 0,4 \cdot \frac{\rho_G}{\rho_K}) \cdot \frac{L}{D} \cdot \left(\frac{n}{n_c}\right)^{-2} \cdot \lambda \cdot \Phi(\varphi_K). \qquad (10.7.40)$$

Sie gilt für "normale" Verhältnisse, nämlich $n/n_c \leq 0,8$; $D/d_K \geq 20$; $D/x_G \geq 300$ (x_G: mittlere Korngröße des Mahlguts). Der Faktor λ berücksichtigt die Mitnahme an der Wand durch

$$\lambda = \begin{cases} 3,66 & \text{für glatte Wand} \\ 3,13 & \text{für Hubleisten.} \end{cases}$$

Die Funktion $\Phi(\varphi_K)$ für den Einfluß des Füllungsgrads ist in Bild 10.7.11 zu sehen. Üblich sind Füllungsgrade zwischen 0,1 und 0,4; dort steigt der Leistungsbedarf mit φ_K stark an. Aus den sonst nur theoretisch interessanten Grenzwerten $\Phi(\varphi_K) = 0$ bei $\varphi_K = 0$ (leere Mühle) und bei $\varphi_K = 1$ (vollständig gefüllte Mühle) kann man schließen, daß P_{RS} die zum Auslenken der beweglichen Mühlenfüllung aus der Mittenlage erforderliche *Nettoleistung* darstellt. Maschinen-, Getriebe- und Reibungsverluste sind also darin nicht berücksichtigt.

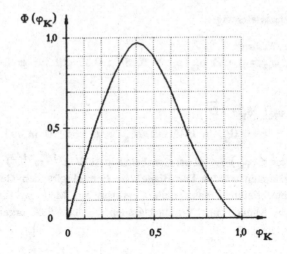

Bild 10.7.11 Füllungsgrad-Funktion $\Phi(\varphi_K)$ in Gl.(10.7.40)

Durchsatz von kontinuierlich arbeitenden Mühlen

Der Durchsatz von Rohrmühlen wird von so vielen Bedingungen beeinflußt, daß seine Vorausberechnung nur für bekannte Verhältnisse und in relativ engen Grenzen möglich ist. Für ähnliche Zerkleinerungsbedingungen in geometrisch ähnlichen Mühlen ergibt sich auch für den Durchsatz die Proportionalität

$$\dot{m} \sim L \cdot D^{2,5}. \tag{10.7.41}$$

Dementsprechend steigt der auf das Mühlenvolumen $V_M = \frac{\pi}{4} L D^2$ bezogene Durchsatz ebenso wie die auf das Mühlenvolumen bezogene spezifische Leistung (Gl.(10.7.37)) mit der Wurzel aus dem Durchmesser, also mit der Mühlengröße an, wieder ein Grund, große Mühlen zu bauen.

$$\dot{m}_V = \frac{\dot{m}}{V_M} \sim D^{0,5} \tag{10.7.42}$$

Es gibt auch Ansätze, die den Durchlaß durch eine perforierte Wand abschätzen, weil er geschwindigkeitsbestimmend für den Transport des Mahlguts durch die Mühle ist (G. Roth zit. nach [10.1])

$$\dot{m} \approx 0,35 \, (1 - 0,6 \cdot d_L/d_K) \cdot q_L \cdot q_A \cdot \rho_G \cdot D^2 \cdot \sqrt{g \cdot d_L} \tag{10.7.43}$$

mit d_L: Lochdurchmesser in der Durchgangswand,

   d_K: Kugeldurchmesser,

   q_L: offener Flächenanteil der Wand,

   q_A: Flächenanteil der Aufstiegszone der Füllung.

Beispiel 10.2: Abschätzung der Leistungs- und Durchsatzbereiche zweier Kugelmühlen

Anhand der Gl.(10.7.32) sollen die Leistungsbereiche
- für eine **Trommelmühle** mittlerer Größe (L = 1250 mm und D = 1070 mm^6) zur chargenweisen trockenen Vermahlung von Mineralstoffen und
- für eine große **Rohrmühle** (L = 14 m und D = 4,6 m) zur kontinuierlichen Zementvermahlung

abgeschätzt werden. In beiden Fällen kommen Stahlkugeln mit ρ_K = 7850 kg/m^3 zum Einsatz. Außerdem sind folgende Werte zugrunde gelegt:

$$\varepsilon_K = 0,4 \ldots 0,6; \quad \frac{M_G}{M_K} = 0,15; \quad \frac{n}{n_c} = 0,6 \ldots 0,8; \quad \varphi_K = 0,25 \ldots 0,35; \quad \frac{s}{D} = 0,13 \ldots 0,2.$$

Lösung:

Gl.(10.7.32) lautet $\quad P = \left\{\frac{\pi}{4}\sqrt{2} \cdot (1 - \varepsilon_K) \cdot \left(1 + \frac{M_G}{M_K}\right) \cdot \varphi_K \cdot \frac{s}{D}\right\} \cdot \frac{n}{n_c} \cdot \rho_K \cdot g^{1,5} \cdot L\, D^{2,5}.$

Trommelmühle: L = 1,25 m; D = 1,07 m^6

mit den kleinsten Werten →

$$P_{min} = \left\{1,111 \cdot 0,4 \cdot 1,15 \cdot 0,25 \cdot 0,13\right\} \cdot 0,6 \cdot 7850 \cdot 9,81^{1.5} \cdot 1,25 \cdot 1,07^{2,5}\,W$$
$$P_{min} \approx 3,6 \cdot 10^3\,W = 3,6\,kW;$$

mit den größten Werten →

$$P_{max} = \left\{1,111 \cdot 0,6 \cdot 1,15 \cdot 0,35 \cdot 0,2\right\} \cdot 0,8 \cdot 7850 \cdot 9,81^{1.5} \cdot 1,25 \cdot 1,07^{2,5}\,W$$
$$P_{max} \approx 15,3 \cdot 10^3\,W = 15,3\,kW.$$

Bei einem Mühlenvolumen von V_M = 1,12 m^3 entspricht das einer maximalen Leistungsdichte von P_{Vmax} = 13,6 kW/m^3.
Die Mühle läuft lt. Katalog (Fa. Welte, Köln) mit n = 27 min^{-1}, das sind 66% relative Drehzahl (nachrechnen!), soll mit 30 % Kugelfüllung (φ_K = 0,3) beladen werden und ist mit einem 15 kW-Antrieb ausgestattet.

Rohrmühle: L = 14 m, D = 4,6 m

mit den kleinsten Werten →

$$P_{min} = \left\{1,111 \cdot 0,4 \cdot 1,15 \cdot 0,25 \cdot 0,13\right\} \cdot 0,6 \cdot 7850 \cdot 9,81^{1.5} \cdot 14 \cdot 4,6^{2,5}$$
$$P_{min} \approx 1,53 \cdot 10^6\,W = 1,53\,MW$$

mit den größten Werten →

$$P_{max} = \left\{1,111 \cdot 0,6 \cdot 1,15 \cdot 0,35 \cdot 0,2\right\} \cdot 0,8 \cdot 7850 \cdot 9,81^{1.5} \cdot 14 \cdot 4,6^{2,5}$$
$$P_{max} \approx 6,58 \cdot 10^6\,W = 6,58\,MW.$$

Die maximale Leistungsdichte in dieser Mühle beträgt mit V_M = 232 m^3

$$P_{Vmax} = 28,3\,kW/m^3.$$

Für Zement gilt je nach geforderter Feinheit ein spezifischer Arbeitsbedarf W_m um 30 kWh/t. Mit $P = W_m \cdot \dot{m}$ errechnet sich aus den Leistungsgrenzwerten als Durchsatzbereich

$$\dot{m} = P/W_m = (51...220)\,t/h\,.$$

Diese Mühle hatte bei der Zementklinkervermahlung eine Leistungsaufnahme des Motors von 4,6MW bei einem Durchsatz von 150t/h [10.20].

Durchsatz und Produktfeinheit

Mit Hilfe der Bond-Gleichung Gl.(10.1.29), die speziell für Kugelmühlen entwickelt wurde, läßt sich ein Zusammenhang zwischen Durchsatz $\dot{m}$ und Produktfeinheit herstellen. Letztere wird durch die Partikelgröße $x_{80,P}$ gekennzeichnet, unterhalb derer 80 Massen% des gemahlenen Produkts z.B. bei einer Analysensiebung zu finden sind. Die Bond-Gleichung lautet (s. Abschnitt 10.1.6)

$$W_m = W_i \left[\left(\frac{x^{\bullet}}{x_{80,P}} \right)^{1/2} - \left(\frac{x^{\bullet}}{x_{80,A}} \right)^{1/2} \right] \qquad (10.1.29)$$

Wir stellen sie um und benutzen noch den Zerkleinerungsgrad z_{80}. nach Gl.(10.1.11) für das Verhältnis der 80%-Durchgangs-Partikelgrößen ($z_{80} = x_{80,A}/x_{80,P} > 1$), sowie $\dot{m} = P/W_m$ (Gl.(10.7.41)). Nach wenigen Rechenschritten erhalten wir zwei Fassungen

$$x_{80,P} = x^{\bullet} \cdot \left(\frac{W_i \dot{m}}{P} \right)^2 \cdot \left[1 - z_{80}^{-1/2} \right]^2 = x^{\bullet} \cdot \left(\frac{P}{W_i \dot{m}} + \sqrt{\frac{x^{\bullet}}{x_{80,A}}} \right)^{-2}. \qquad (10.7.44)$$

Wenn wir die relativ schwache Abhängigkeit der eckigen Klammer von $x_{80,P}$ vernachlässigen, dann stellen wir fest, daß ein bestimmtes Produkt (konstantes W_i) bei konstantem Leistungseintrag P umso feiner gemahlen wird, je kleiner der Durchsatz $\dot{m}$ ist. Qualitativ ist diese Aussage in jedem Falle zutreffend, quantitativ stimmt Gl.(10.7.44) dann, wenn die Bond-Gleichung gilt.

10.7.2.3 Mahlkörpergröße, Gattierung

Schon bei den Grundlagen und in Abschnitt 10.7.1.4 hatten wir festgestellt, daß die Werkzeuggröße an die Größe und Mahlbarkeit der zu zerkleinernden Partikeln angepaßt werden muß. Im Prinzip erfordert jede Partikelgrößenverteilung eines Produkts eine passende Kugelgrößenverteilung. Die Anwendung theoretischer Modelle ist zu aufwendig, daher geht man pragmatisch so vor:

- Die kleinsten Kugeln werden nach der geforderten Feinheit gewählt,

- die größten Kugeln richten sich in Größe und Menge nach dem Grobanteil im Aufgabegut.

Die Anpassung der Mahlkörpergröße an die Mahlgutfeinheit nennt man *Gattierung*, und *Nachgattieren* heißt das Nachfüllen der passenden Mahlkörper. Praxiserfahrungen und Modellbetrachtungen haben zu zahlreichen Formeln für die nachzufüllende geeignete Kugelgröße geführt, von denen zwei aufgeführt seien. Von Bond stammt die Zahlenwertgleichung

$$d_{K\,max} = 20{,}17 \; \sqrt{x_{80}/K} \; \cdot \; \sqrt[3]{\left(W_i \cdot \rho_G\right) \big/ \left((n/n_c)\sqrt{D}\,\right)} \qquad (10.7.45)$$

mit: K = 330 ... 350 Trockenmahlung, offener oder geschlossener Kreislauf

$d_{K\,max}$ in *mm*; $\quad x_{80}$ in *µm*; $\quad W_i$ in *kWh/t* (Bond-Index); $\quad n/n_c$ in *%* (!); $\quad$ D in *m*; $\quad \rho_G$ in *g/cm³* oder *t/m³*.

In der Praxis wird oft mit sehr viel einfacheren Beziehungen gerechnet z.B. mit

$$d_{K\,max} = 24 \cdot \sqrt{x_{80}} \qquad (10.7.46)$$

mit $d_{K\,max}$ und x_{80} in mm, gültig für Zementmahlung in großen Rohrmühlen.

10.7.2.4 Bauarten von Kugelmühlen

Kleinere Kugelmühlen werden als *Trommelmühlen für satzweise Mahlung* in Größen zwischen ca. 400 mmᵉ × 400 mm und 2000 mmᵉ × 2400 mm gebaut und z.B. in der Chemie, der keramischen und der Hüttenindustrie eingesetzt (Bild 10.7.12). Oft wird in ihnen naß gemahlen. Dabei ist im allgemeinen die Energieausnutzung etwas besser, der Verschleiß allerdings höher. Als Verschleißschutz dient hier z.B. eine Gummierung des Mühleninnenraums mit Elastomeren.

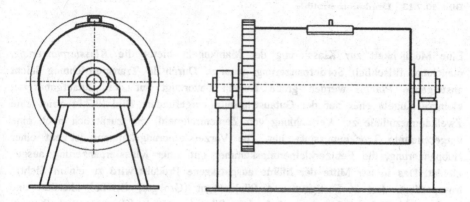

Bild 10.7.12 Trommelmühle für satzweise Mahlung

Kontinuierlich arbeitende Kugelmühlen zur Feinzerkleinerung von Massenprodukten wie Kohle, Zement (Rohmehl und Klinker), Erze usw. sind Rohrmühlen mit Durchmessern meist > 2m und dementsprechend Längen > 4 m. Die größte derzeit (1992) geplante Mühle für die Aufbereitung von goldhaltigem Erz hat 6,2 m$^{\emptyset}$ ist 25,5 m lang und mit einem Antrieb von 11,2 MW ausgestattet.

Mit dem Durchlaufen und Kleinerwerden des Mahlguts längs des Mahlwegs nimmt die erforderliche Kugelgröße ab. Man trägt dem Rechnung, indem mehrere Trommelmühlen mit kleiner werdenden Kugeln hintereinander zu einer "Verbundmühle" verbunden werden, d.h. man teilt eine lange Mühle in mehrere Kammern. Ein schon historisches, aber sehr anschauliches Beispiel für eine *Dreikammermühle* ist in Bild 10.7.13 zu sehen. Heute haben Rohrmühlen in der Regel zwei Kammern: Eine Vormahlkammer mit großen Kugeln (ca. 50 ... 100 mm$^{\emptyset}$) und eine längere Feinmahlkammer mit kleineren Kugeln oder Cylpebs (ca. 30 ... 40 mm$^{\emptyset}$). Die Kammern sind mit Trennwänden voneinander geschieden, die nur für das Mahlgut durchlässig sind.

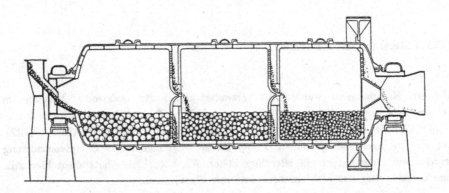

Bild 10.7.13 Dreikammermühle

Eine Möglichkeit zur Klassierung der Mahlkugeln bietet die *Klassierpanzerung,* manchmal fälschlich Sortierpanzerung genannt. Durch in Transportrichtung leicht ansteigende Platten werden große Kugeln bevorzugt auf der Gutaufgabeseite, kleinere Kugeln eher auf der Gutaustragseite vorgefunden. Bild 10.7.14 zeigt eine Zweikammermühle zur Vermahlung von Zementrohmehl, die zusätzlich noch eine vorgeschaltete Trocknungsstufe hat. Die Vorzerkleinerungskammer ist mit einer Hubpanzerung, die Feinzerkleinerungskammer mit einer Klassierpanzerung ausgekleidet. Das in der Mitte der Mühle ausgetragene Produkt wird zu einem Sichter transportiert, dort in Fertiggut und Rücklaufgut (Grobgut, Grieße) klassiert und letzteres der Feinmahlkammer wieder zugeführt (s. Mühle-Klassierer-Schaltungen, Abschnitt 10.9).

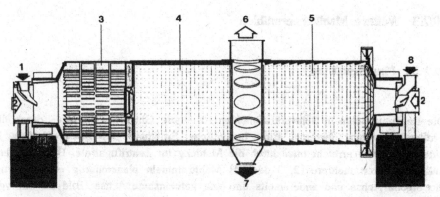

1	Eintritt des feuchten Rohgutes	5	Zweite Mahlkammer mit Klassierpanzerung
2	Eintritt der Trocknungsgase	6	Gasaustritt zum Grobgutabscheider
3	Trockenkammer mit Streublechen	7	Mahlgutaustritt zum Sichter
4	Erste Mahlkammer mit Hubpanzerung	8	Grobguteintritt vom Sichter

Bild 10.7.14 Zweikammer-Rohrmühle (Fa. Polysius)

Viele Aufgaben der Kugelmühlen - insbesondere großer Rohrmühlen - bei der trockenen Vermahlung von spröden Mahlgütern sind energiegünstiger von den Gutbettwalzenmühlen übernommen worden, so daß die Kugelmühlen einerseits der Nachzerkleinerung von Schülpen aus der Gutbettzerkleinerung und im übrigen speziellen Zerkleinerungsaufgaben dienen. Eine kleine Auswahl von Zahlenwerten für Durchsätze und Leistungen ausgeführter großer Kugelmühlen enthält Tabelle 10.11. Die volumenbezogenen Leistungen liegen etwa zwischen $15\,kW/m^3$ und $25\,kW/m^3$, wobei die niedrigeren Werte eher für ältere und kleinere Installationen sowie für Kugelmühlen nach Gutbettwalzenmühlen gelten und die hohen für neuere und größere, vor allem für primär zerkleinernde Mühlen zutreffen.

Tabelle 10.11 Ausgewählte Daten zu ausgeführten Mahlanlagen mit Rohrmühlen

D m	L m	L/D -	P kW	P/V kW/m³	ṁ t/h	W_m kWh/t	Bemerkungen
Zementrohmehl [10.21]							
4,8	8,0	1,67	2900	20,0	-	-	installiert
			2570	17,75	220	11,7	ohne ⎫ Gutbett-
			2280	15,75	282	8,1	mit ⎰ Walzenmühle
Zementklinker [10.20], [10.22]							
4,6	14,0	3,0	4600	19,8	150	30,7	2700 cm²/g (Blaine)
2,2	12,75	5,8	526	10,85	10,1	52,1	5070 cm²/g (Blaine)
Erz							
6,5	9,65	1,48	8100	25,3	< 1000	> 8,1	

10.7.3 Weitere Mahlkörpermühlen

10.7.3.1 Planetenmühlen

Die Leistungsdichte in Schwerkraftmühlen ist - wie Gl.(10.7.37) zeigt - durch die Erdbeschleunigung begrenzt. Eine beachtliche Erhöhung des Energieeintrags in einen Mahlraum erreicht man durch die Mahlung im Zentrifugalfeld. Bei Planetenmühlen rotieren mehrere (2, 3 oder 4) Mahltrommeln planetenartig einerseits um die eigene Achse und andererseits um eine gemeinsame Achse (Bild 10.7.15, vgl. auch Bild 10.7.2 b)).

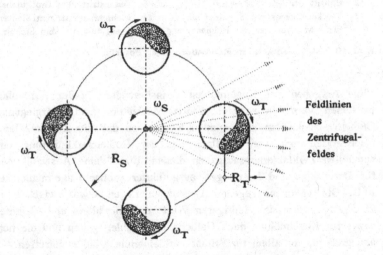

Bild 10.7.15 Planetenmühle mit gegensinnig drehenden Mahltrommeln

Der Radius des Planetensystems R_S ist größer als der Radius R_T der Mahltrommeln. Das Planetensystem rotiert mit der Winkelgeschwindigkeit ω_S und erzeugt auf dem Radius R_S die Zentrifugalbeschleunigung $a_S = R_S \omega_S^2$. In diesem Beschleunigungsfeld rotieren die Mahltrommeln mit der Winkelgeschwindigkeit ω_T entweder gegensinnig zu ω_S oder gleichsinnig mit ω_S.

Die Bewegungszustände in den Trommeln sind denen in Schwerkraft-Kugelmühlen ähnlich. Gleich können sie nicht sein, denn die auf die Mahlkörper wirkende Zentrifugalkraft ist mit dem Radius veränderlich, die Wirkungslinien der Kräfte divergieren mit zunehmendem Radius, und wegen der Relativbewegung im Drehfeld wirkt die Corioliskraft als zusätzliche Trägheitskraft. Diese Unterschiede sind umso deutlicher, je kleiner das Verhältnis R_S/R_T ist. Schmidt und Körber [10.22] unterscheiden daher auch zwischen Planetenmühlen mit langem und mit kurzem

Dreharm. Für die erstgenannten können näherungsweise Leistung bzw. Leistungs-dichte durch Ersetzen der Schwerebeschleunigung g durch $R_S \omega_S^2$ berechnet wer-den. Die Leistung P_M, die als Nettoleistung der Füllung einer Trommel zugeführt wird, ist entsprechend der Gl.(10.7.31)

$$P = \left\{ ... \right\} \cdot \rho_K \cdot R_S \omega_S^2 \cdot L_T D_T^3 \cdot \omega_T, \tag{10.7.47}$$

worin die geschweifte Klammer im wesentlichen Schüttungseigenschaften der Fül-lung enthält. Für die Froude-Zahl steht hier anstelle der Gl.(10.7.33)

$$Fr_z = \frac{R_T \omega_T^2}{R_S \omega_S^2}, \tag{10.7.48}$$

so daß wir mit $R_T = D_T/2$ auch schreiben können

$$P = \left\{ ... \right\} \cdot \sqrt{2} \cdot \rho_K \cdot Fr_z^{0,5} \cdot \left(R_S \omega_S^2 \right)^{1,5} \cdot L_T D_T^{2,5}. \tag{10.7.49}$$

Interessant sind diese Beziehungen durch den Vergleich mit den Schwerkraft-Ku-gelmühlen. Es zeigt sich nämlich, daß in Planetenmühlen insbesondere bei gegen-sinnig zum System laufenden Mahltrommeln wesentlich höhere Leistungen in viel kleineren Volumina umgesetzt werden können. Dadurch werden nicht nur die Maschinen kleiner, sondern auch die nötigen Verweilzeiten (Mahldauern), d.h. die volumenbezogenen Durchsätze sind größer, man kann bei gleichem oder höherem Leistungseintrag kleinere Mahlkörper und solche mit geringeren Dichten verwenden. Näheres hierzu findet man in [10.11], [10.22] und [10.23].
Unter dem Namen Zentrifugalmühle ist eine größere Kurzarm-Planetenmühle in der Erzaufbereitung in Betrieb, Planetenkugelmühlen gibt es sonst nur in relativ kleinem Maßstab als Labormühlen mit Trommeldurchmessern unter 100 mm bzw. Versuchs-mühlen bis ca. 300 mm. Sie werden für die Naßmahlung mit horizontalen Achsen und für die Trockenmahlung auch mit vertikalen Achsen ausgeführt. Ihren großen mahltechnischen Vorteilen aufgrund der hohen Beanspruchungsintensität stehen bei größeren Bauarten beträchtliche konstruktive Schwierigkeiten gegenüber, besonders was die nötige Wärmeabfuhr und bei kontinuierlicher Betriebsweise die Mahlgut-Zuführung und Entnahme betrifft.

10.7.3.2 Schwingmühlen

Kinematik und Beanspruchung

Schwingmühlen haben einen federnd gelagerten zylindrischen oder trogförmigen Mahlbehälter mit horizontaler Achse, der durch rotierende Unwuchtmassen zu Schwingungen in einer Ebene senkrecht zu dieser Achse angeregt wird. Zu 60 ... 80 % ist der Mahlraum mit Mahlkörpern (Kugeln, Cylpebs, Stäbe) gefüllt, d.h.

φ_K = 0,6 ... 0,8. Mindestens den Hohlraum zwischen den Mahlkörpern nimmt das Mahlgut ein (φ_G = 1,0 ... 1,3). Durch Amplitude r und Winkelgeschwindigkeit ω der Erregung wird $r\,\omega^2$ als maximale Beschleunigung erzeugt und auf den Mahlbehälter übertragen. Üblich sind Werte $r\,\omega^2$ = (3 ... 10) · g. Den besten Mahlerfolg bringt die Kreisschwingung, elliptisch oder linear schwingende Mühlen haben sich als schlechter erwiesen.

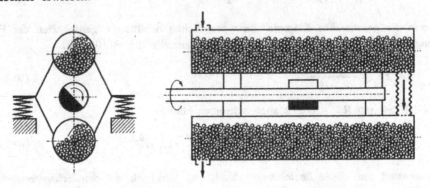

Bild 10.7.16   Zweirohr-Schwingmühle

Die Schwingbewegungen werden über die Wand auf die äußerste Schicht der Füllung übertragen und von dort ins Innere weitergegeben. Die Füllung hebt nur wenig ab und lockert sich geringfügig. Dabei tritt eine starke Dämpfung der Bewegung ein, so daß die Beanspruchungsintensität im Kern sehr viel geringer als außen ist. Die Durchmesser von Schwingmühlen werden daher auf maximal 650 mm beschränkt bei Längen bis ca. 4 m.

Filmaufnahmen von der Bewegung der ganzen Füllung zeigen einen der Unwucht-Drehrichtung entgegengesetzten langsamen Umlauf der Füllung mit etwa 1/100 der Antriebsdrehzahl (Bild 10.7.17).

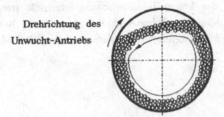

Drehrichtung des
Unwucht-Antriebs

Bild 10.7.17   Umlauf der Füllung in einer Schwingmühle

Wie bei jeder Kugelmahlung ist das Ziel der Bewegungen, möglichst viele Einzelbeanspruchungen je Zeiteinheit zu verwirklichen. In Schwingmühlen wählt man daher hohe Anregungsfrequenzen. Üblich sind Drehzahlen n = 1000 ... 3000 min^{-1}.

Zahlreiche Kontaktstellen werden auch durch kleine und daher viele Mahlkörper im Mahlraum erreicht. Aber auch hier setzen Partikelgröße und Mahlbarkeit des Produkts untere Grenzen. In kleinen, in der Regel absatzweise arbeitenden Schwingmühlen (Mahlraumvolumen 1 ... 250 l) sind Kugeln mit d_K um 10 mm$^\emptyset$ und Schwingweiten r von wenigen mm gebräuchlich. Dabei sollte r mindestens das Doppelte der größten Aufgabegut-Partikelgröße betragen. In größeren, kontinuierlich betriebenen Rohrschwingmühlen reicht der Mahlkörperdurchmesser von ca. 10 mm bis zu 60 mm bei Amplituden von r $\approx$ 1,5 ... 10 mm. Die maximale Aufgabegut-Partikelgröße bleibt dadurch auf ca. 10 mm beschränkt. Die Mahlfeinheit wird von der Beanspruchungshäufigkeit und -intensität bestimmt. Technisch manipulierbare Einflußgrößen zur Erhöhung der Feinheit sind: Höhere Drehzahl, Anpassung des Schwingkreisdurchmessers (Amplitude) und der Mahlkörpergröße, Länge des Mahlwegs, Verringerung des Durchsatzes. Die letzten beiden Maßnahmen verlängern die Verweildauer des Mahlguts in der Mühle. Weitere Angaben findet man in [10.11], [10.24] und [10.25].

Leistungsbedarf

Bei der Leistungsberechnung muß außer dem zum Bewegen der Füllung erforderlichen Aufwand P_F noch der Verlust in den Lagern der Unwuchtwelle berücksichtigt werden (P_L). Die Verluste in den Federn durch Dämpfung (Hysterese) sind demgegenüber gering. Die Gesamtleistung setzt sich aus diesen beiden Anteilen zusammen

$$P = P_F + P_L. \tag{10.7.50}$$

Für den Leistungsbedarf P_F der Füllung können wir eine ganz einfache dimensionsanalytische Betrachtung heranziehen: Wenn P_F nur durch die Masse M_F der Füllung, durch die Amplitude r und die Kreisfrequenz ω der Schwingung beeinflußt wird, dann ist es nur eine dimensionslose Kennzahl, die diesen Vorgang charakterisiert, und die ist konstant. Sie lautet

$$\frac{P_F}{M_F \, r^2 \, \omega^3} = C = \text{const.} \tag{10.7.51}$$

Die "Konstante" ist im Prinzip von den bei der Dimensionsanalyse als konstant vorausgesetzten Größen abhängig: Füllungsgrade φ_K und φ_G, Verhältnis von Schwingkreis- zu Mühlendurchmesser $2r/D$, Verhältnis von Kugel- zu Mühlendurchmesser d_K/D und von der Beschleunigungszahl $Fr = r\omega^2/g$. Für die oben genannten üblichen Einstellungen ist C $\approx$ 0,3 mit großen Abweichungen im Einzelfall.
Die Lagerverluste errechnen sich aus

$$P_L = \mu_L \cdot (M_F + M_R) \cdot D_L \cdot r \, \omega^3, \tag{10.7.52}$$

worin μ_L der Reibungskoeffizient des Lagers,

M_R die Masse des schwingenden Mühlenrahmens und

D_L der Durchmesser des Lagers

sind. Abhängig von der Konstruktion ist $P_L \approx (0,5 ... 1,5) \cdot P_F$.

Die Bewegungsleistung für die Füllung P_F schreiben wir analog zu den entsprechenden Beziehungen für die Kugelmühle um und erhalten mit der Froudezahl

$$Fr = \frac{r \omega^2}{g} \tag{10.7.53}$$

und unter Verwendung der Gl.(10.7.29) für die Füllungsmasse nach wenigen Umrechnungsschritten

$$P_F = \left\{ \frac{\pi}{4\sqrt{2}} \cdot C \cdot (1 - \varepsilon_K) \cdot \left(1 + \frac{M_G}{M_K} \right) \cdot \varphi_K \left(\frac{2r}{D} \right)^{0,5} \right\} \cdot Fr^{1,5} \cdot \rho_K \cdot g^{1,5} \cdot L D^{2,5} . \tag{10.7.54}$$

Übereinstimmend mit der Kugelmühlenmahlung herrscht bei $\{ ... \} \cdot Fr^{1,5}$ = const. gleicher Bewegungszustand und daraus folgt wie dort die Scale-up-Regel

$$P_F \sim \rho_K \cdot L D^{2,5} \tag{10.7.55}$$

bzw. für die volumenbezogene spezifische Leistung P_V

$$P_V \sim \rho_K \cdot D^{0,5} \tag{10.7.56}$$

sowie die Gleichungen (10.7.36) und (10.7.38) als Konsequenzen daraus. Auch hier haben also bei gleichem Bewegungszustand größere Mühlen höhere Leistungsdichten.

Anwendung

Schwingmühlen werden meist für die Trockenmahlung verwendet, Naßmahlung ist selten. Kleinere Labormühlen haben ein sehr weites Anwendungsfeld von der Probenpräparation harter Mineralien und von Chemikalien über Farbpigmentmahlung bis zu biolologischen Aufschlüssen. Große Schwingmühlen (Mehrrohr-Mühlen) mit bis zu 650 mm$^{\emptyset}$, 4 m Rohrlänge und bis ca. 15 t/h Durchsatz werden zur Zerkleinerung von harten und abrasiven Stoffen (Schamotte, Bauxit, Siliciumcarbid, Bariumferrit) aber auch von mittelharten bis weichen, allerdings spröden Materialien wie Kalkstein oder Talkum eingesetzt [10.1].

10.7.3.3 Rührwerkmühlen

Rührwerkskugelmühlen

Bei den Rührwerkskugelmühlen handelt es sich um Zerkleinerungsmaschinen zum kontinuierlichen Dispergieren und Feinstmahlen in Suspensionen (Naßmahlung). Sie bestehen aus einem ruhenden, vertikalen oder horizontalen Zylinder mit einem zentrischen Rührorgan (s. auch Bild 10.7.2 d). Der Mahlraum ist zu 80 ... 90% mit kleinen Mahlkugeln gefüllt, die durch das mit Scheiben oder Stiften versehene Rührorgan in gegenseitige Bewegung versetzt werden. Die Suspension strömt axial - bei Vertikalmühlen von unten nach oben - durch die bewegte Mahlkörperschüttung hindurch, eine geeignete Trennvorrichtung (Sieb oder Spalt) hält am Austritt die Mahlkörper zurück. Als Mahlkörper dienen Kugeln aus Hartglas, Hartkeramik oder Stahl mit Durchmessern zwischen 0,2 mm und 3,5 mm. Weil beim Zerkleinern praktisch die gesamte eingetragene Energie in Wärme umgewandelt wird, muß der Mantel des Mahlraums und bei größeren Mühlen auch die Rührwelle gekühlt werden. Bild 10.7.18 zeigt zwei Beispiele für vertikale Rührwerkskugelmühlen (nach [10.26]).

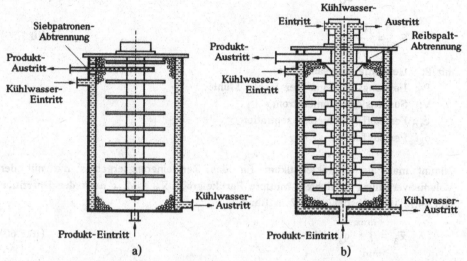

Bild 10.7.18 Rührwerke, Mahlkörperabtrennung und Kühlung in Rührwerksmühlen
a) Rührwerk mit Scheiben, b) Stift-Gegenstift-Rührwerk
(nach [10.26])

Die Rührer haben hohe Umfangsgeschwindigkeiten von 4 ... 20 m/s, so daß Zentrifugalbeschleunigungen von mehr als 50·g möglich sind. Die Rührorgane sind Lochscheiben oder Stifte, bei manchen Ausführungen mit Gegenstiften im Mahlbehälter (Bild 10.7.14 b, Rotor-Stator-System). Aufgrund von Adhäsionskräften (Scheiben) oder durch Verdrängung (Stifte) bewegen sich die Mahlkugeln unmittelbar am Rührorgan maximal mit dessen Umfangsgeschwindigkeit, an der Wand oder an Statorstiften werden sie abgebremst. Dazwischen sollen möglichst zahlreiche Mahlkörperkontakte mit möglichst großer Kontaktkraft stattfinden, um die Partikeln in der Suspension zu zerkleinern.

Leistungsbedarf, Zerkleinerungserfolg und Durchsatz
Wie in der Rührtechnik (vgl. Band 1, Abschnitt 5.4.3) wird der Leistungsbedarf P durch die dimensionslose Newtonzahl

$$Ne = \frac{P}{\rho_{Su} \cdot n^3 \cdot d^5} \tag{10.7.57}$$

beschrieben. Darin sind ρ_{Su} die Suspensionsdichte, n die Rührerdrehzahl und d der Außendurchmesser des Rührers. Wegen der hohen Drehzahlen herrscht turbulente Strömungsform und dafür ist Ne $\approx$ const.

Die wichtigste Größe für den Zusammenhang zwischen Aufwand und Zerkleinerungsergebnis ist die volumen- oder massebezogene Netto-Energiezufuhr E_V bzw. E_m

$$E_V = \frac{P - P_0}{\dot{V} \cdot c_V} \qquad (10.7.58)$$

$$E_m = \frac{E_V}{\rho_S} \qquad (10.7.59)$$

mit P: Gesamtleistungsaufnahme,

P_0: Leistungsaufnahme der leeren Mühle,

$\dot{V}$: Suspensionsvolumenstrom,

c_V: Feststoff-Volumenkonzentration

ρ_S: Feststoffdichte.

Nimmt man als Charakteristikum für das Zerkleinerungsergebnis die mit der Volumenverteilung gewichtete mittlere Partikelgröße $\bar{x}_3 \equiv M_{1,3}$ nach der Definition Gl.(2.4.12) von Abschnitt 2.4.2 in Band 1

$$\bar{x}_3 = \int_{x_{min}}^{x_{max}} x \cdot q_3(x)\,dx, \qquad (10.7.60)$$

dann besteht zwischen E_V und $\bar{x}_3$ für einen weiten Bereich betrieblicher Einstellungen hinsichtlich Feststoffvolumenkonzentration, Drehzahl, Volumenstrom und Mühlengröße nach Weit/Schwedes [10.30] folgender Zusammenhang

$$\bar{x}_3 = 655\,\mu m \cdot \left(\frac{E_V}{J\,cm^{-3}}\right)^{-0,84} = 223\,\mu m \cdot \left(\frac{E_V}{kWh\,m^{-3}}\right)^{-0,84}. \qquad (10.7.61)$$

Weitere unabhängige Einflußgrößen sind Härte, E-Modul und Größe der Mahlkörper. Kleinere Kugeln ergeben im gleichen Mahlraum Kugelanzahlen, die mit dem Reziprokwert von d_K^3 anwachsen (vgl. Gl.(10.7.7) in Abschnitt 10.7.1.3). Man kann dadurch bei gleichem Energieeintrag schneller auf eine gewünschte Feinheit mahlen. Voraussetzung ist allerdings der turbulente Strömungszustand im Mahlraum.

Der *Durchsatz* $\dot{V}$ bzw. $\dot{m}$ läßt sich im Prinzip unabhängig von anderen Betriebsgrößen (z.B. Drehzahl, Konzentration, Mahlkörpergröße) einstellen. Er ist nach oben jedoch dadurch begrenzt, daß die Strömungskräfte Mahlkörper in Richtung Suspensionsaustritt drücken, und das kann zu den unerwünschten *Mahlkörperverpressungen* mit Blockade der Mühle führen.

Beim Scale-up ist zu berücksichtigen, daß bei einer Vergrößerung des Mühlenvolumens V_M die Wärmeaustauschfläche A nur mit $V_M^{2/3}$ anwächst. Um Temperaturkonstanz zu haben, darf daher die eingebrachte Leistung nur proportional zu A vergrößert werden $P \sim A \sim V_M^{2/3}$. Gleiches Mahlergebnis setzt aber entsprechend

Gl.(10.7.61) gleichen Energieeintrag (E_m = P/$\dot{m}$ = const.) voraus. Daraus ergibt sich, daß Durchsatz und Antriebsleistung unterproportional mit dem Mühlenvolumen anwachsen

$$P \sim \dot{m} \sim V_M^{2/3} \ . \tag{10.7.62}$$

Spaltrührwerkmühlen

Der Mahlraum dieser Mühlen besteht aus dem Spalt zwischen einem glatten Rotor und der festen, ebenfalls glatten Mahlbehälterwand. In diesem Spalt bewegen sich Mahlkugeln, deren Durchmesser 1/5 bis 1/4 der Spaltweite nicht überschreiten darf, wenn Verkeilungen vermieden werden sollen. Sehr viel kleiner sollte der Kugeldurchmesser auch nicht sein, damit noch ausreichende Mahlwirkung erzielt wird. Die Mahlräume können konisch gestaltet sein, wie bei der in Bild 10.7.2 e) dargestellten Ringspaltmühle oder zylindrisch, wie in Bild 10.7.19. Die Vorteile der Spaltmahlung bestehen einerseits in dem relativ engen Energieeintragsspektrum, einer engen Verweilzeitverteilung und der dadurch erzielbaren engen Partikelgrößenverteilungen des Produkts. Dabei können hohe Leistungsdichten (bis 6 kW/l) erzielt werden. Andererseits hat man ein kleines Mahlraumvolumen und relativ große Wärmeübertragungsflächen, so daß niedrige Temperaturen bei geringem Kühlmittelverbrauch eingehalten werden können.

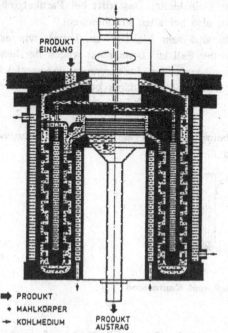

Bild 10.7.19 Doppelzylinder-Ringkammermühle (System Drais)

10.8 Prallzerkleinerungsmaschinen

10.8.1 Kinematik und Beanspruchung

Im Mahlraum von *Prallbrechern* und *Prallmühlen* erfaßt ein mit Prallwerkzeugen (Leisten, Hämmern, Stiften u.ä.) besetzter Rotor mit hoher Umfangsgeschwindigkeit (20 ... > 200 m/s) die aufgegebenen Partikeln, zerschlägt und beschleunigt sie, so daß die Bruchstücke gegen weitere Prallwerkzeuge (Stator, Wandplatten u.ä.) geschleudert werden, weiterzerkleinert wieder in den Schlägerkreis des Rotors gelangen usw., bis sie schließlich - oft nach dem Passieren eines Klassierers (Sieb, interner Sichter) - ausgetragen werden.

In *Strahlmühlen* werden Gasstrahlen (Luft oder überhitzter Dampf) auf > 300 m/s beschleunigt und reißen eingebrachte Feststoffpartikeln mit. Wenn mehrere Gasstrahlen gegeneinander gerichtet sind oder wenn sie durch ein Gutbett strömen, werden so hohe Relativgeschwindigkeiten erreicht, daß eine Zerkleinerung durch gegenseitige Partikelstöße möglich wird.

Bei der Berechnung der Partikelbewegung müssen wir zwei Grenzfälle unterscheiden:

Fall a) Die zu zerkleinernden Partikeln sind so groß, daß auch bei hohen Relativgeschwindigkeiten der Luftwiderstand gegenüber der Trägheitskraft vernachlässigbar klein bleibt. Das trifft bei Partikelgrößen oberhalb des cm-Bereiches zu, also bei allen Prallbrechern.

Fall b) Die Partikeln sind sehr klein (< ca. 1 mm), wie es in Prallmühlen und Strahlmühlen der Fall ist. Dann rückt wegen der hohen Geschwindigkeiten die Widerstandskraft der Luftströmung in vergleichbare Größenordnung zur Trägheitskraft und muß daher berücksichtigt werden.

Fall a)
Wir unterscheiden beim Auftreffen auf das Zerkleinerungswerkzeug *Flächenstoß* und *Kantenstoß* (Bild 10.8.1).

Bild 10.8.1 Flächenstoß und Kantenstoß

"Flächenstoß" meint das Auftreffen des Partikels auf der Vorderfläche des Prallwerkzeugs (Leiste, Hammer). Er steht im Gegensatz zum "Kantenstoß", bei dem das Partikel die Kante oder die Oberseite des Werkzeugs trifft. Der Kantenstoß hat zwar wegen der hohen Energiekonzentration auf ein kleines Volumen Vorteile (s. u. *maximale Spannungen*); die Zerkleinerung wird erleichtert und es entsteht weniger Feinstgut. Allerdings gilt das nur dann, wenn es sich um einen geraden, zentralen Stoß handelt, wenn also die Stoßkraft genau auf den Schwerpunkt des Partikels gerichtet ist, und dafür ist die Wahrscheinlichkeit sehr klein. Normalerweise wird ein erheblicher Energieanteil für die Rotation exzentrisch getroffener Partikeln verbraucht. Ein weiterer Nachteil des Kantenstoßes besteht im erhöhten Verschleiß durch das Abgleiten des rotierenden Partikels an der Oberseite des Werkzeugs. Technisch vorteilhafter ist daher der Flächenstoß.

Für den Fall a) - kein Einfluß der Strömungswiderstandskraft auf die Partikelbewegung - wollen wir anhand von Bild 10.8.2 die geometrischen und kinematischen Bedingungen erörtern, die den Flächenstoß wahrscheinlich machen.

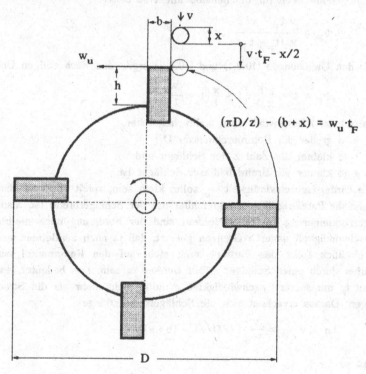

Bild 10.8.2: Zur Wahrscheinlichkeit für Flächenstoß bei Prallbrechern

Der Rotor mit dem Schlagkreisdurchmesser D trägt z Schläger der Breite b und der Länge h. Seine Umfangsgeschwindigkeit ist w_u. Die radiale Eintragsgeschwindigkeit der Mahlgutpartikeln sei v, ihre Größe nennen wir x und nehmen zur Vereinfachung Kugelform für die Partikeln an.

Ein Partikel erfährt dann Flächenstoß, wenn es in den Schlägerkreisabschnitt $(\pi D/z)$ - $(b + x)$ eintritt. Dieser Vorgang dauert den Zeitabschnitt

$$t_F = \frac{1}{w_u} \cdot \left((\pi D/z) - (b + x) \right). \tag{10.8.1}$$

Es erfährt Kantenstoß, wenn es im Umfangsabschnitt $b + x$ auftrifft, also im Zeit- abschnitt

$$t_K = \frac{1}{w_u} \cdot (b + x). \tag{10.8.2}$$

In radialer Richtung muß das Partikel für Flächenstoß aus einer Entfernung $v \cdot t_F - x/2$ kommen. Das Glied $x/2$ ist nötig, da es ja mindestens um die Strecke $x/2$ in den Schlägerkreis eintauchen muß, um nicht einen Kantenstoß zu erfahren. Kommt es aus der Entfernung $v \cdot (t_F - t_K)$, so erfährt es Flächenstoß *oder* Kantenstoß. Die Wahrscheinlichkeit für Flächenstoß allein ist daher

$$\Phi_F = \frac{v \cdot t_F - x/2}{v \cdot (t_F - t_K)}. \tag{10.8.3}$$

Mit den Gleichungen (10.8.1) und (10.8.2) ergibt das nach einigen Umrechnungen

$$\Phi_F = 1 - \frac{z \cdot b}{\pi D} \cdot \left\{ 1 + \frac{x}{b} \left(1 + \frac{w_u}{2 \cdot v} \right) \right\}. \tag{10.8.4}$$

Danach ist Flächenstoß umso wahrscheinlicher,
- je größer der Rotordurchmesser D,
- je kleiner die Zahl z der Schläger und
- je kleiner die Breite b dieser Schläger ist.

Die Umfangsgeschwindigkeit w_u sollte klein sein, spielt aber nur dann eine Rolle, wenn die Partikelgröße x vergleichbar mit der Schlägerbreite ist, also nicht bei der Feinzerkleinerung ($x \ll b$). Außerdem sind der Forderung nach niedriger Umfangs- geschwindigkeit dadurch Grenzen gesetzt, daß ja noch zerkleinert werden soll.

Schließlich sollte das Partikel auch nicht auf den Rotormantel auftreffen, ohne vorher durch einen Schläger erfaßt worden zu sein. Das bedeutet, es sollte in der Zeit t_F mit seiner Geschwindigkeit v radial nicht mehr als die Strecke h zurück- legen. Daraus errechnet sich die Schlägermindestlänge

$$h \geq v \cdot t_F = \frac{v}{w_u} \cdot \left((\pi D/z) - (b + x) \right). \tag{10.8.5}$$

Fall b)

Die Partikeln werden, wenn sie durch ein Werkzeug auf die Geschwindigkeit w_0 gebracht sind, durch den Luftwiderstand abgebremst, und zwar nach einer Strecke s_0 sogar bis zum Stillstand, wenn sie frei fliegen können und nicht vorher einen erneuten Stoß mit Beschleunigung erfahren. Es kommt also darauf an, daß nach einer freien Flugstrecke, die beträchtlich kleiner als s_0 ist, wieder ein Parti- kel-Partikel- oder ein Partikel-Werkzeug-Stoß stattfindet, damit eine Zerkleinerung überhaupt möglich wird.

Für Partikel-Werkzeug-Stöße bedeutet das, daß charakteristische Werkzeug-Werkzeug- bzw. Werkzeug-Wand-Abstände l_W in der Zerkleinerungszone der Mühle kleiner als s_0 sein müssen. Und für Partikel-Partikel-Stöße muß eine "mittlere freie Weglänge" λ kleiner als s_0 sein. Wenn schließlich $\lambda < l_W$ ist, treten bevorzugt Partikel-Partikel-Stöße und umgekehrt bei $\lambda > l_W$ bevorzugt Partikel-Werkzeug(Wand)-Stöße auf. Zusammengefaßt sieht das so aus:

$$\lambda, l_W < s_0 \left\{ \begin{array}{l} \lambda < l_W: \text{ bevorzugt P-P-Stöße} \\ \lambda > l_W: \text{ bevorzugt P-W-Stöße.} \end{array} \right.$$

Die Berechnung des Abbremsweges s_0 in ruhender Luft ergibt nach Rumpf [10.27] - wenn wir uns auf den Bereich der zähen Partikel-Umströmung (Stokes-Bereich) beschränken -

$$s_0 = \frac{\rho_s}{18\,\eta}\,w_0\,x^2 \,. \tag{10.8.6}$$

Darin sind: ρ_s die Feststoffdichte,

η die dynamische Zähigkeit der Luft,

w_0 die Anfangsgeschwindigkeit des Partikels relativ zur Luft,

x die Partikelgröße ("Stokesdurchmesser").

Die mittlere freie Weglänge λ hat Rumpf in Anlehnung an die kinetische Gastheorie abgeschätzt zu

$$\lambda \approx \frac{x}{6\cdot\sqrt{2}\cdot c_V} \approx \frac{x}{10\cdot c_V} \,, \tag{10.8.7}$$

worin c_V die Feststoff-Volumenkonzentration der Partikeln im Mahlraum bedeutet. Sie nimmt Werte zwischen etwa 10^{-3} und 10^{-2} an. In Bild 10.8.3 sind technisch sinnvolle Bereiche von s_0 und λ über der Partikelgröße aufgetragen. Es zeigt sich dabei, daß die Bedingung $\lambda \ll s_0$ nur bei sehr kleinen Partikeln (< 10 μm) nicht erfüllt ist. Für diesen Bereich bietet sich die Strahlmahlung mit höheren Feststoffkonzentrationen c_V, insbesondere im Wirbelbett, an. Die Bedingung $l_W \ll s_0$ bedeutet zudem, daß in Prallmühlen sehr kleine Rotor-Stator- bzw. Rotor-Wand-Abstände (< 1 mm) nötig wären, damit die Partikeln nicht die Luftgeschwindigkeit angenommen haben, bevor sie wieder beansprucht werden.

Beanspruchung

Die Energie, die zwei Körper (Indizes 1 und 2) beim geraden, zentralen Stoß maximal austauschen können, ist

$$E_{St} = \frac{1}{2}\cdot\frac{m_1\cdot m_2}{m_1 + m_2}\,(w_1 - w_2)^2 \,. \tag{10.8.8}$$

Darin sind $m_{1,2}$ die Massen und $w_{1,2}$ die Geschwindigkeiten der beiden Körper, $w_1 - w_2$ also die Relativgeschwindigkeit w_{rel} des Aufprallens. Ist der eine Körper sehr groß (Prallwerkzeug) gegenüber dem anderen (Partikel), ergibt sich mit $m_1 \ll m_2$ aus Gl.(10.8.8)

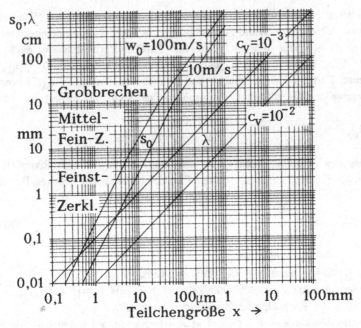

Bild 10.8.3 Abbremsweg s_o und mittlere freie Weglänge λ nach Rumpf

$$E_{St} = \frac{1}{2} \cdot m_1 \cdot (w_1 - w_2)^2 = \frac{m_1}{2} \cdot w_{rel}^2 \qquad (10.8.9)$$

Im Idealfall des elastischen Stoßes ist diese Energie am Ende der Belastungsphase (1. Stoßperiode) im Partikel gespeichert und steht für Bruchentstehung und Bruchausbreitung zur Verfügung, falls nicht vorher die Zerstörung des Partikels eingetreten ist. Weil aber das Werkzeug bzw. das zweite Partikel in Wirklichkeit nicht vollkommen starr ist, sondern ebenfalls elastische oder inelastische Eigenschaften hat, teilt sich diese Energie auf beide Stoßpartner auf, so daß auf das einzelne Partikel weniger entfällt, als Gl.(10.8.9) angibt. Bei inelastischem Materialverhalten treten irreversible Verformungen ein und verbrauchen (dissipieren) Energie, die für eine Zerkleinerung nicht mehr nutzbar gemacht werden kann. Schließlich wird durch Rotation aufgrund exzentrischer Partikelstöße und Reibung bei schiefen Stößen ebenfalls Energie dissipiert.

Die *maximale Spannung* σ_{max} beim Stoßkontakt einer elastischen Kugel (bei unregelmäßigen Partikeln wird Kugelform in der Nähe der Berührstelle vorausgesetzt) gegen eine starre, ebene Wand ($m_2 \gg m_1$, E-Modul der Wand $E_{Wand} \to \infty$) wirkt am Rande des Kontaktkreises und läßt sich in ihren Abhängigkeiten von den Einflußgrößen dimensionsanalytisch bestimmen

$$\frac{\sigma_{max}}{E} = const \cdot \left(\frac{m_1 \cdot w_{rel}^2}{E \cdot r^3} \right)^{1/5} . \qquad (10.8.10)$$

Darin bedeuten

E   den Elastizitätsmodul der Kugel (des Partikels),

m_1 die Masse der Kugel (des Partikels),

r   den Kugelradius bzw. den Krümmungsradius an der Berührstelle.

Der Exponent resultiert aus dem Vergleich mit der exakten Rechnung nach Hertz. Wenn es sich um eine Kugel oder um untereinander geometrisch ähnliche Partikeln handelt, ist $r^3 \sim x^3$ und $m_1 \sim \rho_s \cdot x^3 \sim \rho_s \cdot r^3$, so daß wir für σ_{max}

$$\frac{\sigma_{max}}{E} = const \cdot \left(\frac{\rho_s}{E} \cdot w_{rel}^2\right)^{1/5} \tag{10.8.11}$$

bekommen. E und ρ_s als reine Stoffwerte bilden die eindimensionale Ausbreitungsgeschwindigkeit kleiner Druckstörungen ($\equiv$ Schallgeschwindigkeit) im elastischen Festkörper $c = \sqrt{E/\rho_s}$. Damit wird also

$$\frac{\sigma_{max}}{E} = const \cdot \left(\frac{w_{rel}}{c}\right)^{2/5}. \tag{10.8.12}$$

Die maximale Spannung im Partikel, aufgrund derer es zerbrechen kann, ist unter den genannten Voraussetzungen demnach proportional zum E-Modul des Partikel-Materials, aber - und das ist bemerkenswert - *nicht* abhängig von seiner Größe x. Gl.(10.8.10) zeigt außerdem den Einfluß des (örtlichen) Krümmungsradius bei unregelmäßig geformten Partikeln: Kleine Radien, d.h. scharfe Kanten erhöhen die Spannung und erleichtern die Zerkleinerung. Gleiches gilt übrigens auch für das Werkzeug. Kanten, Profilierungen u.ä. rufen ebenfalls höhere innere Spannungswerte hervor, bedeuten allerdings auch höhere Bruchgefährdung des Werkzeugs selbst, d.h. höheren Verschleiß.

Die technisch wichtigste Einflußgröße ist die Relativgeschwindigkeit, deren Erhöhung die Spannung jedoch nur mit dem Exponenten 2/5 = 0,4 vergrößert. Da die Festigkeit - ausgedrückt durch die Höhe der erforderlichen Bruchspannung - mit abnehmender Partikelgröße zunimmt, müssen Körner mit umso höherer Geschwindigkeit beansprucht werden, je kleiner sie sind.

Beispiel 10.3: Prallbrecher

Auf einem Prallbrecher soll Kalksteinschotter zerkleinert werden. Wegen des Verschleißes darf die Wahrscheinlichkeit für Kantenstoß an den Pralleisten nicht größer als 20 % sein.

Der Rotor (Bild 10.8.4) hat einen Durchmesser von D = 700 mm, z = 6 Pralleisten am Umfang, mit der Höhe h = 50 mm und der Breite b = 20 mm und dreht mit n = 1100 min⁻¹.

a) Für welche Korngrößen des Schotters ist die genannte Kantenstoßbedingung erfüllt, wenn das Aufgabegut zentrisch aus 1,25 m Höhe im freien Fall in den Rotorkreis eintritt?

b) Welche radiale Eintrittsgeschwindigkeit muß mindestens vorliegen, damit bei dieser Korngröße Flächenstoß überhaupt möglich ist?

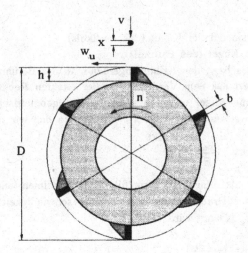

Bild 10.8.4 Prallbrecher-Rotor zu Beispiel 10.3

Lösung:

a) Die Bedingung lautet $\Phi_K \leq 0{,}2$ bzw. $\Phi_F = 1 - \Phi_K > 0{,}8$
   Bei freiem Fall aus der Höhe $H = 1{,}25\,m$ beträgt die radiale Eintrittsgeschwindigkeit

$$v = \sqrt{2\,g\,H} = \sqrt{2 \cdot 9{,}81 \cdot 1{,}25}\ m/s = 4{,}95\,m/s.$$

Die Drehzahl $n = 1100\ min^{-1}$ liefert für die Umfangsgeschwindigkeit

$$w_u = \pi\,D\,n = \pi \cdot 0{,}7 \cdot 1100/60\ m/s = 40{,}3\,m/s.$$

Gl.(10.8.4) wird mit der Kantenstoßbedingung zu

$$\Phi_K = \frac{z \cdot b}{\pi\,D} \cdot \left\{ 1 + \frac{x}{b}\left(1 + \frac{w_u}{2 \cdot v} \right) \right\} \leq 0{,}2$$

und daraus ergibt sich für die Korngrößen x

$$x \leq \frac{0{,}2 \cdot \pi\,D/(z\,b) - 1}{1 + w_u/(2\,v)} \cdot b = \frac{0{,}2 \cdot \pi \cdot 0{,}7/(6 \cdot 0{,}02) - 1}{1 + 40{,}3/(2 \cdot 4{,}95)} \cdot 0{,}02\,m = 0{,}0105\,m.$$

Alle Körner, die kleiner als etwa 10 mm sind, werden also bei den gegebenen Eintrittsbedingungen mit mindestens 80 % Wahrscheinlichkeit auf der Pralleistenfläche und nicht auf der Kante auftreffen.

b) Gesucht ist nach der Geschwindigkeit v, bei der die Kantenstoßwahrscheinlichkeit gerade 1 bzw. die Flächenstoßwahrscheinlichkeit gerade 0 wird. Gl.(10.8.4)

$$\Phi_K = \frac{z \cdot b}{\pi\,D} \cdot \left\{ 1 + \frac{x}{b}\left(1 + \frac{w_u}{2 \cdot v} \right) \right\} = 1 \tag{*}$$

nach v aufgelöst liefert

$$v = \frac{w_u}{2}\left\{\left[\frac{\pi D}{z\,b} - 1\right]\cdot\frac{b}{x} - 1\right\}^{-1} = \frac{40,3}{2}\left\{\left[\frac{\pi\cdot 0,7}{6\cdot 0,02} - 1\right]\cdot\frac{0,02}{0,0105} - 1\right\}^{-1}\frac{m}{s} =$$

$$v = 0,630\ \frac{m}{s}.$$

Dieser Geschwindigkeit entspricht eine Fallhöhe von $H = v^2/(2g) = 0,020\,m = 2\,cm$. Die Wahrscheinlichkeit für reinen Kantenstoß ist also erst bei sehr kleinen Eintrittsgeschwindigkeiten gegeben. Die Form (∗) der Gl.(10.8.4) zeigt übrigens auch, daß Kantenstoß *immer* auftritt. Denn Φ_K kann niemals Null werden: Die geschweifte Klammer ist immer > 1 und der Vorfaktor hat immer einen endlichen Wert > 0.

10.8.2 Leistungsbedarf

Der Leistungsbedarf von Prallmühlen und -brechern wird einerseits durch das zu beschleunigende und zu zerbrechende Gut und andererseits durch die Luftförderung bedingt. Besonders die schnellaufenden Prallmühlen sind nämlich gleichzeitig - allerdings schlechte - Ventilatoren. Daher setzt sich die gesamte Nutzleistung P aus den beiden Anteilen P_M für die Mahlung und P_L für die Luftförderung zusammen

$$P = P_M + P_L \tag{10.8.13}$$

P_L hängt stark von Bauart und Betriebsweise der einzelnen Mühle ab und kann bis zu ca. 50% der gesamten Leistung ausmachen. Für P_M setzen wir Umfangskraft F_u mal Umfangsgeschwindigkeit w_u an

$$P_M = F_u\cdot w_u \tag{10.8.14}$$

F_u ist nach dem Impulssatz gleich der zeitlichen Änderung des Impulses in Umfangsrichtung

$$F_u = c\cdot\dot{m}\cdot\Delta w_u, \tag{10.8.15}$$

worin $\dot{m}$ den Massenstrom und Δw_u die Geschwindigkeitsänderung in Umfangsrichtung bedeuten. Bei radialem Guteintritt ist $\Delta w_u = w_u$. Der Faktor $c > 1$ berücksichtigt, daß durch Rückprallen und Abbremsen im Mahlraum ein und dasselbe Partikel - abhängig auch von seiner Mahlbarkeit - mehrfach beschleunigt werden muß, bis es die Endfeinheit erreicht hat.. Vergleiche mit Erfahrungswerten zeigen, daß c einen weiten Bereich zwischen $c \approx 3\ldots 100$ überstreicht. Man erhält

$$P_M = c\cdot\dot{m}\cdot w_u^2 \tag{10.8.16}$$

und für den spezifischen Arbeitsbedarf der Prallzerkleinerung

$$W_m = \frac{P_M}{\dot{m}} = c \cdot w_u^2.$$

(10.8.17)

Eine Vorausberechnung ist wegen des weiten c-Bereichs und der Kopplung mit P_L hiermit nicht möglich. Vielmehr wird man im Einzelfall versuchen, den spezifischen Arbeitsbedarf auf Testmühlen zu ermitteln und mit $P_M = \dot{m} \cdot W_m$ hochzurechnen. Immerhin stimmt $W_m \sim w_u^2$ mit der Erfahrung überein. Bild 10.8.5 zeigt die Bereiche der erforderlichen Zerkleinerungsarbeiten abhängig von der Umfangsgeschwindigkeit w_u bzw. der Prallgeschwindigkeit v_{rel} bei Strahlmühlen. Die gestrichelte Linie stellt das theoretische Minimum ($c = 1$, $W_m = w_u^2$) dar.

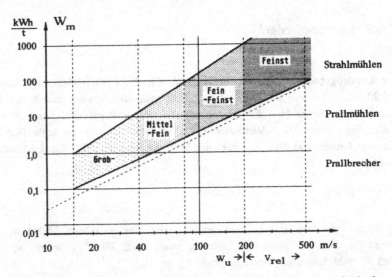

Bild 10.8.5 Erfahrungswerte für den spezifischen Zerkleinerungsenergiebedarf bei der Prallzerkleinerung.

10.8.3 Einige Bauarten von Prallzerkleinerungsmaschinen

Man kann nach der Art der Energiezufuhr zwei generelle Arten von Prallzerkleinerungsmaschinen unterscheiden: Solche, die auf schnellaufenden Rotoren sitzende Zerkleinerungswerkzeuge haben und solche, bei denen die Prallgeschwindigkeit zwischen Werkzeug und Partikel durch Gasströmung hervorgerufen wird (Strahlmühlen). Weitere Unterscheidungen betreffen die Anordnung der Werkzeuge, die Mahlgut- und Strömungsführung in der Mühle und die Art der evtl. vorhandenen Klassierung, also die Begrenzung der oberen Korngröße des Produkts. Die Tabelle 10.10 zeigt eine einfache Übersicht nach einigen dieser Kriterien.

Tabelle 10.12 Übersicht über die Prallzerkleinerungsmaschinen

Art der Energiezufuhr	Zerkleinerungswerkzeuge am Rotor	im Gehäuse	Klassierung	Bezeichnung der Mühlen
Rotor	*starr verbunden:* Pralleisten Mahlbahn Stifte, Zähne	*keine oder* Pralleisten Mahlbahn Stifte, Zähne	Siebroste, Siebe Mahlspalt Strömungsklassierer (interner Sichter)	Prallbrecher, Prallmühlen z.B. Stiftmühlen, Zahnscheibenmühlen
	beweglich: Hämmer {	*keine oder* Pralleisten Mahlbahn	Siebroste, Siebe Mahlspalt	Hammerbrecher, -mühlen
Strömung	Mahlgutpartikeln	keine, (evtl. Prallplatte)	Strömungsklassierer (interner Sichter)	Strahlmühlen

Prallbrecher

Prallbrecher (Bild 10.8.6) dienen der Grobzerkleinerung von mittelharten, z.T. auch harten Sprödstoffen. Sie haben einen oder zwei walzenförmige Rotoren mit Durchmessern D zwischen 0,5 m bis 1,6 m, die mit achsparallelen festen Schlag- oder Pralleisten versehen sind. Rotorlängen L liegen bei ca. $(0,7...1,5) \cdot D$. Zusammen mit im Gehäuse verstellbar angebrachten Prallplatten und den Gehäusewänden bildet der Rotor den Mahlraum, der bei großen Maschinen rundum mit auswechselbaren Verschleißplatten bestückt ist. Die Anordnung der Prallplatten soll einen möglichst senkrechten Aufprall der von den Rotorleisten beschleunigten Mahlgutbrocken und -bruchstücke gewährleisten. Mit dem Zerkleinerungsfortschritt in Drehrichtung wird der Spalt zwischen Schlagkreis und Prallplattenkante immer enger.

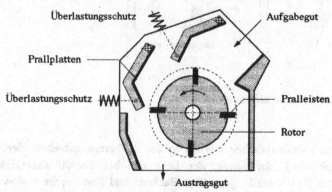

Bild 10.8.6 Prallbrecher zur Grobzerkleinerung

Manchmal befindet sich vor dem Austrag auch noch eine gestufte und gekrümmte Mahlbahn. In solchen Maschinen werden Zerkleinerungsgrade (z.B. z_{80}, s. Abschnitt 10.1.4) von 50 : 1 und mehr erreicht. Der Einlauf - ebenfalls auswechselbar gepanzert - ist schräg angeordnet, z.T. mit einem Siebrost versehen, damit im Aufgabegut enthaltenes Feinkorn vorher entfernt wird, und außerdem meist mit einem schweren Kettenvorhang gegen zurückprallendes Gut aus dem Mahlraum gesichert. Da alle Verschleißteile aus teuren hochlegierten Stählen bestehen, muß bei der Konstruktion auf leichte und schnelle Auswechselbarkeit sowie bestmögliche Werkstoffausnutzung geachtet werden. Geraten nicht zerkleinerbare Stücke (z.B. größere Eisenteile) in den Mahlraum, können die Träger der Gehäuse-Prallplatten gegen Federkraft ausweichen (Überlastungsschutz).

Hammerbrecher

Hammerbrecher tragen als Mahlwerkzeuge am Rotor pendelnd aufgehängte Hämmer oder Schläger, längs der Rotorachse häufig auch gegeneinander versetzt, so daß eine große Anzahl von Beanspruchungen je Zeiteinheit verwirklicht wird. Durch die Fliehkraft sind sie im Betrieb radial nach außen gerichtet, können aber bei schwer oder nicht mahlbarem Gut ausweichen (Überlastungsschutz). Oft sind Hammerbrecher am Umfang mit einer Mahlbahn und anschließend mit einem Siebrost zur oberen Begrenzung der Fertiggut-Korngröße ausgestattet (Bild 10.8.7). Hammerbrecher eignen sich für weiches bis mittelhartes Gut. Aber auch Müll und Schrott wird in speziell gestalteten großvolumigen Hammerbrechern zerkleinert (Shredder).

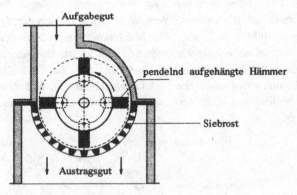

Bild 10.8.7 Hammerbrecher mit Siebrost

Sowohl Prall- wie Hammerbrecher werden in der Aufbereitungstechnik der Steine und Erden (Steinbrüche), der Kohle, der Erze und bei der Abfallzerkleinerung vielfach eingesetzt. Ihre Vorteile gegenüber Backen- und Rundbrechern sind

- kleines Bauvolumen je Durchsatzeinheit,
- geringer spezifischer Arbeitsaufwand,
- selektive Zerkleinerung möglich,
- eigenspannungsfreies Produkt, daher keine Nachzerkleinerung bei späterer Belastung z.B. von Schotter und Kies.

Demgegenüber besteht der Nachteil des hohen Verschleißes bzw. teurer Werkstoffe für die Verschleißteile. Außerdem kann u.U. relativ viel Feingut entstehen. Einige typische Werte sind in Tabelle 10.11 zusammengestellt.

Tabelle 10.13 Richtwerte für Prall- und Hammerbrecher

Rotordurchmesser	0,5 ... 1,6 m
Rotorlänge	0,5 ... 2,5 m
Durchsatz	0,1 ... 400 t/h
Umfangsgeschwindigkeit	20 ... 60 m/s
spez. Arbeitsbedarf	0,6 ... 2 kWh/t

Prallmühlen

Prallmühlen arbeiten nach demselben Prinzip wie Prallbrecher, sind jedoch für die Feinzerkleinerung bestimmt. Da die Partikeln allgemein umso höhere Festigkeiten haben je kleiner sie sind, müssen die Umfangsgeschwindigkeiten der Rotoren umso größer sein, je feiner das Produkt vermahlen werden soll.

Die Rotoren mit den Zerkleinerungswerkzeugen sind sehr vielgestaltig. Wir greifen vier typische Bauarten heraus: Hammermühlen, Stiftmühlen, Pralltellermühlen (Schlägermühlen), Zahnscheibenmühlen.

Hammermühlen entsprechen den Hammerbrechern: Auf einer Rotortrommel mit horizontaler Achse sind gelenkig Hämmer angebracht, die das außen aufgegebene Gut zerschlagen. Sowohl der Abstand zwischen Schlagkreis und Mahlbahn wie auch verschiedene Siebeinsätze erlauben die Feinheitseinstellung des Fertiggutes. In ihren Größen schließen die Hammermühlen an die Hammerbrecher an. Die Rotordurchmesser betragen 200 mm ... 800 mm, die Rotorlängen bis 1000 mm und die Umfangsgeschwindigkeiten reichen von ca. 20 m/s bis 70 m/s. Das Anwendungsgebiet erstreckt sich von weichen, auch feuchten und kurzfaserigen bis zu mittelharten Stoffen (Harze, Gips, Holzspäne, Spanplatten und Duroplast-Abfälle u.a.).

In *Stiftmühlen* (Bild 10.8.8 a)) erfolgt die Beanspruchung zwischen konzentrisch angeordneten Stiftreihen einer rotierenden und einer stehenden Scheibe. Es gibt auch Ausführungen mit zwei gegenläufig rotierenden Scheiben. Die Rotorachse liegt horizontal, das Gut wird zentrisch aufgegeben und außen radial entnommen, eine Klassierung ist nicht vorhanden (sieblose Ausführung). Die Feinheit des Produkts wird durch die Art der Bestiftung, die Anzahl der Stiftreihen, die Rotordrehzahl und den Durchsatz bestimmt. Die Rotordurchmesser liegen zwischen 100 mm und 900 mm, die Umfangsgeschwindigkeiten zwischen 60 m/s und 170 m/s. Anwendung finden Stiftmühlen bei der Fein- und Feinstmahlung von wenig harten, spröden bis schmierenden Stoffen der chemischen, pharmazeutischen und Nahrungsmittelindustrie (Salze u.ä. kristalline Stoffe, Farbpigmente, Insektizide, Gips, Wachs, Graphit, Gewürze, Stärke u. a.)

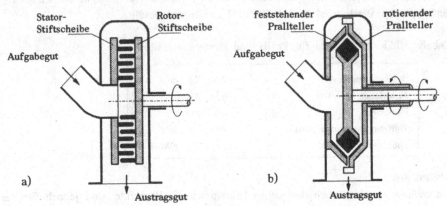

Bild 10.8.8 a) Stiftmühle und b) Pralltellermühle (nach Fa. Pallmann, Zweibrücken)

Bei der in Bild 10.8.8 b) gezeigten *Pralltellermühle* trägt auf der horizontalen Rotorwelle ein feststehendes mit auswechselbaren Werkzeugen versehenes Schlägerrad. Außen befinden sich in geringem Abstand zwei profilierte (z.B. geriffelte) Mahlbahnen (konische Prallteller), von denen die hintere separat und gegenläufig zum Schlägerrad angetrieben wird. Die Gutzufuhr erfolgt zentrisch. Der vordere Prallteller kann zur Einstellung des Mahlspaltes axial verschoben werden. Damit ist die Verweilzeit des Mahlguts in der Mahlzone und das heißt: die Endfeinheit einstellbar. Für temperaturempfindliche Produkte kann die vordere Mahlbahn gekühlt werden. Die Größen reichen von 180 mm bis 1200 mm Pralltellerdurchmesser, die Umfangsgeschwindigkeiten liegen zwischen ca. 50 und 80 m/s. Auf solchen Pralltellermühlen können außer weichen und mittelharten spröden Materialien wegen der kombinierten Prall- und Reib- oder Scherbeanspruchung auch faserige und feuchte Stoffe sowie wärmeempfindliche Thermoplaste zerkleinert werden. Hersteller geben Endfeinheiten bis zu 5 μm an.

Zahnscheibenmühlen (Bild 10.8.9) bilden hinsichtlich der Gutbeanspruchung einen Übergang zwischen Prall- und Schneidmühlen. Sie werden mit horizontaler und mit vertikaler Welle gebaut, tragen starke und oft scharfkantige Nocken oder Zähne auf Rotor- und Statorscheibe und bewirken neben der Prallbeanspruchung wegen des geringen Abstands zwischen den Mahlwerkzeugen ein intensives Scheren und Schneiden. Sie eignen sich daher besonders zum Zerfasern und Auf-

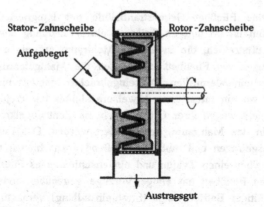

Bild 10.8.9 Zahnscheibenmühle

schließen von organischen Produkten wie Holz, Papier, Zellulose, Lumpen, Leder- und Gummiabfälle, Kork, Knochen, Futtermittel u.s.w.. Die Gutaufgabe erfolgt zentral, innen sind die Zähne stark und groß bemessen und die Umfangsgeschwindigkeiten noch relativ gering, nach außen werden die Zähne kleiner und zahlreicher und die Geschwindigkeit größer. Baugrößen liegen zwischen 150 mm und 1300 mm Scheibendurchmesser bei Umfangsgeschwindigkeiten zwischen 5 und 20 m/s.

Strahlmühlen

Strahlmühlen arbeiten ohne bewegte Maschinenteile. Das Mahlgut wird durch einen sehr schnellen Gasstrahl (500 m/s ... 1200 m/s) beschleunigt und entweder gegen einen weiteren Gutstrahl anderer Richtung oder gegen relativ ruhendes Gut - selten auch gegen eine Prallplatte - gelenkt. Die Zerkleinerung erfolgt - außer im letztgenannten Fall - durch gegenseitige Partikelstöße. In der Regel sorgt ein in die Mühle integrierter Sichter für die Feinheitsbegrenzung des Austragsgutes.
Vorteilhaft bei der Strahlmahlung sind
- die praktisch erwärmungsfreie Vermahlung temperaturempfindlicher Produkte, durch die extrem kurzen Beanspruchungszeiten und die Gasexpansion bei hohen Gasdurchsätzen.
- die Möglichkeit, wegen der hohen Relativgeschwindigkeiten sehr kleine Produktkorngrößen zu erreichen (< 2 μm).
- die Betriebssicherheit und einfache Konstruktion wegen des Fehlens rotierender Mahlwerkzeuge,
- die Möglichkeit, den Gasstrom für die Sichtung des Produkts zu nutzen.
Diesen Vorteilen stehen allerdings auch Nachteile gegenüber:
- Es sind nur relativ kleine Produktdurchsätze zu realisieren (< 1 t/h),
- der spezifische Energiebedarf ist extrem hoch (bis > 1000 kWh/t),
- bei Wandberührung des gutbeladenen Strahls ist der Verschleiß sehr hoch.

Bild 10.8.11 zeigt eine Fließbett-Gegenstrahlmühle mit integriertem Abweiseradsichter. Der Mahlraum ist im unteren Teil mit einer Schüttung des Mahlguts gefüllt. Drei scharfe Luftstrahlen, die in diesem Mahlraum auf einen mittigen Punkt
gerichtet sind, erzeugen ein Fließbett und lassen die Mahlgutpartikeln mit hoher
Geschwindigkeit gegeneinanderprallen. Die eingebrachte Mahlluft nimmt die Partikeln mit nach oben, wo ein integrierter Abweiseradsichter nur diejenigen Partikeln
passieren läßt, die nicht wegen ihrer Größe durch die Zentrifugalkraft wieder nach
außen, d.h. zurück in den Mahlraum, geschleudert werden. Das Feingut wird also
mit der Mahlluft ausgetragen und muß anschließend abgeschieden werden. In der
Regel geschieht das über einen Zyklon und ein anschließendes Filter.
Die Strahlmahlung im Fließbett hat einige Vorzüge gegenüber anderen: Der Verschleiß ist bei sorgfältiger Betriebsweise (Strahleinstellung) vernachlässigbar, daher
ist zum einen die eisenfreie Vermahlung von empfindlichen Produkten möglich
(Leuchtstoffpulver, Toner), zum anderen lassen sich auch extrem harte und
schleißende Stoffe (z.B. SiC) praktisch ohne Werkzeugverschleiß zerkleinern; die
Geräuschentwicklung ist wesentlich geringer als bei z.B. Spiralstrahlmühlen; auch
relativ weiche Stoffe (Wachse, Hartfette) können wegen der guten Kühlung und der
sehr kleinen Beanspruchungsdauern auf hohe Feinheiten (< 32 μm) gemahlen werden.

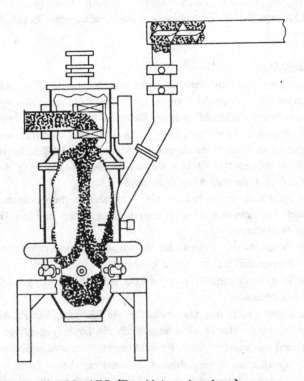

Bild 10.8.11 Fließbett-Gegenstrahlmühle AFG (Fa. Alpine, Augsburg)

10.9 Zusammenschaltungen von Mühlen und Klassierern

Die Anforderungen an die Partikelgrößenverteilungen von Zerkleinerungsprodukten - sei es eine obere oder untere Grenze, oder eine Verteilungsbreite, die eingehalten werden muß - machen es in aller Regel nötig, daß Zerkleinerungsstufen mit Klassierstufen kombiniert werden müssen. Das reicht von der einfachen Vorabsiebung von Steinbruchmaterial auf der als Schüttelrost ausgebildeten Aufgabeschurre eines Brechers bis zu den 20 und mehr kombinierten Mahl- und Sichtstufen der Getreidevermahlung, die es erst ermöglichen, verschiedene Mehlsorten, Gries, Kleie usw. zu erzeugen.

Wir wollen einige der einfachsten Schaltungen aus Zerkleinerungs- und Klassierstufen zusammenstellen und anschließend Ansätze zur Berechnung zeigen.

10.9.1 Einfache Schaltungen

Einstufige Zerkleinerung mit einem Klassierer

Hier gibt es drei Schaltungsmöglichkeiten, die in Bild 10.9.1 gezeigt sind. Bei a) handelt es sich um die *Durchlaufmahlung* mit Vorklassierung. Sie ist sinnvoll, wenn das Aufgabegut von der Partikelgröße her bereits lohnend viel Fertiggut enthält, und sie entlastet die Mühle. Die Schaltungen b) und c) stellen zwei Varianten der geschlossenen *Kreislaufmahlung* dar. Im Fall b) wird das der Anlage

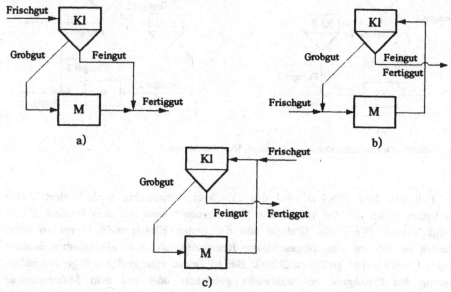

Bild 10.9.1 Schaltungen mit einer Mühle und einem Klassierer

zugeführte Frischgut mit dem Grobgut-Rücklauf aus dem Klassierer vereinigt und auf die Mühle gegeben. Der zerkleinerte Mühlenaustrag gelangt zum Klassierer, der das noch nicht ausreichend Vermahlene als Grobgut zur Mühle zurückverweist und das Feingut als Produkt der Anlage (Fertiggut) austrägt.

Sind Mühle und Klassierer zwei verschiedene Baueinheiten (z.B. Kugelmühle und Umluftsichter), dann spricht man von "äußerem Kreislauf". Die gleiche Schaltung liegt als "innerer Kreislauf" aber auch bei allen Zerkleinerungsmaschinen vor, bei denen das gemahlene Gut eine Klassiervorrichtung (Spalt, Rost, Sieb, Sichter) passieren muß, bevor es den Mahlraum verläßt, z.B. Wälzmühlen mit integriertem Sichter (z.B. Sichtermühle, Bild 10.5.6, Hammerbrecher Bild 10.8.7, viele Schneid- und Prallmühlen, Bilder 10.6.3, 10.8.9 und 10.8.10)

Die Anordnung c) kombiniert die Vorklassierung mit der Kreislaufmahlung, indem das Frischgut vor der Mahlung auf denselben Klassierer gelangt, der auch das Mühlenaustragsgut nach Fertiggut und Rücklaufgut trennt. Dadurch ergibt sich eine Entlastung der Mühle auf Kosten einer Höherbelastung des Klassierers (s. auch die Bilanzen in Abschnitt 10.9.2).

Einstufige Zerkleinerung mit zwei Klassierern

Zwei Klassierer kann man entweder grob- oder feingutseitig hintereinander schalten. Parallelschaltung hat, wie in Band 1, Abschnitt 6.2.2 ausgeführt, keinen Einfluß auf die Klassiereigenschaft, sondern dient der Kapazitätserweiterung. Für die Durchlaufmahlung ergeben sich die in Bild 10.9.2 gezeigten Kombinationen.

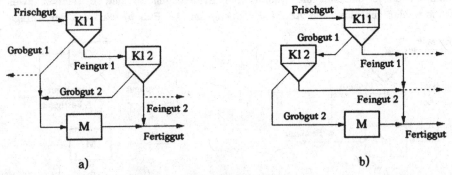

a)   b)

Bild 10.9.2 Durchlaufmahlung mit zwei Vorklassierern

Im Fall von Bild 10.9.2 a) wird das Frischgut feingutseitig nachklassiert, beide Grobgüter gehen auf die Mühle, das Mühlenprodukt kann mit dem Feingut 2 vereinigt werden. Wenn das Grobgut aus der ersten Klassierstufe verworfen wird, handelt es sich um eine vorgeschaltete Reinigungsstufe, z.B. als Schutzmaßnahme gegen Überkorn (zu große Partikeln). Bei b) findet eine grobgutseitige Nachklassierung des Frischguts mit wahlweise getrennter oder mit dem Mühlenaustrag zusammengefaßter Entnahme der beiden Feingüter statt.

Bei der Kreislaufmahlung sind die Kombinationsmöglichkeiten ohne Vorklassierung aus Bild 10.9.3 ersichtlich. Die feingutseitige Nachklassierung ist links (a) gezeigt, sie wird bei besonders hohen Anforderungen an die Feinheit des Fertiggutes angewendet. Befindet sich im rücklaufenden Grobgut 1 noch ein erheblicher Anteil mit Fertiggut-Feinheit, so bietet sich zur Entlastung der Mühle die Nachklassierung dieses Grobguts (Bild 10.9.3 b)) an. Bei heterogenem Material und Sortiereigenschaften der ersten Trennstufe kommt evtl. auch eine getrennte Entnahme der beiden Feingüter in Frage.

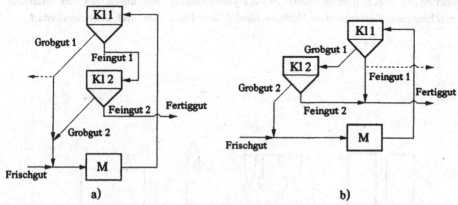

a)   b)

Bild 10.9.3 Kreislaufmahlung mit zwei Klassierern (ohne Vorklassierung)

Schließlich kann man die Vorklassierung mit derjenigen im Kreislauf kombinieren, indem man das Frischgut auf den ersten Klassierer gibt. Hier ergeben sich einige Varianten noch dadurch, daß das Mühlenaustragsgut auf den ersten oder den zweiten Klassierer zurückgeführt werden kann und die Feingüter vereinigt oder getrennt entnommen werden.

Zweistufige Zerkleinerung mit einem Klassierer

Häufig anzutreffen ist die in Bild 10.9.4 gezeigte Anordnung der Kreislaufmahlung mit Vorzerkleinerung. Das in Mühle 1 vorzerkleinerte Gut wird auf dem Klassierer getrennt, das Grobgut durchläuft eine zweite Mahlstufe (Feinmahlung) und wird mit dem vorzerkleinerten Mahlgut 1 gemeinsam auf den Klassierer geführt. Das Feingut aus dem Klassierer ist das fertige Produkt der Anlage.

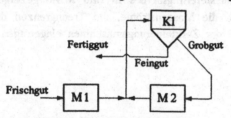

Bild 10.9.4 Kreislaufmahlung mit Vorzerkleinerung

Bild 10.9.5 zeigt als Beispiel das Schema einer Mahlanlage für Zement, die nach diesem Prinzip arbeitet (nach [10.28]). Die Mühle M1 ist eine Gutbett-Walzenmühle, deren Produkt zusammen mit dem Grobgut aus dem Sichter einer Rohrmühle (Kugelmühle, M2) zugeführt wird. Das aus dieser Rohrmühle ausgetragene Gut gelangt über ein Becherwerk zum Sichter. Der Staub, der mit dem Luftstrom durch die Rohrmühle strömt, wird über einen statischen Sichter und ein Schlauchfilter abgeschieden und dem Feingut aus dem Sichter zugeführt.

Man kann auch ein Teil des Sichtergrobguts auf die Gutbett-Walzenmühle zurückführen. Diese Betriebsweise heißt *Hybridmahlung* und bietet bei der Mahlung verschiedener Zementsorten Vorteile hinsichtlich Durchsatz und Leistungsbedarf.

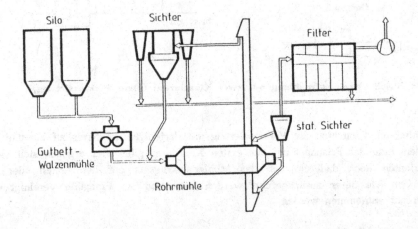

Bild 10.9.4 Zementmahlanlage mit Vormahlung in der Gutbett-Walzenmühle [10.28].

Ein Beispiel für eine Mahlanlage für schwer mahlbares Erz mit vier Zerkleinerungsstufen und vier Klassierern gibt das in Bild 10.9.6 gezeigte Schema wieder [10.29]. Hier sind auch die Massenströme, die Trenngrenzen der Klassierer und die Energiebedarfswerte der Zerkleinerungsmaschinen eingetragen.

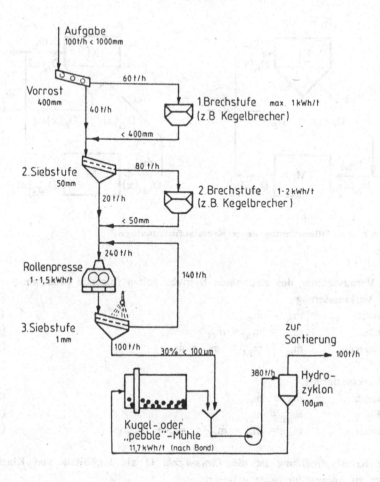

Bild 10.9.6 Fließschema einer Brech- und Mahlanlage für schwer mahlbares Erz [10.29]

10.9.2 Berechnungsansätze

Als Gegenstand der folgenden Bilanzierungsrechnungen wählen wir die geschlossene Kreislaufmahlung ohne und mit Vorklassierung nach Bild 10.9.1 b) und c).

Bild 10.9.7 enthält noch folgende Bezeichnungen:

$\dot{m}$ für die Massenströme,

$D(x)$ für die Partikelgrößenverteilungen (Durchgänge),

Indizes: A: Aufgabegut auf die Anlage (Frischgut),

               S: Aufgabegut auf den Klassierer (Sichter, Sieb, ...),

               G: Grobgut aus dem Klassierer,

               F: Feingut aus dem Klassierer,

            M1, M2:   Mühlenaufgabe- bzw. -austragsgut.

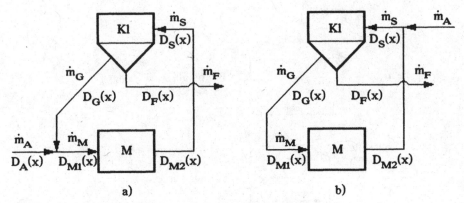

Bild 10.9.7 Zur Bilanzierung einer Kreislaufmahlanlage

Mit der Voraussetzung des stationären Betriebs gelten folgende Bilanzen:

a) ohne Vorklassierung

Gesamt: $\quad\quad\quad \dot{m}_A = \dot{m}_F$ $\quad\quad\quad\quad\quad\quad\quad$ (10.9.1)

Mühle: $\quad\quad\quad \dot{m}_M = \dot{m}_A + \dot{m}_G$ $\quad\quad\quad\quad\quad$ (10.9.2)

Klassierer: $\quad\quad \dot{m}_S = \dot{m}_M = \dot{m}_F + \dot{m}_G$ $\quad\quad\quad$ (10.9.3)

b) mit Vorklassierung

Gesamt: $\quad\quad\quad \dot{m}_A = \dot{m}_F$ $\quad\quad\quad\quad\quad\quad\quad$ (10.9.4)

Mühle: $\quad\quad\quad \dot{m}_M = \dot{m}_G$ $\quad\quad\quad\quad\quad\quad\quad$ (10.9.5)

Klassierer: $\quad\quad \dot{m}_S = \dot{m}_F + \dot{m}_G = \dot{m}_A + \dot{m}_M$ $\quad\quad$ (10.9.6)

Bei der Kreislaufmahlung ist die *Umlaufzahl* U als Verhältnis von Klassierer-durchsatz zu Anlagendurchsatz definiert

$$U = \frac{\dot{m}_S}{\dot{m}_A} > 1 \,. \quad\quad\quad\quad\quad\quad\quad (10.9.7)$$

Manchmal findet man auch die Definition

$$U^* = \frac{\dot{m}_G}{\dot{m}_A} = U - 1 \,. \quad\quad\quad\quad\quad\quad (10.9.8)$$

Der zurückgeführte Grobgutstrom heißt auch "umlaufende Last". Im Fall a) haben Mühle und Klassierer den gleichen Durchsatz, er ist um den Faktor U größer als der Anlagendurchsatz, wie sofort aus der Definition von U hervorgeht. Im Fall b) ist der Klassierer höher belastet als die Mühle, und zwar - wie eine kurze Zwischenrechnung ergibt - um den Faktor U/(U-1)

$$\dot{m}_S = \dot{m}_M \cdot \frac{U}{U-1} \,. \quad\quad\quad\quad\quad\quad (10.9.9)$$

Die Umlaufzahl U hängt nur vom Feingut- bzw. Grobgutausbringen des Klassierers ab. Sie sind in Band 1, Abschnitt 6.2.1 definiert und lauten mit den hier vorliegenden Bezeichnungen

$$f = \frac{\dot{m}_F}{\dot{m}_S} \qquad\qquad (10.9.10)$$

$$g = \frac{\dot{m}_G}{\dot{m}_S}. \qquad\qquad (10.9.11)$$

Daher läßt sich die Umlaufzahl auch mit diesen Größen schreiben

$$U = \frac{1}{f} = \frac{1}{1-g}. \qquad\qquad (10.9.12)$$

Bild 10.9.8 zeigt die Funktion U(g). Übliche Werte von U liegen zwischen 1,5 und ca. 8, je größer sie sind, umso unwirtschaftlicher ist die Mahlung.

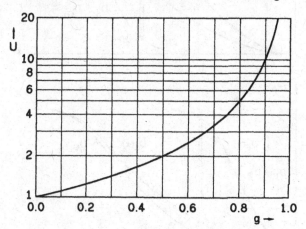

Bild 10.9.8   Umlaufzahl U abhängig vom Grobgutrücklauf g

Die Fraktionsbilanz für die Korngrößenklasse i um den Klassierer liefert

$$\Delta D_{Si} = f \cdot \Delta D_{Fi} + g \cdot \Delta D_{Gi} \qquad\qquad (10.9.13)$$

(vgl. Band 1, Abschnitt 6.2.1) und nach der Aufsummierung von der kleinsten bis zur Partikelgröße x_i

$$D_{Si} = f \cdot D_{Fi} + g \cdot D_{Gi}. \qquad\qquad (10.9.14)$$

f und g lassen sich durch die Umlaufzahl ausdrücken und so erhalten wir nach wenigen Rechenschritten

$$U = \frac{D_{Fi} - D_{Gi}}{D_{Si} - D_{Gi}} \qquad\qquad (10.9.15)$$

Diese Beziehung muß aus Bilanzgründen für jede Fraktion zutreffen. Sie erlaubt die Bestimmung der Umlaufzahl aus Einzelwerten der drei Partikelgrößenverteilungen von Aufgabe-, Grob- und Feingut am Klassierer. Abweichungen, die bei der praktischen Überprüfung auftreten, kommen von Schwankungen im Betriebszustand (stationär ist vorausgesetzt), von Probenahmefehlern und von Ungenauigkeiten bei der Korngrößenanalyse.

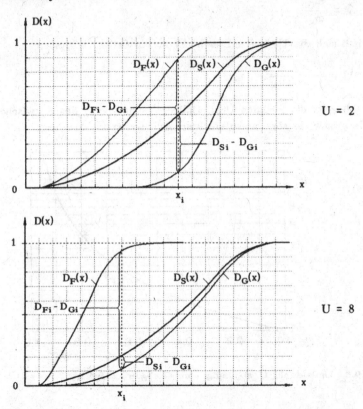

Bild 10.9.9 Einfluß der Umlaufzahl U auf die Partikelgrößenverteilungen von Grob-und Feingut

Bild 10.9.9 zeigt einander zugehörige Partikelgrößenverteilungen für die Umlaufzahlen U = 2 und U = 8 und macht deutlich, daß mit höherer Umlaufzahl die Grobgutverteilung sich immer weniger von derjenigen des Aufgabeguts unterscheidet. Dafür wird das Feingut feiner, allerdings bei geringerem Ausbringen:

$$U = 2 \rightarrow f = 0{,}5 = 50\%;$$
$$U = 8 \rightarrow f = 0{,}125 = 12{,}5\%.$$

Hinsichtlich der Korngrößenverteilungen gelten einerseits die Additionsregeln aus Band 1, Abschnitt 2.4.4.1 und andererseits die Zusammenhänge mit der Trenngradkurve $T(x)$ des Klassierers aus Band 1, Abschnitt 6.2.1. Für die Anordnung in Bild 10.9.7.a) ist demnach

$$D_{M1}(x) = \frac{\dot{m}_G}{\dot{m}_M} \cdot D_G(x) + \frac{\dot{m}_A}{\dot{m}_M} \cdot D_A(x) = g \cdot D_G(x) + f \cdot D_A(x) \qquad (10.9.16)$$

$$D_{M2}(x) = D_S(x) = g \cdot D_G(x) + f \cdot D_F(x) , \qquad (10.9.17)$$

und für die Anordnung in Bild 10.9.7.b) folgt aus der Bilanz um den Zulaufpunkt

$$D_S(x) = \frac{\dot{m}_M}{\dot{m}_S} \cdot D_{M2}(x) + \frac{\dot{m}_A}{\dot{m}_S} \cdot D_A(x) = g \cdot D_{M2}(x) + f \cdot D_A(x) \qquad (10.9.18)$$

und aus der Bilanz um den Klassierer mit $D_G(x) = D_{M1}(x)$

$$D_S(x) = g \cdot D_{M1}(x) + f \cdot D_F(x) . \qquad (10.9.19)$$

In beiden Fällen berechnet man die Trenngradkurve nach den Formeln

$$T(x) = g \cdot \frac{\Delta D_{Gi}}{\Delta D_{Si}} \qquad (10.9.20)$$

$$T(x) = 1 - f \cdot \frac{\Delta D_{Fi}}{\Delta D_{Si}} \qquad (10.9.21)$$

$$T(x) = \frac{g \cdot \Delta D_{Gi}}{g \cdot \Delta D_{Gi} + f \cdot \Delta D_{Fi}} , \qquad (10.9.22)$$

je nachdem, welche Partikelgrößenverteilungen gemessen wurden. Wie man diese Beziehungen anwenden kann, zeigt das folgende Beispiel.

Beispiel 10.4: Auswertung einer Technikums-Kreislaufmahlung

Bei der Vermahlung von vorgebrochenem Zementklinker (Dichte $\rho_s = 3{,}1\,t/m^3$) auf einer Technikums-Mahlanlage nach dem Schema in Bild 10.9.7 a) wurden bei stationärem Betrieb folgende Daten gemessen:

Durchsätze: $\dot{m}_A = \dot{m}_F = 41{,}8\,kg/h$ (Anlagendurchsatz)

$\dot{m}_G = 93{,}0\,kg/h$ (Grobgutrücklauf)

Korngrößenverteilungen $D_A(x)$ vom Frischgut, $D_F(x)$ vom Austragsgut und $D_G(x)$ vom Grobgutrücklauf (Werte in Tabelle 10.12, Spalten 3, 4 und 5)

Leistungsaufnahmen: Mühle: brutto 2,1 kW, Leerlauf 0,6 kW.

Sichter: 0,25 kW

Förderorgane: 0,15 kW.

Zu bestimmen sind:

a) der Mühlen- und der Sichterdurchsatz,

b) die Umlaufzahl sowie Grob- und Feinausbringen (g und f) des Sichters,

c) der spezifische Brutto-Arbeitsbedarf der Anlage insgesamt,

d) der spezifische Arbeitsbedarf (netto) der Mühle,

e) die Korngrößenverteilungen $D_{M1}(x)$ des Mühlenaufgabegutes und $D_{M2}(x)$ des Mühlenaustragsguts,

f) die Trenngradkurve für den Sichter als Stufenfunktion.

Tabelle 10.14 Korngrößenverteilungen zu Beispiel 10.4

(1)	(2)	(3)	(4)	(5)	(6)	(7)
i	$x_i/\mu m$	D_{Ai}	D_{Gi}	D_{Fi}	D_{M1i}	D_{M2i}
0	0	-	0	0	0	0
1	1	-	0,011	0,022	0,008	0,014
2	2	-	0,02	0,07	0,014	0,036
3	5	-	0,04	0,23	0,028	0,099
4	10	-	0,08	0,42	0,055	0,185
5	20	-	0,17	0,69	0,117	0,331
6	32	0,003	0,35	0,92	0,242	0,527
7	45	0,005	0,51	0,97	0,353	0,653
8	63	0,009	0,77	0,99	0,534	0,838
9	90	0,017	0,90	0,998	0,626	0,930
10	125	0,03	0,95	1,0	0,665	0,966
11	180	0,06	0,98	1,0	0,695	0,986
12	250	0,12	0,99	1,0	0,720	0,993
13	400	0,30	0,999	1,0	0,782	0,999
14	630	0,58	1,0	1,0	0,870	1,0
15	1000	0,89	1,0	1,0	0,966	1,0
16	2000	0,998	1,0	1,0	0,999	1,0

Lösung:

a) Nach Gl.(10.9.2) ist $\dot{m}_M = \dot{m}_A + \dot{m}_G = \dot{m}_S = 134,8\,kg/h$

b) Aus Gl.(10.9.7) bekommen wir für die Umlaufzahl

$$U = \dot{m}_S/\dot{m}_A = 3,2$$

und außerdem $g = \dot{m}_G/\dot{m}_S = 0,69$ und $f = \dot{m}_A/\dot{m}_S = 1/U = 0,31$.

c) Für den spezifischen Arbeitsbedarf der Anlage beziehen wir die Summe der Bruttoleistungen auf den Anlagendurchsatz und erhalten

$$(W_m)_{br} = \frac{P_{Mbr} + P_S + P_{Fö}}{\dot{m}_A} = 59,8\,kWh/t$$

d) Der Netto-Arbeitsbedarf für die Mahlung ergibt sich aus

$$W_m = \frac{P_{Mbr} - P_{Mleer}}{\dot{m}_M} = 11,1\ kWh/t.$$

e) $D_{M1}(x)$ und $D_{M2}(x)$ berechnen wir nach den Gl.n(10.9.16) und (10.9.17)

$$D_{M1}(x) = g \cdot D_G(x) + f \cdot D_A(x)$$

$$D_{M2}(x) = D_S(x) = g \cdot D_G(x) + f \cdot D_F(x) ,$$

Die Ergebnisse sind in Tabelle 10.13, Spalten (6) und (7) bereits eingetragen.

f) Die Trenngradfunktion wird nach dem Beispiel 6.1 in Band 1, Abschnitt 6.2.3.1 durchgeführt und ergibt die in Tabelle 10.13 und Bild 10.9.10 enthaltenen Werte.

Tabelle 10.15: Trenngrade zu Beispiel 10.4

$x_i/\mu m$	1	2	5	10	20	32	45	63
T_i	0,527	0,294	0,218	0,319	0,426	0,635	0,877	0,967

$x_i/\mu m$	90	125	180	250	400	630	1000	2000
T_i	0,973	0,982	1,0	1,0	1,0	1,0	1,0	1,0

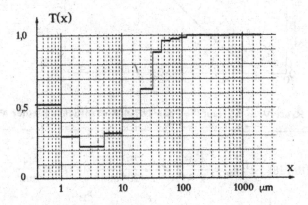

Bild 10.9.10 Trenngradfunktion zu Beispiel 10.4

Anmerkungen:

1.) Bei der praktischen Ausführung der Korngrößenanalysen müssen wegen der erforderlichen Additionen immer gleiche Intervalle, z.B. gleiche Maschenweiten der Siebe gewählt werden.

2.) Das Ansteigen der Trenngradwerte mit kleiner werdender Partikelgöße bei Partikeln unter ca. 5 μm hängt mit deren Haftneigung zusammen. Beim Sichten bleiben sie an großen Partikeln haften und gelangen so ins Grobgut. Bei dessen Präparation zur Korngrößenanalyse (in diesem Bereich meist Naßdispergierung) werden sie von den großen Partikeln getrennt und erscheinen mit ihrer "wahren" Größe.

10.10 Aufgaben zu Kapitel 10

Aufgabe 10.1: *Einzelkornzerkleinerung*

Bei der schnellen Einzelkorn-Druckzerkleinerung einer PMMA-Kugel (Polymethyl-methacrylat, Dichte $1{,}18 \cdot 10^3 \text{ kg/m}^3$) von 20 mm$^\emptyset$ wurde die in Bild 10.10.1 bis zum Bruchpunkt B wiedergegebene Kraft-Weg-Kurve aufgezeichnet. Man bestimme
  a) die bezogene Bruchkraft f_B in N/mm^2,
  b) die Bruchenergie W_B in J und die massenbezogene spezifische Bruchenergie W_{Bm} in kJ/kg bzw. in kWh/t.
  c) Aus welcher Höhe muß ein Fallkörper aus Stahl mit 2 kg Masse mindestens fallen, damit er die Bruchenergie aufbringt?

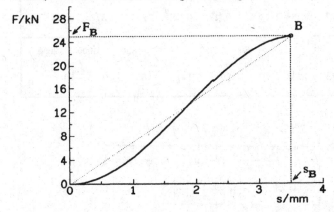

Bild 10.10.1 Kraft-Weg-Verlauf bei der Druckbeanspruchung einer PMMA-Kugel

Lösung:

a) Nach Gl.(10.1.18) ist $f_B = \dfrac{4 \cdot F_B}{\pi \cdot d^2} = \dfrac{4 \cdot 25 \cdot 10^3 \text{ N}}{\pi \cdot 20^2 \text{ mm}^2} = 79{,}58 \dfrac{\text{N}}{\text{mm}^2}$.

b) Die Integration der Kraft-Wegkurve $W_B = \int\limits_0^{s_B} F(s)\,ds$ kann in diesem Fall dadurch vereinfacht werden, daß eine Gerade vom Ursprung zum Bruchpunkt (gestrichelt) einen Flächenausgleich über und unter dieser Geraden ergibt. Man erhält deswegen für das Integral

$$W_B \approx \frac{1}{2} \cdot F_B \cdot s_B = \frac{1}{2} \cdot 25 \text{ kN} \cdot 0{,}0035 \text{ m} = 43{,}75 \text{ Nm} = 43{,}75 \text{ J}.$$

Daraus ergibt sich mit der Masse $m_K = \rho_K \cdot \dfrac{\pi}{6} d_K^3 = 1{,}18 \cdot \dfrac{\pi}{6} \cdot 2^3 \text{ g} = 4{,}94 \text{ g}$ der PMMA-Kugel

$$W_{Bm} = \frac{W_B}{m_K} = 8{,}85 \frac{\text{J}}{\text{g}} = 8{,}85 \frac{\text{kJ}}{\text{kg}} = 2{,}46 \frac{\text{kWh}}{\text{t}}$$

c) Damit ein Fallkörper die Zerkleinerungsenergie W_B = 43,75 J aufbringt, muß er im freien Fall mindestens aus der Höhe

$$H = \frac{W_B}{m_{FK} \cdot g} = \frac{43,75 \, J \cdot s^2}{2 \, kg \cdot 9,81 \, m} = 2,23 \, m$$

fallen.

Aufgabe 10.2: *Backenbrecher*

Untenstehend ist der Brechraum eines Backenbrechers mit seinen wichtigsten Maßen skizziert.

a) Man schätze den Durchsatz in t/h eines Materials mit der Feststoffdichte 2,7 t/m^3 und der Schüttdichte 1,1 t/m^3 (im Brechspalt) durch diesen Brecher ab, wenn er mit optimaler Hubzahl betrieben wird.

b) Welche Hubzahl (Drehzahl) ist optimal?

c) Man gebe eine Abschätzung für den mittleren Leistungsbedarf dieses Brechers beim Zerkleinern von mittelschwer mahlbarem Gut ("mittelhart").

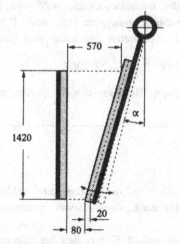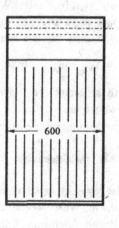

Bild 10.10.2   Backenbrecher zu Aufgabe 10.2

Lösung:

a) Gl.(10.3.11) gibt den Feststoffvolumenstrom

$$\dot{V}_{Aopt} = c_{vA} \cdot b \cdot s_{gmin} \cdot \sqrt{\frac{g \, \Delta s_{max}}{8 \, \tan \alpha}}$$

am Austragsspalt an, wenn der Brecher mit optimaler Hubzahl läuft. Der zugehörige Massenstrom ist

$$\dot{m}_{Aopt} = \rho_s \cdot \dot{V}_{Aopt} = \rho_s \cdot c_{vA} \cdot b \cdot s_{gmin} \cdot \sqrt{\frac{g \, \Delta s_{max}}{8 \, \tan \alpha}} \; .$$

Darin bedeutet $\rho_s \cdot c_{vA}$ die gegebene Schüttdichte $(1{,}1\,t/m^3)$ und $\tan \alpha$ berechnet sich nach

$$\tan \alpha = \frac{a - s_{gmin} - \Delta s_{max}}{H} \doteq \frac{570 - 80 - 20}{1420} = 0{,}331 \; (\rightarrow \alpha = 18{,}3°)$$

So ergibt sich für den Massenstrom

$$\dot{m}_{Aopt} = 1{,}1\,t/m^3 \cdot 0{,}6\,m \cdot 0{,}08\,m \cdot \sqrt{\frac{9{,}81 \cdot 0{,}02\,m^2}{8 \cdot 0{,}331 \; s^2}} \cdot 3600\,\frac{s}{h} = 51{,}74\,\frac{t}{h}$$

$$\dot{m}_{Aopt} \approx 52\,t/h$$

b) Die optimale Hubzahl ist nach Gl. (10.3.12)

$$n_{Aopt} = \sqrt{\frac{g \cdot \tan \alpha}{8 \, \Delta s_{max}}} = \sqrt{\frac{9{,}81 \cdot 0{,}331}{8 \cdot 0{,}02 \; s^2}} = 4{,}50\,s^{-1} = 270\,min^{-1}$$

c) Wenn wir von $(0{,}5 \ldots 1)\,kWh/t$ für die massebezogene spezifische Zerkleinerungsarbeit beim Brechen mittelharter Stoffe ausgehen (vgl. auch Bild 10.1.12), dann bekommen wir mit dem unter b) errechneten Durchsatz eine Leistung von

$$P = W_m \cdot \dot{m}_{Aopt} \approx (0{,}5 \ldots 1) \cdot 52\,kW = (21 \ldots 52)\,kW.$$

Tatsächlich bietet ein Hersteller einen Brecher dieser Größe mit einem 30 kW-Motor an..

Aufgabe 10.3: *Walzenmühle*

Gegeben ist eine Glattwalzenmühle mit $D = 1{,}2\,m$ Durchmesser beider Walzen und $B = 0{,}6\,m$ Walzenbreite zur Zerkleinerung eines schwer mahlbaren, harten Gesteins (Basalt, Dichte $\rho_s = 2{,}89\,t/m^3$).
Die Drehzahl ist $60\,min^{-1}$, das Aufgabegut enthält Korngrößen bis 50 mm.
a) Welcher Mindest-Reibungskoeffizient gewährleistet den Einzug des größten Korns bei einem Zerkleinerungsgrad von $z_W = 4:1$?
b) Welcher Durchsatz ist bei einer Feststoff-Raumausfüllung von $c_v = 0{,}15$ erzielbar?
c) Welchen Leistungsbedarf hat jede Walze für sich, wenn in erster Näherung folgender Zusammenhang zwischen spezifischem Arbeitsbedarf W_m und Zerkleinerungsgrad gilt

$$W_m = 1{,}0 \cdot \frac{kWh}{t} \, \sqrt{z_W - 1} \; ?$$

Lösung:

a) Aus Gl.(10.4.6) folgt mit der größten Korngröße $d = d_{max}$

$$\mu > \left[\left(\frac{D + d_{max}}{D + s} \right)^2 - 1 \right]^{1/2} .$$

Die Spaltweite s bekommen wir aus dem Zerkleinerungsgrad $z_W = d_{max}/s$ zu

$$s = \frac{d_{max}}{z_W} = 12{,}5\text{mm} ,$$

und damit ergibt sich als mindestens erforderlicher Reibungskoeffizient

$$\mu = \left[\left(\frac{1{,}2 + 0{,}05}{1{,}2 + 0{,}0125} \right)^2 - 1 \right]^{1/2} = 0{,}251 .$$

b) Der Durchsatz als Massenstrom errechnet sich nach Gl.(10.4.13) durch Multiplikation mit der Feststoffdichte ρ_s und unter der Annahme, daß die Transportgeschwindigkeit w gleich der Walzenumfangsgeschwindigkeit w_u ist zu

$$\dot{m} = \rho_s \cdot c_v \cdot s \cdot B \cdot w_u = 2{,}89 \frac{t}{m^3} \cdot 0{,}15 \cdot 0{,}0125\text{m} \cdot 0{,}6\text{m} \cdot 3{,}77 \frac{m}{s} = 0{,}0123 \frac{t}{s} = 44 t/h .$$

c) Für die Gesamtleistung gilt mit der gegebenen Beziehung für W_m

$$P = W_m \cdot \dot{m} = 1{,}0 \cdot \frac{kWh}{t} \sqrt{4-1} \cdot 44 \frac{t}{h} = 1{,}73 \frac{kWh}{t} \cdot 44 \frac{t}{h} = 76{,}2 kW ,$$

so daß auf jede Walze knapp 40 kW entfallen.

Aufgabe 10.4: *Rohrmühle*

In einer Rohrmühle (Hubleistenmühle) sollen 40 t/h Dolomit von 80% < 10 mm auf 80% < 150 µm gemahlen werden. Die Dichte von Dolomit ist 2740 kg/m³, der Bond-Index beträgt 12,5 kWh/t.
a) Welche Nettoleistung nach Bond ist für diese Mahlung erforderlich?
b) Welche von den nachfolgend zur Auswahl gestellten Mühlengrößen ist die geeignete? (Kugelfüllungsgrad 35%; Mahlkörper: Stahlkugeln mit 7890 kg/m³ Dichte)

	A	B	C
D/m	2	2,4	3
L/m	9	10,5	12

c) Mit welcher Drehzahl wird die Mühle betrieben?

d) Wieviel t Mahlkugeln und wieviel t Mahlgut befinden in der Mühle bei Hohlraumvolumenanteilen $\varepsilon_K = 0{,}41$ bzw. $\varepsilon_G = 0{,}45$?

Lösung:

a) Nach Bond ist (Gl.(10.1.29)) .

$$W_m = W_i \cdot \left[\left(\frac{100\,\mu m}{x_{80,P}} \right)^{1/2} - \left(\frac{100\,\mu m}{x_{80,A}} \right)^{1/2} \right]$$

$$= 12,5\,kWh/t \cdot \left[\left(\frac{100\,\mu m}{150\,\mu m} \right)^{1/2} - \left(\frac{100\,\mu m}{10^4\,\mu m} \right)^{1/2} \right] = 8,96\,kWh/t$$

$$P = W_m \cdot \dot{m} = 8,96\,kWh/t \cdot 40\,t/h \approx 360\,kW.$$

b) Aus der Leistungsbeziehung von Rose/Sullivan Gl.(10.7.40) läßt sich als Kombination der unbekannten Größen explizieren

$$L \cdot D^4 \cdot n^3 = \frac{P}{\rho_K \cdot (1 + 0,4\,\rho_G/\rho_K) \cdot \lambda \cdot (n_c/n)^2 \cdot \Phi(\varphi_K)}\,.$$

Mit der Annahme $n/n_c = 0,76$ und mit Gl.(10.7.19) für n_c bekommen wir

$$n = (0,76/\pi) \cdot \sqrt{g/2} \cdot 1/\sqrt{D} \quad \text{bzw.} \quad n^3 = 0,1538\,\frac{m^{1,5}}{s^3} \cdot D^{-1,5}.$$

Setzen wir noch $\lambda = 3,13$ und $\Phi(0,35) = 0,95$ nach Bild 10.7.11 ein, ergibt sich

$$L\,D^{2,5} = 50,92\,m^{3,5}.$$

Diese Größe bilden wir jetzt auch aus den Daten der drei gegebenen Mühlen und suchen die mit der Vorgabe übereinstimmende heraus. Wir erhalten

für A: $L\,D^{2,5} = 50,91\,m^{3,5}$;
für B: $L\,D^{2,5} = 93,7\,m^{3,5}$;
für C: $L\,D^{2,5} = 187,1\,m^{3,5}$.

Geeignet ist also die Mühle A, die beiden anderen sind zu groß.

c) Für die Drehzahl bekommen wir mit der o.g. Annahme nach Gl.(10.7.27)

$$n = 32/\sqrt{D} = 32/\sqrt{2}\ min^{-1} = 22,6\,min^{-1}.$$

d) Die Masse der Mahlkugelfüllung berechnen wir nach Gl.(10.7.3) mit

$$V_M = \frac{\pi}{4} D^2 \cdot L = \frac{\pi}{4} 2^2 \cdot 9\,m^3 = 28,3\,m^3 \quad \text{zu}$$

$$M_K = \rho_K(1 - \varepsilon_K) \cdot \varphi_K \cdot V_M = 7,89\,\frac{t}{m^3} \cdot (1 - 0,41) \cdot 0,35 \cdot 28,3\,m^3 = 46,1\,t$$

und die Mahlgutmasse ist nach Gl.(10.7.4)

$$M_G = \rho_G(1 - \varepsilon_G) \cdot \varphi_G \cdot \varepsilon_K \cdot \varphi_K \cdot V_M$$

$$M_G = 2,74\,\frac{t}{m^3} \cdot (1 - 0,45) \cdot 1,1 \cdot 0,41 \cdot 0,35 \cdot 28,3\,m^3 = 6,7\,t.$$

Aufgabe 10.5: *Mahlkreislauf-Bilanzierung*

Eine Schlackenmahlanlage nach dem Schema in Bild 10.10.3 mit zwei Siebmaschinen und einem Magnetscheider setzt stätionär insgesamt 10 t/h Material durch.

Sieb 1 verweist g_1 = 35% in den Überlauf, davon werden im Magnetscheider MS noch g_{12} = 12% als Eisen ausgeschieden. Sieb 2 verweist g_2 = 25% zum Überlauf. (Die gegebenen Werte sind mit Kreisen eingerahmt).

Man berechne den Mühlendurchsatz $\dot{m}_M$, die Siebdurchsätze $\dot{m}_{S1}$ und $\dot{m}_{S2}$ sowie die Anlagenausträge $\dot{m}_{F2}$ und $\dot{m}_E$ zunächst allgemein als Funktionen von $\dot{m}_A$, g_1, g_{12}, und g_2, dann für die gegebenen Zahlenwerte.

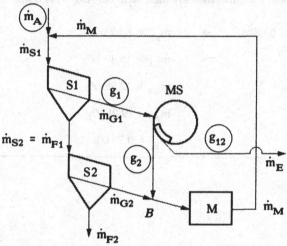

Bild 10.10.3 Schema der Schlackenmahlanlage zu Aufgabe 10.5

Lösung:

Mühlendurchsatz:

$$\dot{m}_M = \dot{m}_{G2} + (\dot{m}_{G1} - \dot{m}_E)$$

$$\dot{m}_{G2} = g_2 \cdot \dot{m}_{F1} = g_2 \cdot (1 - g_1) \cdot \dot{m}_{S1} = g_2 \cdot (1 - g_1) \cdot (\dot{m}_A + \dot{m}_M)$$

$$\dot{m}_{G1} - \dot{m}_E = \dot{m}_{G1} - g_{12} \cdot \dot{m}_{G1} = (1 - g_{12}) \cdot \dot{m}_{G1}$$

$$= (1 - g_{12}) \cdot g_1 \cdot \dot{m}_{S1} = (1 - g_{12}) \cdot g_1 \cdot (\dot{m}_A + \dot{m}_M)$$

$$\dot{m}_M = \left[g_2 \cdot (1 - g_1) + (1 - g_{12}) \cdot g_1 \right] \cdot (\dot{m}_A + \dot{m}_M)$$

$$\dot{m}_M \cdot \left\{ 1 - \left[g_2 \cdot (1 - g_1) + (1 - g_{12}) \cdot g_1 \right] \right\} = \dot{m}_A \cdot \left[g_2 \cdot (1 - g_1) + (1 - g_{12}) \cdot g_1 \right]$$

$$\frac{\dot{m}_M}{\dot{m}_A} = \frac{g_2 \cdot (1 - g_1) + (1 - g_{12}) \cdot g_1}{1 - \left[g_2 \cdot (1 - g_1) + (1 - g_{12}) \cdot g_1 \right]} \equiv a$$

Mit der Abkürzung "a" für das Verhältnis Mühlendurchsatz/Anlagendurchsatz können wir die anderen gesuchten Massenströme sehr einfach schreiben:

Sieb 1: $\qquad \dot{m}_{S1} = \dot{m}_A + \dot{m}_M = \dot{m}_A(1 + a)$

Sieb 2: $\qquad \dot{m}_{S2} = (1 - g_1) \cdot \dot{m}_{S1} = (1 - g_1) \cdot \dot{m}_A(1 + a)$

Feingutaustrag: $\quad \dot{m}_{F2} = (1 - g_2) \cdot \dot{m}_{S2} = (1 - g_2) \cdot (1 - g_1) \cdot \dot{m}_A(1 + a)$

Eisenaustrag: $\quad \dot{m}_E = \dot{m}_A - \dot{m}_{F2} = \dot{m}_A \cdot \left(1 - (1 - g_2) \cdot (1 - g_1) \cdot (1 + a)\right)$

Mit den gegebenen Zahlenwerten ergeben sich bei $\dot{m}_A = 10\,t/h$

$$\frac{\dot{m}_M}{\dot{m}_A} = a = 0{,}8886 \qquad \rightarrow \qquad \dot{m}_M = 8{,}89\,t/h$$

$$\dot{m}_{S1} = 18{,}89\,t/h$$

$$\dot{m}_{S2} = 12{,}28\,t/h$$

$$\dot{m}_{F2} = 9{,}21\,t/h$$

$$\dot{m}_E = 0{,}79\,t/h$$

11 Wirbelschichten und pneumatische Förderung

11.1 Wirbelschichten

11.1.1 Erscheinungsformen und Strömungszustände von Wirbelschichten

Wenn eine Schüttschicht aus Feststoffpartikeln von unten mit einem Fluid (Flüssigkeit oder Gas) durchströmt wird, bleiben bei niedrigen Geschwindigkeiten die Partikeln gegenseitig fixiert (Festbett), die Durchströmung der Schicht hat keine Partikelbewegung zur Folge. Ab einer bestimmten Geschwindigkeit, dann nämlich, wenn die Widerstandskraft der Strömung gerade das Gewicht der Schicht im Fluid trägt, lockert sich die Schicht auf, und die Partikeln erlangen eine gewisse gegenseitige Beweglichkeit. Makroskopisch ähnelt das Verhalten der Schicht dann einer Flüssigkeit. Man spricht daher vom *Fluidisieren* der Schüttschicht. Das ursprüngliche Festbett wird zum *Fließbett*, die Schüttschicht zur *Wirbelschicht*. Der Beginn der Auflockerung heißt *Minimalfluidisierung*, man spricht auch vom *Lockerungspunkt* oder *Wirbelpunkt*, die zugehörige Geschwindigkeit ist die *Lockerungsgeschwindigkeit* oder *Wirbelpunktsgeschwindigkeit* w_L. Bei der Auflockerung dehnt sich die Schicht etwas auf - sonst könnten die Partikeln ja nicht beweglich werden - , und so ist auch die *Lockerungsporosität* ε_L etwas höher als die Festbettporosität ε_0. Eine weitere Erhöhung der Fluidgeschwindigkeit hat die Ausdehnung (Höhenänderung) und - abhängig von Dichtedifferenzen, Korngrößen und Haftkräften zwischen den Partikeln - verschiedene Erscheinungsformen und Bewegungszustände der Wirbelschicht zur Folge. Schließlich werden bei ausreichend hoher Strömungsgeschwindigkeit die Partikeln aus der Wirbelschicht ausgetragen. Wenn sie dann in Rohrleitungen vom Fluid transportiert werden, spricht man von *pneumatischer* oder *hydraulischer Förderung* (Abschnitt 11.2).

Zunächst qualitativ lassen sich die folgenden Erscheinungsformen von Wirbelschichten unterscheiden (nach [11.1]).

Homogene Wirbelschicht

Wirbelschichten mit Flüssigkeiten sind dadurch ausgezeichnet, daß in ihnen eine homogene Fluidisierung möglich ist, d.h. daß eine gleichmäßige Volumenexpansion mit zunehmender Geschwindigkeit stattfindet (Bild 11.1.1 a)). Homogenität im Sinne einer gleichmäßigen Zufallsmischung der Partikeln über die ganze Schicht ist praktisch nur mit Gleichkornpartikeln in Flüssigkeiten zu realisieren.

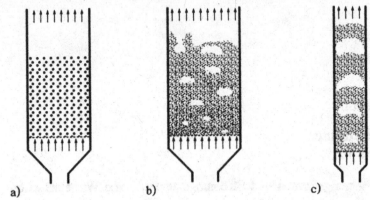

Bild 11.1.1 a) Homogene Wirbelschicht, b) blasenbildende (brodelnde) Wirbelschicht c) stoßende Wirbelschicht

Inhomogene Wirbelschichten

entstehen zum einen durch Klassieren oder Sortieren in der Wirbelschicht, indem größere und/oder spezifisch schwerere Partikeln sich im unteren Teil anreichern. Zum anderen und vor allem meint man mit inhomogener Wirbelschicht die durch Instabilitäten bei der Durchströmung entstehende *Blasenbildung*. Sie tritt bei Gas-Wirbelschichten praktisch immer auf. Die Blasen sind fast feststofffrei, vereinigen sich (koaleszieren) beim Aufsteigen und zerplatzen an der Oberfläche der Schicht. Das sieht aus wie eine brodelnde Flüssigkeit *(blasenbildende* oder *brodelnde Wirbelschicht,* Bild 11.1.1 b)). In engen und ausreichend hohen Gefäßen wachsen sie u.U. bis zur Größe des Querschnitts an. Wie in Bild 11.1.1 c) dargestellt steigen sie dann kolbenartig im Behälter nach oben, der Feststoff wird periodisch und stoßartig gehoben und fällt wieder zurück *(stoßende Wirbelschicht).* Sehr hohe Gasgeschwindigkeiten schleudern den Feststoff ohne unterscheidbare Blasen in die Höhe, die Schicht hat keine definierbare Obergrenze (hoch expandierte Wirbelschicht). Damit der Feststoff nicht ausgetragen wird, scheidet man ihn in einem seitlich angebrachten Zyklon ab und führt ihn wieder in die Schicht zurück *(zirkulierende Wirbelschicht,* Bild 11.1.2 a)). Kohäsive feinkörnige Schüttgüter lassen sich mit Gas allein oft gar nicht fluidisieren. Bei ihnen bilden sich durchgehende Strömungskanäle durch die Schicht, die umliegenden Bereiche werden praktisch nicht durchströmt (Bild 11.1.2 b)). Erst mit zusätzlichen mechanischen Rührern ist ein wirbelschichtartiger Zustand zu erreichen.

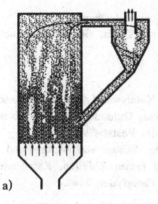 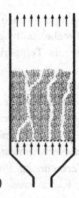

a)   b)

Bild 11.1.2 a) Zirkulierende Wirbelschicht b) Kanalbildung, keine Fluidisierung

11.1.2 Anwendungen der Wirbelschichttechnik

Wirbelschichten bieten einige charakteristische Grundeigenschaften und -vorgänge, die in der Verfahrenstechnik und chemischen Reaktionstechnik vielfältig ausgenutzt werden. Dies sind
- hohe Relativgeschwindigkeit zwischen der kontinuierlichen fluiden und der dispersen festen Phase,
- häufiger Partikel/Partikel- und Partikel/Wand-Stoß,
- intensive Vermischung der Partikeln und
- Fluideigenschaften der Wirbelschicht als Ganzes.

Die homogene Wirbelschicht hat klassierende bzw. sortierende Wirkung dadurch, daß im Vergleich zur Schicht spezifisch schwerere Körper absinken und spezifisch leichtere aufschwimmen. In der Aufbereitungstechnik für Kohle, Erze und Mineralien, aber auch in der Landtechnik (Spänesortierung) sind hier Anwendungsmöglichkeiten. Das Rückspülen von beladenen Tiefenfiltern bei der Wasserreinigung (Kies- und Sandfilter, s. Abschnitt 8.4.4) ist ein Fluidisierungsvorgang, bei dem allerdings meist durch zusätzliches Lufteinblasen eine verstärkte Verwirbelung der Körner die Abreinigung erleichtert und beschleunigt.

Die Anwendungen der Gas-Wirbelschichten kann man nach Geldart [11.2] folgendermaßen gliedern:

Physikalische Prozesse:

Wärme- und Stofftransport zwischen Gas und Partikeln,
z.B. Feststofftrocknung, Lösemittelabsorption, Kühlen von Schüttgütern;

Wärme- und Stofftransport zwischen den Partikeln untereinander bzw. zwischen Partikeln und eingetauchten Körpern,
z.B. Agglomeration, Überziehen von Tabletten (coating), Oberflächenbeschichtung von Bauteilen mit Kunststoffen, Mischen von Feststoffen, Staubabscheiden;

Wärmeübertragung zwischen der Wirbelschicht und Oberflächen
>z.B. Wärmebehandlung von Textilfasern, Draht, Gummi, Glas usw., Wirbelschicht als Temperierbad.

Chemische Prozesse:
>Gas/Gas-Reaktionen mit dem Feststoff als Katalysator oder Wärmesenke
>>z.B. Öl-Cracken, Herstellung von Anilin, Oxidation von SO_2 zu SO_3
>Gas/Feststoff-Reaktionen mit Veränderung des Feststoffs,
>>z.B. Kohleverbrennung, Kohlevergasung, Rösten von Nickel- und Zinksulfiden, Verbrennung von flüssigen und festen Abfällen, Katalysator-Regeneration, Kalzinierung von Kalkstein, Phosphaten usw..

Diese Anwendungen liegen also ganz überwiegend im Bereich der thermischen Verfahrenstechnik und der chemischen Reaktionstechnik, weswegen hier nicht weiter darauf eingegangen werden kann.

Schließlich lassen sich die Fluideigenschaften zum Transport des Feststoffs nutzen. *Pneumatische Förderrinnen* sind leicht geneigte, mit porösem Boden versehene Rinnen, in denen Schüttgüter mit Luft fluidisiert werden und fließen; gleichzeitig lassen sich verschiedene andere Operationen wie Trocknen, Reinigen, Kühlen usw. durchführen (Bild 11.1.3).

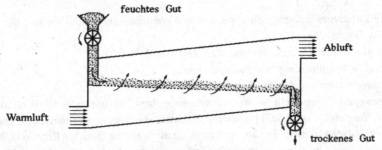

Bild 11.1.3 Pneumatische Förderrinne mit Trocknung

11.1.3 Fluidmechanische Grundlagen

11.1.3.1 Druckverlustdiagramm

Die Durchströmung der Wirbelschicht verursacht einen Druckverlust Δp, den man über der *Leerrohrgeschwindigkeit* $\overline{w} = \dot{V}/A$ (s. Gl.(8.2.11)) aufträgt. Bild 11.1.4 gibt den prinzipiellen Verlauf für die homogene Wirbelschicht in doppelt-logarithmischer Auftragung wieder. Mit zunehmender Geschwindigkeit werden drei Bereiche durchlaufen:

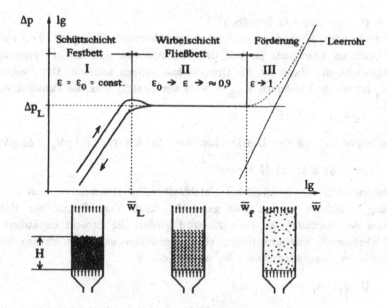

Bild 11.8.4 Druckverlustverlauf einer homogenen fluidisierenden Schicht

Bereich I: Durchströmte Schüttschicht (Festbett):
Dort gelten die in Abschnitt 8.2.2 angegebenen Durchströmungsgleichungen. D.h. je nach dem Reynoldszahlenbereich ist der Druckverlust $\Delta p \sim \overline{w}$ (Re < ca. 3, Steigung 1 im lg-lg-Netz), wenn es sich um zähe Durchströmung handelt, und $\Delta p \sim a \cdot \overline{w} + b \cdot \overline{w}^2$ (Re-Zahl > ca. 3, nach oben gekrümmter Verlauf im lg-lg-Netz), wenn zäh-turbulente Durchströmung herrscht. Nach [11.3] kann man im allgemeinen die Ergun-Gleichung Gl.(8.2.32) verwenden

$$\frac{\Delta p}{H_0} = 150 \cdot \frac{(1-\varepsilon_0)^2}{\varepsilon_0^3} \cdot \frac{\eta \cdot \overline{w}}{d_{32}^2} + 1{,}75 \cdot \frac{1-\varepsilon_0}{\varepsilon_0^3} \cdot \frac{\rho_f \overline{w}^2}{d_{32}}, \qquad (11.1.1)$$

worin H_0 die Höhe und ε_0 die konstante Porosität der Festbett-Schicht bedeuten. Für die Partikelgröße d_{32} kann nach Gl.(2.4.24) und Gl.(2.4.21) auch die spezifische Oberfläche S_V eingesetzt werden, die mit dem Formfaktor $\varphi = 1/\Psi_{Wa}$ (Ψ_{Wa}: Sphärizität) aus der Partikelgrößenverteilung folgendermaßen zu bilden ist:

$$\frac{1}{d_{32}} = \frac{S_V}{6} = \frac{1}{\Psi_{Wa}} \cdot \int_{x_{min}}^{x_{max}} x^{-1} \cdot q_3(x) dx = \frac{1}{\Psi_{Wa}} \cdot \overline{x_3^{-1}} = \frac{\varphi}{d_p}. \qquad (11.1.2)$$

Gl.(11.1.2) definiert auch in Übereinstimmung mit [11.3] die mittlere Partikelgröße d_p.

Bereich II: Wirbelschicht (Fließbett):

Die Schicht wird durch den Durchströmungswiderstand "getragen", ihr Gewicht im Fluid (Auftrieb beachten!) ist mit dem Druckverlust mal ihrem Querschnitt im Gleichgewicht, und daher ist der Druckverlust nahezu konstant. Das Feststoffvolumen V_s ist mit dem Volumen $V_{Sch} = A \cdot H$ der Schicht über die Porosität verknüpft

$$V_s = (1 - \varepsilon) A \cdot H, \tag{11.1.3}$$

und so ergibt sich für den Druckverlust aus $\Delta p \cdot A = (\rho_s - \rho_f) g V_s = \Delta \rho g V_s$

$$\Delta p = \Delta \rho g \cdot (1 - \varepsilon) \cdot H = \text{const.} \tag{11.1.4}$$

Mit steigender Geschwindigkeit bei gleichbleibendem Druckverlust muß die Durchströmung erleichtert werden. Das geschieht durch Vergrößerung der Hohlräume zwischen den Partikeln, die Porosität wird größer, die Schicht expandiert. Wenn die Wirbelschicht homogen bleibt, sind Porositäten und Schichthöhen bei zwei verschiedenen Geschwindigkeiten $\overline{w}_1$ und $\overline{w}_2$ durch

$$(1 - \varepsilon_1) \cdot H_1 = (1 - \varepsilon_2) \cdot H_2 \tag{11.1.5}$$

miteinander korreliert. Reale Wirbelschichten zeigen auch im Bereich II einen mit $\overline{w}$ leicht ansteigenden Druckverlust, weil die zunehmende Bewegung der Partikeln und die Wandreibung Energie verbrauchen.

Bereich III: Förderung

Die Anströmgeschwindigkeit für die einzelnen Partikeln erreicht und übertrifft ihre Sinkgeschwindigkeit w_f. Sie werden also mit der Strömung nach oben ausgetragen und in evtl. anschließenden Rohrleitungen transportiert (pneumatische bzw. hydraulische Förderung, s. Abschnitt 11.2). Der Druckverlust im Wirbelschichtbehälter steigt entsprechend dem eines vollturbulent durchströmten Rohrleitungselements oder Apparats proportional zum Quadrat der Geschwindigkeit an ($\Delta p \sim \overline{w}^2$, Steigung 2 im log-log-Netz). Die Porosität erreicht Werte nahe bei 1.

Zwischen den Bereichen I und II liegt der Lockerungspunkt mit der Lockerungsgeschwindigkeit für die Minimalfluidisierung, zwischen den Bereichen II und III der Austragspunkt mit der Austragsgeschwindigkeit.

11.1.3.2 Lockerungspunkt (Minimalfluidisierung)

Beim Lockern aus dem Festbettbereich mit ansteigender Geschwindigkeit stellt man verschiedene Δp-$\overline{w}$-Verläufe fest: Kohäsionslose Gleichkornpartikeln (z.B. Glaskugeln gleicher Größe) ergeben einen relativ scharfen Knick, wenn $\overline{w}_L$ erreicht wird. Kohäsive Schüttungen, also solche, bei denen zwischen den Einzelpartikeln Haftkräfte wirken, brauchen zur Überwindung dieser Haftkräfte zunächst einen größeren Druckverlust. Ist die Auflockerung vollzogen, sinkt der Druckverlust auf seinen Gleichgewichtsbetrag ab. Senkt man jetzt die Geschwindigkeit wieder ab, wird das Festbett nicht mehr die ursprüngliche Porosität, sondern eine etwas höhere annehmen, so daß der Druckverlust geringer als beim Aufsteigen ausfällt (s. Bild 11.1.4). Der Lockerungspunkt ($\Delta p_L, \overline{w}_L$) wird in diesem Fall durch den Schnittpunkt der Verlängerungen der Festbett- und der Wirbelschichtlinie definiert und experimentell auch so bestimmt.

Gl.(11.1.4) gilt natürlich auch für den Lockerungspunkt

$$\Delta p_L = \Delta \rho \, g \cdot (1 - \varepsilon_L) \cdot H_L \qquad (11.1.6)$$

Damit ergibt sich experimentell die Lockerungsporosität ε_L aus Messungen von Schichthöhe und Druckverlust zu

$$\varepsilon_L = 1 - \frac{\Delta p_L}{\Delta \rho \, g \cdot H_L} \qquad (11.1.7)$$

Einige Zahlenwerte sind in Abhängigkeit von der Partikelgröße im VDI-Wärmeatlas aufgeführt [11.3] und in der Tabelle 11.1 wiedergegeben.

Tabelle 11.1 Experimentell gefundene Werte der Lockerungsporosität ε_L [11.3]

Partikel	Formfaktor	mittlere Partikelgröße in μm						
	φ	20	50	70	100	200	300	400
scharfkantiger Sand	1,49	-	0,60	0,59	0,58	0,54	0,50	0,49
abgerundeter Sand	1,16	-	0,56	0,52	0,48	0,44	0,42	-
Sandmischung (runde Partikeln)	-	-	-	0,42	0,42	0,41	-	-
Kohle- und Glaspulver	-	0,72	0,67	0,64	0,62	0,57	0,56	-
Anthrazit	1,59	-	0,62	0,61	0,60	0,56	0,53	0,51
Aktivkohle	-	0,74	0,72	0,71	0,69	-	-	-
Fischer–Tropsch–Katalysator	1,72	-	-	-	0,58	0,56	0,55	-
Karborundum	-	-	0,61	0,59	0,56	0,48	-	-

Generell - das belegen auch diese Werte - ist die Lockerungsporosität umso größer, je feiner die Partikeln sind und je mehr ihre Form von der Kugelform abweicht.

Die Lockerungsgeschwindigkeit $\overline{w}_L$ ist mit Δp_L, und ε_L durch die Ergun-Gleichung Gl.(11.1.1) bestimmbar. Sie lautet mit $\Delta p_L / H_L = \Delta \rho \cdot g \cdot (1 - \varepsilon_L)$ entsprechend Gl.(11.1.6) und unter Verwendung der kinematischen Zähigkeit $\nu = \eta / \rho_f$ nach $\overline{w}_L$ aufgelöst

$$\overline{w}_L = 42{,}9(1 - \varepsilon_L) \cdot \frac{\nu}{d_{32}} \cdot \left\{ \sqrt{1 + 3{,}11 \cdot 10^{-4} \cdot \frac{\varepsilon_L^3}{(1 - \varepsilon_L)^2} \cdot \frac{\Delta \rho \, g \, d_{32}^3}{\rho_f \nu^2}} - 1 \right\} \qquad (11.1.8)$$

Zur Berechnung von $\overline{w}_L$ hiernach muß die relevante Partikelgröße d_p bzw. d_{32} bekannt sein. In der Regel ist die Messung der Lockerungsgeschwindigkeit $\overline{w}_L$ einfacher, als die Bestimmung von d_{32}. Dann kann mit der gleichen Beziehung aber auch diese Partikelgröße berechnet werden:

$$d_{32} = \frac{d_P}{\varphi} = \frac{0,875}{\varepsilon_L^3} \cdot \frac{\rho_f \overline{w}_L^2}{\Delta\rho\, g} \cdot \left\{ 1 + \sqrt{1 + 196(1 - \varepsilon_L)\, \varepsilon_L^3\, \frac{\Delta\rho}{\rho_f} \frac{\nu\, g}{\overline{w}_L^3}} \right\}. \qquad (11.1.9)$$

Das hat dann praktische Bedeutung, wenn in Gas-Wirbelschichten w_L für extreme Betriebsbedingungen (Drücke, Temperaturen) vorausberechnet werden soll. Man mißt $\overline{w}_L$ und ε_L bei Raumbedingungen und berechnet d_p/φ nach Gl.(11.1.9). Dieser Wert ebenso wie ε_L sind nämlich unabhängig von Gasart und -zustand und gestatten daher die Berechnung von $\overline{w}_L$ nach Gl.(11.1.8) für den Betriebszustand der Wirbelschicht (vgl. Aufgabe 11.1). Komprimierter und einfacher ist die Darstellung dieser Zusammenhänge in dimensionsloser Form (s. Abschnitt 11.1.3.4).

Feinkörnige Wirbelschichten werden zäh durchströmt ($Re_p \le$ ca. 3) und von der Ergun-Gleichung Gl.(11.1.1) ist nur der erste Term relevant. Dann lauten die Beziehungen für die Lockerungsgeschwindigkeit bzw. die Partikelgröße

$$\overline{w}_L = \frac{1}{150} \cdot \frac{\varepsilon_L^3}{1 - \varepsilon_L} \cdot \frac{\Delta\rho\, g}{\eta} d_{32}^2 \qquad (11.1.10)$$

$$d_{32} = 12{,}25 \cdot \sqrt{\frac{1 - \varepsilon_L}{\varepsilon_L^3} \cdot \frac{\eta \overline{w}_L}{\Delta\rho\, g}} \qquad (11.1.11)$$

11.1.3.3 Wirbelschichtbereich

Homogene Wirbelschicht, Flüssig-Flüssig-Wirbelschichten
Nach Molerus [11.5] ist eine homogene Fluidisierung dann möglich, wenn einerseits keine Haftkräfte zwischen den Partikeln zu berücksichtigen sind, und wenn andererseits folgende Bedingungen erfüllt sind: Das Dichteverhältnis von Feststoff zu Flüssigkeit darf nicht größer als ca. 3 sein

$$\frac{\rho_s}{\rho_f} \le 3, \qquad (11.1.12)$$

und für die mit der Lockerungsgeschwindigkeit gebildete *Froude-Zahl* soll gelten

$$Fr_L = \frac{\overline{w}_L^2}{d_p\, g} \le 0{,}13. \qquad (11.1.13)$$

Dann ist nämlich der Einfluß der Partikelträgheit auf den Zustand der Wirbelschicht vernachlässigbar.
Das *Ausdehnungsverhalten* der Schicht mit zunehmender Geschwindigkeit wird durch die gleichen Beziehungen wie die am Lockerungspunkt beschrieben, nämlich durch die

Ergun-Gleichung Gl.(11.1.1) und das Kräftegleichgewicht Gl.(11.1.4). Die Gleichungen (11.1.8) und (11.1.10) geben den Zusammenhang zwischen Porosität und Geschwindigkeit, und über Gl.(11.1.5) werden diese mit der Wirbelschichthöhe verbunden (s. Aufgabe 11.2)

Gas-Feststoff-Wirbelschichten

Entsprechend dem im Wirbelschichtbereich so unterschiedlichen Verhalten der Schüttgüter hat Geldart [11.4] sie, beruhend auf der Auswertung vieler Messungen, in 4 Gruppen eingeteilt. Molerus [11.5] fand einfache und physikalisch plausible Erklärungen für die Unterschiede. Nach Geldart werden die Schüttguttypen in einem Diagramm von Dichtedifferenz $\Delta\rho = \rho_s - \rho_f$ über Partikelgröße d_p (Bild 11.1.5) eingetragen.

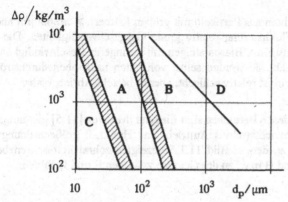

Bild 11.1.5 Einteilung der Schüttguttypen nach Geldart [11.4] mit den Bereichsgrenzen nach Molerus [11.5]

Die Beschreibung des Wirbelschichtverhaltens der verschiedenen Geldart-Gruppen ist (nach [11.2], [11.5], [11.6]):

Gruppe A: Die Partikeln haben mittlere Korngrößen zwischen ca. 20 ... 100 µm und relativ geringe Feststoffdichten unter ca. 1400 kg/m³. Nach dem Erreichen der Minimalfluidisierung expandiert die Schicht bis zum ca. (2 ... 3)-fachen der Höhe am Lockerungspunkt, bevor Blasenbildung einsetzt. Bei noch höherer Geschwindigkeit strömt das Gas dann in Form von Blasen durch die Schicht. Die Blasenaufstiegsgeschwindigkeit ist größer als die Geschwindigkeit in der übrigen Schicht. Die Haftkräfte zwischen den Partikeln spielen eine umso größere Rolle, je kleiner und spezifisch leichter diese sind. Zu den Gruppe-A-Stoffen gehören die meisten pulverförmigen Katalysatoren.

Gruppe B: Die Partikeln sind ca. 40 ... 500 µm groß und haben Dichten von ca. 1400 ... 4500 kg/m³. Gleich nach dem Überschreiten der Lockerungsgeschwindigkeit setzt Blasenbildung ein. Das Fließbett dehnt sich nur relativ wenig aus, und die Blasen steigen schneller auf als das Zwischenraumgas. Sie koaleszieren stark, so daß die Blasen mit zunehmender Höhe und Geschwindigkeit anwachsen. Die Haftkräfte zwischen den Partikeln sind gegenüber den Strömungskräften vernachlässigbar.

Gruppe C: Diese Stoffe bestehen aus sehr kleinen Partikeln von unter 20 ... 30µm Korngröße und sind ausgesprochen kohäsiv. Der Haftkrafteinfluß ist wesentlich stärker als der der Strömungskräfte, so daß sie kaum zu fluidisieren sind. Vielmehr wird entweder die Schicht als Ganzes angehoben (bei kleinen Querschnitten), oder es bilden sich Kanäle, durch die das Gas nach oben strömt. Der Gesamtdruckverlust kann dann deutlich kleiner sein, als der theoretisch zu erwartende. Das Strömungsmodell "poröse Schicht" trifft ja auch nicht mehr zu. Begrenzt fluidisieren lassen sich solche Produkte z.B. mit Hilfe mechanischer Rührer über dem Gasverteilerboden (s. Erläuterungen zu Bild 11.1.2. b)).

Gruppe D: Wirbelschichten aus Partikeln mit groben Körnern > ca. 600µm und hohen Dichten brauchen zur Fluidisierung relativ große Gasgeschwindigkeiten. Die Schicht wird zäh-turbulent durchströmt, Blasen steigen mit geringerer Geschwindigkeit als das Zwischenraumgas auf, d.h. sie werden selbst von unten nach oben durchströmt. Die Vermischung der Partikeln ist relativ schlecht, aber es besteht Abriebgefahr.

Die Grenzen zwischen diesen Bereichen sind fließend. Molerus [11.5] gibt aufgrund des Vergleichs zwischen Gewicht (minus Auftrieb) und Haftkraft größenordnungsmäßige Abschätzungen an, die zu den in Bild 11.1.5 gezeigten schraffierten Grenzbereichen zwischen C und A, A und B bzw. zu der Geraden zwischen B und D führen.

11.1.3.4 Dimensionslose Darstellungen, Wirbelschicht-Diagramm

Lockerungspunkt

Gl.(11.1.8) machen wir durch Multiplikation mit $d_p/\nu = \varphi \cdot d_{32}/\nu$ dimensionslos

$$\frac{\overline{w}_L d_p}{\nu} = 42{,}9(1-\varepsilon_L) \cdot \varphi \cdot \left\{ \sqrt{1 + 3{,}11 \cdot 10^{-4} \cdot \frac{\varepsilon_L^3}{(1-\varepsilon_L)^2} \cdot \frac{\Delta\rho \, g \, d_p^3}{\rho_f \, \nu^2} \cdot \frac{1}{\varphi^3}} - 1 \right\} \qquad (11.1.14)$$

Links steht die mit d_p gebildete *Partikel-Reynoldszahl*

$$Re_p = \frac{\overline{w}_L d_p}{\nu} \qquad\qquad\qquad (11.1.15)$$

und unter der Wurzel die bereits in Abschnitt 2.2.2.4 eingeführte *Archimedes-Zahl* Ar, die für die Partikelgröße steht, ohne die Geschwindigkeit zu enthalten

$$Ar = \frac{\Delta \rho \, g \, d_p^3}{\rho_f \nu^2}.$$ (11.1.16)

Damit schreiben wir Gl.(11.1.14) in der Form

$$Re_{P,L} = 42,9(1 - \varepsilon_L) \cdot \varphi \cdot \left\{ \sqrt{1 + 3,11 \cdot 10^{-4} \cdot \frac{\varepsilon_L^3}{(1 - \varepsilon_L)^2} \cdot \frac{Ar}{\varphi^3}} - 1 \right\}.$$ (11.1.17)

Multiplizieren wir dagegen Gl.(11.1.9) mit $\varphi \cdot \overline{w}_L / \nu$

$$\frac{\overline{w}_L d_p}{\nu} = \frac{0,875}{\varepsilon_L^3} \cdot \varphi \cdot \frac{\rho_f}{\Delta \rho} \frac{\overline{w}_L^3}{\nu g} \cdot \left\{ 1 + \sqrt{1 + 196(1 - \varepsilon_L) \varepsilon_L^3 \frac{\Delta \rho}{\rho_f} \frac{\nu g}{\overline{w}_L^3}} \right\},$$ (11.1.18)

dann entsteht links wieder die Re-Zahl und rechts kommt zweimal die in Kapitel 2 zusammen mit Ar eingeführte Omega-Zahl

$$\Omega_L = \frac{\rho_f}{\Delta \rho} \frac{\overline{w}_L^3}{\nu g}$$ (11.1.19)

vor, die für die Geschwindigkeit steht, ohne die Partikelgröße zu enthalten. So wird aus Gl.(11.1.18) in diesem Fall

$$Re_{P,L} = \frac{0,875}{\varepsilon_L^3} \cdot \varphi \cdot \Omega_L \cdot \left\{ 1 + \sqrt{1 + 196(1 - \varepsilon_L) \varepsilon_L^3 \cdot \Omega_L^{-1}} \right\}$$ (11.1.20)

Beispiel 11.1: Berechnung der Lockerungsgeschwindigkeit

Für einen in Tabelle 11.1 aufgeführten abgerundeten Sand mit dem Formfaktor $\varphi = 1,16$, der mittleren Korngröße $d_P = 300 \mu m$ und der Dichte $\rho_s = 2600 \text{ kg/m}^3$ soll die Lockerungsgeschwindigkeit $\overline{w}_L$ bei Fluidisierung mit Luft berechnet werden. ($\rho_f = 1,2 \text{ kg/m}^3$, $\eta = 1,8 \cdot 10^{-5} \text{ kg/(m s)}$).

Lösung:
Zunächst berechnen wir den Sauterdurchmesser d_{32} nach Gl.(11.1.2)

$$d_p = \frac{d_{32}}{\varphi} = \frac{300 \mu m}{1,16} = 260 \mu m = 2,6 \cdot 10^{-4} m$$

Die kinematische Zähigkeit der Luft ist

$$\nu = \frac{\eta}{\rho_f} = \frac{1,8 \cdot 10^{-5}}{1,2} \frac{m^2}{s} = 1,5 \cdot 10^{-5} \frac{m^2}{s}.$$

Dies zusammen mit der Lockerungsporosität $\varepsilon_L = 0,42$ aus Tabelle 11.1 in Gl.(11.1.8) eingeführt ergibt die Lockerungsgeschwindigkeit. Wir wollen aber- um ihre Größenordnungen kennenzulernen - den Weg über die dimensionslosen Kennzahlen wählen.

Die Archimedeszahl berechnen wir nach Gl.(11.1.16) mit ($\Delta\rho = \rho_s - \rho_L = 2559 \text{kg/m}^3$) zu

$$Ar = \frac{\Delta\rho \, g \, d_p^3}{\rho_f \, \nu^2} = \frac{2559 \cdot 9,81 \cdot (3,0 \cdot 10^{-4})^3}{1,2 \cdot (1,5 \cdot 10^{-5})^2} = 2510 \,.$$

Die Reynoldszahl Re_L nach Gl.(11.1.17) wird damit

$$Re_L = 42,9(1 - 0,42) \cdot 1,16 \cdot \left\{ \sqrt{1 + 3,11 \cdot 10^{-4} \cdot \frac{0,42^3}{0,58^2} \cdot \frac{2510}{1,16^3}} - 1 \right\} = 1,548 \,,$$

woraus wir noch auf zähe Durchströmung der Wirbelschicht schließen können, und die Lockerungsgeschwindigkeit erhalten wir nach Gl.(11.1.15) zu

$$\overline{w}_L = Re_L \cdot \frac{\nu}{d_P} = 1,548 \cdot \frac{1,5 \cdot 10^{-5} \, \text{m}^2 / s}{3,0 \cdot 10^{-4} \, \text{m}} = 0,0774 \, \frac{\text{m}}{\text{s}} \,.$$

Damit können wir auch noch die Ω-Zahl nach Gl.n(11.1.19) bestimmen

$$\Omega = \frac{\rho_f \, \overline{w}_L^3}{\Delta\rho \, \nu \, g} = \frac{1,2 \cdot (0,0774)^3}{2559 \cdot 1,5 \cdot 10^{-5} \cdot 9,81} = 1,48 \cdot 10^{-3} \,.$$

Wirbelschicht-Zustandsdiagramm nach Reh

Reh [11.7] hat für durchströmte Schüttschichten ein Diagramm entwickelt, in dem homogene und inhomogene Strömungszustände von Wirbelschichten, sowie charakteristische Betriebsbereiche angegeben werden können (Bild 11.1.6). Aus der Durchströmungsgleichung in ihrer allgemeinen Fassung (vgl. Gl.(8.2.19))

$$\Delta p = \rho_f \overline{w}^2 \cdot \frac{H}{d_p} \cdot f \left(Re_p, \varepsilon \right) \qquad (11.1.21)$$

und dem Kräftegleichgewicht im Wirbelschichtbereich entsprechend Gl.(11.1.4)

$$\Delta p = \Delta\rho \, g(1 - \varepsilon) \cdot H$$

läßt sich folgende dimensionslose Darstellung gewinnen:

$$\frac{\overline{w}^2}{g \, d_p} \cdot \frac{\rho_f}{\Delta\rho} = \frac{(1 - \varepsilon)}{f \left(Re_p, \varepsilon \right)} \qquad (11.1.22)$$

Auf der linken Seite bedeutet zunächst

$$Fr \equiv \frac{\overline{w}^2}{g \, d_p} \qquad (11.1.23)$$

die *(Partikel-) Froude-Zahl* entsprechend der in der Fluidmechanik üblichen Definition. Die *erweiterte Froude-Zahl*

$$Fr^* \equiv \frac{\overline{w}^2}{g \, d_p} \cdot \frac{\rho_f}{\Delta\rho} \qquad (11.1.24)$$

gibt bei allen Zweiphasenströmungen das Verhältnis von Trägheitskraft zu der um den Auftrieb verminderten Gewichtskraft an.

Auf der rechten Seite von Gl.(11.1.22) steht der Kehrwert der Widerstandsfunktion mitsamt der ε-Abhängigkeit.

Im Wirbelschicht-Zustandsdiagramm nach Reh ist nun doppeltlogarithmisch für kugelförmige Gleichkornpartikeln die erweiterte Froude-Zahl - als reziproke Widerstandszahl - über der Partikel-Reynoldszahl Re_p mit ε als Parameter aufgetragen.

$$\frac{3}{4} \cdot Fr^* = \frac{3}{4} \cdot \frac{(1 - \varepsilon)}{f(Re_p, \varepsilon)} = F(Re_p; \varepsilon) \tag{11.1.25}$$

Die Linien für konstante Ω-Zahl sind in diesem Diagramm Geraden mit der Steigung -1. Denn multiplizieren wir Gl.(11.1.22) mit $Re_p = \overline{w} \cdot d_p / \nu$, dann bekommen wir

$$\frac{\overline{w}^3}{g\,\nu} \cdot \frac{\rho_f}{\Delta\rho} = \Omega = Fr^* \cdot Re_p \quad \rightarrow \quad Fr^* \sim Re_p^{-1} \text{ für } \Omega = const.$$

Ganz analog erhalten wir durch Dividieren der Gl.(11.1.22) durch Re_p^2

$$\frac{\nu^2}{g\,d_p^3} \cdot \frac{\rho_f}{\Delta\rho} = \frac{1}{Ar} = \frac{Fr^*}{Re_p^2} \quad \rightarrow \quad Fr^* \sim Re_p^2 \text{ für } Ar = const.,$$

also Geraden mit der Steigung +2 als Linien konstanter Ar-Zahl.

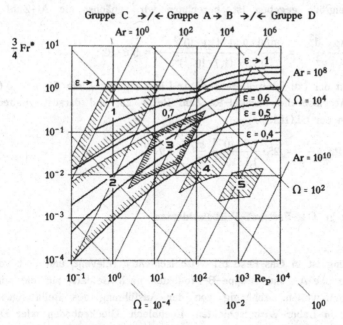

1   Zirkulierende Wirbelschicht   4   Moving bed

2   niedrig expandierte Wirbelschichten   5   Schachtofen

3   Wirbelschichtröstung

Bild 11.1.6 Zustandsdiagramm für Gas-Feststoff-Wirbelschichten von Reh (nach [11.1])

Die Linie für $\varepsilon = 0{,}4$ gilt als die Grenze zwischen Festbett und Wirbelschicht, dieser Wert wird also pauschal als Lockerungsporosität angenommen. Unterhalb der Linie $\varepsilon = 0{,}4$ liegt der Festbettzustand, oberhalb davon bis $\varepsilon \to 1$ die Wirbelschicht und oberhalb davon der Feststoffaustrag, bzw. Zustände hoch expandierter, zirkulierender Wirbelschichten.

Mit diesem Diagramm lassen sich näherungsweise die Gasgeschwindigkeiten abschätzen, die zur Einstellung eines bestimmten Zustands der Wirbelschicht erforderlich sind. Außerdem bietet das Diagramm ein Ordnungsschema für die gegenseitige Lage verschiedener Wirbelschichtsysteme.

Beispiel 11.2: Anwendung des Reh-Diagramms (nach [11.7])

Eisenoxidpartikeln sollen mit Heißgas fluidisiert werden. Die zu erzielende Aufflockerung ist durch $\varepsilon = 0{,}6$ vorgegeben, gesucht ist die erforderliche Gasgeschwindigkeit. Daten: Partikelgröße $d_p = 1{,}1\,mm$; Feststoffdichte $\rho_s = 3 \cdot 10^3\,kg/m^3$; Gasdichte (1000 °C) $\rho_f = 0{,}25\,kg/m^3$; kinematische Gaszähigkeit $\nu = 1{,}7 \cdot 10^{-4}\,m^2/s$.

Lösung:

Da die Partikelgröße gegeben ist, berechnen wir zunächst die Ar-Zahl nach Gl.(11.1.16)

$$Ar = \frac{\Delta\rho\,g\,d_p^3}{\rho_f\,\nu^2} = \frac{3100 \cdot 9{,}81 \cdot (1{,}1 \cdot 10^{-3})^3}{0{,}25 \cdot (1{,}7 \cdot 10^{-4})^2} = 5{,}6 \cdot 10^3.$$

Der Schnittpunkt der (zu interpolierenden) Ar-Linie mit der Linie für $\varepsilon = 0{,}6$ liefert auf der Abszisse die Partikel-Re-Zahl $Re_p \approx 25$, und daraus erhalten wir durch Umstellen der Gl.(11.1.15)

$$\overline{w}_L = Re_p \cdot \frac{\nu}{d_p} = 25 \cdot \frac{1{,}7 \cdot 10^{-4}}{1{,}1 \cdot 10^{-3}}\,\frac{m}{s} = 3{,}9\,\frac{m}{s}.$$

11.1.3.5 Blasen in Gas-Feststoff-Wirbelschichten

Die Blasenbildung ist in Gas-Feststoff-Wirbelschichten relevant, und dort vor allem bei den Gruppe-A- und Gruppe-B-Produkten nach Geldart, auf die wir uns hier beschränken wollen. Abhängig von der Ausführung des Belüftungsbodens (poröser Boden in Labor-Wirbelschichten, Lochblech, Glockenboden oder Düsenboden in technischen Wirbelschichten) entstehen kurz über ihm zunächst kleine Blasen. Im Aufsteigen vereinigen sie sich miteinander (Blasenkoaleszenz), so daß der Blasendurchmesser und die Aufstiegsgeschwindigkeit nach oben wachsen. Die Verhältnisse sind insgesamt sehr verwickelt, so daß die folgenden Angaben (nach [11.1] lediglich als Anhaltswerte zu verstehen sind. Weiterführend sind die Bücher von Geldart [11.2], Molerus [11.5] und Howard [11.6] sowie speziell für zirkulierende Wirbelschichten das Buch von Wirth [11.9].

Vorteilhaft an den Blasen ist die gegenüber der homogenen Wirbelschicht bessere Durchmischung der Phasen, Wärme- und Stofftransport sind erleichtert und vollziehen sich schneller (im Volumen gleichmäßige Temperatur ohne lokale Spitzen, besserer Wärmeübergang an eingebaute Heiz- oder Kühlflächen). Die intensivere Bewegung bewirkt als Nachteil allerdings auch verstärkten Partikelabrieb und erhöhten Verschleiß an den produktberührten Wänden und Einbauten.

Die *Blasenentstehung* ist vom Typ des Verteilerbodens abhängig. Für die Anfangsgröße der Blasen gilt folgende einfache Beziehung:

$$d_{V0} = 1,3 \cdot \left(\dot{V}_0^2/g\right)^{1/5}, \tag{11.1.26}$$

worin d_{V0} den Durchmesser der zur Blase volumengleichen Kugel und $\dot{V}_0$ den durch die einzelne Ausströmöffnung tretenden Gasvolumenstrom bedeuten. Bei Lochböden dringt ein Gasstrahl bis zur Höhe h_S in die Wirbelschicht ein, bevor Blasen entstehen. Für die mittlere *Eindringtiefe* h_S kann folgende empirisch gewonnene Zahlenwertgleichung von Zenz verwendet werden

$$h_S/d_0 = 30,2 \cdot \ln(w_0 \cdot \rho_f) - 93,3 \tag{11.1.27}$$

mit d_0 Durchmesser der Öffnung in m,
 w_0 Austrittsgeschwindigkeit des Gases aus der Öffnung in m/s,
 ρ_f Gasdichte in kg/m^3.

Maßgebend für das *Blasenwachstum* sind die Produktgruppe nach Geldart, die Geschwindigkeitserhöhung über die Lockerung hinaus, die sog. *Überschußgeschwindigkeit* $(\bar{w} - \bar{w}_L)$, sowie eine vom Typ des Verteilerbodens abhängige äquivalente Höhe h^* in der Schicht

$$h^* = h + h' - h_0. \tag{11.1.28}$$

Darin sind h die Höhe der Blase über dem Boden, h_0 die Höhe des Blasenbildungsbeginns und h' die Höhe der Blasenentstehung bei porösen Platten. Letztere errechnet sich mit der Blasenanfangsgröße aus

$$h' = 0,147 \cdot \left\{ \left[\frac{d_{V0}}{C \cdot \left[1 + 27 \cdot \left(\bar{w} - \bar{w}_L\right)\right]^{1/3}} \right]^{\frac{1}{1,2}} - 1 \right\}. \tag{11.1.29}$$

Zu der Konstanten C siehe die Angaben unten. Bei Lochböden ist h_0 gleich der Eindringtiefe h_S des Gasstrahls in die Wirbelschicht. Nach Werther [11.1] gilt mit ± 15% Abweichung folgende Zahlenwertgleichung für den äquivalenten Kugeldurchmesser d_V der Blasen

$$d_V = C \cdot \left[1 + 27 \cdot \left(\bar{w} - \bar{w}_L\right)\right]^{1/3} \cdot \left[1 + 6,8 \cdot h^*\right]^{1,2} \tag{11.1.30}$$

mit d_V und h^* in m und $(\bar{w} - \bar{w}_L)$ in m/s,
  C = 0,0061 für Gruppe-A-Produkte,
  C = 0,0085 für Gruppe-B-Produkte.

Beim *Blasenaufstieg* unterscheidet man langsame (slow-bubble) und schnelle Blasen (fast-bubble) . Bild 11.1.7 zeigt die unterschiedlichen Strömungsbilder.

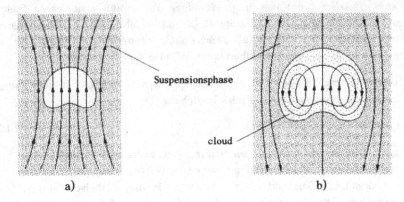

Bild 11.1.7 Relativströmungen bei a) langsamer Blase, b) schneller Blase

Kleine Blasen steigen in der Wirbelschicht langsamer als die Gasströmung in der umgebenden Suspensionsphase auf. Sie werden daher von unten nach oben *um*-strömt, und vor allem werden sie *durch*strömt. Steigt die Blase schneller als das strömende Gas auf, wie es bei größeren Blasen der Fall ist, dann gibt es im Blaseninneren eine Zirkulationsströmung mit Bildung einer "Wolke" (cloud) und wenig Austausch nach außen. Das Gas strömt im Bypass durch die Wirbelschicht. Im Interesse einer intensiven Wechselwirkung zwischen fester und gasförmiger Phase ist es also vorteilhaft, kleine und langsam aufsteigende Blasen zu haben.

Für die *Blasenaufstiegsgeschwindigkeit* w_B gibt es zahlreiche Näherungsansätze; z.B. gilt nach [11.8] für Produkte der Geldart-Gruppen A und B

$$w_B = c_1 \cdot (\overline{w} - \overline{w}_L) + 0{,}71 \cdot c_2 \cdot \sqrt{g \cdot d_V} \qquad (11.1.31)$$

mit $c_1 = 0{,}67$ für poröse Platte, $c_1 = 0{,}76$ für technische Verteilerböden
und $c_2 = 2{,}0 \cdot \sqrt{D}$ (D: Wirbelschichtdurchmesser), beides für Gruppe-B-Stoffe.

Beispiel 11.3: Blasenbildende Wirbelschicht

Eine Wirbelschicht aus scharfkantigem Sand ($\rho_s = 2650 \text{kg/m}^3$) mit $d_p = 200 \mu\text{m}$ mittlerer Korngröße wird mit Luft betrieben ($\rho_f = 1{,}2 \text{ kg/m}^3$, $\eta = 1{,}8 \cdot 10^{-5} \text{ kg/(m·s)}$, $\nu = 1{,}5 \cdot 10^{-5}$ m^2/s). Nach Tabelle 11.1 ist die Lockerungsporosität $\varepsilon_L = 0{,}54$ und $\varphi = 1{,}49$. Die Sinkgeschwindigkeit eines Einzelkorns ist (nachrechnen!) ca. 1,5 m/s.

a) Zu welcher Gruppe gehört der Sand?

b) Wie groß ist die Geschwindigkeit für die Minimalfluidisierung und welchen Mindest-Luftvolumenstrom in m^3/h braucht man dazu, wenn die Wirbelschicht einen Durchmesser von 1,0m hat?

c) Ist eine homogene Fluidisierung möglich?

Der Sand wird in einem zylindrischen Behälter mit D = 1,0m Durchmesser bei 4-facher Lockerungsgeschwindigkeit fluidisiert. Belüftet wird durch einen Lochboden, der 140 Löcher mit je 5 mm Durchmesser (d_0) hat. Hierfür sind zu berechnen

d) der erforderliche Luftvolumenstrom in m^3/h

e) die Anfangsgröße der Blasen,

f) die mittlere Eindringtiefe der Luftstrahlen,

g) die Blasengröße in 1 m Höhe über dem Lochboden,

h) die Aufstiegsgeschwindigkeiten der entstehenden Blasen und derjenigen in 1 m Höhe.

i) Handelt es sich um slow- oder fast-bubbles?

Lösung:

a) Mit $\Delta\rho = 2,65 \cdot 10^3$ kg/m^3 und $d_p = 2,0 \cdot 10^{-4}$ m stellen wir im Geldart-Diagramm Bild 11.1.5 fest, daß es sich um ein Produkt der Gruppe B handelt.

b) Die Lockerungsgeschwindigkeit berechnen wir unter der Annahme, daß es sich um zähe Durchströmung handelt mit $d_{32} = d_p/\varphi = 134$ µm aus Gl.(11.1.10) zu
$w_L = 0,0592$ m/s.

Die Re-Zahl-Kontrolle nach Gl.(11.1.15) bestätigt die Zulässigkeit der Annahme. Die Wirbelschicht mit 1m Durchmesser hat eine Fläche von A = 0,7854m^2. Damit ist der Volumenstrom für die Minimalfluidisierung

$$\dot{V}_L = \overline{w}_L \cdot A = 0,0592 \cdot 0,7854\, m^3/s = 0,0465\, m^3/s = 167\, m^3/h.$$

c) Nachdem es sich um ein Gruppe-B-Produkt handelt, erwarten wir, daß keine homogene Wirbelschicht möglich ist. Die Kriterien Gl.(11.1.12) und (11.1.13) bestätigen das:

$$\rho_s/\rho_f = 2650/1,2 = 2208 \gg 3 \quad \text{und} \quad Fr_L = \frac{\overline{w}_L^2}{d_p g} = 1,79 > 0,13.$$

d) Die vierfache Fluidisierungsgeschwindigkeit $\overline{w} = 4 \cdot \overline{w}_L = 0,237$ m/s bedingt auch den vierfachen Volumenstrom gegenüber der Minimalfluidisierung, nämlich

$$\dot{V} = 4 \cdot \dot{V}_L = 0,186\, m^3/s = 670\, m^3/h.$$

e) Nach Gl.(11.1.26) brauchen wir für die Anfangsblasengröße den Volumenstrom $\dot{V}_0$ durch jedes einzelne Loch: $\dot{V}_0 = \dot{V}/140 = 1,33 \cdot 10^{-3}$ m^3/s. Damit wird

$$d_{v0} = 1,3 \cdot \left(\dot{V}_0^2/g\right)^{0,2} = 5,82 \cdot 10^{-2}\, m \approx 6,0 cm.$$

f) Die Gasgeschwindigkeit im Loch ist $w_0 = \dfrac{4 \cdot \dot{V}_0}{\pi d_0^2} = 67{,}7\,m/s$ und damit wird

$$h_s = (30{,}2 \cdot \ln(w_0 \cdot \rho_f) - 93{,}3) \cdot d_0 = (30{,}2 \cdot \ln(67{,}7 \cdot 1{,}2) - 93{,}3) \cdot 0{,}005 = 0{,}197\,m \approx 20\,cm$$

a) Für die Berechnung der Blasengröße in 1 m Höhe brauchen wir als Hilfsgröße h' nach Gl.(11.1.29) mit C = 0,0085 (Gruppe B) und der Überschußgeschwindigkeit $(\overline{w} - \overline{w}_L) = 3 \cdot \overline{w}_L = 0{,}178$ m/s:

$$h' = 0{,}147 \cdot \left\{ \left[\frac{d_{v0}}{C \cdot [1 + 27 \cdot (\overline{w} - \overline{w}_L)]^{1/3}} \right]^{\frac{1}{1,2}} - 1 \right\}$$

$$= 0{,}147 \cdot \left\{ \left[\frac{5{,}82 \cdot 10^{-2}}{0{,}0085 \cdot [1 + 27 \cdot 0{,}178]^{1/3}} \right]^{\frac{1}{1,2}} - 1 \right\} = 0{,}301\,m$$

$$h^* = h + h' - h_s = 1 + 0{,}301 - 0{,}197 = 1{,}104\,m .$$

Jetzt können wir die Gl.(11.1.30) auswerten und bekommen für den Blasendurchmesser in 1 m Höhe

$$d_v(1m) = C \cdot [1 + 27 \cdot (\overline{w} - \overline{w}_L)]^{1/3} \cdot [1 + 6{,}8 \cdot h^*]^{1/2}$$

$$= 0{,}0085 \cdot [1 + 27 \cdot 0{,}178]^{1/3} \cdot [1 + 6{,}8 \cdot 1{,}104]^{1,2}\,m = 0{,}199\,m \approx 20\,cm .$$

b) Gl.(11.1.31) liefert die Aufstiegsgeschwindigkeiten

$$w_B = c_1 \cdot (\overline{w} - \overline{w}_L) + 0{,}71 \cdot c_2 \cdot \sqrt{g \cdot d_v} .$$

Wir bekommen für die Anfangsblasen mit $d_v = d_{v0} = 5{,}82 \cdot 10^{-2}$ m

$$w_{B0} = \left[0{,}76 \cdot 0{,}178 + 0{,}71 \cdot 2\sqrt{1} \cdot \sqrt{9{,}81 \cdot 5{,}82 \cdot 10^{-2}} \right] m/s = 1{,}208\,m/s$$

und für die vergrößerten Blasen in 1 m Höhe

$$w_B = \left| 0{,}76 \cdot 0{,}178 + 0{,}71 \cdot 2\sqrt{1} \cdot \sqrt{9{,}81 \cdot 0{,}199} \right| m/s = 2{,}12\,m/s .$$

c) Wenn wir für die Zwischenraum–Geschwindigkeit $\overline{w}_{zw}$ des Gases näherungsweise die auf den mittleren Hohlraumquerschnitt bezogene Lockerungsgeschwindigkeit $\overline{w}_L / \varepsilon_L$ annehmen, dann ergibt sich hierfür

$$\overline{w}_{zw} = \overline{w}_L / \varepsilon_L = \frac{0{,}0592\,m/s}{0{,}54} = 0{,}234\,m/s ,$$

und das ist deutlich kleiner als die Blasenaufstiegsgeschwindigkeiten. Von Beginn an haben wir also "fast-bubbles" vorliegen, wie es ja für die B-Gruppe auch charakteristisch ist.

11.2 Pneumatische Förderung

11.2.1 Übersicht

Die Aufgabe der pneumatischen Förderung ist der kontinuierliche Transport trockener disperser Feststoffe durch Rohre über größere Distanzen mit Hilfe strömender Luft oder eines anderen Gases. Zugleich mit dem Transport können auch Wärme- und Stoffaustausch-Vorgänge (Heizen, Kühlen, Trocknen) sowie chemische - z.B. katalytische - Reaktionen verbunden sein.

In pneumatischen Fördereinrichtungen können alle rieselfähigen (d.h. nicht oder nur wenig kohäsiven) grobkörnigen bis pulverigen Massengüter aus den unterschiedlichsten Industriebranchen transportiert werden. Grundchemikalien, Zwischen- und Fertigprodukte der chemischen Industrie (Salze, Waschpulver), Lebensmittel (Getreide, Schrote, Mehle, Hülsenfrüchte, Milchpulver), Futter- und Düngemittel, Baustoffe (Zement, Kalk und Gips), Mineralmehle, Metallpulver und -späne, Stäube und andere Abfallprodukte aus der Produktion (Gießereisand, Schnitzel, Späne und Stäube aus der holz- und textilverarbeitenden Industrie) sollen nur einige Beispiele aufzeigen, zahlreiche weitere enthalten de Bücher von Weber [11.10] und Siegel [11.11].

Die Entfernungen, über die in einer Anlage transportiert werden kann, reichen von wenigen Metern (Staubsauger-Rohr) normalerweise bis zu ca. 500 m horizontal und einige -zig m vertikal, es gibt jedoch auch Anlagen mit bis zu 3000 m Länge, und es können Höhenunterschiede bis über 100 m überwunden werden.

Gegenüber anderen Transportsystemen für diese Güter hat die pneumatische Förderung neben der genannten Möglichkeit, gleichzeitig z.B. zu trocknen, noch folgende Vorteile: Der Apparat "durchströmtes Rohr" ist denkbar einfach, die Anlagen sind daher ebenfalls einfach und schnell aufzubauen, anpassungsfähig, enthalten nur wenige produktberührte bewegte Teile und sind in dieser Hinsicht wartungsarm. Für luftempfindliche Stoffe ist auch eine Schutzgasförderung möglich. Nachteilig sind der - besonders bei Flugförderung - höhere spezifische Energieaufwand sowie die relativ starke Beanspruchung der Partikeln (Abrieb) und der produktberührten Wände (Verschleiß an Rohren, Krümmern, Weichen, Verteilern).

Befindet sich die Förderleitung auf der Unterdruck- (Saug-)seite des Luftverdichters, spricht man von *Saugförderung*, druckseitige Lage der Förderleitung kennzeichnet die *Druckförderung*. Die Bilder 11.2.1 und 11.2.2 zeigen die einfachsten Bestandteile einer pneumatischen Saug- und einer Druck-Förderanlage. Am Anfang der Förderleitung muß für Luft und Feststoff jeweils eine geeignete Zuführeinrichtung (Einschleusung) bestehen. Bei Saugförderung (Bild 11.2.1) sind das speziell gestaltete Saugdüsen, bei Druckförderung (Bild 11.2.2) muß der Feststoff an der Stelle des höchsten Drucks in der Anlage in die Leitung z.B. über Injektor oder Zellenradschleuse eingespeist werden. Der Fördergutbehälter steht unter Überdruck, bedarf einer entsprechenden Abdichtung, und unvermeidbare Leckluft muß abgeleitet werden. Die Förderleitung besteht aus horizontalen und vertikalen Rohren, Krümmern und Verzweigungen (Weichen, Verteiler). Am Ende der Leitung sind dann Luft und Feststoff wieder voneinander zu trennen - z.B. mit einem Zyklon, oft ist auch noch eine Staubabscheidung (Filter) als Nachreinigung für die Luft nötig.

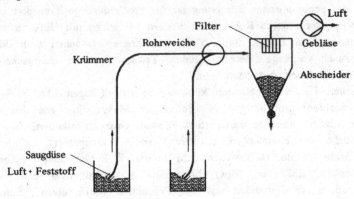

Bild 11.2.1   Pneumatische Saugförderanlage

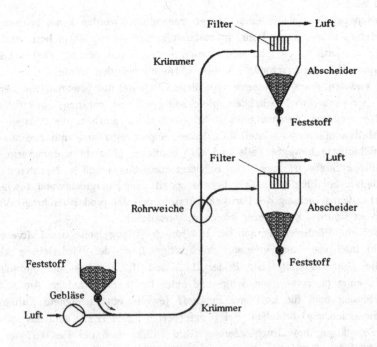

Bild 11.2.2   Pneumatische Druckförderanlage

Nach Druckbereichen unterscheidet man Niederdruckförderung (Δp < 0,2 bar), Mittel-druckförderung (0,2 bar < Δp < 1 bar) und Hochdruckförderung (1 bar < Δp < 10 bar). Für die *Niederdruckförderung* werden Ventilatoren als Luftverdichter eingesetzt, die Luftströmung hat bis zu 30 m/s Geschwindigkeit und kann damit bis zu ca. 5 kg Feststoff je kg Luft fördern - das ist die sog. *Beladung* (s.u.). *Mitteldruckförderung* arbeitet üblicherweise mit Drehkolbengebläsen bei Beladungen zwischen 5 und 20 kg Feststoff je kg Luft und Geschwindigkeiten von 15 ... 40 m/s. *Hochdruckförderung* schließlich erfordert Schrauben- oder Kolbenverdichter; damit können bei mittleren Beladungen und größeren Geschwindigkeiten weite Strecken (große Druckverluste) überwunden, oder hohe Beladungen bis zu 150 (in Extrem-fällen bis 400) kg Feststoff je kg Luft (Dichtstromförderung s.u.) auch bei niedri-gen Luftgeschwindigkeiten (2 ... 10 m/s) erreicht werden.

11.2.2 Förderzustände

Unter Förderzuständen versteht man die Erscheinungsformen des Feststofftransports im Förderrohr abhängig vom Feststoffdurchsatz bzw. von der Beladung, von der Geschwindigkeit und vom Rohrdurchmesser. Wegen des unterschiedlichen Schwer-krafteinflusses unterscheidet man noch Horizontal- und Vertikal-Förderung. Von entscheidender Bedeutung für den Förderzustand sind die oben bereits erwähnte *Beladung* μ als Verhältnis des Feststoffmassenstroms $\dot{m}_S$ zum Luftmassenstrom $\dot{m}_L$[1]

$$\mu = \frac{\dot{m}_S}{\dot{m}_L} = \frac{\dot{m}_S}{\rho_L \cdot \dot{V}_L} = \frac{4 \cdot \dot{m}_S}{\pi\, D^2 \cdot \rho_L \cdot w_L} \qquad (11.2.1)$$

sowie die Luftgeschwindigkeit w_L und die Sinkgeschwindigkeit w_f der Partikeln. Ausgehend von zunächst hoher Luftgeschwindigkeit werden bei konstantem Fest-stoffmassenstrom und Rohrdurchmesser mit sinkender Luftgeschwindigkeit (und da-mit steigender Beladung) folgende Förderzustände durchlaufen.

Horizontalförderung:
Bei der *Flugförderung* bewegen sich die Partikeln etwa gleichmäßig über den Rohrquerschnitt verteilt (Bild 11.2.3). Große Teilchen mit Korngrößen ab ca. 1 mm (z.B. Weizenkörner, Kunststoffgranulate) prallen gegeneinander und gegen die Rohr-wand und bekommen dadurch Impulse, die sowohl Querbewegungen wie Rotationen der Teilchen um ihre eigene Achse hervorrufen. Bei feineren Partikeln werden diese Querbewegungen von den Turbulenzen der Luftströmung hervorgerufen. Der Schwerkrafteinfluß (Sinkgeschwindigkeit) bewirkt allenfalls eine etwas höhere Fest-stoffkonzentration in Bodennähe.

---

[1] Wir wollen im folgenden (wegen der fast ausschließlichen Verwendung) von "Luft" anstelle von "Gas" sprechen, und daher die Indizierung "L" verwenden.

Bild 11.2.3 Förderzustand der Flugförderung

Senkt man die Luftgeschwindigkeit ab, dann reicht oberhalb einer Mindest-Beladung die Energie der Strömung nicht mehr aus, um den Feststoff vollständig im Rohr in "Schwebe" zu halten, ein Teil davon fällt aus und wird am Boden als Strähne mehr oder weniger schnell weitertransportiert. Der Zustand heißt *Strähnenförderung* (Bild 11.1.4).

Bild 11.2.4 Förderzustand der Strähnenförderung

Die Transportbewegung wird teils von aufprallenden Partikeln, teils durch Widerstandskräfte der im verengten Querschnitt schnelleren Luftströmung verursacht. Wenn die Wandreibung der Strähne groß genug ist, bleibt ein Teil des Feststoffs unbewegt am Boden liegen und im verengten Strömungsraum darüber findet die *Strähnenförderung über ruhender Ablagerung* statt (Bild 11.2.5). Die Luftgeschwindigkeit ist dann in der Größenordnung der Partikelsinkgeschwindigkeit.

Bild 11.2.5 Förderzustand der Strähnenförderung über ruhender Ablagerung

Der Feststoff kommt dünenartig voran, d.h. von hinten werden Partikeln über die Kuppe geweht und lagern sich auf der Vorderseite im "Windschatten" wieder ab. Bei weiterer Geschwindigkeitserniedrigung bilden sich aus den Dünen Ballen, die einen großen Teil des Querschnitts einnehmen. Sie kommen nur langsam voran (*Ballenförderung*, Bild 11.2.6). Sowohl Dünen- wie Ballenförderung sind instabile Zustände, d.h. sie verändern sich bei Luft- und Massenstromschwankungen sehr leicht und führen zur Verstopfung, wenn der Verdichter nicht genügend Druckreserven hat.

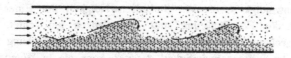

Bild 11.2.6 Förderzustand der Dünen- und Ballenförderung

Schließlich füllen die Ballen abschnittweise den Rohrquerschnitt ganz aus und es bilden sich Pfropfen (Bild 11.2.7). Ein Feststofftransport kann dann nur noch erfolgen, wenn die Druckkraft auf den durchströmten Pfopfen seine Reibung an der Rohrwand überwindet *(Pfropfenförderung)*. Bei feinkörnigem bis mittelgrobem Fördergut mit starker Wandreibung kann Pfropfenbildung daher die Anlage verstopfen.

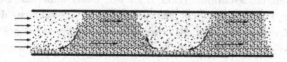

Bild 11.2.7 Förderzustand der Pfropfenförderung

Der Düneneffekt tritt bei Pfropfentransport nur noch im obersten Bereich auf, im übrigen rieselt ein Teil des Feststoffs auf der Rückseite des Pfropfens hinunter und wird auf der Vorderseite des folgenden Pfropfens wieder aufgenommen. Die Länge der Pfropfen ist unbestimmt und daher ist auch dieser Zustand instabil. Durch geeignete Zusatzmaßnahmen (Bypassleitungen, gezielte Nebenluftzufuhr, periodische Feststoff- und Luftaufgabe) lassen sich jedoch stabile Pfropfenförderzustände erzeugen (s. Abschnitt 11.2.5.2 Dichtstromförderung).

Vertikalförderung

Die Förderzustände der Horizontalförderung treten im Prinzip auch bei vertikalem Transport auf.

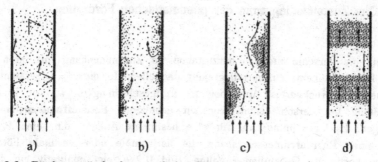

Bild 11.2.8 Förderzustände der vertikalen Förderung
  a) Flugförderung (Schwebeförderung), b) Strähnenförderung,
  c) Ballenförderung, d) Pfropfenförderung.

Bei hoher Geschwindigkeit, die die Sinkgeschwindigkeit der Einzelpartikeln weit übertrifft, findet die *Flugförderung* statt. Turbulenzen bei feinen Partikeln und Wandstöße bei groberen bewirken eine homogene Quervermischung im Rohr (Bild 11.2.8 a)). Wird die Luftgeschwindigkeit gesenkt, kann sie in Wandnähe die Sinkgeschwindigkeit schon unterschreiten, so daß dort einzelne Partikeln absinken können. Querbewegungen befördern sie jedoch rasch wieder ins Innere, wo sie erneut aufwärts mitgenommen werden. Bei weiterer Verringerung der Strömungsgeschwindigkeit und bei höheren Beladungen bilden sich an der Wand Strähnen und Ballen, die wegen ihrer höheren Sinkgeschwindigkeit abwärts rutschen. Weil sie sich aber ständig auflösen und erneuern, findet im Mittel dennoch ein aufwärts gerichteter Feststofftransport statt (Bild 11.2.8 b) und c)). Bei ausreichend hoher Beladung vergrößern sich die Ballen zu Pfropfen, wenn die Luftgeschwindigkeit die Partikelsinkgeschwindigkeit unterschreitet (Bild 11.2.8 d)). Dann muß der Druckunterschied am durchströmten Pfropfen Gewicht und Wandreibung überwinden, damit eine Aufwärtsbewegung der Pfropfen erreicht wird. Von der Unterseite des Pfropfens fallen einzelne Partikeln herunter und werden auf der Oberseite des nachfolgenden aufgefangen.

Die reine Flugförderung wird auch als *Dünnstromförderung* bezeichnet, bereits von der Strähnenförderung an kann von *Dichtstromförderung* gesprochen werden.

Die Flugförderung mit hohen Geschwindigkeiten zwischen etwa 20 und 30 m/s und Beladungen bis ca. $\mu \approx 15$ ist der technisch am häufigsten vorkommende Förderzustand, weil man mit relativ niedrigen Druckdifferenzen ($< 0,5$ bar bei Saugförderung, ≤ 1 bar bei Druckförderung) auskommt und betriebssichere, stabile Verhältnisse hat [11.12]. Abrieb und Verschleiß - ausgedrückt in kg Abrieb/ kg durchgesetztes Produkt - nehmen aber mit der Transportgeschwindigkeit hoch 3 ... 4 zu. Wegen dieser Nachteile versucht man daher zunehmend, Dichtstromförderzustände zu realisieren, die stabil d.h. verstopfungsunempfindlich und energetisch günstig sind (s. Abschnitt 11.2.5).

11.2.3 Das Zustandsdiagramm der pneumatischen Förderung

Man kann die verschiedenen Förderzustände im Zusammenhang mit ihren Strömungsgrößen in einem Zustandsdiagramm darstellen. In diesem Diagramm wird der gemessene Druckverlust Δp_V über der Luftgeschwindigkeit w_L am Ende der Förderleitung bei verschiedenen, konstant gehaltenen Feststoffmassenstömen $\dot{m}$ aufgetragen. Es kann immer nur für eine bestimmte Anlage, d.h. eine Produktgruppe, einen Rohrdurchmesser sowie die horizontale oder vertikale Förderung über eine bestimmte Gesamtlänge gelten. Bild 11.2.9 zeigt qualitativ ein solches Zustandsdiagramm für die überwiegend horizontale Förderung grober Kunststoffpartikeln (nach [11.11]).

Die Grenzfälle - und damit auch die Grenzkurven im Diagramm - sind zum einen die Strömung durch das leere Rohr, für die wegen der in aller Regel vollturbulenten Luftströmung der Druckverlust $\Delta p_V \sim w_L^2$ ist (Kurve a) in Bild 11.2.9), und zum anderen die Strömung durch das mit einer unbewegten Schüttung (Festbett) gefüllte Rohr, bei der der Druckverlust - bei deutlich kleineren Geschwindigkeiten als im leeren Rohr - abhängig von den Korngrößen des Feststoffs und der Porosität $\Delta p_V w_L^{1 \cdots 2}$ ist (Kurve b) in Bild 11.2.9).

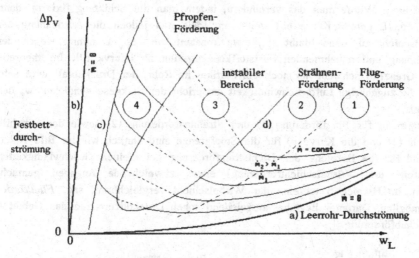

Bild 11.2.9 Zustandsdiagramm der pneumatischen Förderung grober bis mittelfeiner Partikeln (nach [11.11])

Auf diesen Kurven a) und b), sowie links von der Kurve c) ist der Massenstrom $\dot{m}$ durch die pneumatische Förderleitung Null. Die Kurven für höhere Massenströme liegen also alle in dem Gebiet zwischen den Kurven a) und c). Es ist verständlich, daß sie umso höher verlaufen, je größer der geförderte Massenstrom ist. Bei hohen Geschwindigkeiten findet die Flugförderung statt (Gebiet 1, *Dünnstromförderung*). Die Druckverluste liegen meist unter 1 bar. Erniedrigt man die Geschwindigkeit, dann entmischt sich der Feststoffstrom, insbesondere bei horizontaler Leitung, und man gelangt in den Bereich der Strähnenförderung (Gebiet 2). Bereits ab hier kann man von *Dichtstromförderung* sprechen. Weitere Geschwindigkeitsabsenkung läßt Ballen und Pfropfen entstehen. Ab hier beginnt der Förderzustand instabil zu werden, d.h. es können Verstopfungen eintreten (instabiler Bereich, Gebiet 3). Die Untergrenze des Strähnenförderbereichs heißt auch *Stopfgrenze* (Kurve d)). Im Gebiet 4 ist wieder eine stabile Förderung als Pfropfen oder Schüttgutsäule möglich, wenn der Druckunterschied hoch genug ist (*Schubförderung*). Im Bereich der Strähnenförderung haben die Kurven $\dot{m}$ = const. ein Minimum. Auch der Energieaufwand für die Förderung - die Nettoleistung ist ja $P = \Delta p_V \cdot \dot{V} \sim \Delta p_V \cdot w_L$ - ist in diesem Bereich am günstigsten.

Eine etwas andere Darstellung eines Zustandsdiagramms für die Vertikalförderung grober bis mittelfeiner Güter nach [11.10] und [11.13] ist in Bild 11.2.10 zu sehen. Hier ist der Druckabfall (Druckverlust je Längeneinheit) $\Delta p_V/L$ doppeltlogarithmisch über der Geschwindigkeit w_L aufgetragen. Die Grenzkurve a) für die turbulente Rohrdurchströmung ist eine Gerade mit der Steigung 2, die Grenzkurve b) für die Festbettdurchströmung hat eine Steigung zwischen 1 und 2. Beim Lokkerungspunkt LP geht das Festbett mit steigender Geschwindigkeit in die Wirbelschicht über. Würde man das verhindern, indem man die Schüttung fixierte, dann stiege $\Delta p_V/L$ gemäß Kurve bb) weiter an. Läßt man jedoch die Ausdehnung der Wirbelschicht zu, dann bleibt Δp_V etwa konstant, und $\Delta p_V/L$ nimmt wegen der Ausdehnung und abnehmenden Feststoffkonzentration ab (Kurve e)). Im theoretischen Grenzfall schwebt nur noch *ein* Partikel im Rohr, der Druckabfall wird sehr klein, die zugehörige Luftgeschwindigkeit entspricht der Sinkgeschwindigkeit w_f des Partikels.

Die Bereiche für Flugförderung (1) und Strähnenförderung (2) sowie der instabile Bereich (3) und die Kurve d) für die Stopfgrenze sind ähnlich wie im Bild 11.2.9, während für die Bereiche der Dichtstromförderung bei kleinen Geschwindigkeiten (Pfropfen- und Wirbelschichtförderung) etwas abweichende Angaben gemacht werden. Im Bereich 5 ist eine der Wirbelschicht vergleichbare, sog. *Fließförderung* möglich. Darunter liegt bei ausreichend hohen Druckdifferenzen das Gebiet 4 der Schubförderung.

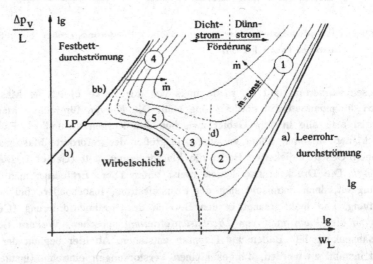

Bild 11.2.10 Zustandsdiagramm der vertikalen pneumatischen Förderung grober bis mittelfeiner Partikeln in doppeltlogarithmischer Auftragung (nach [11.10] und [11.13])

Wenn man die Linien $\dot{m}$ = const. in Bild 11.2.9 als Verbraucherkennlinien auffaßt und zusätzlich die Kennlinie einer Strömungsmaschine (Ventilator oder Gebläse mit Kennlinie G, Kompressor mit Kennlinie K) einzeichnet (Bild 11.2.11), dann erkennt man am Schnittpunkt A einen stabilen Betriebszustand der Förderung. Eine flache Kennlinie G zeigt an, das das Gebläse bei einer Massenstromerhöhung von $\dot{m}_1$ auf $\dot{m}_2$ nicht mehr in der Lage ist, den für den Transport erforderlichen höheren Druck zu erzeugen; die Förderleitung verstopft. Schwankungen der Beladung wirken sich also umso weniger negativ aus, je steiler die Gebläsekennlinie verläuft. Besser in dieser Hinsicht sind steile Kennlinien, wie die von Kompressoren (K) oder der steile Bereich von Ventilatorkennlinien.

Der Betriebspunkt B in Bild 11.2.11 liegt im instabilen Bereich. Selbst bei gleichbleibendem Massenstrom $\dot{m}_1$ würde eine Geschwindigkeitserniedrigung zur Ballen- oder Pfropfenbildung mit Verstopfungsgefahr führen und zum Freiblasen einen erhöhten Druck erfordern, den das Gebläse nicht mehr aufbringen kann.

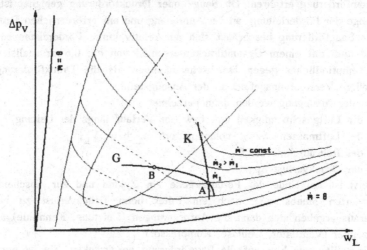

Bild 11.2.11 Zustandsdiagramm mit Gebläse- (G) bzw. Kompressorkennlinie (K)

11.2.4 Berechnungsansätze für die Auslegung einer Flugförderungsstrecke

Die Aufgabenstellung der pneumatischen Förderung besteht darin, einen bestimmten Massenstrom eines Feststoffs mit Luft von einer Stelle 1 zu einer Stelle 2 zu transportieren. Damit sind folgende Größen als gegeben bzw. gefordert anzusehen:

Feststoff: - Massenstrom $\dot{m}_S$,

- Korngröße x (bzw. Korngrößenverteilung $Q_3(x)$),

- Dichte ρ_S,

- Sinkgeschwindigkeit w_f,
- spezielle Stoffeigenschaften, die die Partikel- und Wandstöße und den Verschleiß beeinflussen, wie Kornform, "Härte", E-Modul;

Luft:
- Dichte ρ_L, dyn. Zähigkeit η_L,
- evtl. Feuchte sowie Temperatur ϑ und $\rho_L(\vartheta)$, $\eta_L(\vartheta)$,
- evtl. vom Umgebungsdruck abweichende Drücke p_1 bzw. p_2 auf der Sender- oder Empfängerseite;

Rohrführung:
- Längen L_h der horizontalen und L_v der vertikalen Rohrstücke,
- Anzahl n_K der Krümmer,
- Krümmungsradius/Rohrdurchmesser R_K/D (meist > 6),
- sonstige Einbauten (Weichen, Absperrorgane, ...).

Anhand der Produkteigenschaften kann außerdem eine Vorentscheidung bezüglich der Frage Dünn- oder Dichtstromförderung getroffen werden. Harte, schleißende Produkte ebenso wie abriebempfindliche Feststoffe sollten eher eine langsame Dichtstromförderung erfahren. Ob Saug- oder Druckförderung geeignet ist, liegt an der Länge der Förderleitung, an der Anordnung und am erforderlichen Druckunterschied. Die Saugförderung beschränkt sich auf relativ kurze Förderdistanzen (< ca. 100 m) und muß mit einem Gesamtdruckunterschied von ca. 0,6 bar realisierbar sein. Sie ist empfindlicher gegen Druckschwankungen als die Druckförderung, es besteht größere Verstopfungsgefahr an der Ansaugstelle.

Bei der Auslegung werden dann berechnet
- die Luftgeschwindigkeit w_L, bzw. ihr Verlauf längs der Leitung,
- der Luftmassen- bzw. -volumenstrom $\dot{m}_L$ bzw. $\dot{V}_L$,
- der Rohrdurchmesser D,
- der Druckverlust Δp_V.

Meist ist am Ende der Förderstrecke ein Zyklon und zur Abscheidung mittransportierten Staubs auch noch ein Filter beim Druckverlust zu berücksichtigen. Daraus ergeben sich dann die Anforderungen (Leistung, Kennlinie) an den Druckerzeuger (Ventilator, Gebläse, Kompressor).

Wir wollen uns hier auf die Flugförderung beschränken. Sie ist noch am ehesten berechenbar, weitere Ausführungen findet man bei Siegel [11.11] und Molerus [11.5].

11.2.4.1 Bestimmung der Luftgeschwindigkeit

Einfluß der Kompressibilität

Anders als bei inkompressiblen Fluiden (Flüssigkeiten) muß bei Gasen die Kompressibilität - das ist die Druckabhängigkeit der Dichte - berücksichtigt werden, wenn Druckunterschiede von mehr als ca. 0,1 bar $\approx 10^4$ Pa vorkommen. Insbesondere in langen pneumatischen Förderrohren und bei der Druckförderung ist das der Fall. Bei der Rohrdurchströmung fällt der Druck in Strömungsrichtung ab und mit ihm die Dichte. Isotherme Verhältnisse vorausgesetzt gilt

$$\frac{p}{\rho} = const. \quad (\text{Temperatur } \vartheta = const.) \,. \tag{11.2.2}$$

Ohne Ableitung sei angegeben, daß der Druckverlauf p(l) längs der Lauflänge 1 (s. Bild 11.2.12) unter Vernachlässigung der Trägheitskräfte in geraden, glatten Kreisrohren mit konstantem Durchmesser D durch

$$p(l) = p_0 \sqrt{1 + \lambda(\text{Re}) \cdot \frac{\rho_0 \, w_0^2}{p_0} \cdot \frac{L-1}{D}} \tag{11.2.3}$$

gegeben ist, worin die mit "o" indizierten Größen den - als bekannt vorausgesetzten - Zustand am Ende des Rohrs mit der Gesamtlänge L bezeichnen. Bei der Druckförderung ist dies meist der Umgebungszustand. Entsprechend Gl.(11.2.2) nimmt die Dichte nach

$$\rho(l) = \rho_0 \cdot \frac{p(l)}{p_0} \tag{11.2.4}$$

ab. Da nach der Kontinuitätsgleichung der Massenstrom $\dot{m} = \rho \cdot \dot{V} = \rho \cdot A \cdot w$ konstant bleibt, muß die Geschwindigkeit bei gleichbleibendem Rohrquerschnitt A umgekehrt proportional zur Dichte in Strömungsrichtung zunehmen

$$w(l) = \frac{w_0 \cdot \rho_0}{\rho(l)} \,. \tag{11.2.5}$$

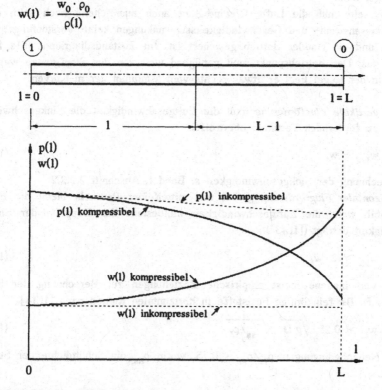

Bild 11.2.12 Druck- und Geschwindigkeitsverlauf in langen Rohren bei kompressibler Luftströmung

Aus Gl.(11.2.5) ergibt sich mit den Gleichungen (11.2.4) und (11.3.3)

$$w(l) = w_0 \cdot \left\{ \sqrt{1 + \lambda(Re) \cdot \frac{\rho_0 \, w_0^2}{p_0} \cdot \frac{L-1}{D}} \right\}^{-1}. \qquad (11.2.6)$$

Wegen der erwähnten Vernachlässigung der Trägheitsglieder darf mit dieser Gleichung nur gerechnet werden, solange die Geschwindigkeit nicht in die Nähe der Schallgeschwindigkeit kommt (Näheres s. Lehrbücher der Gasdynamik).
Bild 11.2.12 zeigt qualitativ die beschriebenen Verläufe von Druck und Geschwindigkeit im Vergleich zu denen bei inkompressiblem Verhalten.

Bedingungen für die Luftgeschwindigkeit

Die Luftgeschwindigkeit soll folgenden allgemeinen Kriterien genügen:
- Einerseits soll sie möglichst niedrig sein, weil der Druckverlust etwa mit dem Quadrat der Geschwindigkeit größer wird und der Verschleiß sogar mit $w_L^{3 \cdots 4}$ ansteigt. Dies betrifft letztlich die Betriebskosten. Außerdem kommt man bei kleineren Geschwindigkeiten mit kleineren Rohrdurchmessern, kleinerem Drucklufterzeuger und kleinerer Abluftreinigung aus, so daß die Investitionskosten niedriger sind.
- Andererseits muß die Luftgeschwindigkeit auch ausreichend hoch sein, damit bei Massenstrom- und Geschwindigkeitsschwankungen keine Verstopfungen auftreten und ein stabiler Betrieb gesichert ist. Im Zustandsdiagramm Bild 11.2.11 heißt das: Der Betriebspunkt muß genügend weit von der Stopfgrenze weg liegen. In der Regel liegt er etwas rechts vom Minimum der ṁ-Kurven.

Für die *vertikale Flugförderung* muß die Luftgeschwindigkeit die Sinkgeschwindigkeit der zu fördernden Partikeln übertreffen

$$w_{Lv} > w_f. \qquad (11.2.7)$$

Zur Berechnung der Sinkgeschwindigkeit s. Band 1, Abschnitt 2.2.2.2.
Bei *horizontaler Flugförderung* grober und mittelfeiner Partikeln bleibt die Förderung stabil, wenn die Luftgeschwindigkeit mindestens das Doppelte der Sinkgeschwindigkeit beträgt ([11.13])

$$w_{Lh} > 2 \cdot w_f. \qquad (11.2.8)$$

Es gibt verschiedene meist empirische Beziehungen zur Berechnung der Stopfgrenze, z.B. für feinkörnige Feststoffe in horizontalen Rohren nach [11.14]

$$w_L \approx 0{,}25 \cdot \sqrt{g \, D} \cdot \sqrt{\rho_{ss}/\rho_L} \qquad (11.2.9)$$

mit der Nebenbedingung $\mu \cdot \rho_L/\rho_{ss} < 0{,}75$, worin ρ_{ss} die Schüttdichte der Strähne bedeutet.

Die horizontalen Rohrstücke einer Anlage sind eher verstopfungsgefährdet als die vertikalen, denn sie erfordern - wie der Vergleich zwischen Gl.(11.2.7) und (11.2.8) zeigt - eine etwa doppelt so hohe Luftgeschwindigkeit. Besonders bei langen Förderleitungen besteht am ehesten Verstopfungsgefahr an den Feststoff-Eintrittsstellen am Beginn der Rohrleitung, weil dort die kleinsten Geschwindigkeiten herrschen (s. Bild 11.2.12). Meist wird in der Praxis die Luftgeschwindigkeit vorgewählt.

Siegel [11.11] gibt eine Tabelle mit Erfahrungswerten von ρ_{ss}, w_{L0} und $\lambda \cdot \frac{L_0}{D}$ für 57 Fördergüter an, aus der die untenstehende Tabelle 11.1 einen Auszug wiedergibt. Darin ist $L_0 = 1\,m$ eine Bezugslänge. Die Luftgeschwindigkeit liegt meist im Bereich (20 ... 25) m/s, niedrigere Werte werden im allgemeinen für spezifisch leichte Produkte, höhere für schwerere Produkte genommen. Ebenso gelten in Rohren mit kleinem Durchmesser (z.B. 50 mm) eher die niedrigen und bei großen Durchmessern (bis 400 mm) eher die höheren Geschwindigkeitswerte.

Tabelle 11.1 Schüttgutdaten für die pneumatische Flugförderung (aus [11.11])

Fördergut	Partikelgröße mm	ρ_s kg/m^3	ρ_{ss} kg/m^3	w_{L0} m/s	$\lambda \cdot \frac{L_0}{D}$ -
Ackerbohnen	8,1	1390	830	23 ... 27	0,04
Aktivkohle	3	1860	340	20 ... 23	0,06
Bentonit	0,04	2680	720	25 ... 27	0,10
Glaskugeln	1,14	2990	1780	22 ... 27	0,06
Holzspäne	50 × 20 × 1	470	150 ... 400	22 ... 25	0,04
Kartoffelflocken	10 × 10 × 1	1200	300	20 ... 23	0,04
Mais, feucht	8,7	1250	680	22 ... 27	0,06
Malz	3,7	1370	540	20 ... 22	0,04
Natriumbicarbonat	0,063	2700	1070	22 ... 25	0,10
PE-Granulat	3,5	1070	500	20 ... 25	0,04
PE-Pulver	0,25	1070	450	20 ... 25	0,10
Polyesterchips	6 × 4 × 2	1400	700	23 ... 27	0,06
PP-Granulat	3,5	1000	500	20 ... 25	0,04
PP-Pulver	0,22	1000	570	20 ... 25	0,10
PS-Granulat	2,7	1070	600	20 ... 25	0,04
PVC-Pulver	0,2	1320	570	20 ... 25	0,10
Reis	2,7	1620	800	20 ... 25	0,06
Reishülsen	2,5	1280	105	18 ... 20	0,04
Sojabohnen	6,3	1270	690	22 ... 25	0,04
Stahlkugeln	1,08	7850	4420	25 ... 35	0,12
Steinsalz	1,6	2190	1200	22 ... 27	0,08
Weizen	3,9	1380	730	22 ... 27	0,04
Weizenmehl	0,09	1470	540	18 ... 23	0,08
Zement	0,05	3100	1420	20 ... 25	0,18
Zinkoxid	0,1	4850	2000	25 ... 30	0,15

11.2.4.2 Bestimmung des Druckverlusts

Druckverlust im geraden Rohr
Der allgemeine Ansatz für den gesamten Druckverlust Δp_V setzt sich additiv aus dem Druckverlust Δp_L der reinen Luftströmung und einem Druckverlust Δp_S für den Feststofftransport zusammen

$$\Delta p_V = \Delta p_L + \Delta p_S . \tag{11.2.10}$$

Der Druckverlust Δp_S enthält alle mit der Feststoffbewegung zusammenhängenden "Energieaufwendungen", nämlich
Δp_B durch die Beschleunigung des Gutes auf Transportgeschwindigkeit beim Einschleusen,
Δp_K den Krümmerdruckverlust, $n \cdot \Delta p_K$ bei n Krümmern,
Δp_H durch die Hubarbeit bei der Vertikal-aufwärts-Förderung,
Δp_R durch die Reibungs- und Stoßverluste der Partikel/Wand- und Partikel/Partikel-Berührungen.

$$\Delta p_V = \Delta p_L + \Delta p_B + n \cdot \Delta p_K + \Delta p_H + \Delta p_R \tag{11.2.11}$$

Druckverlust der Luftströmung
Wenn man die Kompressibilität vernachlässigen kann, gilt für Δp_L

$$\Delta p_L = \lambda_L \cdot \frac{L}{D} \cdot \frac{\rho_L}{2} w_L^2 . \tag{11.2.12}$$

Da die Rohre im allgemeinen hydraulisch glatt sind, kann für den Widerstandsbeiwert λ_L die aus der Fluidmechanik bekannte Formel von Blasius

$$\lambda_L = 0{,}3164 \cdot Re^{-1/4} \tag{11.2.13}$$

im Bereich $2300 \leq Re \leq 10^5$ genommen werden, worin

$$Re = \frac{w_L D \rho_L}{\eta_L} \tag{11.2.14}$$

die Rohr-Reynoldszahl der reinen Luftströmung bedeutet. Für Überschlagsrechnungen genügt auch der feste Wert $\lambda_L = 0{,}02$.
Wenn die Kompressibilität berücksichtigt werden muß, ergibt sich aus Gl.(11.2.3) für den Druckverlust

$$\Delta p_L(l) = p(l) - p_0 = p_0 \left\{ \sqrt{1 + \lambda(Re) \cdot \frac{\rho_0 w_0^2}{p_0} \cdot \frac{L-l}{D}} - 1 \right\} . \tag{11.2.15}$$

Bei den durch den Feststofftransport verursachten Verlusten spielen die folgenden beiden dimensionslosen Einflußgrößen eine Rolle:
Das Geschwindigkeitsverhältnis

$$C = \frac{c}{w_L} \qquad (11.2.16)$$

und die Rohr-Froude-Zahl

$$Fr = \frac{w_L^2}{g \cdot D} \ . \qquad (11.2.17)$$

Die Feststoffgeschwindigkeit c ist bei den üblichen Horizontal- und Vertikal-aufwärts-Förderungen geringer als die Luftgeschwindigkeit w_L, nur bei vertikal-abwärts gerichtetem Transport ist sie größer als w_L. Überschlägige Werte für das Verhältnis c/w_L gibt Siegel [11.11] an: $c/w_L \approx 0,8$ für staubförmiges und grießiges, $c/w_L \approx 0,7$ für körniges Gut.

Beschleunigungsdruckverlust Δp_B

Der Impulssatz für den Feststoffmassenstrom $\dot{m}_S$, der im Rohr mit dem Querschnitt A von der Geschwindigkeit $c_1 = 0$ auf $c_2 = c$ beschleunigt wird, liefert

$$\Delta p_B \cdot A = \dot{m}_S \cdot c \ . \qquad (11.2.18)$$

Wir schreiben das unter Verwendung von $\dot{m}_L/A = \rho_L \cdot w_L$ und μ um und erhalten

$$\Delta p_B = \frac{\dot{m}_S}{\dot{m}_L} \cdot \frac{\dot{m}_L}{A} \cdot c = \mu \cdot \rho_L \cdot w_L \cdot c \ . \qquad (11.2.19)$$

In der Schreibweise mit dem Staudruck und der dimensionslosen Zahl C

$$\Delta p_B = 2 \mu \frac{c}{w_L} \cdot \frac{\rho_L}{2} w_L^2 = 2 \mu \cdot C \cdot \frac{\rho_L}{2} w_L^2 \ . \qquad (11.2.20)$$

Krümmerdruckverlust

Im Krümmer prallt das Fördergut auf die Rohrwand, wird dort abgebremst und muß in der neuen Richtung wieder beschleunigt werden. Diese Beschleunigung verbraucht Energie und verursacht daher den Druckverlust Δp_K. Er läßt sich analog zum Beschleunigungsdruckverlust berechnen, wenn man eine Annahme für die Geschwindigkeit c_1 trifft, auf die abgebremst wird. Siegel schlägt hierfür $c_1 = 0,5 \cdot c$ vor, so daß

$$\Delta p_K = 0,5 \cdot \mu \cdot \rho_L \cdot w_L \cdot c = \mu \cdot C \cdot \frac{\rho_L}{2} w_L^2 \qquad (11.2.21)$$

folgt. Von anderen Autoren wurde noch eine - allerdings nur schwache - Abhängigkeit vom Krümmungsradius festgestellt.

Hubarbeit als Druckverlust Δp_H

Aus dem Kräftegleichgewicht zwischen Feststoffgewicht und Druckverlust mal Rohrquerschnitt beim Anheben der Feststoffmasse m_s um die Höhe L_v (= Länge der vertikalen Rohrstücke)

$$\Delta p_H \cdot A = m_s \cdot g \qquad (11.2.22)$$

ergibt sich mit $m_s = \dot{m}_s \cdot \dfrac{L_v}{c}$ und durch Erweitern mit $\dot{m}_L = A \cdot \rho_L \cdot w_L$

$$\Delta p_H = \mu \cdot \rho_L \cdot \frac{w_L}{c} \cdot L_v \cdot g \qquad (11.2.23)$$

bzw. in der Schreibweise mit den dimensionslosen Kennzahlen C und Fr

$$\Delta p_H = 2 \cdot \mu \cdot \frac{1}{C} \cdot \frac{1}{Fr} \cdot \frac{L_v}{D} \cdot \frac{\rho_L}{2} w_L^2 . \qquad (11.2.24)$$

Druckverlust durch Gutreibung

Siegel [11.11] gibt eine Berechnungsmöglichkeit mit den in Tabelle 11.1 enthaltenen Erfahrungswerten an. Danach ist der Gutreibungsverlust zu berechnen aus

$$\Delta p_R = \mu \cdot \left(\lambda_s \cdot \frac{L_0}{D} \right) \cdot \frac{L}{L_0} \cdot \frac{\rho_L}{2} w_L^2 , \qquad (11.2.25)$$

worin der dimensionslose Wert $\lambda \cdot \dfrac{L_0}{D}$ aus Tabelle 11.1 entnommen werden kann.

Zusammengefaßter Zusatzdruckverlust

Anders aufgebaut ist die Zusammenfassung der Druckverluste durch den Feststofftransport in einem Zusatzdruckverlust Δp_Z, in dem die Strömung in horizontalen und vertikalen Rohren mit einbezogen ist. Diese Darstellung stammt von Barth und Muschelknautz und lautet analog zur Luftströmung

$$\Delta p_Z = \mu \cdot \lambda_Z \cdot \frac{L}{D} \cdot \frac{\rho_L}{2} w_L^2 , \qquad (11.2.26)$$

so daß der gesamte Druckverlust durch

$$\Delta p_V = (\lambda_L + \mu \lambda_Z) \cdot \frac{L}{D} \cdot \frac{\rho_L}{2} w_L^2 \qquad (11.2.27)$$

dargestellt wird.

Nach Muschelknautz setzt man für λ_Z an

$$\lambda_Z = \lambda_s^* \cdot C + \frac{2\beta}{C \cdot Fr} . \qquad (11.2.28)$$

Der erste Term darin steht für den Verlust durch die Partikelstöße. Dabei werden die Partikeln umgelenkt (Impulsänderung) und in wechselnde Rotation versetzt (Drehimpulsänderung), beides verbraucht Energie. Der zweite Term kennzeichnet die Reibungsverluste einschließlich der Partikel/Luft-Reibung (In-Schwebe-Halten bei horizontaler und Heben bei vertikaler Förderung) und der Wandreibung auch bei Strähnenförderung. Neuere Werte für λ_s^* können aus Angaben im VDI-Wärme-atlas [11.15] bestimmt werden. Sie liegen zwischen 10^{-3} und 10^{-2}. Mit dem Widerstandsbeiwert β

$$\beta = \sin\alpha + \alpha_w f_r \cdot \cos\alpha \qquad (11.2.29)$$

wird zugleich die Unterscheidung Horizontal/Vertikal-Förderung erfaßt. Denn α bedeutet den Neigungswinkel des Rohrs gegen die Horizontale. Es ist daher

$\beta = \alpha_w f_r$ für Horizontal-Förderung ($\alpha = 0°$),

$\beta = 1$ für Vertikal-Förderung ($\alpha = 90°$).

Bei Horizontal-Förderung ist im unteren Teil des Rohrs ein erhöhter Feststoffanteil (Strähne) festzustellen, für diesen Feststoffanteil ist α_w ein Maß. f_r gibt den Reibungskoeffizienten für diesen Gutanteil an. Als Beispiel gibt Bild 11.2.13 Messungen des Widerstandsbeiwerts $\lambda_Z(Fr)$ nach [11.11] wieder.

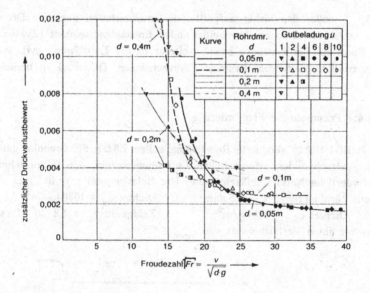

Bild 11.2.13 Widerstandsbeiwert $\lambda_Z(\sqrt{Fr})$ für die Horizontalförderung von Weizen (nach [11.11])

11.2.4.3 Bestimmung von Rohrdurchmesser und Luftvolumenstrom

Wenn die Luftgeschwindigkeit bekannt ist, dann kann man mit einer Annahme für den Beladungswert μ den Rohrdurchmesser D zunächst nach Gl.(11.2.1) abschätzen

$$D = \sqrt{\frac{4 \cdot \dot{m}_s}{\pi \cdot \mu \cdot \rho_L \cdot w_L}} \qquad (11.2.30)$$

Je nach dem Ergebnis der Druckverlustberechnung und dem zur Verfügung stehenden Druckerzeuger kann dieser Wert unter Benutzung der Gl.n(11.2.11) oder (11.2.27) evtl. iterativ korrigiert werden. Ohnehin wird man einen leicht erhältlichen genormten Rohrdurchmesser in der Nähe des errechneten wählen. Der Luftvolumenstrom am Ende der Leitung ergibt sich aus dem Massenstrom $\dot{m}_L = \dot{m}_s/\mu$ oder aus Geschwindigkeit w_L und Durchmesser D zu

$$\dot{V}_L = \frac{\dot{m}_s}{\mu \cdot \rho_L} = \frac{\pi}{4} D^2 \cdot w_L. \qquad (11.2.31)$$

Gebläseleistung

Die für die Förderanlage erforderliche Netto-Gebläseleistung berechnet man aus

$$P = (\dot{V}_L + \dot{V}_s) \cdot \Delta p_{ges} = (\dot{V}_L + \frac{\dot{m}_s}{\rho_s}) \cdot \Delta p_{ges} \qquad (11.2.32)$$

wobei in Δp_{ges} außer den bisher aufgeführten Druckverlusten noch die Druckverluste einer meist vorhandenen Abscheide- oder Entstaubungseinheit (Zyklon oder Filter) am Ende der Förderstrecke sowie weiterer in der Luftführung evtl. vorhandener Verluststellen (Leitungen, Krümmer, Absperrungen, Düsen ...) zu berücksichtigen sind.

Beispiel 11.4: Pneumatische Flugförderung

Durch die in Bild 11.2.14 skizzierte Rohrleitung sollen 1,8 t/h PE-Granulat gefördert werden. Man berechne den erforderlichen Luftvolumenstrom, den Rohrdurchmesser und die erforderliche Netto-Gebläseleistung. Die Beladung sei $\mu \approx 10$.
Produktdaten: Partikelgröße: x = 3,5 mm;　　　Dichte: $\rho_s = 1070 \, kg/m^3$;
Luft:　　　Dichte: $\rho_{L0} = 1,2 \, kg/m^3$;　　　Zähigkeit: $\eta_L = 1,8 \cdot 10^{-5} \, Pa \, s$.
Der Zyklon hat einen Verlustbeiwert von $\zeta_{ges} = 25$.

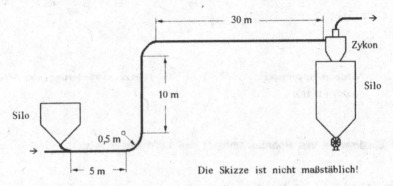

Bild 11.2.14 Pneumatische Förderanlage zu Beispiel 11.4

Lösung:

Die gesamte *Leitungslänge* mit Berücksichtigung der Bogenlängen beträgt

$$L = (5 + 10 + 30 + \pi \cdot 0,5)\,m = 46,6\,m,$$

die zu überwindende *Förderhöhe*

$$\Delta H = 11\,m.$$

Die *Luftgeschwindigkeit* richtet sich nach der Sinkgeschwindigkeit w_f der Partikeln. Im horizontalen Rohr soll nach Gl.(11.2.8) mindestens die doppelte Sinkgeschwindigkeit gewählt werden. Nach Band 1, Abschnitt 2.2.2 errechnet man für die gegebenen Partikeln mit der Annahme, daß sie kugelförmig sind, je nach gewähltem Näherungsverfahren im Übergangsbereich $w_f \approx (9,0 \dots 9,4)\,m/s$. Danach wären mindestens 18 m/s Luftgeschwindigkeit zu wählen; Siegel empfiehlt $(20 \dots 25)\,m/s$ (s. Tabelle 11.1). Wir wählen hier $w_L = 20\,m/s$ am Ende der Förderleitung.

Den *Rohrdurchmesser* schätzen wir aus Gl.(11.2.1) mit der Vorgabe für die Beladung und mit $\dot{V}_L = \frac{\pi}{4} D^2 \cdot w_L$ ab

$$D = \left(\frac{4\,\dot{m}_s}{\pi\,\rho_L\,\mu\,w_L}\right)^{1/2} = \left(\frac{4 \cdot 0,5}{\pi \cdot 1,2 \cdot 10 \cdot 20}\right)^{1/2}\,m = 0,052\,m.$$

Wir wählen den nächstgrößeren Rohrinnendurchmesser nach ISO-Norm und DIN 2449, er beträgt $D = 54,5\,mm$ (Außendurchmesser 60,3 mm).

Zur Prüfung, ob die *Kompressibilität* zu berücksichtigen ist, berechnen wir den Druckverlust sowohl nach Gl.(11.2.12) wie auch nach Gl.(11.2.15) und vergleichen. Näherungsweise setzen wir in beiden Fällen $\lambda = \lambda_L = \lambda(Re) = 0,02$. Außerdem stellen wir die in vielen Formeln benötigte Staudruckgröße bereit

$$\frac{\rho_L}{2}\,w_L^2 = 0,6\,\frac{kg}{m^3} \cdot 400\,\frac{m^2}{s^2} = 240\,Pa.$$

Für inkompressibles Verhalten bekommen wir

$$\Delta p_L = \lambda_L \cdot \frac{L}{D} \cdot \frac{\rho_L}{2}\,w_L^2 = 0,02 \cdot \frac{46,6}{0,0545} \cdot 240\,Pa = 4,104 \cdot 10^3\,Pa.$$

Mit $l = 0$ und $p_0 = 1,0 \cdot 10^5\,Pa$ (= 1,0 bar) wird bei kompressiblem Verhalten

$$\Delta p_L(l) = p(l) - p_0 = p_0 \left\{ \sqrt{1 + \lambda(Re) \cdot \frac{\rho_0\,w_0^2}{p_0} \cdot \frac{L-l}{D}} - 1 \right\} = 4,023 \cdot 10^3\,Pa.$$

Die Abweichung ist nur rund 2%, so daß mit guter Genauigkeit inkompressibles Verhalten vorausgesetzt werden kann. Zugleich bedeutet das auch nahezu konstante Luftgeschwindigkeit längs der Förderleitung.

Der *Luftvolumenstrom* $\dot{V}_L$ wird mit dem angenommenen Rohrdurchmesser und der Mindestgeschwindigkeit

$$\dot{V}_L = \frac{\pi}{4} D^2 \cdot w_L = \frac{\pi}{4} \cdot 0,0545^2 \cdot 20\,m^3/s = 4,67 \cdot 10^{-2}\,m^3/s = 168\,m^3/h.$$

Damit erhalten wir die tatsächliche *Beladung* aus Gl.(11.2.1) zu

$$\mu = \frac{\dot{m}_s}{\rho_L \dot{V}_L} = \frac{0,5}{1,2 \cdot 4,67 \cdot 10^{-2}} = 8,93.$$

Zur Berechnung der Druckverluste brauchen wir noch die *Feststoffgeschwindigkeit* c, bzw. das Verhältnis c/w_L. Oben haben wir die doppelte Sinkgeschwindigkeit für w_L gewählt, so daß wir jetzt $c/w_L = 0,5$ setzen, also $c \approx 10\,m/s$.

Druckverluste:

Der *Beschleunigungsdruckverlust* und der *Druckverlustbeiwert* ergeben sich aus Gl.(11.2.20) zu

$$\Delta p_B = 2\mu \frac{c}{w_L} \cdot \frac{\rho_L}{2} w_L^2 = 2 \cdot 8,93 \cdot 0,5 \cdot 240\,Pa = 2,14 \cdot 10^3\,Pa$$

Der *Krümmerdruckverlust* ist nach Gl.(11.2.19) je Krümmer halb so groß, bei zwei Krümmern also gerade so groß wie der Beschleunigungsdruckverlust

$$2 \cdot \Delta p_K = 2,14 \cdot 10^3\,Pa.$$

Den *Hub-Druckverlust* berechnen wir aus Gl.(11.2.21) zu

$$\Delta p_H = \mu \cdot \rho_L \cdot \frac{w_L}{c} \cdot \Delta H \cdot g = 8,93 \cdot 1,2 \cdot 2,0 \cdot 11 \cdot 9,81\,Pa = 2,31 \cdot 10^3\,Pa.$$

Schließlich bleibt noch der *Gutreibungs- und Stoßverlust* zu berechnen. In Gl.(11.2.25) setzen wir

$$\lambda \cdot \frac{L}{D} = \left(\lambda \cdot \frac{L_0}{D}\right) \cdot \frac{L}{L_0}$$

und erhalten mit dem entsprechenden Wert aus Tabelle 11.1 $\left(\lambda \cdot \frac{L_0}{D}\right) = 0,04$

$$\Delta p_R = \mu \cdot \left(\lambda \cdot \frac{L_0}{D}\right) \cdot \frac{L}{L_0} \cdot \frac{\rho_L}{2} w_L^2 = 8,93 \cdot 0,04 \cdot 46,6 \cdot 240\,Pa = 4,00 \cdot 10^3\,Pa.$$

In der Förderleitung addieren sich die Einzeldruckverluste zu

$$\Delta p_V = \Delta p_L + \Delta p_B + 2 \cdot \Delta p_K + \Delta p_H + \Delta p_R =$$
$$= (4,10 + 2,14 + 2,14 + 2,31 + 4,00) \cdot 10^3\,Pa = 1,47 \cdot 10^4\,Pa = 0,147\,bar.$$

Zur Berechnung der Gebläseleistung brauchen wir noch den Druckverlust des Zyklons, der nach Kapitel 7, Abschnitt 7.2.3.2 mit dem gegebenen Druckverlustbeiwert ζ_{ges} lautet

$$\Delta p_{Zykl} = \zeta_{ges} \cdot \frac{\rho_L}{2} w_L^2 = 25 \cdot 240\,Pa = 6 \cdot 10^3\,Pa.$$

So bekommen wir den gesamten zu überwindenden Druckverlust zu

$$\Delta p_{ges} = \Delta p_V + \Delta p_{Zykl} = (1{,}47 \cdot 10^4 + 6 \cdot 10^3)\,Pa = 2{,}07 \cdot 10^4\,Pa = 0{,}207\,bar,$$
$$= 207\,mbar$$

und die *Netto-Gebläseleistung* nach Gl.(11.2.31) zu

$$P = (\dot{V}_L + \frac{\dot{m}_s}{\rho_s}) \cdot \Delta p_{ges} = (4{,}67 \cdot 10^{-2} + \frac{0{,}5}{1070})\,m^3/s \cdot 2{,}07 \cdot 10^4\,Pa$$

$$= 9{,}76 \cdot 10^2\,W = 0{,}98\,kW \approx 1{,}0\,kW$$

Da Ventilatoren nur bis ca. 0,16 bar Druckdifferenz eingesetzt werden, bietet sich hier die Verwendung eines Drehkolbengebläses an.

11.2.5 Druckförderung

11.2.5.1 Gutzuführung

Wie bereits erwähnt und in Bild 11.2.2 gezeigt, muß bei der Druckförderung das Fördergut in die unter Überdruck stehende Leitung eingespeist werden. Hierfür werden drei Möglichkeiten realisiert: die Injektor-Gutaufgabe (Bild 11.2.15), die Einspeisung mittels Druckkessel (Bild 11.2.16) und die Aufgabe über Zellenradschleuse (Bild 11.2.17).

Der *Injektor* (Bild 11.2.15) arbeitet nach dem Prinzip der Strahlpumpen mit Impulsaustausch.

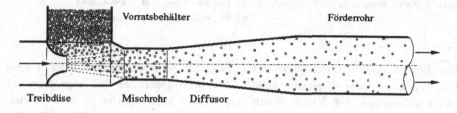

Bild 11.2.15   Injektor-Gutaufgabe

Aus der Treibdüse tritt Luft mit hoher Geschwindigkeit (> 100 m/s bis Schallgeschwindigkeit) aus, nimmt die Partikeln und weitere Luft aus dem Vorratsbehälter mit und beschleunigt sie im Mischrohr. Der anschließende Diffusor dient zur Druckrückgewinnung aus der kinetischen Energie der Strömung. Für die Förderung steht der am Ende des Diffusors herrschende Überdruck zur Verfügung. Er ist in der Regel niedrig (< 0,5 bar). Die Luftmengen sind beim Injektor - verglichen mit den beiden folgenden Einschleusungssystemen - hoch, die erzielbaren Beladungen gering (μ < 5) und der spezifische Energieverbrauch daher hoch. So eignet sich die Injektoraufgabe nur zur Flugförderung über relativ kurze Strecken (< ca. 100 m). Ihr Hauptvorteil besteht in der einfachen und platzsparenden Bauweise.

Am gebräuchlichsten ist die Gutaufgabe über *Druckkessel*, auch *Sender* genannt (Bild 11.2.16). Er befindet sich als Druckschleuse zwischen Vorratsbehälter und Förderrohr. Es gibt die Untenentnahme für körniges, freifließendes Gut (z.B. Kunststoffgranulate) (Bild 11.2.16 a)) und das Ausblasen nach oben für feinkörniges, fluidisierbares Fördergut (Bild 11.2.16 b)).

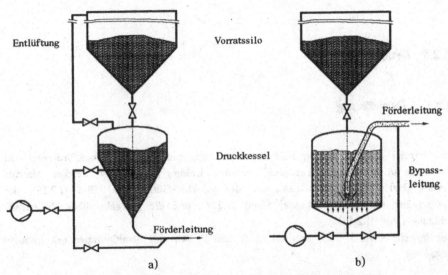

Bild 11.2.16 Druckkessel-Einspeisung a) für körniges Gut (Granulate)
b) für fluidisierbares Gut (Pulver)

Die Betriebsweise ist diskontinuierlich. Zunächst wird der Kessel unter Umgebungsdruck aus dem Vorratssilo gefüllt, dann wird gegen den Silo abgesperrt und Druck aufgegeben. Mit diesem Druck (bis 10 bar) wird das Gut in die Förderleitung eingespeist und dort weiterbewegt. Der Förderzustand kann über eine Bypassleitung und ggf. weitere Zusatzluftführungen noch wesentlich beeinflußt werden (s. Dichtstromföderung, Abschnitt 11.2.5.2). Wenn der Druckkessel leer ist, wird die Förderung unterbrochen, belüftet, neu gefüllt und der Vorgang wiederholt. Durch die Verwendung von zwei parallel oder in Serie geschalteten Kesseln läßt sich die Zeitspanne für "Nichtfördern" auf die kurze Dauer des Umschaltens vom einen zum anderen Kessel reduzieren und ein nahezu kontinuierlicher Betrieb erreichen.

Druckkesselförderung ist vom Investitions- und Platzbedarf her relativ aufwendig. Aber wegen der hohen Druckdifferenzen, die möglich sind, lassen sich sehr hohe Beladungen (bis $\mu \approx 400$) realisieren und sehr lange Förderstrecken (bis 3000 m) überbrücken.

Die Guteinspeisung über *Zellenradschleusen* nimmt wesentlich weniger Platz in Anspruch. In Bild 11.2.17 sind die Funktionsweise und drei Bauarten gezeigt.

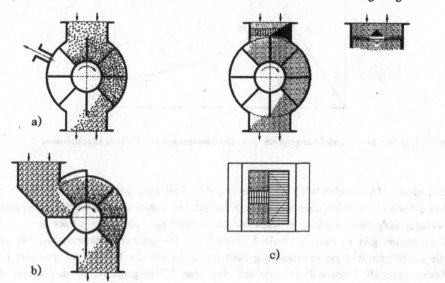

Bild 11.2.17 Zellenradschleusen

    a) Autragsschleuse mit radialem Einlauf

    b) Autragsschleuse mit tangentialem Einlauf

    c) Granulatschleuse mit Verdränger im Einlauf (Fa. Waeschle, Ravensburg)

Bei grobkörnigen Fördergütern besteht die Gefahr, daß die Körner zwischen Zellensteg und Gehäuse eingeklemmt werden. Dagegen gibt es zahlreiche konstruktive Maßnahmen. Eine davon ist in Bild 11.2.17 c) zu sehen. Beim Einfüllen des Schüttguts wird in der Mitte des Zellenvolumens (s. Längsschnitt) unter einem "Dach" gezielt ein Hohlraum geschaffen, der beim Weiterdrehen des Zellenrads durch eine an schrägen Kanten nach innen geführte Abführung der klemmkorngefährdeten Partikeln aufgefüllt wird. So werden diese Partikeln aus der möglichen Scherzone weggeschoben. Bei der Einspeisung in eine Überdruckleitung ist eine dem Gutstrom entgegengerichtete Leckluftströmung unvermeidlich. Die Leckluft wird auf der aufwärts drehenden Seite vor der Gutzuführung abgeleitet (s. Bild 11.2.17 a)). Auf der abwärts drehenden Seite gibt es ebenfalls einen Leckluftstrom, der durch möglichst enge Spalte gering gehalten wird.

Zellenradschleusen eignen sich üblicherweise für Druckdifferenzen bis ca. 1,5 bar, sind also für die Mitteldruckförderung einsetzbar. Der Durchsatz $\dot{m}$ durch Zellenradschleusen ist in charakteristischer Weise von der Drehzahl n abhängig (Bild 11.2.18):

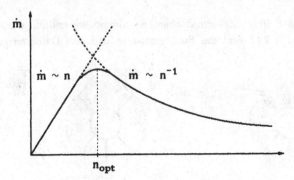

Bild 11.2.18 Drehzahlabhängigkeit des Durchsatzes von Zellenradschleusen

Bei kleinen Drehzahlen wird die Zelle in jedem Fall ganz gefüllt und es gilt $\dot{m} \sim n$, bei großen Drehzahlen kann die Zelle während des Vorbeidrehens am Füllrohr umso weniger aufgefüllt werden, je schneller das Zellenrad dreht; es gilt hier $\dot{m} \sim n^{-1}$. Dazwischen gibt es eine optimale Drehzahl für den größten Massenstrom, bei der die Zelle gerade dann vollständig gefüllt ist, wenn sie die Füllöffnung passiert hat. Diese optimale Drehzahl ist natürlich von den Fließeigenschaften des Materials abhängig und liegt für kleine Zellenrad-Durchmesser (um 200 mm$^{\emptyset}$) bei ca. (40 ... 60) min^{-1} und für große Durchmesser (um 1000 mm$^{\emptyset}$) unter 20 min^{-1}.

11.2.5.2 Dichtstromförderung

Bei Dichtstromförderung - auch Langsamförderung genannt - werden mit relativ kleinen Luft- und Gutgeschwindigkeiten hohe Massenströme (Beladungen $\mu > 100$) transportiert. Die großen Vorteile dabei sind zum einen die schonende Behandlung des Produkts (Abrieb und Zerkleinerung sehr gering) und zum anderen die kleinen Luftmengen, die am Ende der Förderanlage vom Produkt zu trennen und zu entstauben sind. Wegen der nötigen hohen Druckdifferenzen (>1 bar) kommen nur Druckförderanlagen in Frage, und wegen eventuell auftretender Betriebsschwankungen (Gutmassenstrom, Luftgeschwindigkeit) solche Druckerzeuger, die eine möglichst steile Kennlinie gemäß Bild 11.2.11 haben. Das sind Drehkolbengebläse sowie aus dem Druckluftnetz gespeiste Lavaldüsen zur Luftmassenstrom-Einstellung. Die Förderzustände der Dichtstromförderung sind vor allem Pfropfenförderung und Fließbettförderung. Im allgemeinen eignen sich zur Dichtstomförderung Produkte mit folgenden Eigenschaften:

- Die mittlere Partikelgröße ist größer als 0,5 mm;
- das Produkt hat eine enge Partikelgrößenverteilung;
- die Kornform ist annähernd sphärisch (kugelig);
- das Produkt ist freifließend, d.h. nicht oder nur wenig kohäsiv.

Beispiele für solche Stoffe sind Kunststoffgranulate, grobkörnige anorganische Salze, Ionenaustauscher, granulierte Gelatine usw.

Pfropfenförderung

Die häufigste Form der Dichtstromförderung ist die Pfropfenförderung. Sie liegt im Zustandsdiagramm (Bild 11.2.9) zumindest teilweise im instabilen Bereich und führt daher, wenn nicht besondere Maßnahmen ergriffen werden, leicht zu Verstopfungen. Ein Pfropfen wird dann nicht mehr weitertransportiert, wenn der Druckunterschied vor und hinter dem Pfropfen nicht mehr ausreicht, um die Wandreibung und den Durchströmungswiderstand zu überwinden. Der erforderliche Druckunterschied wächst überproportional mit der Pfropfenlänge an (Bild 11.2.19), und daher ist es nötig, diese Länge zu beschränken, sie also möglichst kontrolliert einzustellen und sie längs der Förderstecke nicht unkontrolliert anwachsen zu lassen.

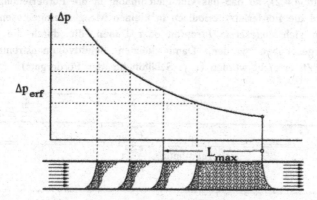

Bild 11.2.19 Erforderliche Druckdifferenz bei der Propfenförderung

Hierzu gibt es verschiedene technische Lösungen:

A) Periodisch (pulsierend, getaktet) abwechselnde Luft- und Gutzufuhr unter dem Druckgefäß (pulse-flow, Fa. Gericke, Takt-Schub, Fa. Bühler), geeignet vor allem für grobkörnige Produkte > 0,5 mm (z.B. Kunststoffgranulate).

B) Einblasen von Sekundärluft in regelmäßigen Abständen (ca. 1,5 m) aus einer parallel zum Förderrohr geführten separaten Luftleitung.

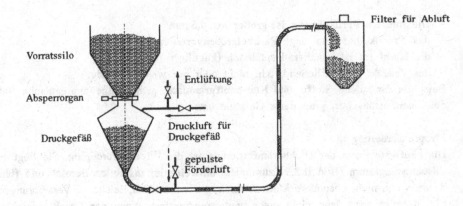

Bild 11.2.20 Gepulste Pfropfenförderung (Fa. Gericke, Regensdorf-Zürich)

In Bild 11.2.20 ist als Beispiel für A) das Pfropfenfördersystem Pulse-flow von Fa. Gericke gezeigt. Der Sender ist im konischen Teil für Massenfluß ausgelegt (s. Band 1, Abschnitt 4.4.2), so daß das Gut gleichmäßig in die Förderleitung gedrückt wird. Bei 2 wird die Förderluft periodisch in kleinen Mengen eingeblasen. Je nach Fördergut bilden sich abgesetzte Pfropfen oder Dünen, die durch die Förderluft langsam weitergeschoben werden. Damit können Schüttvolumenströme bis zu $\dot{m}/\rho_{ss} \approx 100\,m^3/h$ erreicht werden (ρ_{ss}: Schüttdichte des Förderguts).

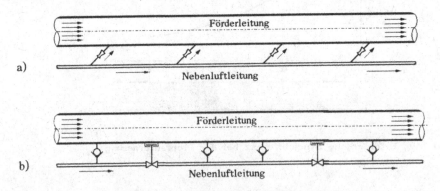

Bild 11.2.21   Pfropfenförderung mit Nebenluftleitung

  a) Nebenlufteinblasung durch Lavaldüsen (Fa. Gericke)

  b) von Sensoren gesteuerte Zusatzluft durch Rückschlagventile

  (Fa. Waeschle, Ravensburg)

Bild 11.2.21 zeigt zwei Beispiele für B). Die Nebenluftleitung wird mit höherem Druck als die Förderleitung beaufschlagt. Beim System gemäß Bild 11.2.22 a) wird die Zusatzluft durch überkritisch betriebene Lavaldüsen eingeblasen ($p_{Neben} > 1,89 \cdot p_{Förder}$). Dadurch ist Schallgeschwindigkeit am Austritt gewährleistet, und die

Zusatzluftmenge ist unabhängig vom Gegendruck $p_{\text{Förder}}$. Diese Methode ist sehr betriebssicher. Als nachteilig kann der ständige Zusatzluftverbrauch angesehen werden. Das System nach Bild 11.2.22 b) erkennt Verstopfungen am lokalen Druckanstieg dadurch, daß Drucksensoren kombiniert mit Ventilen längs der Leitung angebracht sind. Zu lang gewordene Pfropfen werden "von hinten her" durch gezielt freigesetzte Zusatzluft aufgelöst. Die Ventile sind gegen Guteintritt in die Nebenluftleitung als Rückschlagventile ausgeführt. Diese Methode spart Luft, ist jedoch mit einem relativ hohen Aufwand verbunden.

Dichtstromförderung läßt sich wegen der starken Abhängigkeit von Produkteigenschaften und wegen der örtlich schwankenden Betriebsgrößen Beladung μ und Luftgeschwindigkeit v nicht generell vorausberechnen.

11.3 Aufgaben zu Kapitel 11

Aufgabe 11.1 *Bestimmung der Lockerungsgeschwindigkeit für Heißgas*

Eine Wirbelschicht soll mit 600 °C heißem Gas betrieben werden. In einem Modellversuch mit Luft bei Raumtemperatur ist die Lockerungsporosität ε_L = 0,45 bei einer Luftgeschwindigkeit von 1,6 m/s festgestellt worden.

Stoffdaten: Feststoffdichte: $\rho_s = 2,7 \cdot 10^3 \, \text{kg/m}^3$;

Heißgas: $\rho_G = 0,391 \, \text{kg/m}^3$; $\eta_G = 3,87 \cdot 10^{-5} \, \text{Pa s}$;

Luft: $\rho_L = 1,164 \, \text{kg/m}^3$; $\eta_L = 1,82 \cdot 10^{-5} \, \text{Pa s}$.

a) Welche Lockerungsgeschwindigkeit benötigt der Betrieb mit heißem Gas?
b) Welcher Druckverlust je m Wirbelschichthöhe tritt im Heißgasbetrieb auf?

Lösung:

Aus Dichte und dynamischer Zähigkeit bestimmen wir zunächst die kinematische Zähigkeit der Gase:

$$\nu_G = \left(\frac{\eta}{\rho}\right)_G = 9,898 \cdot 10^{-5} \, \text{m}^2/\text{s}; \qquad \nu_L = \left(\frac{\eta}{\rho}\right)_L = 1,564 \cdot 10^{-5} \, \text{m}^2/\text{s}.$$

a) Da die Geschwindigkeit gegeben ist, berechnen wir zunächst die Ω-Zahl nach Gl.(11.1.19) und dann die Partikelgröße über die Re-Zahl (Gl.(11.1.20)). Den unbekannten Formfaktor φ nehmen wir jeweils mit auf die linke Seite.

$$\Omega_L = \frac{\rho_L}{\Delta\rho} \cdot \frac{\overline{w}_L^3}{\nu_L \cdot g} = \frac{1,164}{2,7 \cdot 10^3} \cdot \frac{1,6^3}{1,564 \cdot 10^{-5} \cdot 9,81} = 11,51$$

$$\frac{Re_L}{\varphi} = \frac{0,875}{\varepsilon_L^3} \cdot \Omega_L \cdot \left\{1 + \sqrt{1 + 196(1 - \varepsilon_L)\varepsilon_L^3 \cdot \Omega_L^{-1}}\right\} = 371,6$$

$$\frac{d_P}{\varphi} = \frac{Re_L}{\varphi} \cdot \frac{\nu}{\overline{w}_L} = 3,63 \cdot 10^{-3} \, \text{m} = 3,63 \, \text{mm}$$

Zur Berechnung von $w_{L,G}$ benötigen wir die Gl. $'n(11.1.17)$ und $(11.1.16)$ mit den Stoffwerten des heißen Gases:

$$\frac{Ar}{\varphi^3} = \frac{\Delta\rho \cdot g \cdot (d_p/\varphi)^3}{\rho_G \cdot v_G^2} = 3,31 \cdot 10^5$$

$$\frac{Re_{L,G}}{\varphi} = \frac{w_{L,G} \cdot d_p/\varphi}{v_G} = 42,9(1-\varepsilon_L) \cdot \left\{ \sqrt{1 + 3,11 \cdot 10^{-4} \cdot \frac{\varepsilon_L^3}{(1-\varepsilon_L)^2} \cdot \frac{Ar}{\varphi^3}} - 1 \right\} = 110,0$$

$$\overline{w}_{L,G} = \frac{Re_{L,G}}{\varphi} \cdot \frac{v_G}{d_p/\varphi} = 3,00 \text{ m/s}$$

b) Der Druckabfall errechnet sich leicht aus Gl.(11.1.6) zu

$$\Delta p \Big/ H = \Delta\rho\, g\,(1-\varepsilon_L) = 2,7 \cdot 10^3 \cdot 9,81 \cdot 0,55\,\frac{Pa}{m} = 1,46 \cdot 10^4\,\frac{Pa}{m} = 146\,\frac{mbar}{m}$$

Aufgabe 11.2: *Ausdehnung einer homogenen Wirbelschicht*

Ein Sandfilter aus Quarzkörnern mit der mittleren Partikelgröße $d_p = 0,8mm$ zur Reinigung von Wasser wird nach der Beladung zurückgespült.
Stoffwerte: Quarzsand: $\rho_s = 2650 kg/m^3$; Wasser: $\rho_f = 1000$ kg/m³; $\eta = 0,001$ Pas.
Lockerungsporosität $\varepsilon_L = 0,40$. Vereinfachend rechne man mit $\varphi = 1$ $(d_{32} = d_p)$

a) Bei welcher Aufwärtsgeschwindigkeit lockert die Schicht auf, welche Re-, Ar- und Ω-Zahlen gehören zum Lockerungspunkt, und welche Strömungsgeschwindigkeit führt zum Austrag der Sandkörner?
b) Ist nach den Kriterien von Molerus mit homogener Fluidisierung zu rechnen?
c) Man berechne unter der Voraussetzung homogener Fluidisierung die Expansion der Wirbelschicht, indem man ein Diagramm erzeugt, aus dem die Wirbelschichthöhe H abhängig von der Rückspülgeschwindigkeit $\overline{w}_R$ abzulesen ist.

Lösung:

a) Aus Gl.(11.1.8) ergibt sich mit den Angaben die Lockerungsgeschwindigkeit $\overline{w}_L$ der kinematischen Zähigkeit $v = 10^{-6}$ m²/s für Wasser zu

$$\overline{w}_L = 42,9(1-\varepsilon_L) \cdot \frac{v}{d_p} \cdot \left\{ \sqrt{1 + 3,11 \cdot 10^{-4} \cdot \frac{\varepsilon_L^3}{(1-\varepsilon_L)^2} \cdot \frac{\Delta\rho\, g\, d_p^3}{\rho_f\, v^2}} - 1 \right\} = 6,68 \cdot 10^{-3}\,\frac{m}{s} = 0,40\,\frac{m}{min}.$$

Die zugehörige Re–Zahl beträgt nach Gl.(11.1.15) $\qquad Re_L = \frac{\overline{w}_L d_p}{v} = 5,34$,

es handelt sich also um eine nur wenig über den "zähen" Bereich (Re < 3) hinausgehende Durchströmung. Die beiden anderen Kennzahlen sind nach den

Gl.n(11.1.16) und (11.1.20) $\qquad Ar = \frac{\Delta\rho\, g\, d_p^3}{\rho_f\, v^2} = \frac{1650 \cdot 9,81 \cdot 0,0008^3}{1000 \cdot (10^{-6})^2} = 8,29 \cdot 10^3$

und $\qquad \Omega = \frac{\rho_f}{\Delta\rho}\frac{\overline{w}_L^3}{v\, g} = \frac{1000 \cdot 0,00668^3}{1650 \cdot 10^{-6} \cdot 9,81} = 1,84 \cdot 10^{-2}$.

Die Austragsgeschwindigkeit entspricht der Sinkgeschwindigkeit des einzelnen Sandkorns in Wasser und kann nach den in Band 1, Aufgabe 2.3 beschriebenen Methoden berechnet werden. Es ergibt sich

$$w_A = w_f = 0,12\,\text{m/s}.$$

Zwischen der Lockerungs- und der Austragsgeschwindigkeit liegt der Wirbelschichtbereich: $0,0067\,\text{m/s} \leq \bar{w} \leq 0,12\,\text{m/s}$

b) Beide Kriterien, Gl.(11.1.12) und (11.1.13)

$$\frac{\rho_s}{\rho_f} = 1,65 \leq 3 \quad \text{und} \quad Fr_L = \frac{\bar{w}_L^2}{d_p\,g} = \frac{(0,00668)^2}{0,0008 \cdot 9,81} = 5,7 \cdot 10^{-3} \leq 0,13$$

sind erfüllt, so daß eine homogene Wirbelschicht zu erwarten ist.

c) Zunächst setzen wir voraus, daß bei homogener Wirbelschicht die Gl.(11.1.8) $\bar{w}_L(\varepsilon_L)$ auch über den Lockerungspunkt hinaus gilt: $\bar{w}_R(\varepsilon)$. Weil diese Gleichung aber nicht nach $(1-\varepsilon)$ aufzulösen ist - wie es für die Beziehung Gl.(11.1.5) nötig wäre -, können wir keine explizite Funktion $H(\bar{w}_R)$ aufstellen. Eine Möglichkeit zur Darstellung des Zusammenhangs ist aber folgende: Für vorgegebene Werte von ε berechnet man tabellarisch zum einen nach Gl.(11.1.8) $\bar{w}_R$-Werte und zum anderen nach Gl.(11.1.5) H-Werte (Parameterdarstellung). Die Zahlenwertgleichung für $\bar{w}_R$ lautet

$$\bar{w}_R = 5,363 \cdot 10^{-2} \cdot (1-\varepsilon) \cdot \left\{ \sqrt{1 + 2,577 \cdot \frac{\varepsilon^3}{(1-\varepsilon)^2}} - 1 \right\}\,\text{m/s}.$$

Die folgende Tabelle und Bild 11.3.1 zeigen das Ergebnis.

ε	$\bar{w}_R\big/\text{m s}^{-1}$	$\bar{w}_R/\bar{w}_L$	H/H_L	
0.4	$6,68 \cdot 10^{-3}$	1,00	1,00	(Lockerungspunkt)
0,50	$1,38 \cdot 10^{-2}$	2,06	1,20	
0,60	$2,40 \cdot 10^{-2}$	3,59	1,50	
0,65	$3,01 \cdot 10^{-2}$	4,51	1,71	
0,70	$3,68 \cdot 10^{-2}$	5,52	2,00	
0,75	$4,41 \cdot 10^{-2}$	6,60	2,40	
0,80	$5,18 \cdot 10^{-2}$	7,76	3,00	

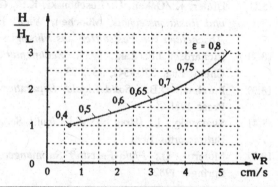

Bild 11.3.1

Wirbelschichtausdehnung

bei Aufgabe 11.2

Literaturverzeichnis

[7.1]   Löffler, F.: *Staubabscheiden*, Stuttgart, New York: Thieme 1988

[7.2]   Weber, E./Brocke, W.: *Apparate und Verfahren der industriellen Gasreinigung*, Band 1: Feststoffabscheidung; München, Wien: Oldenbourg 1973

[7.3]   Muschelknautz, E.: *vt-Hochschulkurs II Mechanische Verfahrenstechnik*, Teil 1: verfahrenstechnik vt 3(1972); Teil 2: vt 5(1972); Teil 3: vt 9(1972); Teil 4: vt 10(1972); Teil 5: vt 6(1973); Teil 6: vt 8(1974).

[7.4]   Barth, W.: *Berechnung und Auslegung von Zyklonabscheidern aufgrund neuer Untersuchungen*, Brennstoff + Wärme + Kraft 8(1956) Nr. 1, 1 ... 9.

[7.5]   Muschelknautz, E. Brunner, K.: *Untersuchungen an Zyklonen*, Chem.-Ing.-Tech. 39(1967), Nr. 9, 531 ... 538

[7.6]   Bohnet, M.: *Zyklonabscheider zum Trennen von Gas/Feststoff-Strömungen*, Chem.-Ing.-Tech. 54(1982) 7, 621-630

[7.7]   *Verfahrenstechnische Berechnungsmethoden*, Teil 3 *Mechanisches Trennen in fluider Phase*, Ausrüstungen und ihre Berechnung, Weinheim: VCH Verlagsges. mbH. 1985

[7.8]   Fritz, W./ Kern, H.: *Reinigung von Abgasen*, Reihe Umweltschutz/Entsorgungstechnik, Würzburg: Vogel 1990

[7.9]   Löffler, F./Dietrich, H./Flatt, W.: *Staubabscheidung mit Schlauchfiltern und Taschenfiltern*, Braunschweig, Wiesbaden: Vieweg 1984

[7.10] Holzer, K.: *Erfahrungen mit naßabscheidenden Entstaubern in der chemischen Industrie*, Staub-Reinhalt. d. Luft, 34(1974) 10, 361 ... 365

[7.11] Schuch, G.: *Theoretische und experimentelle Untersuchungen zur Auslegung von Naßabscheidern*, Diss. Univ. Karlsruhe (TH) 1980

[7.12] Koglin, W. (Hrsg.): *Beth-Handbuch - Staubtechnik -*, Selbstverlag Maschinenfabrik Beth GmbH. Lübeck, 1964

[7.13] Riehle, C./Löffler, F.: *Ähnlichkeitsbetrachtungen zum Partikeltransport in Elektrofiltern*, Staub - Reinh. d. Luft, 52(1992), 55 ... 64

[8.1]   Dialer, K./Onken, U./Leschonski, K.: *Grundzüge der Verfahrenstechnik und Reaktionstechnik*, München, Wien: Hanser 1986 darin: Abschnitt 4.3: *Abscheiden von Feststoffen aus Flüssigkeiten* (Stahl, W.)

[8.2]   Richardson,J.F./Zaki, W.N.: *Sedimentation and Fluidization*, Trans. Inst. Chem. Eng. 32(1954), 35 ... 53

[8.3]   Purchas, D.B.: *Solid/Liquid Separation Technology*, Croydon: Uplands Press 1981

[8.4]   Svarovsky, L. (Hrsg.): *Solid-Liquid Separation*, 3rd ed., London, Boston: Butterworths 1990

[8.5]   Molerus, O.: *Fluid-Feststoff-Strömungen*, Berlin, Heidelberg, New York: Springer 1982

[8.6] Brauer, H.: Grundlagen der Einphasen- und Mehrphasenströmungen, Aarau, Frankfurt/M.: Sauerländer 1971

[8.7] Schubert, Helmar: *Kapillarität in porösen Feststoffsystemen*, Berlin, Heidelberg, New York: Springer 1982

[8.8] Zogg, M.: *Einführung in die Mechanische Verfahrenstechnik*, 2., neubearb. u. erw. Aufl., Stuttgart: Teubner, 1987

[8.9] Verfahrenstechnische Berechnungsmethoden: Weiss, S. (Hrsg.): Teil 3: *Mechanisches Trennen in fluider Phase*, Weinheim; Deerfield Beach, Florida; Basel: VCH Verlagsges., 1985

[8.10] Müller, E.: *Mechanische Trennverfahren*, Frankfurt/M., Berlin, München: Salle; Aarau, Frankfurt/M., Salzburg: Sauerländer
Bd. 1: *Grundlagen, Ähnlichkeitstheorie, Sedimentieren*, 1. Aufl. 1980;
Bd. 2: *Zentrifugieren, Filtrieren*, 1983

[8.11] Alt, C.: *Filtration* in:
Ullmann's Encyclopedia of Industrial Chemistry, 5th, completely revised edition, Vol. B2: Unit Operations I, Weinheim, VCH 1988, Abschnitt 10

[8.12] Matteson, M. J./Orr, C.(ed.): *Filtration: Principles and Practices*, 2nd ed., revised and expanded, New York, Basel: Marcel Dekker 1987

[8.13] Redecker, D.: *Strategien für die Trennapparateauswahl und -auslegung*, in: VDI-Ges. Verfahrenstechnik und Chemieingenieurwesen (GVC) (Hrsg.): Mechanische Flüssigkeitsabtrennung, Filtrieren, Sedimentieren, Zentrifugieren, Flotieren; Preprints, Düsseldorf: VDI 1987

[8.14] Stahl, W./Anlauf, H./Bott, R.: *Physikalische Grundlagen der mechanischen Flüssigkeitsabtrennung durch Filtration* in:
VDI-Ges. Verfahrenstechnik und Chemieingenieurwesen (GVC) (Hrsg.): *Filtertechnik*, Preprints, Düsseldorf: VDI 1983

[8,15] Gösele, W.: *Filterapparate - eine Übersicht*, Aufbereitungstechnik (1977) 5, S. 210 ... 214

[8.16] Gimbel, R.: *Erfahrungen beim Klären von Wasser durch Tiefenfiltration*, in: s. [8.14]

[8.17] Ives, K. J.: *Deep Bed Filters* in:
Rushton, A. (Hrsg.): *Mathematical Models and Design Methods in Solid-Liquid-Separation*, Dordrecht: Martinus Nijhoff Publishers 1985

[8.18] Fischer, E./Raasch, J.: *Querstromfiltration* in: s. [8.14]

[8.19] Ripperger, S.: *Dynamische Filtrationsverfahren - Apparative Ausführungen, Anwendungen Entwicklungen* in: s. [8.13]

[8.20] Raasch, J.: *Untersuchungen zum Trennvorgang im Falle einer durch Querströmungen gestörten Kuchenfiltration* in: Abschlußbericht SFB 62 der Universität Karlsruhe: Verfahrenstechnische Grundlagen der Wasser- und Gasreinigung, Karlsruhe 1987

[8.21] Reuter, H.: *Strömungen und Sedimentation in der Überlaufzentrifuge*, Chemie-Ing.Techn. 39(1967) 5/6, 311 ... 318

[8.22]   Reuter, H.: *Sedimentation in der Überlaufzentrifuge* Chemie-Ing.Techn.
         39(1967) 9/10, 548 ··· 553

[8.23]   Trawinski, H.: *Kapazität, Trenneffekt und Dimensionierung von Vollmantel-
         schleudern,* Chemie-Ing.Techn. 31 (1959) 10, 661 ...666

[8.24]   Alt, C.: *Centrifugal Separation* in: s. [8.17]

[8.25]   Trawinski, H.: *Hydrocyclones,* in:
         Purchas, D.B.: *Solid/Liquid Separation Equipment Scale up,* Croydon:
         Uplands Press 1977

[8.26]   Neeße, Th./Espig, D./Schubert, Heinrich.: *Die Trennkorngröße des Hydro-
         zyklons bei Dünnstrom- und Dichtstrom-Trennungen* in: 1. Europ. Symposion
         Partikelklassierung in Gasen und Flüssigkeiten, Nürnberg 1984

[8.27]   Verfahrenstechnische Berechnungsmethoden, Teil 4: *Stoffvereinigen in flui-
         den Phasen,* Weinheim: VCH 1988

[9.1]   Capes, C. E.: *Particle Size Enlargement,* Amsterdam, Oxford, New York:
         Elsevier 1980

[9.2]   Sommer, K.: *Size Enlargement* in: Ullmann's Encyclopedia of Industrial
         Chemistry, Vol. B2, ch. 7, Weinheim: VCH 1988

[9.3]   Schubert, Heinrich: *Aufbereitung fester mineralischer Rohstoffe,* Band III,
         2., völlig neu bearb. und erw. Aufl., Leipzig: VEB Dt. Verl. f. Grundstoff-
         industrie 1984

[9.4]   Pietsch, W.: *Size Enlargement by Agglomeration,* Chichester: Wiley 1991

[9.5]   Rumpf, H.: *Grundlagen und Methoden des Granulierens,* Chem.-Ing.-Techn.
         30(1958) Nr.3, 144 ...158

[9.6]   Schubert, Helmar: *Grundlagen des Agglomerierens,* Chem.-Ing.-Techn.
         51(1979) Nr. 4, 266 ... 277

[9.7]   Rumpf, H.: *Zur Theorie der Zugfestigkeit von Agglomeraten bei Kraftüber-
         tragung an Kontaktpunkten,* Chem.-Ing.-Techn. 42(1970) Nr. 8, 538 ... 540

[9.8]   Schubert, Helmar: *Kapillarität in porösen Feststoffsystemen,* Berlin, Heidel-
         berg, New York: Springer 1982

[9.9]   Sommer, K./Herrmann, W.: *Auslegung von Granulierteller und Granulier-
         trommel,* Chem.-Ing.-Techn. 50(1978) Nr. 7, 518 ... 524

[9.10]   Ries, H.B.: *Granulaterzeugung in Mischgranulatoren und Granuliertellern,*
         Aufber.techn. (1975) 12, 639 ... 646

[9.11]   Leuenberger, H.: *Das Verdichten pulverförmiger Haufwerke,* 3. Int. Sym-
         posion Agglomeration, Preprints 1, Nürnberg 1981, C2 ... C20

[9.12]   Herrmann, W.: *Das Verdichten von Pulvern zwischen zwei Walzen,* Wein-
         heim: Verlag Chemie 1973

[9.13]   Herrmann, W./Rieger, R.: *Auslegung von Walzenpressen,* Aufber.-Techn.
         18(1977), Heft 12, 648 ... 655

[10.1] Bernotat, S./Schönert, K.: *Size Reduction* in: Ullmann's Encyclopedia of Industrial Chemistry, 5th ed., Vol. B2, ch 5, p. 5-1 ... 5-39, Weinheim: VCH 1988

[10.2] Schönert, K.: *Aspects of very fine grinding*, in: Challenges in Mineral Processing, SME, Littleton, Colorado, 1988, ch.9, 155 ... 172

[10.3] Rumpf, H.: *Die Einzelkornzerkleinerung als Grundlage einer technischen Zerkleinerungswissenschaft*, Chem.-Ing.-Techn. 37 (1965), 3, 187 ... 202

[10.4] Schönert, K.: *Verfahren zur Fein- und Feinstzerkleinerung von Materialien spröden Stoffverhaltens*, DP 2708053, v. 24.2.77

[10.5] Lowrison, G. C.: *Crushing and grinding - the size reduction of solid materials -*, London, Boston: Butterworths 1974

[10.6] Kellerwessel, H.: *Aufbereitung disperser Feststoffe, mineralische Rohstoffe - Sekundärrohstoffe - Abfälle*, Düsseldorf: VDI-Verlag 1991

[10.7] Prasher, C. L.: *Crushing and Grinding Process Handbook*, Chichester, New York, Brisbane, Toronto, Singapore: John Wiley & Sons 1987

[10.8] Schönert, K.: *Limits of Energy Saving in Milling*, in: 1. World Congress Particle Technology (6. Europ. Symp. Comminution), Hrsg. K. Leschonski, Nürnberg 1986

[10.9] Stairmand, C. J.: *The Energy Efficiency of Milling Processes* in: 4. Europ. Symp. Zerkleinern (Hrsg. Rumpf, H./Schönert, K.), Nürnberg 1975

[10.10] Pahl, M. H. (Hrsg.): *Zerkleinerungstechnik*, Köln: Verl. TÜV Rheinland 1991

[10.11] Höffl, K.: *Zerkleinerungs- und Klassiermaschinen*, Leipzig: Dt. Verlag für Grundstoffindustrie 1985

[10.12] Perry, J.H.: *Chemical Engineers Handbook*, 6th ed., New York: McGraw-Hill 1984

[10.13] Dan, C. C./Schubert, Heinrich: *Bruchwahrscheinlichkeit, Bruchstückgrößenverteilung und Energieausnutzung bei der Prallzerkleinerung*, Aufber. Techn. 31 (1990) 5, 241 ... 247

[10.14] Schönert, K.: *Zerkleinern*, Kontaktstudium Inst. f. Mechanische Verfahrenstechnik, Univ. Karlsruhe 1976

[10.15] Orumwense, O. A./Forssberg, E.: *Einfluß der Mühlengröße bei der Mahlung von Dolomit in Schwingmühlen*, Aufber. Techn. 31 (1990) 10, 531 ... 538

[10.16] Schönert, K.: *Advances in Comminution Fundamentals and Impacts on Technology*, Aufber. Techn. 32 (1991) Nr. 9, 487 ... 494

[10.17] Schubert, Heinrich (Hrsg.): *Aufbereitung fester mineralischer Rohstoffe*, Band I, 3., völlig neu bearbeitete Aufl., Leipzig, Dt. Verl. f. Grundstoffindustrie 1975

[10.18] Langemann, H.: *Kinetik der Hartzerkleinerung; Teil III: Die Kinematik der Mahlvorgänge in der Fallkugelmühle*, Chem.-Ing-Techn. 34 (1962) 9, 615 ... 627

[10.19] Rose, H. E./Sullivan, R.M.: *Ball, tube and rod mills*, London: Constable 1958

[10.20] Ellerbrock, H. G.: *Über die Mahlbarkeitsprüfung von Zementklinker*, 4. Europ. Symposium Zerkleinern, Nürnberg 1975, Prepr.1, 197 ... 211

[10.21] Chang, C. K./Brachthäuser, M.: *Betriebserfahrungen mit Rollenpressen bei der Asia Cement Corporation, Taiwan,* Zement-Kalk-Gips 44(1991) 1, 32 ... 36

[10.22] Schmidt, P./Körber, R.: *Planetenmühlen,* Aufber. Techn. 32 (1991), Nr. 12, 659 ... 669

[10.23] Vock, F.: *Möglichkeiten zur spezifischen Leistungssteigerung kontinuierlicher Dispergiermaschinen nach dem Prinzip der Planetenkugelmühle und Schwingmühle,* 3. Europ. Symposium Zerkleinern (Hrsg. H. Rumpf, K. Schönert), Preprints 2. Teil, 725 ... 749

[10.24] Kurrer, K.-E./Jeng, J.-J./Gock, E.: *Analyse von Rohrschwingmühlen,* Fortschr.-Ber. VDI, Reihe 3, Nr. 282, Düsseldorf: VDI-Verlag 1992

[10.25] Raasch, J.: *Zur Mechanik der Schwingmühle,* Chem.-Ing.-Techn. 36 (1964), 2, 125 ... 130

[10.26] Stehr, N.: *Rührwerksmühlen,* Kap. 14 in [10.10]

[10.27] Rumpf, H.: *Beanspruchungstheorie der Prallzerkleinerung* Chem.Ing.Tech. 31 (1959), 5, 323 ... 337

[10.28] Patzelt, N.: *Gutbett-Walzenmühlen,* in: [10.10]

[10.29] Kellerwessel, H./Bleckmann, H.: *Feinbrech- und Naßmahlanlagen für mineralische Stoffe, neue Entwicklungen,* in: [10.10]

[10.30] Weit, H./Schwedes, J.: *Maßstabsvergrößerungen von Rührwerkskugelmühlen* Chem.-Ing.-Tech. 58 (1986) 10, 818 ... 819

[11.1] Werther, J.: *Grundlagen der Wirbelschichttechnik* in: Technik der Gas/Feststoff-Strömungen, - Sichten, Abscheiden Fördern, Wirbelschichten, VDI-Ges. Verfahrenstechnik und Chemieingenieurwesen (GVC) (Hrsg.), Düsseldorf 1986

[11.2] Geldart, D. (ed.): *Gas Fluidization Technology,* Chichester, New York, Brisbane, Toronto, Singapore: John Wiley & Sons 1986

[11.3] VDI-Ges. Verfahrenstechnik und Chemieingenieurwesen (GVC) (Hrsg.): *VDI-Wärmeatlas: Berechnungsblätter für den Wärmeübergang,* 6. Aufl., Abschnitt Lf, Düsseldorf: VDI-Verlag, 1991

[11.4] Geldart, D.: *Types of gas fluidization,* Powder Techn. 7 (1973), 285 ... 292

[11.5] Molerus, O.: *Fluid-Feststoff-Strömungen* - Strömungsverhalten feststoffbeladener Fluide und kohäsiver Schüttgüter; Berlin, Heidelberg, New York: Springer 1982

[11.6] Howard,, J.R.: *Fluidized Bed Technology,* Bristol, New York: Adam Hilger, 1989

[11.7] Reh, L.: *Verbrennung in der Wirbelschicht,* Chem.-Ing.Techn. 40 (1968) 11, 509 ... 515

[11.8] Hilligardt, K./Werther, J.: *Lokaler Blasengas-Holdup und Expansionsverhalten von Gas-Feststoff-Wirbelschichten,* Chem.-Ing.-Techn. 57 (1985) 7, 622 ... 623.

[11.9] Wirth, K.-E.: *Zirkulierende Wirbelschichten - Strömungsmechanische Grundlagen, Anwendung in der Feuerungstechnik*, Berlin, Heidelberg, New York: Springer 1990

[11.10] Weber, M.: *Strömungs-Fördertechnik*, Mainz: Krausskopf 1974

[11.11] Siegel, W.: *Pneumatische Förderung: Grundlagen, Auslegung, Anlagenbau, Betrieb*, Würzburg: Vogel, 1991

[11.12] Krambrock, W.: *Pneumatisches Fördern* in: Fördern und Klassieren beim Aufbereiten und Verarbeiten von Kunststoffen, Hrsg. VDI-Ges. Kunststofftechnik, Düsseldorf: VDI-Verlag, 1985

[11.13] Wirth, K.-E.: *Die Grundlagen der pneumatischen Förderung*, Chem.-Ing.-Tech. 55 (1983), Nr.2, 110 ... 122

[11.14] Muschelknautz, E./Krambrock, W.: *Vereinfachte Berechnung horizontaler pneumatischer Förderleitungen bei hoher Gutbeladung mit feinkörnigen Produkten*, Chem.-Ing.-Tech. 41 (1969) 21, 1164 ..1172

[11.15] VDI-Ges. Verfahrenstechnik und Chemieingenieurwesen (GVC) (Hrsg.): *VDI-Wärmeatlas: Berechnungsblätter für den Wärmeübergang*, 6. Aufl., Abschnitt Lh, Düsseldorf: VDI-Verlag, 1991

Stichwortverzeichnis